图像处理与深度学习

郭明强　编著

電子工業出版社
Publishing House of Electronics Industry
北京•BEIJING

内 容 简 介

本书内容由浅入深、循序渐进，涵盖了深度学习在图像处理中的应用技术。本书共 8 章，首先简要介绍图像处理技术，以及深度学习在图像领域中的应用；接着对深度学习在图像处理中的应用技术进行详细介绍，包括图像阴影检测、图像阴影去除、图像噪声处理、图像匀光和匀色等内容；然后对基于卷积神经网络的图像超分辨率重建方法进行讲解；最后以基于深度学习的红树林提取和屋顶提取与绿化评价为例，详细讲解深度学习在图像处理中的应用。

本书既可作为高等院校相关专业的教材，也可供图像处理和人工智能领域的技术人员阅读。

图书在版编目（CIP）数据

图像处理与深度学习 / 郭明强编著. —北京：电子工业出版社，2022.5

ISBN 978-7-121-43414-3

Ⅰ. ①图… Ⅱ. ①郭… Ⅲ. ①机器学习－应用－图像处理 Ⅳ. ①TN911.73

中国版本图书馆 CIP 数据核字（2022）第 077271 号

责任编辑：田宏峰　　特约编辑：田学清
印　　刷：三河市君旺印务有限公司
装　　订：三河市君旺印务有限公司
出版发行：电子工业出版社
　　　　　北京市海淀区万寿路 173 信箱　　邮编：100036
开　　本：787×1092　1/16　印张：14.25　字数：374 千字　彩插：14
版　　次：2022 年 5 月第 1 版
印　　次：2022 年 5 月第 1 次印刷
定　　价：98.00 元

凡所购买电子工业出版社图书有缺损问题，请向购买书店调换。若书店售缺，请与本社发行部联系，联系及邮购电话：（010）88254888，88258888。

质量投诉请发邮件至 zlts@phei.com.cn，盗版侵权举报请发邮件至 dbqq@phei.com.cn。

本书咨询联系方式：tianhf@phei.com.cn。

PREFACE 前言

图像处理技术在安防、交通、医学、自然资源、农业、环保、智能驾驶、工业、电子商务等领域都有着广泛的应用，尤其在目前各种深度学习技术的推动下，基于图像的应用不断深入，应用领域越来越广。在基于图像训练深度学习模型时，需要获取高质量的样本图像，图像的质量会直接影响模型的精度。因此，掌握样本图像的关键处理技术是构建高精度深度学习模型的前提和关键。本书首先简要介绍图像处理技术，以及深度学习在图像领域中的应用；接着对深度学习在图像处理中的应用技术进行详细介绍，包括图像阴影检测、图像阴影去除、图像噪声处理、图像匀光和匀色等内容；然后对基于卷积神经网络的图像超分辨率重建方法进行讲解；最后以基于深度学习的红树林提取和屋顶提取与绿化评价为例，详细讲解深度学习在图像处理中的应用。本书旨在帮助读者掌握图像处理与深度学习中的关键技术和方法流程，为基于深度学习的各种图像应用奠定基础，提升读者对深度学习模型的应用能力。

本书作者长期从事遥感图像超分辨率重建、机器学习、网络地理信息系统、三维建模、高性能空间计算等计算机和3S交叉学科方向的理论方法研究、教学与应用开发工作，已有十多年的科研经验和应用开发基础，为本书的编写打下了扎实的知识基础。本书涵盖了图像处理与深度学习中的常见算法和模型，按照深度学习样本图像处理的需求逐步进行讲解，内容安排循序渐进，可以使读者更容易掌握相关的知识点。同时，本书还对基于深度学习的图像目标检测与提取应用案例进行精讲，以便读者能够更加深入地学习图像领域中的深度学习技术。

本书面向计算机视觉、模式识别、图像处理与深度学习等相关领域工作者，内容由浅入深、循序渐进，既有详尽的算法原理阐述，又有丰富的结果图形展示，可以使读者更加容易、快速、全面地掌握常用的图像处理算法。对于初学者来说，本书没有任何门槛，初学者只需要按部就班地跟着本书学习即可。无论读者是否有图像处理的经验，都可以借助本书来系统地了解和掌握深度学习中的样本图像处理技术知识点，为基于深度学习的图像处理与行业应用奠定良好的基础。

参与本书编写工作的还有黄颖、韩成德、余仲阳、吴送良、杨亚仑、张之政、张雅婷。在本书的编写和出版过程中，电子工业出版社的田宏峰编辑提出了宝贵的建议，在此表示感谢。本书的出版得到了国家自然科学基金（41971356、41701446）的支持，在此表示诚挚的谢意。由于时间仓促，部分文献可能存在引用缺失的情况，在此向本书所涉及参考资料的作者表示衷心的感谢。感谢盖涛提供的封面设计方案。

由于作者水平有限，书中难免存在不足之处，敬请广大读者和专家批评指正。

郭明强

2022 年 4 月于武汉

CONTENTS 目录

第1章 绪论

基于深度学习的人工智能技术在图像领域已经有广泛深入的应用，如人脸图像识别、医疗检测图像识别、遥感图像地物提取、图像超分辨率重建等。在这些图像应用领域，都存在一个共性问题，即一般需要制作丰富的学习样本，以保证深度学习模型的精度，满足实际应用需求。但是在现实情况下，很多图像样本都存在阴影、噪声、色彩不一致、分辨率低等问题，使得深度学习模型的精度难以得到保证。因此，如何解决这些难题是图像处理深度学习应用领域中的关键。

1.1 图像阴影检测与去除

计算机视觉如今已经成为计算机方面相关应用中不可或缺的重要核心技术，许多此方面的应用已经融入我们生活的方方面面，成为生活中不可或缺的一部分。而阴影检测与去除则直接影响着计算机视觉领域的图像识别质量，故而，如何准确而高效地检测和去除数字图像的阴影、识别物体本身及精准还原阴影区域的图像内容就成了计算机视觉领域一个炙手可热的研究课题。在遥感测绘、医疗图像、文档图像等应用领域，阴影的检测与去除尤为重要，直接影像图像的识别与目标提取精度。

由于光照的存在，阴影检测与去除是图像和视频处理的重要组成部分。在一些研究和应用场景下，阴影确实可以起到作用。例如，利用遥感图像的阴影计算建筑高度或在模拟场景中增强场景的真实性；可以通过检查阴影轮廓信息获得光源遮挡物的几何信息和场景中的空间分布；通过检查阴影信息，可以确定光源的位置、强度和范围；在虚拟 3D 和在线游戏中，添加模拟对象阴影可以增强观察者的 3D、空间和现实体验[1]。

在空间光学遥感成像过程中，太阳往往被视作唯一光源。阴影通常因太阳直射光线被云层、地面高大建筑物等目标遮挡而形成，这往往会削弱遥感图像阴影区域的地物信息。尽管相机在成像过程中对成像参数进行了控制，并对大气窗口进行了相关选择，但是由于地面高大建筑物、太阳高度角变化、植被遮挡、地表反射率各异等因素，遥感图像中仍不可避免地会存在较多阴影。有关阴影类别的讨论，有文献从阴影形成遮挡物类别角度将其大致分为 3 个类别：城市阴影、地形阴影和云阴影；而更多的学者则倾向于根据阴影成像机理来区分阴影类别，一般将阴影分为投影和自影两个主要类别。其中，投影指沿太阳光照方向投射在地面的遮挡物阴影，自影指遮挡物本身未被太阳光照射部分形成的阴影。由于投影和自影与非阴影在光照组成上的差异主要为太阳直射光部分，因此，在阴影处理过程中，需要同时处理投影和自影[2]。遥感图像中的投影和自影示意图如图 1.1 所示[2, 3]。

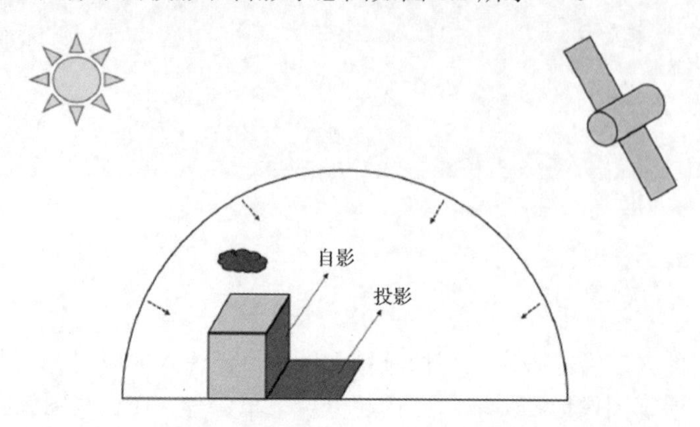

图 1.1　遥感图像中的投影和自影示意图

在大部分情况下，阴影的存在会对图像处理造成不好的影响。例如，在航空摄影中，阴影噪声效应会模糊阴影区域的特征，影响航空摄影的分析。而阴影会影响图像分割的准确性，导致在计算机视觉研究中出现不正确的结果。例如，在使用图像分割进行对象跟踪和对象识别时，阴影会对判断物体本身形状和运动轨迹造成极大的干扰。形状的误识别会造成目标丢失，直接影响追踪效果。例如，在通过视频图像追踪目标车辆时，车辆从光照区域驶入阴影区域，车辆在颜色特征上会发生显著变化，在硬阴影区域，此问题尤为明显。在医学领域，CT 图像中存在的阴影会造成病灶的误诊断，影响患者得到及时的治疗。在高分辨率的遥感图像中，阴影会影响对建筑物、设施、矿藏、植被分布规律的误判，降低分类或检测的精度。在静态图像的后期处理中，阴影也会影响图像的质量和图像内容的辨认。

在这样的前提下，阴影的检测和去除就成了图像处理领域一个亟待解决的问题。在不同的场景下，去除的关注点也不同。针对视频中的阴影，主要的关注点在于算法本身的实时性与精准度之间的平衡。针对单幅自然阴影图像的处理，主要的关注点在于算法的鲁棒性，以及处理后是否可以对阴影区域纹理做到良好的恢复。针对文档阴影，主要的关注点在于处理之后是否会有利于文档内容的识别[1]。针对遥感图像中的阴影，主要是要解决复杂场景下的阴影区域的精确检测和保纹理的阴影去除问题。特别是植被中的细碎阴影和分布在道路上的阴影的检测与去除，更是该领域需要重点研究和解决的难点。

1.2　图像噪声处理

图像在获取及传输的过程中往往会受到噪声的污染，噪声的产生有很多原因，而且不可避免，致使纯净的图像成为包含噪声的图像。在获取图像的过程中，传感器温度随使用时间长短而变化，会使获取的图像产生大量的噪声。在图像传输过程中，传输信道受到的干扰也是产生噪声的主要来源，如通过无线网络进行传输的图像可能会由于受到大气或光照的影响而被污染。

图像中的噪声会严重影响后续的图像处理工作，如图像分割、图像编码、特征提取及目标检测等。为了提高图像的质量以满足后续更高层次图像处理工作的需要，对被噪声污染的图像进行去噪就成为图像预处理中一项不可或缺的工作。

图像去噪的目的就是在滤除噪声的同时尽可能地保留图像特征与细节，从含噪图像中恢复出原始的“干净”图像，使图像达到各种应用的要求，因此其具有十分重要的理论和实践意义。

伴随着各种图像处理学科的诞生，图像去噪成为图像处理中的一个重要方向，寻求一种行之有效的方法来去除图像中的噪声是人们一直以来努力的方向。目前，经过学者的不断努力，已经研究出各种不同原理的去噪算法，有的根据实际图像的特点来设计，有的依据噪声的统计分布规律来设计。数学上不断涌现的新理论和新方法又为图像去噪的研究注入了新的活力。时至今日，图像去噪理论和应用研究仍然是图像处理领域中一个非常活跃的研究方向。目前，图像处理已被应用到医学、通信、军事等多个重要领域，图像去噪技术也被应用到医学图像、卫星电视甚至地理信息系统和天文学等专业研究与技术领域。例如，由于存在噪声干扰，很多医学图像的生理信号可能会发生畸变甚至“面目全非”，失去医学价值，从而出现漏诊和误诊的情况。这时，图像去噪就显得尤为重要，其研究与人类生活息息相关[4]。眼睛是我们获取外界信息最重要的手段。在人类日常获取的总信息中，通过视觉获取的信息占据75%以上，而通过听觉和嗅觉等其他方式获取的信息最多不到25%。图像作为一种实体，是可以直接通过人眼产生视觉作用的。而当前广泛出现在人们日常生活中的数字图像应用的是计算机图像技术。近年来，计算机技术的飞速发展为计算机视觉（Computer Vision，CV）、人工智能（Artificial Intelligence，AI）、深度学习等众多研究领域奠定了基础。随着2020年开始5G的大规模商用，自动驾驶、虚拟现实（Virtual Reality，VR）技术等众多领域进入新的发展阶段。因此，数字图像作为21世纪视觉信息传递的重要媒介和工具，在未来会发挥越来越重要的作用。但是，在获取、存储、传播数字图像的过程中，由于某些难以避免的内部或外部因素的影响，实际获取的数字图像可能会存在各种各样的噪声。噪声的存在不仅从视觉上严重影响了图像的观察效果，还会极大地影响对图像的进一步分析和处理。而噪声去除效果会直接影响图像识别、分割、三维重建等其他图像处理的效果。因此，对含有噪声的图像进行去噪处理是数字图像进行下一步处理和应用的基础[5]。原始图像、含噪图像及去噪后的图像如图1.2所示。

（a）原始图像

（b）含噪图像

（c）去噪后的图像

图1.2 原始图像、含噪图像及去噪后的图像

实际上，造成图像产生噪声的原因不尽相同，导致获得的含噪图像也是各种各样的。因此，为了更方便地处理不同的噪声图像，需要根据不同的角度划分图像噪声的类型。清楚地

了解噪声特性是图像去噪前的必做功课，即首先要对噪声进行分类。下面分别从噪声与信号的相关性、噪声来源和统计特性 3 方面来介绍 3 种不同的噪声分类方法。

1. 相关性

根据图像和噪声之间的相互关系将噪声划分为加性噪声和乘性噪声两种形式。加性噪声和原始图像信号强度是不相关的，不管有没有信号，噪声都存在。乘性噪声和原始图像相关，只有在信号存在时，噪声才会出现，否则噪声无法显现。

2. 噪声来源

根据不同的形成原因，噪声可以大致分为外部噪声和内部噪声两大类。外部噪声是指系统外部干扰以电磁波或经电源进入系统内部而引起的噪声。外部噪声还可以细分为人为噪声和自然噪声。内部噪声是指在图像采集、传输和处理过程中产生的各种噪声。内部噪声根据产生的位置一般又可细分为以下 3 种：采集图像过程中的噪声、图像传感器的光电转换过程中的噪声，以及在处理信号的电子放大器中的噪声。

3. 统计特性

根据统计特性是否随时间改变，噪声可分为平稳噪声和非平稳噪声。平稳噪声是指统计特性不随时间变化的噪声，其数学期望是常数。平稳过程一般具有各态历经性，即时间平均等于统计平均。均值为零的白噪声是一种典型的平稳噪声。相反，非平稳噪声是指统计特性随时间变化的噪声。相较于平稳噪声，非平稳噪声增加了时间这一变量，也就增加了去噪的难度。由于噪声本身具有不可预测性，所以可以将其当作一种随机误差，通过概率统计的方法进行识别。常见的图像噪声根据其概率分布的情况可以分为椒盐噪声、高斯噪声、瑞利噪声、伽马噪声、指数噪声和均匀噪声等各种形式，如图 1.3 所示[4]。

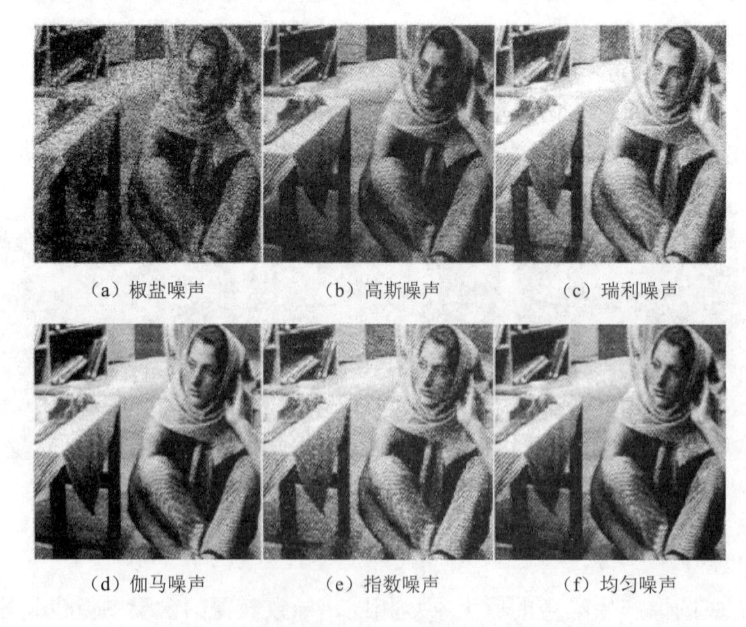

（a）椒盐噪声　（b）高斯噪声　（c）瑞利噪声

（d）伽马噪声　（e）指数噪声　（f）均匀噪声

图 1.3　标准图像添加 6 种不同噪声后的图像

由于上述各类噪声的存在，使得深度学习在图像领域的应用受到了制约。基于某类噪声图像样本集训练的深度学习模型对同类噪声图像的预测能力往往较强，但是当将该模型应用到含有其他类型噪声的图像上时，效果往往不能让人满意。因此，如何将图像中的噪声去除，以保证深度学习模型在各种噪声图像上的应用能力是图像处理与深度学习领域需要解决的关键问题之一。

1.3 图像匀光、匀色

随着航空航天摄影测量中硬件性能的提升和几何纠正等相关技术的逐渐成熟，航空摄影的应用范围越来越广，其中 DOM 作为航空摄影测量的主要成果之一，在城市规划、地理国情监测及工程勘测中发挥着重要作用。在全国第三次地理国情普查中，测绘部门的一项重要任务就是基于高分辨遥感图像生产正射影像并将其作为变化监测的底图。其中，农村土地调查采用优于 1m 分辨率的航天遥感图像，城镇采用优于 0.2m 分辨率的航空遥感图像。在全球测图中，生产全球高分辨率正射图像也是该项目的重要内容之一。可见，DOM 有着极其重要的作用，但是，一方面，人们对正射影像的生产能力有着强烈的需求；另一方面，由于各种原因，大面积的正射影像又存在各种辐射问题，生产单位往往需要大量的人力对遥感图像进行手动调色处理，这种作业模式受作业员的主观因素影响较大。另外，数据汇总单位往往需要对其进行重新调色，这种二次调色的行为极有可能破坏图像的纹理信息，并且这种作业模式工作效率低下，极大地限制了正射影像的生产效率，不能适应大数据时代信息更新的步伐，严重制约了正射影像的使用。因此，图像匀光、匀色算法的研究具有较大的现实意义和应用价值[6]。

遥感图像数据在地理信息产业和其他领域的地位越来越重要，在建设这些领域的相关数据的基础设施的过程中，它们是最重要的信息来源，并且迫切需要建设成对多比例尺和多数据源等海量空间数据能够进行高效管理与利用的大型图像数据库。但是，在实际生产数据的过程中，由于各种原因造成图像本身存在一定的质量问题，因此，如何实现图像数据库中的图像地物纹理清晰、色彩真实、目视效果好等目标是遥感图像数据处理过程中的关键技术之一。

随着摄影测量技术的发展，航空影像作为空间数据的来源，越来越受到人们的重视。数字正射影像将遥感数字图像或航空遥感图像扫描后，先经过 DEM（数字高程模型）对其进行逐像元投影差纠正，再进行匀光、匀色处理后镶嵌成图的影像数据。数字正射影像地图作为可以量测的影像，是摄影测量与遥感的主要产品之一，已经成为测绘生产部门的一个非常重要的产品，并且其用途的广泛程度越来越大，在国民经济的许多其他领域发挥了重大作用，其地位也越来越突出，如可直接从成图中目视是否存在或存在多大程度的非法占用其他用地的情况等，在国土资源监督和调查方面起着巨大作用[7]。

常见的光学遥感图像按飞行平台的不同可以分为高空卫星图像和中低空航空图像。高空卫星图像的色彩一致性问题主要来自季节、太阳高度角、系统性成像畸变等，中低空航空图像的色彩差异主要受飞行平台稳定性、拍摄角度、光照条件等因素的影响[6]。这些图像都需要经过一定的处理，包括几何校正、匀光、匀色等，只有经过处理才能投入实际的应用中。而匀光、匀色过程需要较大的人力投入和时间投入，以求努力达到视觉效果好、色彩接近真实、地物纹理清晰等目的[7]。最关键的是，不同类型的匀光、匀色方法生成的结果图像具有不同的特点，如何挑选适合图像样本的匀光、匀色方法是图像处理前需要解决的关键问题。特别是针对深度学习模型，匀光、匀色的结果直接影响深度学习模型的训练结果，如果匀光、匀色的结果与真实预测图像偏差较大、色彩分布不均、噪声分布不一致，那么当把模型应用到新的测试图像上时，模型的测试结果往往不理想。因此，图像匀光、匀色是深度学习在图像应用领域中的关键技术之一。图像匀色效果如图 1.4 所示。

（a）参考图像

（b）匀色前图像

（c）匀色后图像

图 1.4　图像匀色效果

1.4　图像超分辨率重建

随着科技的不断进步和图像应用领域的不断扩展，人们对图像质量的要求也大幅提升。图像分辨率是衡量图像精度与清晰度的关键依据，图像分辨率的高低与图像清晰程度呈正相关。因此，为了满足人们对高质量图像的需求，如何提高图像分辨率成为图像处理领域的一个研究热点[8]。

在数字成像系统中，图像的分辨率主要指两方面，一方面是成像系统的分辨率，这与成像过程中的光学系统有关，通常采用 Rayleigh 准则和 Sparraw 准则来决定分辨率的数值；另一方面是输出图像的像素总数，如数码相机中的分辨率通常是指相机中的电荷耦合器件（Charge Coupled Device，CCD）——图像传感器和互补性氧化金属半导体（Complementary Metal Oxide Semiconductor，CMOS）芯片上像素的多少。因此，硬件部分的提升能够显著提高图像的分辨率。数码相机的最高分辨率也是由其生产工艺决定的，但是工艺的提升始终存在一定的局限性[9]，硬件生产工艺存在材料和技术瓶颈，不可能一直大幅提升。因此，通过软件方法提升图像分辨率势在必行。

中国科学技术大学胡学财博士对自适应的图像超分辨率算法[10]展开了深入研究，对超分辨率重建的意义和应用进行了详细的阐述：摄像设备作为计算机的眼睛，由其拍摄得到的图像将作为计算机的输入，其成像质量对后续的信息提取、加工过程影响巨大。无论是计算机视觉识别算法开发，还是人类用户视觉体验，均对高清图像的需求与日俱增。然而，在实际的图像采集过程中，受限于图像采集设备的成本、图像的采集环境、信息传输的带宽或成像技术瓶颈，人们往往无法获得边缘清晰、细节丰富的高清、高分辨图像，所采集的图像呈现出分辨率低、模糊不清和细节缺失等低质量问题。而低质量、低分辨率图像一方面无法充分利用当前高清显示设备满足用户对高清图像、视频的视觉体验需求；另一方面会使计算机很难从中提取足够的有用信息，进而导致计算机视觉算法失效或错误判断。为了提高图像的分辨率，同时改善图像的清晰度与图像纹理的丰富度，图像超分辨率（Image Super-Resolution）技术应运而生，并且自诞生以来一直受到研究人员的广泛关注。图像超分辨率重建旨在从一幅低分辨率（Low-Resolution，LR）图像中重建出自然清晰的高分辨率（High-Resolution，HR）图像。由于图像超分辨率重建本身是一个矛盾的问题，其重构解并不唯一，所以研究图像超分辨率重建问题具有很高的科学研究价值。同时，图像超分辨率重建技术在许多领域具有极好的应用前景。

1. 智能显示领域

一方面，随着科技的发展，手机逐渐取代了单反相机，成为人们拍照的主要手段。受限于手机的体积和设备成本等因素，手机拍摄图像的分辨率一般偏低，尤其在拍摄远距离目标物体时，由于无法实现光学变焦，所以成像的分辨率极低，视觉效果差。为了满足人们对高质量和高分辨率图像的追求，研究人员希望使用图像超分辨率技术来辅助得到高清、高分辨率图像。另一方面，目前可显示超高分辨率的 4K 高清屏幕逐渐走向普及，但是很多成像设备拍摄的图像是远不及 4K 的，很多老电影和旧视频的分辨率也是极低的。为了让低分辨率图像、视频能够在 4K 屏幕上显示出良好的视觉效果，也需要使用图像超分辨率算法来进一步提升低分辨率图像和视频的视觉质量与分辨率。

2. 医学影像领域

在医学影像领域，有很多以非侵入方式取得人体内部组织影像的技术，如计算机断层成像（Computed Tomography，CT）、磁共振成像（Magnetic Resonance Imaging，MRI）、医学超声成像等。这些医学影像技术提供了丰富的信息，极大地方便了医生的病理诊断，成为临床医学等领域至关重要的检查方法。然而，一方面，影像受限于模态本身的成像技术瓶颈。例如，在超声成像过程中，人体组织会吸收声波，声波也由于散射而衰减分散，使得超声影像的分辨率低且存在噪声点；在磁共振成像过程中，由于成像时间较长，所以会产生移动伪影，也会影响成像质量。另一方面，很多成像技术（如 CT）为了减少辐射给所检查者身体带来的伤害，往往使用小剂量辐射进行成像，以及磁共振成像无法超高强磁场共振成像，这也使仪器采集的图像分辨率通常偏低。而使用图像超分辨率算法提高医学影像的分辨率有利于医生对病理的诊断，高分辨率医学影像也有利于发现微小的病灶，因此，图像超分辨率在医学影像领域具有很重要的研究意义和应用价值。

3. 遥感成像领域

在遥感成像领域，主要成像技术包括光学成像和合成孔径雷达成像。一般，人造卫星或飞机首先向地面发射电磁波（包括光波），然后接收地面反射回来的电磁波，从而对地面环境进行感知成像。遥感技术有极其广泛的应用领域，包括航海、农业、气象、资源、环境、行星科学等，可以进行军事目标识别、环境监测、灾害研究和受损规模估计等。然而，一方面，由于遥感成像时人造卫星或飞机与成像对象之间的距离较远，成像环境复杂且存在很多未知干扰因素；另一方面，受限于传感器技术及成像设备成本等，导致所采集的图像分辨率低，目标模糊不清，不利于对图像进行分析，因此，也急需使用图像超分辨率算法提升图像的分辨率和改善图像的质量，从而能够为军事目标识别、环境监测、灾害研究和受损规模分析等提供更多有效的信息。

4．城市视频监控领域

随着智慧城市、平安城市的建设发展，视频监控设备已经遍布在大多数公共区域。然而，考虑到监控区域之广，存储与传输需求之大，公共监控系统的摄像头往往是低分辨率的。低分辨率的视频监控有时只能提供模糊的监控目标信息，这些低分辨率的图像和视频在进行后续的人脸识别、车牌识别、目标结构化特征识别等任务时，往往会存在较大的困难。使用图像超分辨率重建技术，可以不需要重新部署高成本的高清摄像头，而是通过图像超分辨率技术提升待识别区域的图像质量来辅助改善识别等任务的效果。

5．图像压缩传输领域

当前互联网、移动互联网中的自媒体、短视频等新媒体数据量急剧增加，为了降低海量数据对传输带宽的压力，会对视频和图像数据进行压缩处理，如降低图像的分辨率。但是人们对视频的清晰度需求是很高的，因此，在视频图像流的接收端，需要使用图像超分辨率技术来提升图像的分辨率，尽可能重建出原有的高清视频或图像；同时，当前新冠肺炎病毒疫情也对人们的工作方式产生了巨大的影响，居家办公时，远程多人实时视频会议成为员工彼此交流和沟通的主要渠道。而多人实时视频会议是一个对实时性要求比较高的应用场景，因此，为了满足视频传输的实时性，即降低传输时延，有时也需要将摄像头拍摄的视频流进行下采样压缩后送入互联网进行传输，并在接收端通过图像超分辨率技术来尽可能重建原始视频流[10]。

6．人脸图像超分辨率重建

人脸图像超分辨率重建通常可以帮助完成其他与人脸相关的任务。与普通图像相比，人脸图像具有更多与人脸相关的结构化信息。清晰的人脸能够使得类似于人脸检测、人脸识别等项目变得更加容易和精确，尤其在人流量大的地方，单张照片拍摄过多的人脸，导致每张人脸占有的像素很少，这给人脸检测和人脸识别带来了一定的困难，此时，人脸图像超分辨率重建能够发挥很大的作用。人脸图像超分辨率重建在监控系统和公安系统都能够发挥极大的作用。

7．遥感军事应用、气象分析、地理环境分析、军事保护等

为了克服机载和空间采集仪器固有的光学局限性，图像超分辨率（SR）在遥感领域得到了广泛的应用。远程目标跟踪、土地覆盖图和细粒度图像分类是图像超分辨率显示出竞争优势的一些最流行的应用。从卫星光学成像传感器中获取的遥感图像为监测地球表面提供了丰富的信息，在目标匹配与探测、土地覆盖分类、城市经济水平评价、资源勘探等领域的广泛应用中，高分辨率遥感图像具有重要的作用。然而，由于远距离成像、大气湍流、传输噪声和运动模糊等因素的影响，与自然图像相比，遥感图像的质量相对较差，空间分辨率相对较低。而且，遥感图像中的地面目标通常具有不同的尺度，使得目标与周围环境在其图像模式的联

合分布中相互耦合。因此，对超分辨率遥感图像的研究极大地引起了人们的兴趣，成为一个研究热点[9]。

如图 1.5 所示，在低分辨率遥感图像中，由于地物过小，所以视觉上无法辨识。但通过超分辨率重建后，图像中的地物变得更加清晰，如图像中的建筑物、田间道路、地块界线、草垛等地物要素。图像超分辨率重建对于图像后期的目标检测、地物提取、语义分割、变化检测、灾害识别等应用具有重要的技术支撑作用。深度学习在图像超分辨率重建上的研究一直是学界研究的热点，目前由于图像存在阴影、噪声、色彩不一致等问题，使得超分辨率重建模型难以适应实际应用场景，这是目前需要解决的关键问题。

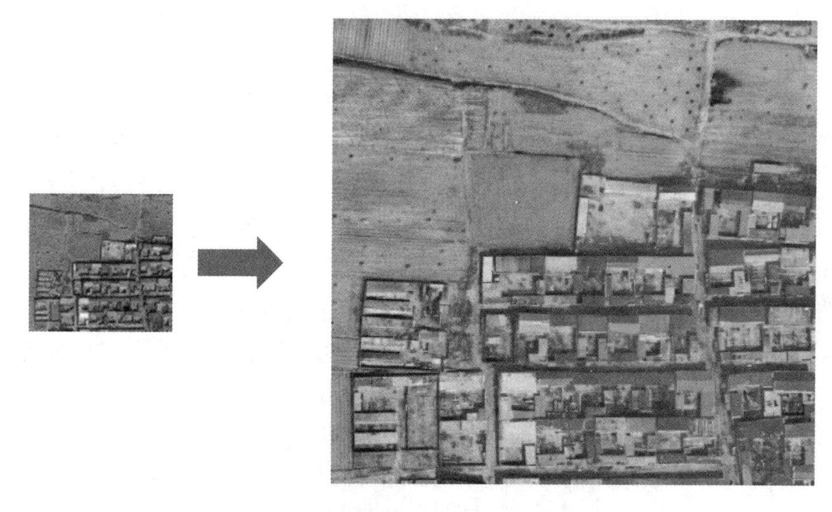

图 1.5　图像超分辨率重建效果图

1.5　深度学习在图像领域中的应用

深度学习在图像领域中的应用十分广泛，尤其在工业图像、医学图像、遥感图像、监控图像的目标检测、语义分割等应用中，深度学习发挥了其智能学习与预测的能力。

1. 工业生产缺陷检测

随着我国工业化程度的不断提高，焊接技术已广泛应用到承压容器、冶金工业、石油化工等各个领域，工业设备焊接质量的好坏直接影响焊接结构的使用性能和寿命。由于生产工艺和焊接环境等因素的影响，工业设备的焊缝位置在制造和使用过程中容易产生各类焊接缺陷，依照焊缝位置的不同可分为内部缺陷（裂纹、圆形缺陷、未熔合、未焊透等）和表面缺陷（咬边、烧穿等）。

对于表面缺陷，可以通过视觉检测方法直接识别焊缝缺陷类型和损伤程度；而焊缝内部缺陷则需要借助其他无损检测技术进行缺陷识别和研判，如脉冲超声检测技术（UT）、X 射线检测技术（RT）和涡流检测技术（ET）等。其中，RT 由于可以准确识别缺陷的位置和长度而在焊缝缺陷检测中应用最为广泛。目前，RT 的缺陷定性、定量主要还是依赖人工评定法，包括人工评片和机器视觉等。人工评片受评片人员的专业水平和身体状况等主观因素的影响，容易造成缺陷漏检或误判等；机器视觉广泛应用于焊缝图像的缺陷分割，主要针对人工选取的特征进行提取和分析，这不仅依赖于人工选定，还对某些缺陷难以选出优质的特征，当提取的特征质量不佳时，就得不到较高的识别准确率。为了降低依赖人工评定法的主观性、差异性，研究焊缝缺陷自动检测系统成为重要的研究方向。近年来，将深度学习的图像特征自动学习应用于工业生产缺陷检测成为主流研究方向。一方面，该方法避免了传统算法中人工提取特征的局限性和复杂性；另一方面，深度学习在自然语言处理、图像分类和物体检测等领域获得了广泛应用，为深度学习在工业生产缺陷检测中的应用奠定了基础[11]。如何对工业图像进行处理，以满足工业生产缺陷检测深度学习模型训练的需求是该领域重点关注的问题之一。

2．医学影像检测

随着医学成像技术和成像设备的快速发展与普及，全球每天会产生大量的医学影像数据，借助计算机进行医学影像分析在临床诊断、手术方案制定中的重要性日益凸显。其中，医学影像分割能够有效地提取目标区域的形状和空间信息，是进行医学影像定量分析的关键步骤之一，目的是以机器视觉方式自动从医学影像中逐像素地识别出目标区域（器官、组织或病灶）。早期的医学影像分割系统主要基于传统的图像分割算法搭建，如基于边缘检测的分割算法、基于阈值的分割算法和基于区域的分割算法。但医学影像通常具有对比度低、组织纹理复杂、边界区域模糊等特点，极大地限制了此类图像分割算法的效果和应用场景。随后，针对特定任务设计手工特征的分割算法在很长一段时间内成为医学影像分割的研究主流，然而，手工特征的设计极大地依赖医生的专业先验知识，而且往往泛化能力差，无法迁移到新的任务场景中。因此，在实际应用中，基于传统图像分割技术的医学影像分割系统仍然不够成熟，无法获得令人满意的分割效果。

近年来，随着计算机技术和人工智能的快速发展，卷积神经网络（Convolutional Neural Networks，CNN）强大的建模能力被广泛研究。相比于传统的算法，基于卷积神经网络的深度学习算法给图像处理各领域带来了突破性的进展，如图像分类、语义分割等，基于深度学习的图像分割算法也被引入医学影像分割中。深度学习算法的自动提取特征能力有效地克服了传统医学影像分割算法过多依赖医生的专业先验认知这一弊端，且深度学习算法的可移植性高，借助迁移学习能够快速地拓展到不同的任务场景中[12]。如何对医学影像学习样本进行处理、提高医学影像的分辨率、降低图像噪声干扰、提高深度学习模型的识别能力和精度是医学领域的重点研究方向。

3．图像小目标检测

随着深度学习的发展，基于深度学习的目标检测技术取得了巨大的进展，但小目标由于像素少，难以提取有效信息，造成小目标检测面临着巨大的困难和挑战。为了提高小目标检测性能，研究人员从网络结构、训练策略、数据处理等方面展开了大量的研究，并取得了一定的进展。然而，与大、中目标检测相比，目前小目标检测性能依然存在着较大的差距。

目标尺度是影响目标检测性能的重要因素之一。目前，无论在公开数据集还是现实世界采集的图像中，小目标检测精度远远低于大目标和中目标，并经常出现漏检和误检的情况。但小目标检测在许多实际场景中具有重要的应用，甚至是很多智能设备能否有效安全运行的关键。例如，在无人驾驶系统中，当交通信号灯或行人等目标比较小时，仍然要求无人车能准确识别这些目标并做出相应的动作；在卫星图像的分析中，需要检测汽车、船舶之类的目标，但这些目标往往由于尺度过小而造成检测困难。因此，研究小目标检测的有效方法、提高小目标检测性能是当前目标检测领域非常重要和迫切的研究课题[13]。如何提高原始图像中的小目标物体的分辨率、提高深度学习模型的小目标检测性能是业界需要突破的关键问题之一。

4. 遥感图像目标检测与分类

遥感图像检测与分类方法可分为监督分类与非监督分类。监督分类是指对所要分类的地区利用先验的类别知识选择出所有要区分的各类地物的训练区，建立判别函数，对待分类区域进行分类，如最大似然法、最小距离法等。非监督分类是一种聚类统计分析方法，是以不同地物在影像中的类别特征差别为依据的无先验知识分类，如 K-means 均值算法、ISODATA（Iterative Selforganizing Data Analysis Techniques Algorithm）算法等。2006 年，Hinton 提出了无监督预训练加有监督训练微调的方法，解决了深层网络训练中梯度消失的问题，此后逐渐受到学者的关注，深度学习步入快速发展阶段。研究人员开始用深度学习处理遥感图像，实验证明，与传统遥感图像识别方法相比，其精度更高。近几年，高分辨率遥感图像的普及、测绘科学技术的发展使其成为热点研究领域[14]。基于深度学习方法，人们可以从遥感图像中提取地块、建筑物、道路、湖泊、车辆、飞机等目标，也可以对遥感图像进行分类提取。在遥感图像深度学习过程中，样本受限于遥感图像的质量，使得深度学习模型的精度有高有低，如何对样本图像进行处理，以保障深度学习模型的精度是业界需要解决的重要问题之一。

1.6 本章小结

本章对图像领域深度学习应用中样本图像存在的问题进行了分析，图像阴影检测与去除、图像噪声处理、图像匀光/匀色是深度学习样本图像需要解决的几个主要问题。样本图像的质量对深度学习模型的检测能力和精度具有直接影响，使用合适的方法处理样本图像是图像处理与深度学习领域的重点研究方向。图像超分辨率重建能够从根本上解决图像深度学习精度低的难题，样本图像经过超分辨率重建后，能够还原低分图像中的细小地物和特征信息，有助于提升深度学习模型的训练和预测能力。本书将在后续章节对上述图像处理算法与深度学习应用进行深入讲解。

本章参考文献

[1] 肖筱月．单幅图像阴影检测与去除研究[D]．北京：北京交通大学，2020.

[2] 韩红印．高分辨率光学遥感图像阴影检测与补偿技术研究[D]．长春：中国科学院长春光学精密机械与物理研究所，2021.

[3] Lorenzi L, Melgani F, Mercier G. A Complete Processing Chain for Shadow Detection and Reconstruction in VHR Images[J]. IEEE Transactions on Geoscience & Remote Sensing, 2012，50(9):3440-3452.
[4] 王晨．集成支持向量机的图像去噪方法研究[D]．淮南：安徽理工大学，2020.
[5] 王加忠．彩色图像乘性噪声去除的高阶变分模型及其快速算法[D]．青岛：青岛大学，2020.
[6] 崔浩．遥感图像增强及色彩一致性算法研究[D]．兰州：兰州交通大学，2018.
[7] 李莉．航空遥感图像匀光匀色方案研究与应用[D]．上海：东华理工大学，2013.
[8] 师珂珂．遥感图像超分辨率重建算法研究[D]．西安：西安科技大学，2020.
[9] 李灿．基于生成对抗网络的图像超分辨率重建算法研究[D]．乌鲁木齐：新疆大学，2020.
[10] 胡学财．自适应的图像超分辨率算法研究[D]．合肥：中国科学技术大学，2021.
[11] 王靖然，王桂棠，杨波，等．深度学习在焊缝缺陷检测的应用研究综述[J]．机电工程技术，2021，50(3):65-68.
[12] 曹玉红，徐海，刘荪傲，等．基于深度学习的医学影像分割研究综述[J]．计算机应用，2021，41(8):15.
[13] 员娇娇，胡永利，孙艳丰，等．基于深度学习的小目标检测方法综述[J]．北京工业大学学报，2021，47(03):293-302.
[14] 朱默研，侯景伟，孙诗琴，等．基于深度学习的遥感图像识别国内研究进展[J]．测绘与空间地理信息，2021，44(05):67-73.

第2章 图像阴影检测

阴影区域遮挡了光照投射区域内真实的地物信息，这往往会导致部分空间范围内的图像分析能力大幅下降。因此，阴影检测成为图像处理中的一个重要研究方向。目前，基于非监督学习的方法缺乏对阴影区域特征的了解，使得其自动调节能力较差、检测精度低。而基于监督学习的阴影检测方法则过多依赖先验知识及大量的数据样本，数据集的获取成了瓶颈问题。本章提出了一种自适应无监督的遥感图像阴影检测方法。首先，为了解决阴影特征提取不准确的问题，本章结合 HSI 颜色空间中阴影的高色度、高饱和度和低亮度的特殊属性，设计了一个新的多特征阴影检测通道，从而实现对阴影区域特征的准确提取；其次，在分割阈值求取过程中，本章结合全局和局部粒子群算法，引入动态惯性权重 w，提出了动态局部自适应粒子群算法（DLA-PSO），进一步提升了检测性能；最后，使用遥感图像数据，与传统检测方法及深度学习方法进行了比较分析。

2.1 阴影检测的意义

在遥感图像成像的过程中，由于直射光被地物遮挡而在地表形成阴影区域。阴影区域在一定程度上改变了投射区域内真实的地物信息，给后续遥感图像的处理带来了极大的干扰。阴影区域也存在着一定的利用价值，如可以通过遥感图像中的阴影区域对建筑物高度进行估算，利用阴影区域估算太阳光源的方向。但是随着遥感技术的发展及高分辨率遥感图像的大规模应用，阴影区域的存在会导致对特定区域的图像分析能力大幅下降。例如，在城市区域内存在着大量的建筑物，形成的成片阴影区域严重影响了对投射区域内数字地表信息的提取，从而产生错误的结果。因此，对于高分辨率遥感图像中的阴影区域进行提取是后续图像处理必不可少的步骤，对阴影区域检测的精度直接影响后续的图像处理和分析工作成功与否。

目前，针对遥感图像的阴影检测方法主要分为两类：基于非监督学习的阴影检测方法与基于监督学习的阴影检测方法。基于非监督学习的阴影检测方法通过阴影的某一特性实现对阴影区域的检测，通常的方法是利用光谱差异、几何特征、颜色空间下的阴影属性获得相关的特征参数，从而实现对阴影区域的检测。基于非监督学习的阴影检测方法不需要先验知识，但是阴影检测准确性差；而基于监督学习的阴影检测方法需要依靠大量的先验知识及训练样本。近些年，利用深度学习网络训练给定样本集从而实现对阴影区域的检测成为一个研究热点。虽然基于监督学习的阴影检测方法的精度较高，但是目前适用于基于监督学习的高分辨率遥感图像的数据样本集过少，需要耗费大量的人力对训练样本进行采集和处理。

本章研究了 HSI 颜色空间下的阴影特点，并提出了一种动态局部自适应的遥感图像阴影检测方法。主要内容如下：①根据阴影区域在 HSI 颜色空间中低亮度、高色度和高饱和度的属性，设计了一个新的多特征阴影检测通道，实现了对遥感图像阴影区域的检测并保证检测通道在复杂地物场景下的鲁棒性；②在阈值选取方面，本章充分考虑了全局粒子寻优及单个粒子邻域关系两方面，引入动态惯性权重 w，最终提出了动态局部自适应粒子群算法，提升了选取最佳阈值的精度，大大缩短了计算时间。

2.2 阴影检测方法分类

2.2.1 基于监督学习的阴影检测方法

很多学者将传统的机器学习方法与颜色空间的阴影属性相结合，提出了一些较为高效的基于监督学习的阴影检测方法。Lorenzi 基于图像中的阴影特征，首先采用支持向量机（SVM）的方法区分出阴影区域，然后利用自适应滤波器及线性插值的方法提取阴影边界。Lab 模式是根据国际照明委员会（CIE）在 1936 年制定的一种测定颜色的国际标准建立的；1976 年，经修改后被正式命名为 CIELab。它是一种设备无关的颜色系统，也是一种基于生理特征的颜色系统。Yuan 等首先对 CIELab 颜色空间进行核密度估计来定义颜色特征，然后采用直方图计算亮度特征，最后结合逻辑回归和条件随机场模型（CRF 模型）训练分类器，从而实现对单幅图像的阴影区域检测。

近年来，基于卷积神经网络（CNN）的模型非常适合解决图像级的分类和回归任务。CNN 通过学习基于训练数据的复杂非线性特征，对目标物体进行图像识别。基于 CNN 的深度学习算法已经被广泛应用在医学影像分割（癌变识别）、人脸识别、交通标志识别、物体检测及场景识别领域，均取得了较好的效果。而全卷积神经网络（FCN，2015）的提出则解决了从图像中识别特定部分物体的世界级难题。FCN 算法通过对图像进行像素级分类，解决了语义级别的图像分割问题。事实上，高分辨率遥感图像阴影检测同样可以看成是一种语义分割问题。在 FCN 的基础上，Ronneberger 等在 2015 年提出了 U-Net 框架，该方法在道路提取、阴影检测等领域取得了良好的效果。Badrinarayanan 等（2017）基于 FCN 和 VGG-16 网络提出了 SegNet 框架，其优势在于解码器对其较低分辨率的输入特征图像进行非线性上采样，从而对图像中的物体所在区域进行语义分割。Lei 等（2018）在 CNN 的基础上设计了递归注意残差模块及双向特征金字塔网络（BFPN），提出了 BDRAR 算法，可以更好地抑制错误检测结果，同时增强了阴影细节。Zhao 等提出了金字塔场景解析网络（PSPNet）算法，首先使用预训练后的 ResNet 作为特征提取前端；然后在 FCN 预测框架下加入金字塔池特征模块，深度挖掘复杂场景下的上下文信息。Luo（2020）结合编码器残差结构及深度监督下的渐进融合过程，提出了 DSSDNet 模型，通过融合相邻特征进一步提高了检测性能。

2.2.2　基于非监督学习的阴影检测方法

基于非监督学习的阴影检测方法主要分为基于光谱差异、基于几何特征和基于不变颜色空间下的阴影特征 3 类。

首先，基于光谱差异的方法是指在已知光照条件、场景等基础上，利用多光谱遥感图像的光谱特性和地表反射波谱特征构建光学模型，从而实现对阴影的检测。例如，从光谱特性入手，Nakajima 首先利用机载激光扫描仪提供的 ALS 高度数据及 IKONOS 图像数据恢复了阴影区域的光谱信息；然后将恢复后的光谱信息与 IKONOS 图像进行融合处理，从而提取出实际阴影区域。Finlayson 从非阴影区域内的光谱特性入手，提出了一种光照检测算法，即对正常拍摄的图像和通过彩色滤波器拍摄的图像，利用过滤前与过滤后图像的关系来区分光照变化。该算法可检测图像中的像素是否被光照亮进而得到阴影区域。另外，对于光谱特性的研究，还可以将光学传输设备作为切入点，Makarau（2011）结合照明光源的物理特性，采用辐射模型对典型多光谱传感器进行改进，利用多光谱检测的温度、色度差异等参数进行阴影检测。Lee 等（2017）通过智能视频监控系统收集的夜间视频序列对前景区域进行划分，利用阴影区域朝向光源区域的方向对阴影对象进行区分。但是这些方法对光照条件、传感器性能等有严苛的要求，很难获得相对精确的实验参数，不具有普适性。

而基于几何特征的方法需要对特定几何场景、图谱模型进行数学建模，经过严密的数学推导，具有更强的理论价值。Salvador（2004）将阴影边界分为阴影射线、阴影线、被遮挡的阴影线及隐藏的阴影线 4 类，利用阴影的光谱和几何特性提出了一个图像解析系统，可以自动识别静态图像和视频序列中的阴影。Yao 和 Zhang（2008）进一步把图论知识和阴影的几何特征进行结合，将彩色航空图像分成了像素级和区域级。他们首先将图像建模为可靠图，并通过节点可靠性和链路可靠性定义其图形可靠性，证明阴影检测可以通过找到最大可靠图来实现；其次，在区域级别上，可通过最小化贝叶斯误差消除最有可能错误检测的阴影区域。

近年来，利用高光谱图像和 DSM 数据，将光谱与几何特征结合也是研究的一个热门方向。Tolt 等（2011）结合高光谱和激光雷达数据，先在 DSM 上通过视线分析找出初步的阴影区域，再通过训练监督分类器筛选出阴影区域。Wang 等（2017）在 DSM 基础上结合太阳位置捕获太阳和地表之间的几何关系，从而描绘图像中的阴影区域。Kang 等（2017）有效结合高光谱图像的空间信息，联合相邻像素的几何位置信息，提出了一种基于扩展随机步行器的阴影检测算法。这些方法虽然有着严谨的理论推导，但是往往缺乏先验知识且需要特殊场景，在背景复杂的条件下效果不佳，难以满足实际工程的要求。

基于不变颜色空间下的阴影特征的方法主要分析阴影在不同空间下的亮度、色度、饱和度、纹理信息等方面的特征，具有普遍性。

例如，赵忠明和杨俊（2007）利用阴影区域蓝色通道分量偏高的特性对 RGB 图像进行归一化处理，结合归一化后的蓝色通道分量及原始蓝色通道分量得到较为精确的阴影区域。虽然该方法易于实现，但是对场景的光照条件有着一定的要求。Tsai 考虑到 RGB 颜色空间难以区分颜色相似性的特点，选择了 HSI 颜色空间，依据阴影区域低亮度和高色度方面的特性，采用 Otsu 阈值法，对色度与亮度的比值图像进行检测，得到阴影区域；但这种方法易将色度高（暗蓝色、暗绿色等）的地物误检为阴影区域。而鲍海英等（2010）在此基础上将 RGB 与 HSI 颜色空间结合，利用 RGB 图像中的 G 通道和 HIS 图像中的亮度通道进行直方图阈值检测，从而得到阴影区域；但是该方法仅仅将表现基本颜色特征的亮度通道与 G 通道结合，未考虑色度及饱和度其他特征，检测效果不佳。Sarabandi 等（2004）提出阴影检测的最佳非线性变化 C1C2C3 空间。Arevalo 等（2008）进一步将 RGB 空间通过非线性变换定义 C1、C2、C3 通道，利用阴影区域在 C3 通道中灰度下降最少的特点，结合饱和度及亮度对其边缘区域进行限制，采用阈值检测的方法得到阴影区域；但是 C3 通道对某些颜色（如绿色、红色）不敏感，这就导致一些非阴影区域被误检为阴影。虽然该类方法易于实现，对光照条件、几何场景的要求不高，但是没有充分考虑阴影在区域内的特征，往往会存在偏暗色物体因亮度过低而被错检为阴影、亮阴影区域被漏检等问题，检测精度有待提高。

另外，关于阈值选取方法，可以分为全局阈值方法与局部阈值方法。20 世纪 60 年代，Prewitt 提出单幅图像全局阈值法——直方图双峰法，当图像在灰度直方图中呈现出两峰一谷的特性时，选取谷底的灰度值作为图像分割的阈值；当图像的灰度直方图呈现出多峰多谷的特性而涉及多阈值处理时，该方法很难求解，无法自适应地选择最佳阈值。另外。波峰间的间隔、光源的均匀性、图像噪声内容等很多因素都会对波谷特性产生影响。1979 年，Otsu 阈值法利用统计分析中的著名测度公式——类间方差公式来寻找阈值，当类间方差最大时，给出的阈值即整幅图像分割最优阈值，前景与背景分离程度最好。但是在遥感图像中，部分区域的地物颜色多样，仅通过全局阈值方法进行分割，效果不好。随着信息熵理论的发展，Kapur 提出了最大熵阈值方法。最大熵分割基于信息熵理论中的熵增原理，利用贝叶斯函数分别计算前景与背景图像的信息熵，当前景与背景图像的信息熵的和最大时，通过拉格朗日乘子法将最大熵模型转化为无约束的最优化问题，进而求得目标函数最大值，对应的阈值即单幅图像的最优阈值。虽然最大熵阈值方法将阈值求解问题转变为目标函数的最优化问题，但是利用最大熵求解阈值的过程计算量巨大，使得算法运行效率较低。

而在局部阈值选取方法上，区域生长法（RSG）也是一种常见的阈值选取方法。RSG 就是事先选取一组“种子点”，通过把与种子具有相同属性的相邻像素点合并到每个种子上，从而组合成更大的增长区域的过程。虽然 RSG 不需要先验知识且通常可以把具有相同特征的连通区域分割出来，但是在区域生长中需要考虑初始化种子的选择、区域连通性及停止规则制定等问题。针对遥感图像，由于其阴影区域内地物特征复杂，使得阴影区域的检测效果较差。Shi 和 Malik（2000）提出的最小图割算法首先利用数学图论知识，将图像中的像素点看作无向图的节点，首先将分割图像表示为加权无向图；然后根据最大留、最小割原理，重新定义归一化分割的测度；最后求取归一化分割的最优解，进而得到分割图像。虽然最小图割算法考虑像素点的空间特性，其效果优于基于单一像素点属性的方法，但是大大提高了实现的复杂性，降低了算法执行的效率。这些方法对复杂遥感图像的处理速度较慢，并且从局部区域特征入手很容易陷入局部最优，面对多通道检测处理往往会出现异常情况，不具有全局性和动态自适应性。

综上所述，基于监督学习的阴影检测方法需要大量的先验知识，对数据样本的要求过高。而基于非监督学习的阴影检测方法对场景的光照条件、几何特征有特定的要求，不具有普适性。基于阴影属性的方法缺乏对阴影区域特征的综合考虑，对于某些颜色的特征不敏感，存在误检的情况，检测精度有待提高。在阈值选取方法上，全局阈值方法只考虑了单幅图像的单一阈值，不能适应遥感图像中复杂地物的特征，面对多阈值检测的情况，其分割效果不好，缺乏自适应性。而局部阈值方法从局部特征入手，极易陷入局部最优，不具有全局性。本节方法从基于非监督学习入手，简化了复杂的数据样本预处理阶段。使用 HSI 颜色空间，根据阴影区域的高色度、低亮度的特性，在 I（亮度）-H（色度）通道分离出阴影区域。但是非阴影区域高色度（绿色、红色）的地物由于与亮度差别较小，所以会混入阴影区域，继续将上述得到阴影区域放入 H-I 通道，筛选出高色度地物。同时，考虑到非阴影区域内深色地物的高饱和度、高亮度的特性，采用饱和度通道和亮度通道进行双阈值阴影检测，进而得出阴影区域。本节方法充分考虑了遥感图像复杂地物属性特征，满足各个场景的需求，具有普适性。在阈值选取方法上，本章考虑全局粒子寻优算法与局部区域的信息，引入动态惯性权重，提出了动态局部自适应粒子群算法。该算法可以自动并准确地得到阴影分割的最佳阈值，并且计算效率高。

2.3 基于动态粒子群算法的阴影检测

本节首先整体介绍高分遥感图像阴影检测方法的整体流程，其次分 3 部分介绍高分遥感图像的相关基础概念，以及阴影检测通道设计、动态局部自适应粒子群算法（DLA-PSO）、局部区域优化。

2.3.1 遥感图像阴影检测方法的整体流程

如何既能摆脱光照、场景等特定条件的限制，使得阴影检测方法更具有普适性；又能减少阴影区域被漏检、误检的情况，提升阴影区域的检测精度。另外，还可以避免方法对训练样本的过分依赖，这些是本章需要解决的问题。

图 2.1 展示了本章提出的高分遥感图像阴影检测方法的整体流程。整个流程大致分为 3 个主要模块：遥感图像阴影检测通道设计、动态局部自适应粒子群算法阴影检测和局部区域优化。

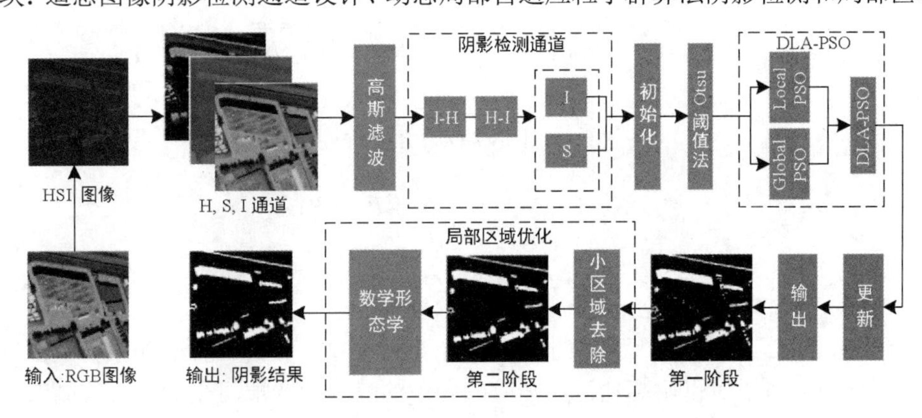

图 2.1 高分遥感图像阴影检测方法的整体流程

由于 RGB 颜色空间存在颜色感知不均匀/不直观、颜色相似性难区分等问题，因此，在图像处理中，一般采用更符合视觉特性的 HSI 颜色空间。HSI 颜色空间又可以分为色度（H）、饱和度（S）、亮度（I）3 个通道。另外，图像在采集过程中会存在高斯噪声，各个通道需要进行高斯滤波处理以去除噪声。在阴影检测通道的设计上，将进行滤波去噪后的各个通道根据阴影在 HSI 颜色空间中高色度、高饱和度、低亮度等特性进行组合。在遥感图像经过 I-H

通道检测的阴影区域上引入 H-I 通道来解决图像由于色度高而容易被误检的情况；紧接着，针对深色地物容易被误检成阴影的情况，采用饱和度和亮度通道进行双阈值检测，只有当像素高于饱和度通道某一阈值且低于亮度通道某一阈值时，才能被认为是阴影区域。

在对阴影检测通道进行合理设计后，要选取各个通道的阈值进行二值化处理。

传统阈值选取方法包括直方图阈值法、迭代阈值法、Otsu 阈值法。这些方法的算法简单，所求阈值是只针对单一通道的固定阈值，在面对多通道检测处理时往往会出现异常，不具有全局性和动态自适应性。因此，在阈值选取方法的设计上，本节结合 Otsu 阈值法及经典粒子群算法，提出了一种新的算法——动态局部自适应粒子群算法（DLA-PSO）。该算法充分考虑种群之间全局粒子的寻优问题，以及种群内粒子与邻域之间的关系，将全局粒子群优化与局部粒子群优化进行结合，通过种群内部及种群间的寻优求取个体最优位置与全局最优位置，从而确定最佳阈值。另外，该算法将 Otsu 阈值法中的类间方差公式作为算法中的适应度函数，并将粒子速度更新公式中的 w 与种群个数和迭代次数（k）相结合，设计出一个动态惯性权重，进而根据上述检测通道得到初步的阴影检测结果图。

由于遥感图像的非阴影区域中可能会有较暗或细小物体（车辆、树木）被错检为阴影，所以需要对初始阴影区域进行连通区域检测计算，利用面积阈值进行小区域去除优化。另外，由于阴影内部也会存在高亮物体，所以会使初步检测结果存在空洞现象，可以采用数学形态学的方法，通过数学闭运算处理进行填充，从而得到最终的阴影检测结果图。

2.3.2 遥感图像阴影检测通道设计

由于 RGB 颜色空间存在颜色感知不直观、颜色相似性难以区分等缺陷，所以需要先将 RGB 图像转换成由色度 H、饱和度 S 和亮度 I 组成的 HSI 颜色空间。具体方法如下：

$$\theta = \arccos \frac{(R-G)+(G-B)}{2\sqrt{(R-G)^2+(R-B)(G-B)}}$$

$$H = \begin{cases} \theta, & B \leqslant G \\ 360-\theta, & B \geqslant G \end{cases}$$

$$S = 1 - \frac{3}{R+G+B}\min(R,G,B)$$

$$I = \frac{1}{3}(R+G+B)$$

在得到 H、S、I 通道分量后，由于图像在采集过程中，传感器受照明条件及温度的影响会产生高斯噪声，所以可以用高斯滤波消除图像中的噪声。一般可采用二维的高斯函数来处理图像，具体函数如下：

$$h_g(n_1,n_2,\delta) = \frac{1}{2\pi\delta^2}\mathrm{e}^{\frac{-(n_1^2+n_2^2)}{2\delta^2}}$$

其中，n_1 为像素的横坐标；n_2 为像素的纵坐标；δ 为正态分布的标准差，即高斯分布的参数，其大小决定了图像被平滑的程度；输出的 $h_g(n_1,n_2,\delta)$ 为周围相邻像素点的加权平均值。因此，高斯滤波就是对整幅图像进行加权平均，有利于边缘检测。

针对遥感图像阴影通道的设计，需要考虑阴影区域在 HSI 颜色空间中的特性。遥感图像阴影检测通道如图 2.2 所示。阴影区域是由于物体阻挡太阳光照而形成的，所以阴影区域内的亮度偏低。另外，由于大气瑞利散射的影响，使得阴影区域内饱和度更高。通过 Phong 光照模型可知阴影区域内的色度过高。

根据阴影区域内色度高、亮度过低的特点，设计出一个新的通道 I-H，阴影区域在该通道中的数值小于 0，即阴影在该通道图像上显示为黑色，能够有效区分阴影区域与非阴影区域，如图 2.2（c）所示。

从图 2.2（c）中可以看出，该通道通过设定某一阈值，可以将阴影从图像里区分出来，但是一些色度高的物体（如绿色、红色地物）也会被误认为是阴影区域，从而给阴影检测带来误差。针对这种情况，需要对从 I-H 通道剥离出的阴影区域继续抽取阴影。

从图 2.2（d）中可以发现，H-I 通道可以将一些色度高的地物与阴影区域分离开，因此，在进行上一步检测后，将得到的阴影区域继续放入 H-I 通道，通过某一特定阈值进一步优化阴影区域。但是从图 2.2（c）中可以看出，当非阴影区域内存在深色地物（如深灰色道路）时，也会被误检为阴影区域，因此，接下来要从上述得到的阴影区域中对深色地物进行剥离。

从图 2.2（e）、（f）中可以看出，阴影区域内的亮度低、饱和度高，与非阴影区域差异明显。因此，可以将这两个通道结合在一起作为判断依据，采用双阈值对上述得到的阴影区域进行检测，只有在饱和度图上高于某一阈值且在亮度图上低于某一阈值的区域才能被认为是阴影区域，从而将深色地物从检测的阴影区域内区分出来。

综上，在阴影检测通道的设计上，首先，遥感图像通过 I-H 通道将阴影区域从图像中初步分离出来；然后，将初始阴影区域放入 H-I 通道中，误检为阴影的色度高的地物可以在此通道中与阴影进行区分，进一步优化阴影区域；最后，针对一些深色地物难以与阴影区分的问题，通过饱和度（S）和亮度（I）通道的结合，采用双阈值方法进行检测。通过上述检测通道的设计，实现了对阴影区域的准确检测，如图 2.2（g）所示。

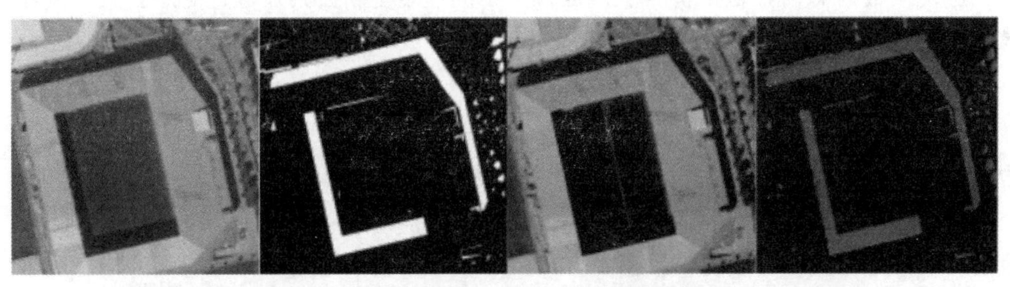

（a）原始图像　（b）阴影标签图　（c）I-H 通道　（d）H-I 通道

（e）S 通道　（f）I 通道　（g）阴影检测图像

图 2.2　遥感图像阴影检测通道

2.3.3 动态局部自适应粒子群算法

在对阴影检测通道进行设计后，如何能够快速准确地选取最佳阈值成为我们需要考虑的重点。在传统粒子群算法与Otsu阈值法的基础上，本节介绍一种新的阈值求取算法——动态局部自适应粒子群算法。

粒子群算法是经典的智能优化算法之一，其基本思想是通过粒子种群内部及种群之间的协作与信息共享来搜索最优解。粒子群算法的优势在于简单易行、设置参数少、收敛速度快，在现代工程的优化中具有广泛应用。

在高分遥感图像阴影检测中，在遥感图像的[0,255]区间设置规模为 n 的粒子群 $Q=\{X_1,X_2,\cdots,X_n\}$，并随机设定每个粒子的速度 $V=\{v_1,v_2,\cdots,v_n\}$。在粒子群算法中，需要设定适应度函数，以对粒子移动前后的优劣程度进行判断，从而以此函数值为根据寻找第 k 次迭代时粒子 i 的个体最优值（pbest_i）及全局最优值（gbest_k）。在高分遥感图像阴影检测中，将Otsu阈值法中的类间方差公式设置为粒子群算法中的适应度函数，类间方差越大，即前景与背景分离程度越大，粒子效果越好。类间方差公式如下：

$$g=w_0(\mu_0-\mu)^2+w_1(\mu_1-\mu)^2$$

其中，g 为类间方差；w_0 为前景像素占整体图像的比例；w_1 为背景像素占整体图像的比例；μ_0 为前景图像中的平均灰度值；μ_1 为背景图像中的平均灰度值；μ 为整体图像的平均灰度值，$\mu=w_0\mu_0+w_1\mu_1$。由此可以得到类间方差的简化公式：

$$g=w_0w_1(\mu_0-\mu_1)^2$$

将类间方差公式作为粒子群适应度函数后，针对经典粒子群算法容易陷入局部最优等问题，需要对经典粒子群算法进行改进。

当迭代次数为 k 时，粒子群算法根据粒子 i 的速度更新公式及位置更新公式改变粒子的速度和位置。公式如下：

$$v_i^k=wv_i^{k-1}+c_1r_1(\text{pbest}_i-X_i^{k-1})+c_2r_2(\text{gbest}_{k-1}-X_i^{k-1})$$

$$X_i^k=X_i^{k-1}+v_i^{k-1}$$

其中，c_1 和 c_2 为学习因子，通常为常数；r_1 和 r_2 为随机因子，其存在提高了算法的性能。

通过观察粒子群算法中的速度更新公式发现，惯性权重 w 的大小决定了先验知识对当前速度的影响，进而影响算法的收敛速度。较大的 w 有着较强的全局优化能力，但是局部优化能力会变弱。为了平衡算法的全局搜索速度和局部搜索精度，算法在初期维持较大的 w，使得粒子可以以较快的速度找到最优值邻域；在后期维持一个较小的 w，使得粒子可以更为精确地搜索到之前最优值邻域内的最佳位置。为此，将粒子迭代次数（k）与种群数 m 结合，加入最大权重 w_s 与最小权重 w_e，引用一个新的动态惯性权重：

$$w=w_e\cdot\left(\frac{w_s}{w_e}\right)^{\frac{1}{1+\frac{10\cdot k}{m}}}$$

另外，还需要充分考虑种群之间全局粒子寻优，以及种群内部粒子与邻域之间的关系，结合全局粒子群优化及局部粒子群优化算法，对速度更新公式进行更改。首先需要对函数进行定义，公式如下：

$$\text{Global}_i = \text{gbest}_{k-1} - x_i^{k-1}$$

$$\text{Local}_i = \text{pbest}_i - x_i^{k-1}$$

$$\text{Neighbourhood}_i = \text{pbest}_{i+1} - x_i^{k-1}$$

其中，Global_i 表示的是全局最优粒子与当前粒子位置的距离；Local_i 表示的是粒子 i 个体的最优位置与当前位置的距离；Neighbourhood_i 表示的是邻域粒子 i+1 与粒子 i 当前位置的距离。从而得到动态局部自适应粒子群算法的速度更新公式：

$$\text{GlobalPSO}_i = wv_i^{k-1} + c_1 r_1 \text{Local}_i + c_2 r_2 \text{Global}_i$$

$$\text{LocalPSO}_i = wv_i^{k-1} + c_1 r_1 \text{Local}_i + c_2 r_2 \text{Neighbourhood}_i$$

$$v_{\text{DLA-PSO}}^{k-1} = \mu \cdot \text{GlobalPSO}_i + (1-\mu) \cdot \text{LocalPSO}_i$$

$$\mu = \frac{k}{\text{Max\_iteration}}$$

$$x_i^k = x_i^{k-1} + v_{\text{DLA-PSO}}^{k-1}$$

其中，GlobalPSO_i 行表示的是全局粒子群优化算法的速度更新公式；LocalPSO_i 行表示的是邻域内粒子局部最优化的速度更新公式。而动态局部自适应粒子群速度更新公式是将二者的速度更新公式按照一定的权重联系起来，进而更新粒子 i 的位置。

粒子的速度 $v_{\text{DLA-PSO}}^{k-1}$ 更新公式可以分为 4 部分。其中，wv_i^{k-1} 为粒子在 k−1 次迭代中的速度与动态惯性权重的乘积，看作粒子 i 的先验知识部分；$c_1 r_1 \text{Local}_i$ 为局部感知部分，是粒子 i 当前位置与个体最优位置的距离，体现了粒子 i 本身的自我认知；$c_2 r_2 \text{Global}_i$ 为全局感知部分，是全局最优位置与当前粒子位置的距离，体现了粒子 i 对全局的认知；$c_2 r_2 \text{Neighbourhood}_i$ 为邻域感知部分，是邻域粒子与当前粒子所在位置的距离，体现了粒子 i 与领域的距离和影响程度。

粒子不断进行速度与位置的迭代更新，通过更新后的类间方差寻找每次迭代过程中的个体最优值与全局最优值，找到最终的粒子全局最优值，即遥感图像阴影检测通道的最佳阈值。

动态局部自适应粒子群算法的具体步骤如下。

（1）粒子初始化。设置最大迭代次数 max_iteration，设置种群数 m，即在[0,255]区间内随机设置 n 个粒子并对每个粒子设定随机速度。

（2）计算适应度函数值。根据 Otsu 阈值法的类间方差公式计算每个粒子的适应度值，类间方差值越大，图像分割效果越好。根据类间方差值，设定第 k 次迭代的粒子的类间方差值 $\text{pbest}_i^k = \{\text{pbest}_1^k, \text{pbest}_2^k, \cdots, \text{pbest}_n^k\}$，以及第 k 次迭代的所有粒子中的全局最优值 $\text{gbest}_k = \max(\text{pbest}_i^k)$。

（3）更新粒子的个体最优值 pbest_i 及全局最优值 gbest_k。若 $g(\text{pbest}_i^k) > g(\text{pbest}_i)$，则 $\text{pbest}_i = \text{pbest}_i^k$；若 $g(\text{gbest}_k) > g(\text{gbest})$，则 $\text{gbest} = \text{gbest}_k$。

（4）更新粒子位置和速度。根据粒子位置和速度更新公式对粒子位置及速度进行调整，将第 k+1 次迭代后的粒子放入适应度函数中进行计算，记录第 k+1 次迭代的粒子的类间方差值 pbest_i^{k+1} 及全局最优值 $\text{gbest}_{k+1} = \max(\text{pbest}_i^{k+1})$。

（5）重复步骤（3），更新 k+1 次迭代的粒子的个体最优值 pbest_i 及全局最优值 gbest。

（6）若 k<max_iteration，则继续步骤（4）；否则结束，输出全局最优值 gbest，作为阴影

检测的最佳阈值。

动态局部自适应粒子群算法有以下优势。

第一，引入了动态惯性权重，使得算法在初期能够较快地搜索出全局最佳位置所在的范围区域，后期可以较为精确地在最优位置范围内找到最佳位置；动态惯性权重的引入缩短了阈值选取的时间，同时提升了算法搜索的能力。

第二，将全局粒子群优化与邻域局部粒子优化相结合，既保证了种群之间粒子的全局寻优，又确保了种群内部粒子与邻域粒子之间的合作。动态局部自适应粒子群算法解决了经典粒子群算法容易陷入局部最优的问题，提升了遥感图像阴影检测的精度。

2.3.4 局部区域优化

在得到初步的阴影分割图像后，由于遥感图像非阴影区域内部还会存在低亮度的细小地物（如道路上的黑色车辆）可能会被误认为阴影的情况，所以会对阴影检测效果产生不必要的干扰。

此时可以对阴影分割图进行连通区域标记计算。首先将阴影区域内的像素点作为目标像素点并将非阴影区域内的像素点看作背景像素，将影像按行扫描，标记所有的目标像素点；然后对每个像素点进行 8 连通区域标记，即比较每个像素点与自身的 8 个方向的相邻像素点，按照规则，重新对像素点进行标记，记录生成的等价标记表，进而对等价标记表进行分析，将具有等价关系且标记值不同的区域合并成同一连通区域；最后得到准确的连通区域。通过连通区域标记算法，可以对阴影分割图的阴影部分进行准确标记。由于我们的目的是去除小物体（车辆、灌木丛等）对整体检测的干扰，这些被误检成阴影的小物体在遥感图像中的面积小，所以可以统计标记后的各个独立连通区域的面积大小，给出一个特定的面积阈值，将这些小区域去除。

另外，由于阴影区域内部存在高亮度地物而留有孔洞，因此，还需要对分割出的阴影区域进行数学形态学的闭运算处理，进而可以得到精确的阴影区域。数学形态学是建立在集合论与拓扑学理论基础上的一门基础科学，在图像处理及边缘提取上有很好的效果。数学形态学有腐蚀操作与膨胀操作两种基本运算，而闭运算过程就是先膨胀再腐蚀的过程，其定义为

$$A \oplus V = \{\sigma | (\hat{\mathrm{V}})_{\sigma} \cap A \neq \varnothing\}$$

$$A \odot V = \{\sigma \mid (\mathrm{V})_{\sigma} \subseteq A\}$$

$$A \bullet V = (A \oplus V) \odot V$$

其中，$A \oplus V$ 表示的是集合 A 被结构元素 V 膨胀的过程，使得元素 V 平移到 σ 位置，进而与集合 A 取交集，使得目标范围变大；$A \odot V$ 表示的是集合 A 被结构元素 V 腐蚀的过程，即元素 V 在 σ 的作用下，使得 V 包含于 A 的 σ 的集合，从而使图像的边界收缩；$A \bullet V$ 指的是利用结构元素 V 对集合 A 进行闭运算，即先对集合 A 进行膨胀运算，再对结果进行腐蚀运算。由此可知，数学形态学闭运算可以填补小的孔洞，消除细小狭长的裂缝及空隙，同时可以保持物体总体形状和位置不变。因此，针对阴影区域内因存在高亮度细小物体而使检测结果存在孔洞的情况，采用数学形态学闭运算处理进行局部优化。整体处理流程效果图如图 2.3 所示。

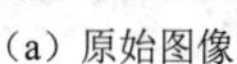
（a）原始图像

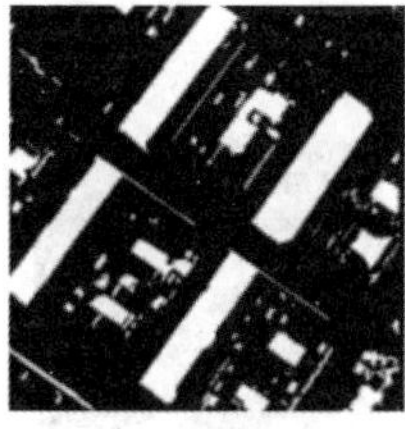
（b）阴影标签

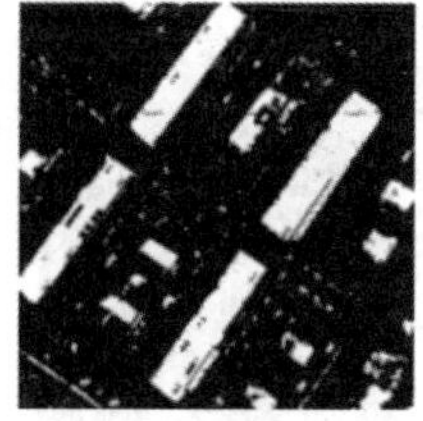
（c）初始检测图

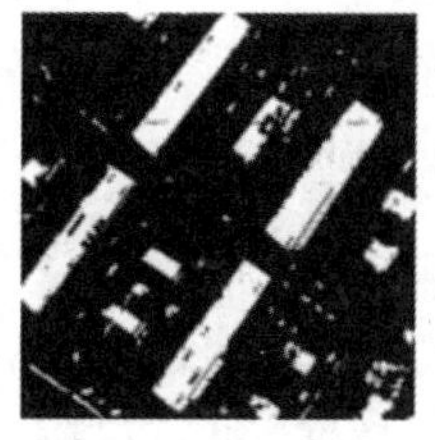
（d）小区域去除

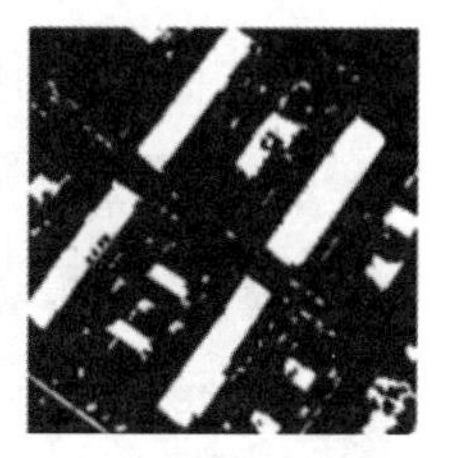
（e）数学形态学闭运算

图 2.3　整体处理流程效果图

2.4　阴影检测实验

在这一部分中，需要一个基准的遥感图像数据集来测试不同方法的阴影检测效果。为了满足实验需求，这里使用 AISD 公共遥感数据集，该数据集是具有代表性的进行阴影检测的数据集。该数据集总共包含 514 幅分辨率为 512×512（单位为像素）的遥感图像，涵盖了世界上 5 个不同的区域，即奥斯汀、威尼斯、茵斯布鲁克、芝加哥和蒂罗尔州。

关于对比实验方法的选择，采用 4 种具有代表性的传统方法与 3 种经典的深度学习方法进行比较。传统方法包括 HSI 双阈值检测法、归一化 RGB 阴影检测法、直方图阈值检测法、基于 C1C2C3 彩色空间的阴影检测法。由于很少有针对高分遥感图像的深度学习方法，所以阴影检测问题可以看作一个目标检测问题，可以采用两种具有代表性的目标检测算法，即 U-Net 方法和 SegNet 方法。前面提到，Lei 等（2018）在 CNN 算法的基础上提出了 BDRAR 方法，在阴影检测上取得了很好的效果，这里也将此方法纳入对比实验内。

另外，这里还对实验结果进行了定量分析。具体采用的评价指标是准确率（accuracy）、精确率（precision）、召回率（recall）和 F 值（F-Measure）。具体公式如下。

（1）准确率（accuracy），即正确检测的区域占总区域的比重：

$$\text{ACC}=\frac{\text{TP+TN}}{\text{TP+TN+FP+FN}}$$

（2）精确率（precision），即在被检测为阴影的样本中，真正为阴影区域的比重：

$$\text{precision}=\frac{\text{TP}}{\text{TP+FP}}$$

（3）召回率（recall），即在实际为阴影区域的样本中，被检测为阴影区域的比重：

$$\text{recall}=\frac{\text{TP}}{\text{TP+FN}}$$

（4）F 值（F-Measure）。精确率和召回率指标有时候会出现矛盾的情况，此时就需要综合考虑它们，最常见的方法就是 F_Measure（又称为 F-Score）。F_Measure 是精确率和召回率的加权调和平均：

$$\text{F\_Measure}=\frac{2\times\text{precision}\times\text{recall}}{\text{precision+recall}}$$

这里选择 AISD 数据集中的两幅图像进行实验对比分析，由各种方法得到的阴影检测实验结果如图 2.4 所示。

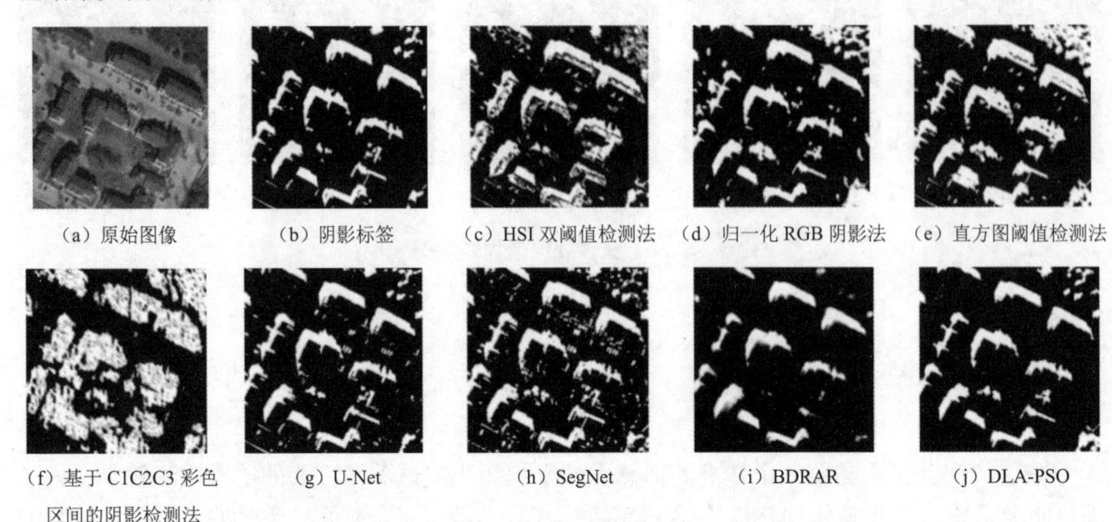

（a）原始图像 （b）阴影标签 （c）HSI 双阈值检测法 （d）归一化 RGB 阴影法 （e）直方图阈值检测法

（f）基于 C1C2C3 彩色区间的阴影检测法 （g）U-Net （h）SegNet （i）BDRAR （j）DLA-PSO

图 2.4 由各种方法得到的阴影检测实验结果

这里选取了一幅城市建筑图像作为实验对象，如图 2.4（a）所示；图 2.4（b）是该实验图像的标准阴影标签；图 2.4（c）～（j）表示的是阴影检测方法的实验结果。其中，基于 C1C2C3 彩色空间的阴影检测法无法区分建筑物及其阴影，遥感图像中的树木也会被误检为阴影区域。在 HSI 双阈值检测法和直方图阈值检测法的结果图像中，建筑物房顶中的较暗部分也会被误检为阴影区域。归一化 RGB 阴影检测法虽然可以分离出建筑物房顶与阴影区域，但是影像中的部分树木及草地部分还是会被误认为阴影区域。深度学习方法中的 U-Net 方法与 SegNet 方法可以较好地区分出建筑物及其阴影部分，但是由于深度学习方法对遥感图像中复杂地物的学习能力不足，所以会掺杂很多干扰误检项，对阴影检测精度造成影响。BDRAR 方法虽然可以排除对检测不必要的干扰，但是检测出来的阴影区域边缘特征模糊，一些窄长的阴影未能得到有效检测。而动态局部自适应粒子群算法既可以避免树木、草地等复杂地物对检测过程的干扰，又可以清晰准确地提取出真实阴影边界。同时，其精度可以达到 96%，远高于其他方法，可以更准确地检测出阴影区域。另外，动态局部自适应粒子群算法的 F 值在所有方法中也是最高的，达到 87.7%，表明动态局部自适应粒子群算法在图像阴影检测中的综合性能最佳。

从定性上看，动态局部自适应粒子群算法在遥感图像中检测出的阴影区域与真实阴影区域更加贴合、准确，阴影检测准确率和综合性能高于其他方法，这展现出其精准的阴影检测能力及优秀的综合性能。并且，动态局部自适应粒子群算法的运行时间相较于其他方法大幅缩短，可以更加快速高效地处理遥感图像阴影检测问题。

2.5 本章小结

在本章中，首先，根据阴影在 HSI 颜色空间的特性对遥感图像阴影检测通道进行设计，解决遥感图像中高色度及深色地物对阴影检测的干扰问题；其次，在阈值选取方法上，介绍了新的动态局部自适应粒子群算法，该算法结合全局粒子寻优及邻域粒子寻优，同时引入动态惯性权重，从而能够准确快速地找出最佳阈值；最后，对一些局部区域采用小区域去除及数学形态学闭运算进行区域优化，检测出准确的阴影区域。相较于其他传统方法及深度学习方法，动态局部自适应粒子群算法的阴影检测性能的优越性和鲁棒性都高于其他方法。此外，该方法在阴影检测下的精度和准确率还有待提高，如何更加精确地解决误检和亮阴影漏检问题，将传统方法与热门的机器学习算法更好地整合会是未来该领域的研究重点。

本章参考文献

[1] 何国金，陈刚，何晓云，等．利用 SPOT 图像阴影提取城市建筑物高度及其分布信息[J]．中国图像图形学报，2001(05):19-22,104.

[2] 谢军飞，李延明．利用 IKONOS 卫星图像阴影提取城市建筑物高度信息[J]．国土资源遥感，2004(04):4-6.

[3] 田新光，张继贤，张永红．利用 QuickBird 影像的阴影提取建筑物高度[J]．测绘科学，2008(02):88-89,77.

[4] 程国旗，张继贤，李阳春，等．高分影像建筑物阴影优化提取与高度估算[J]．测绘科学，2020，45(08):103-109,137.

[5] Panagopoulos A, Samaras D, Paragios N. Robust shadow and illumination estimation using a mixture model[C]//the IEEE Computer Society Conference on Computer Vision and Pattern Recognition (CVPR 2009), 2009.

[6] Panagopoulos A, Wang C, Samaras D, et al. Illumination estimation and cast shadow detection through a higher-order graphical model[C]//the IEEE Conference on Computer Vision & Pattern Recognition, 2011.

[7] 肖志鹏，李实英，李仁发．利用图像的阴影区域计算室外场景光源方向[J]．计算机辅助设计与图形学学报，2012，24(11):1471-1476,1484.

[8] 虢建宏，田庆久，吴昀昭．遥感图像阴影多波段检测与去除理论模型研究[J]．遥感学报，2006(02):151-159.

[9] 段光耀，宫辉力，李小娟，等．结合特征分量构建和面向对象方法提取高分辨率卫星影像阴影[J]．遥感学报，2014，18(04):760-770.

[10] Makarau A, Richter R, Muller R, et al. Adaptive Shadow Detection Using a Blackbody Radiator Model[J]. IEEE Transactions on Geoscience & Remote Sensing, 2011, 49(6):2049-2059.

[11] Lee G B, Lee M J, Lee W K, et al. Shadow Detection Based on Regions of Light Sources for Object Extraction in Nighttime Video[J]. Sensors, 2017, 17(3):659.

[12] Yao J, Zhang Z F. Hierarchical static shadow detection method: US, US7826640 B1[P]．2008.

[13] Tolt G, Shimoni M, Ahlberg J. A shadow detection method for remote sensing images using VHR hyperspectral and LIDAR data[C]//the IEEE International Geoscience and Remote Sensing Symposium, 2011.

[14] Wang Q J, Yan L, Yuan Q, et al. An Automatic Shadow Detection Method for VHR Remote Sensing Orthoimagery[J]. Remote Sensing, 2017, 9(5):469.

[15] Kang X D, Huang Y, Li S, et al. Extended Random Walker for Shadow Detection in Very High Resolution Remote Sensing Images[J]. IEEE Transactions on Geoscience and Remote Sensing, 2017,56(2):867-876.

[16] 杨俊，赵忠明．基于归一化 RGB 色彩模型的阴影处理方法[J]．光电工程，2007(12):92-96.

[17] 杨俊，赵忠明，杨健．一种高分辨率遥感图像阴影去除方法[J]．武汉大学学报（信息科学版），2008(01):17-20.

[18] 鲍海英，李艳，尹永宜．城市航空影像的阴影检测和阴影去除方法研究[J]．遥感信息，2010(01):44-47.

[19] 赵显富，胡晓雯．基于彩色模型的遥感图像阴影检测[J]．科学技术与工程，2013，13(18):5101-5107.

[20] 刘辉，谢天文．基于 PCA 与 HIS 模型的高分辨率遥感图像阴影检测研究[J]．遥感技术与应用，2013，28(01):78-84.

[21] 焦玮，杨学志，董张玉，等．结合模糊聚类与色彩空间的遥感图像阴影检测[J]．地理与地理信息科学，2018，34(05):37-41.

[22] Long J, Shelhamer E, Darrell T. Fully Convolutional Networks for Semantic Segmentation[J]. IEEE Transactions on Pattern Analysis and Machine Intelligence, 2015, 39(4):640-651.

[23] Ronneberger O, Fischer P, Brox T. U-Net: Convolutional Networks for Biomedical Image Segmentation[C]//the International Conference on Medical Image Computing and Computer-Assisted Intervention, 2015.

[24] Badrinarayanan V, Kendall A, Cipolla R. SegNet:A Deep Convolutional Encoder-Decoder Architecture for Image Segmentation[J]. IEEE Transactions on Pattern Analysis & Machine Intelligence, 2017,39(12):2481-2495.

[25] Zhu L, Deng Z, Hu X, et al. Bidirectional Feature Pyramid Network with Recurrent Attention Residual Modules for Shadow Detection[C]//the European Conference on Computer Vision(ECCV), 2018.

[26] 董月，冯华君，徐之海，等．Attention Res-Unet:一种高效阴影检测算法[J]．浙江大学学报（工学版），2019，53(02):373-381,406.

[27] Shuang L A, Hl A, Hsab C. Deeply supervised convolutional neural network for shadow detection based on a novel aerial shadow imagery dataset[J]. ISPRS Journal of Photogrammetry and Remote Sensing, 2020, 167:443-457.

[28] 孙慧贤，张玉华，罗飞路．基于 HSI 颜色空间的彩色边缘检测方法研究[J]．光学技术，2009，35(02):221-224,228.

[29] 林开颜，吴军辉，徐立鸿．彩色图像分割方法综述[J]．中国图象图形学报，2005(1):1-10.

[30] 王德利，仝中飞，唐晨，等．Curvelet 阈值迭代法地震随机噪声压制[J]．应用地球物理（英文版），2010，07(4):315-324.

[31] 王祥科，郑志强．Otsu多阈值快速分割算法及其在彩色图像中的应用[J]．计算机应用，2006(S1):14-15.

[32] 周欣．粒子群算法在图像处理中的应用研究[D]．武汉：湖北工业大学，2011.

[33] Pun T. A new method for gray-level picture thresholding using the entropy of the histogram[J] Signal Processing, 1985, 2(3):223-237.

[34] Sarabandi P, Yamazaki F, Matsuoka M , et al. Shadow detection and radiometric restoration in satellite high resolution images[C]//Geoscience and Remote Sensing Symposium, 2004. IGARSS '04. Proceedings. 2004 IEEE International. IEEE, 2004.

[35] Arevalo V, Gonzalez J, Ambrosio G. Shadow detection in colour high-resolution satellite images[J]. International journal of remote sensing, 2008, 29(7-8):1945-1963.

[36] Shi J, Malik J M. Normalized Cuts and Image Segmentation[J]. IEEE Transactions on Pattern Analysis and Machine Intelligence, 2000, 22(8):888-905.

[37] Lei Z, Deng Z, Hu X, et al. Bidirectional Feature Pyramid Network with Recurrent Attention Residual Modules for Shadow Detection[C]//European Conference on Computer Vision, 2018.

第 3 章 图像阴影去除

图像中的阴影不仅影响图像的可视化效果，还影响图像的判读、目标提取。尤其在深度学习应用中，如果样本图像中存在阴影，则同一类物体的颜色值会有较大的差别，会直接干扰深度学习模型的训练过程。当图像中的阴影亮度高低不一时，这种负面影响会更加严重。因此，去除图像中的阴影具有重要的现实意义和应用价值，本章对目前主流的图像阴影去除方法进行阐述。

3.1 基于梯度域的图像阴影去除方法

3.1.1 代表性方法研究

Finlayson 等提出了基于梯度解泊松方程的方法，用于进行阴影去除。该方法通过将图像的 RGB 颜色通道投影到与亮度和颜色变化正交的方向上来获得光照不变无阴影图像；进一步利用光照不变无阴影图像和原始图像得到的边界作为泊松方程初始化的已知区域，并将阴影边界区域的梯度值赋值为 0，对整个阴影图像求解二维泊松方程，最终达到去除阴影的目的。

Finlayson 和 Fredembach（2005）针对合成光照不变无阴影图像及求解二维泊松方程中存在伪影的问题，进一步通过均值漂移算法关闭阴影边界，沿着进入和退出阴影区域一次的哈密顿路径重新整合图像，实现了阴影去除。

Finlayson 等（2009）提出了通过在对数色度空间寻找光线变化最小方向来获得最小熵值，利用最小化熵产生一种固有的、独立于照明反射信息的光照不变无阴影图像，利用该特征无关图像得到更加准确的阴影区域边界，最后对阴影区域求解泊松方程，从而得到去除阴影后的图像的方法。

Liu 和 Gleicher（2008）提出了一种保持纹理一致性的阴影去除方法：首先创建一个无阴影的纹理一致性梯度场，该梯度场消除了半影区域梯度的阴影效应和整个阴影区域梯度的特征；然后利用这个新的图像梯度场，可以通过求解泊松方程来重建无阴影图像。

黄微等（2013）基于梯度域特征提出了一种保纹理的图像阴影去除算法：首先需要人为绘制一个大致的阴影边界；其次分别对阴影内部和阴影边界进行梯度场修复，针对阴影内部区域，利用直方图匹配恢复区域内的梯度信息，针对阴影边界区域，在已知区域内寻找未知区域各点对应的最佳匹配块，利用最佳匹配块中对应点的梯度来替代未知点的梯度，从而得到一个无阴影梯度场；最后利用泊松方程恢复出无阴影图像。

3.1.2 二维泊松方程

1. 泊松方程重构

傅利琴等（2013）对泊松方程重构理论进行了详细的阐述，具体如下。

阴影去除的任务就是在得到的无阴影梯度场的基础上进行重构，从而去除图像阴影。假设无阴影图像 I 的真实梯度场为 G，那么图像 I 的重构可以通过求解方程 $\nabla I = G_0$ 来实现；但是会存在某些重构梯度场违背梯度的零卷曲约束，使得新梯度场不可积。在这种情况下，需要一个势能函数 f，使式（3.1）在二维图像内达到最小值，以保证 G 是 G_0 的最佳近似：

$$f = \min \iint F(\nabla I, G)\,\mathrm{d}x\mathrm{d}y \tag{3.1}$$

其中，$F(\nabla I, G) = \nabla I - G^2 = (\frac{\partial I}{\partial x} - G_x)^2 + (\frac{\partial I}{\partial y} - G_y)^2$，$\nabla$ 为散度算子，G_x 和 G_y 分别为无阴影梯度场 G 的 x 与 y 方向的梯度。

根据变分原理，利用欧拉-拉格朗日方程求式（3.1）的最小值。式（3.1）的欧拉-拉格朗日方程为

$$\frac{\partial F}{\partial I} - \frac{\mathrm{d}}{\mathrm{d}x}\frac{\partial F}{\partial I_x} - \frac{\mathrm{d}}{\mathrm{d}y}\frac{\partial F}{\partial I_y} = 0 \tag{3.2}$$

综合式（3.1）和式（3.2），可得到泊松方程，为

$$\nabla^2 I = \nabla \bullet G \tag{3.3}$$

其中，∇^2 是拉普拉斯算子，即 $\nabla^2 I = \frac{\partial^2 I}{\partial x^2} + \frac{\partial^2 I}{\partial y^2}$；$\nabla \bullet G = \frac{\partial G_x}{\partial x} + \frac{\partial G_y}{\partial y}$ 为向量的散度算子。

由于梯度场已知，因此向量的散度算子的近似计算表达式为

$$\nabla \bullet G = G_x(x, y) - G_x(x-1, y) + G_y(x, y) - G_y(x, y-1) \tag{3.4}$$

但是图像 I 的拉普拉斯算子是未知的，在离散域中能表示为离散拉普拉斯核与图像 I 的卷积：

$$\nabla^2 I = \begin{bmatrix} 0 & 1 & 0 \\ 1 & -4 & 1 \\ 0 & 1 & 0 \end{bmatrix} * I \tag{3.5}$$

或者可以写为离散形式：

$$\nabla^2 I = -4I(x, y) + I(x-1, y) + +I(x+1, y) + I(x, y-1) + I(x, y+1) \tag{3.6}$$

根据泊松方程解的存在性，如果指定了该区域边界的边界条件，那么泊松方程在该区域

中的解是唯一的。因此，在无阴影梯度场中，如果以任意一个非阴影区域作为阴影区域亮度恢复的基准，那么通过确定泊松方程的边界条件后，就可以利用边界外部的非阴影像素恢复出无阴影图像。

2．算法流程

（1）获取梯度域图像。计算原始图像 I_0 的 x 与 y 方向的梯度图像 G_x 和 G_y 。

（2）修正阴影边界。首先，标记阴影边界：

$$q_s = \begin{cases} 1，(i,j) \text{为阴影边界点} \\ 0，\text{其他} \end{cases}$$

其次，修正阴影边界的梯度为零：

$$G_m = \begin{cases} 0，q_s(i,j)=1 \\ G_m，(i,j)=0 \end{cases}$$

（3）构建无阴影梯度场图像。根据

$$\nabla^2 I = \nabla \bullet G$$

$$\nabla \bullet \mathrm{G} = G_x(x,y) - G_x(x-1,y) + G_y(x,y) - G_y(x,y-1)$$

$$\nabla^2 I = -4I(x,y) + I(x-1,y) + I(x+1,y) + I(x,y-1) + I(x,y+1)$$

得到相应的泊松方程。

（4）求解二维泊松方程的解。通过将二阶微分方程，即式（3.3）表示为图像亮度值的线性组合建立一个线性系统：

$$\boldsymbol{B}\overline{x} = \overline{b}$$

其中，$\boldsymbol{B}$ 为稀疏矩阵；$\overline{x}$ 为图像 I 的所有像素点；$\overline{b}$ 代表对应于 $\overline{x}$ 的每个像素点在梯度域 G 中的散度，通过求解重构出无阴影图像。

3.1.3　基于梯度域的图像阴影去除算法框架

基于梯度域的图像阴影去除方法大致分为 4 部分。第一部分，由于阴影边界部分的梯度值会陡增，所以需要划出一个准确的阴影边界，从而区分出阴影区域与光照区域。在确定阴影边界后，需要在图像梯度域中分别对阴影内部区域与阴影边界区域进行梯度修复。第二部分，针对阴影内部区域，可以采用直方图匹配方法进行梯度域的修复。具体是结合与匹配图相近的色度和亮度变化信息，利用阴影区域与非阴影区域的均值和方差进行梯度信息的恢复。在第三部分的阴影边界的梯度信息修复上，将阴影边界作为未知区域，将光照区域作为已知区域，在已知区域内寻找未知区域对应的最佳匹配块，利用最佳匹配块中的梯度信息对阴影边界进行梯度修复。通过第二与第三部分梯度场的修复，可以得到一个无阴影梯度场。第四部分，在无阴影梯度场的基础上，通过求解二维泊松方程重构出去除阴影后的图像。

基于梯度域的图像阴影去除算法框架如图 3.1 所示。

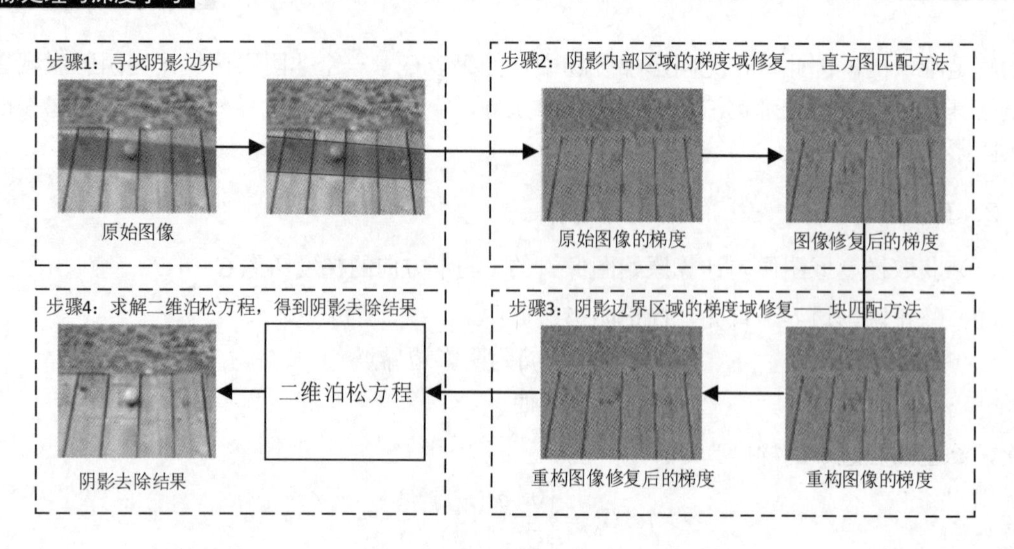

图 3.1　基于梯度域的图像阴影去除算法框架

3.2　基于光照转移的图像阴影去除方法

3.2.1　代表性方法研究

Shor 和 Lischinski 于 2008 年提出了一种基于拉普拉斯金字塔模型的阴影去除方法。该方法在阴影消光方程的基础上，认为在同一光照场景中，材质相同的阴影区域和非阴影区域中像素点的强度值间近似满足线性关系，利用拉普拉斯金字塔对图像分层并在每一层对线性映射模型进行参数估计，最终合并生成无阴影区域。

针对一些包含复杂纹理或材质的不均匀阴影，Xiao 等在 2013 年以线性映射模型为基础提出了一种基于纹理匹配的参数自适应阴影去除算法。该算法首先利用 Gabor 小波变换分别提取阴影区域和非阴影区域的纹理特征，然后根据纹理特征距离和空间距离两个度量特征为阴影区域中的分割块在非阴影区域中找到对应的匹配块，最后对每一组匹配块采用基于线性映射模型构建的参数自适应阴影去除算法恢复阴影区域分割块的光照。

Guo 等（2011）提出了一种基于区域匹配的阴影去除方法。该方法首先利用均值漂移算法对图像进行纹理分割；然后定义颜色纹理直方图、RGB 平均强度比与颜色比，以及空间距离等规则并利用支持向量机算法训练得到阴影检测区域；最后针对阴影去除，引入 Matting 技术估计出阴影系数值，结合直射光与环境光的比值，对线性映射模型进行改进，从而实现对阴影区域的消除。

Zhang 等（2015）针对复杂纹理图像的阴影区域提出了一种基于亮度优化算子的阴影去除算法。该方法首先根据阴影的分布将图像自适应地分解为具有重叠区域的矩形块；然后利用块匹配算法，按照纹理度量标准进行阴影块与非阴影块的匹配；最后基于每对匹配块的矩阵信息构造出亮度恢复算子，从而消除阴影区域。

张玲（2017）提出了一种基于多尺度图像分解的软阴影去除算法。该算法首先基于图像中软阴影区域光照变化不一致的特点提出一种局部相关点的图像平滑算法，将图像分解为一个基本层和多个细节层，从而实现对阴影图像进行多尺度分解；其次对基本层图像利用 SLIC 超像素方法，按颜色进行分层处理，并利用层中的局部颜色信息对特征颜色块中的阴影进行消除；然后把已经消除阴影的特征颜色块作为已知区域，利用插值方法重建阴影区域其他部分的亮度信息，得到基本层的阴影去除结果图；最后对边界失真部分利用基于纹理合成的图像修复方法恢复图像的细节信息。

傅利琴（2013）提出了基于 Fisher 判别准则的光照无关图阴影去除算法。该方法在光照无关图的构建过程中，利用 Fisher 判别准则快速精确地提取最佳投影方向，利用光照无关图与各波段图像亮度值之间存在的线性关系，通过线性最小二乘拟合原理重构出无阴影彩色图像。

Xiao 等（2013）利用检测到的阴影区域和选定的光照区域，采用自适应多尺度光照转移方法对单个图像进行阴影去除。首先在高斯混合模型的基础上结合均值漂移方法检测出阴影区域；然后将被照亮区域的光照作为引导信息来恢复阴影区域的照明信息，利用考虑图像纹理反射率变化的自适应光照转移方法去除检测到的阴影；最后在细节处理上，利用多尺度光照转移技术提高结果的对比度和噪声水平。为了在原始区域和恢复区域之间实现无缝过渡，他们提出了一种贝叶斯估计方法，消除了可见的阴影边界。

Xiao 等（2014）将阴影去除问题转化为无阴影样本与阴影像素之间的非局部特征匹配，并通过能量最小化方法从单一 RGB-D 图像中恢复光照。首先通过使用法线、色度和空间位置对相关的无阴影与阴影像素进行采样，测量非局部像素之间的相似性来实现特征匹配；其次利用特征相似度提出了一种结合原始深度信息计算阴影置信图的方法，可以很好地定位硬阴影边界，从而在相同的框架内处理硬阴影和软阴影；然后使用置信图构建无阴影约束项、平滑约束项及绝对尺度约束项；最后通过 3 个约束项构成的标准能量最小化公式来自动生成优化后的无阴影图像。

Fan 等（2020）提出了一种联合颜色线索及深度信息的阴影处理算法，能自动检测并去除单色图像中的复杂阴影。该算法首先开发一种阴影保留滤波器，在保留阴影和阴影信息的同时，有效去除图像纹理。该滤波器能够估计更准确的阴影置信图，并有利于获得更好的阴影检测结果。然后，通过在过滤后的图像中加入深度线索来构建置信图，针对复杂阴影开发出一种阴影置信传播方案，将局部阴影边界置信度自适应地传播到全局场景，从而实现阴影区域的检测。最后，基于阴影置信度提出了一种基于阴影感知的阴影去除优化框架，以去除这些区域的阴影。

3.2.2　光照补偿原理

张玲（2017）对光照补偿原理进行了详细的阐述，具体如下。

根据图像成像原理，图像像素的 R、G、B 值是由光照和反射率共同作用形成的：

$$I_x = R_x L_x \tag{3.7}$$

其中，I_x 是图像中观察到点 x 的 R、G、B 值；L_x 和 R_x 分别为点 x 处的光照强度和反射率值。假设场景中只有一个直接光源，而场景中的阴影是由于单一光源的遮挡而形成的。

如果像素点 x 处于光照区域，那么它的光照来自太阳的直接光照 L^{d} 与周围环境的反射光照 L^{a}：

$$L_x = L^{\mathrm{d}} + L^{\mathrm{a}} \tag{3.8}$$

如果点 x 在本影区域，则由于直接光照全部被遮挡，使阴影区域只包括周围环境的反射光照，即 $L_x = L^{\mathrm{a}}$。

在半影区域，直接光照是被部分遮挡的，来自周围环境的反射光照不受影响，依然能够达到半影区域。半影区域的光照可以表达为

$$L_x = \alpha_x L^{\mathrm{d}} + L^{\mathrm{a}} \tag{3.9}$$

其中，α_x 为点 x 处直接光源的衰减因子，可理解为直射光源的透明度。因此，阴影区域中点 x 的 R、G、B 值及去除阴影后的 R、G、B 值 I_x^{free} 可表示为

$$\begin{cases} I_x = \left(\alpha_x L^{\mathrm{d}} + L^{\mathrm{a}}\right) R_x \\ I_x^{\text{free}} = \left(L^{\mathrm{d}} + L^{\mathrm{a}}\right) R_x \end{cases} \tag{3.10}$$

线性映射模型认为，阴影区域中点的颜色值与去除阴影后的颜色值存在一种线性关系，对于阴影区域中点 x 去除阴影后的 R、G、B 值，可以表示为

$$I'_x = kI_x + b \tag{3.11}$$

其中，$k = \dfrac{\sigma(L)}{\sigma(S)}$；$b = \mu(L) - k\mu(S)$，$\mu(S)$ 为阴影样本区域的平均值，$\mu(L)$ 为与阴影样本具有相同材质的非阴影样本区域的平均值，$\sigma(L)$ 和 $\sigma(S)$ 为对应样本区域的方差。

这种阴影去除模型只适用于阴影区域材质相同的图像，对于阴影区域具有复杂材质的图像并不适用。

阴影区域中的点 x 去除阴影后的 R、G、B 值可以表示为

$$I'_x = \frac{\sigma(L)}{\sigma(S)}\left(I_x - \mu(S)\right) + \mu(L) \tag{3.12}$$

用 I'_x 代替式（3.10）中的 I_x^{free}，可以推导出以下关系式：

$$\frac{L^{\mathrm{d}}}{L^{\mathrm{a}}} = \frac{I_x - I'_x}{\alpha_x I'_x - I_x} \tag{3.13}$$

令 $t = \dfrac{I_x - I'_x}{\alpha_x I'_x - I_x}$，则有

$$L^{\mathrm{d}} = tL^{\mathrm{a}} \tag{3.14}$$

因此，根据式（3.10）、式（3.14），阴影区域 S 中点 x 的 R、G、B 值 I_x 与去除阴影后的 R、G、B 值 I_x^{free} 的关系为

$$I_x^{\text{free}} = (t+1) L^{\mathrm{a}} R_x = \frac{t+1}{\alpha_x t + 1} I_x \tag{3.15}$$

因此，阴影区域 S 与其具有相似纹理特征的非阴影区域 L 可根据式（3.15）有效恢复阴影区域的亮度，从而去除阴影。

3.2.3　基于光照转移的图像阴影去除算法框架

基于光照转移的图像阴影去除方法的核心思想就是利用光照区域的特征信息对阴影区域进行补偿。首先需要对原始图像进行阴影检测，分离出阴影区域；其次需要分别对阴影内部及

非阴影区域按照纹理或颜色等信息进行分割，提取出分割块的特征信息，具体的分割方法有 Gabor 小波变换、均值漂移法、超像素分割中的 SLIC、Quick-shift、Graph Cut、NCut 等方法；然后根据纹理特征距离和空间距离等特征，为阴影区域中的分割块在非阴影区域中找到对应的最优匹配块；最后将非阴影区域内的匹配块作为已知区域，将对应的阴影区域块作为未知区域，利用图像生成原理中的光照转移方程恢复对应阴影下的光照信息，从而实现阴影去除。

基于光照转移的图像阴影去除算法框架如图 3.2 所示。

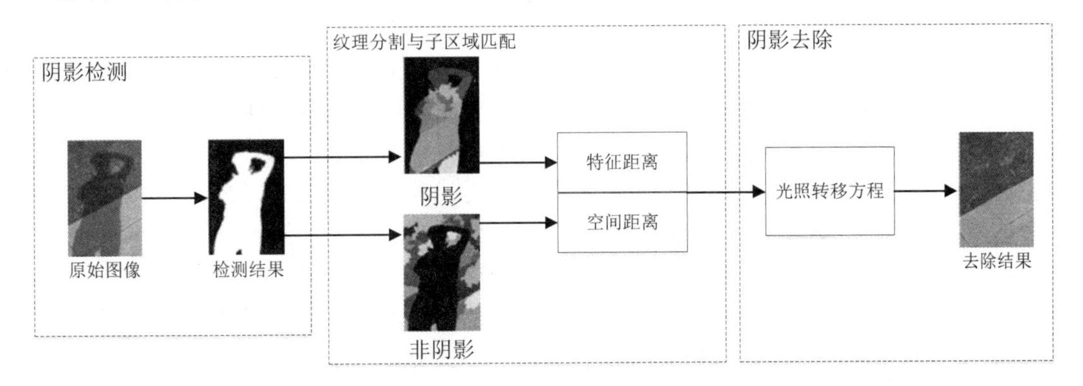

图 3.2 基于光照转移的图像阴影去除算法框架

3.3 基于深度学习的图像阴影去除方法

3.3.1 代表性方法研究

Tappen 等（2005）利用灰度、颜色等多种线索建立训练器来恢复单一图像的阴影。首先，通过使用基于图像颜色和灰度图像导数信息的训练器对色彩强度与反射率变化进行合理分类，获得无阴影彩色图像；然后，学习马尔可夫随机场势函数，进一步识别出由阴影区域光照变化引起的导数变化，避免由目标表面反射系数变化引起的误差。

Gryka 等在 2015 年提出了一种基于学习的方法进行软阴影去除。该方法通过监督学习训练回归模型，以获得原始阴影图像和阴影无光图之间的关系。具体地，首先基于 RGB 图像中的 R 通道，将图像分解成 16×16（单位为像素）的重叠的区域块；然后通过对每个区域块的特征向量学习，为每个区域块给出一个对应的最大后验阴影无光图；最后对阴影无光图利用随机森林进行正则化处理，得到一个无阴影结果图。

Ding 等（2020）提出了一种基于注意力机制循环生成对抗网络（ARGAN）来检测和去除图像中的阴影的方法。该方法在注意力机制和 CycleGAN 的基础上，首先利用阴影注意力检测器生成指定输入图像中阴影区域的注意力图；其次给定注意力图，将之前的阴影去除图像与当前检测到的阴影注意力图相结合，得到一个负残差作为输入，设计出一个阴影去除编码器，从而得到无阴影图像；然后将得到的注意力图与无阴影图像放入循环机制内，重复上述步骤；最后通过鉴别器检验得到的阴影去除图像的真假，得到无阴影图像。

Cun 等（2019）针对阴影去除过程中阴影区域的颜色不一致和阴影边界上的伪影问题，

首先提出了一种新的网络结构，即双层次聚合网络（DHAN）。该网络包含了一系列无向下采样的膨胀卷积（作为主干），随着膨胀率的增长，线性捕捉上下文特征并保留有用的低层次特征，更好地保留细节特征。在此基础上，对膨胀卷积进行分层聚合来实现更好的特征重用。为了具体地学习阴影区域，引入多内容特征和注意力机制，设计出非线性特征聚合框架，在阴影检测的基础上生成无阴影图像。

Hu 等（2018）提出了一种基于方向感知的空间上下文特征的深度神经网络。首先，在空间循环神经网络（RNN）中汇聚空间上下文特征时引入注意力权值，形成方向感知的注意力机制；其次，在卷积神经网络中嵌入多个方向感知的空间上下文特征模块，学习不同层（尺度）的空间上下文特征，并将这些特征与卷积特征相结合以预测阴影掩模；然后，将不同层的预测融合到带有加权交叉熵损失的最终阴影检测结果中；最后，为了进一步采用该网络进行阴影去除，用无影图像代替阴影掩模作为真实结果，并利用训练对（有阴影图像和无阴影图像）之间的欧几里得损失预测无阴影图像。

Lin 等（2020）提出了单文档图像阴影去除网络（BEDSR-Net），这是第一个专门针对文档图像阴影去除设计的深度网络。首先针对文档图像的特殊性，设计了背景估计模块，以提取文档的全局背景颜色，在估计背景颜色的过程中，该模块还学习了背景和非背景像素的空间分布信息；然后将这些信息编码成注意力图；最后利用上述估计的全局背景颜色和注意力图恢复无阴影图像。

Zhang 等（2020）针对阴影去除问题提出了基于背景和亮度感知生成对抗网络（CLA-GAN）框架。该框架以一种由粗到细的方式将一个粗糙的结果细化为最终的阴影去除结果。首先在粗化阶段训练一个编码器-解码器结构，以去除图像中的阴影并产生一个粗化阴影去除结果；然后在细化过程中嵌入亮度映射和背景感知模块，利用无阴影区域块的特征作为反卷积滤波器重构阴影区域的特征，保证恢复的无阴影图像的外观一致性。

Wang 等（2017）提出了基于新的堆叠生成对抗网络（ST-CGAN）框架。该框架由两个堆叠的 CGAN 组成，每个 CGAN 带有一个生成器和一个鉴别器。具体地说，首先将阴影图像输入第一个生成器，该生成器产生阴影检测掩模；其次将该阴影图像和其预测掩模通过第二生成器，从而恢复其无阴影图像。

深度学习解决阴影去除的方法往往都是利用有监督的配对数据进行训练的，其存在的主要问题就是配对数据集太少，获取过程会存在大量的问题。例如，在配对数据的采集过程中，会受到环境照明、设备曝光、拍摄时间、场景限制等多方面的干扰，从而导致有阴影和无阴影照片会具有不同的色度与亮度。另外，训练数据的标注过程非常烦琐，需要耗费大量的人力。为了解决这些问题，Hu 等提出了一种利用未配对数据进行阴影去除的新方法——Mask-ShadowGAN。该方法的核心思想是在两组没有明确关联的有阴影的真实图像和无阴影的真实图像中找到二者的潜在关系。该模型采用 CycleGAN 的思想，采用未配对的训练数据。具体来说，Mask-ShadowGAN 在训练过程中从输入的阴影图像中生成阴影掩膜，并利用掩膜指导阴影图像的生成。因此，给定一个无阴影图像，可以利用阴影掩膜生成对应的阴影图像。此外，还可以通过输入有阴影图像来生成无阴影图像并在图像上生成与输入相匹配的阴影。采用循环一致性约束不断训练两类生成器，通过同时学习产生阴影掩膜和去除阴影两个过程，最终实现了基于未配对数据的阴影去除。

3.3.2 GAN 模型

GAN 模型结构如图 3.3 所示。

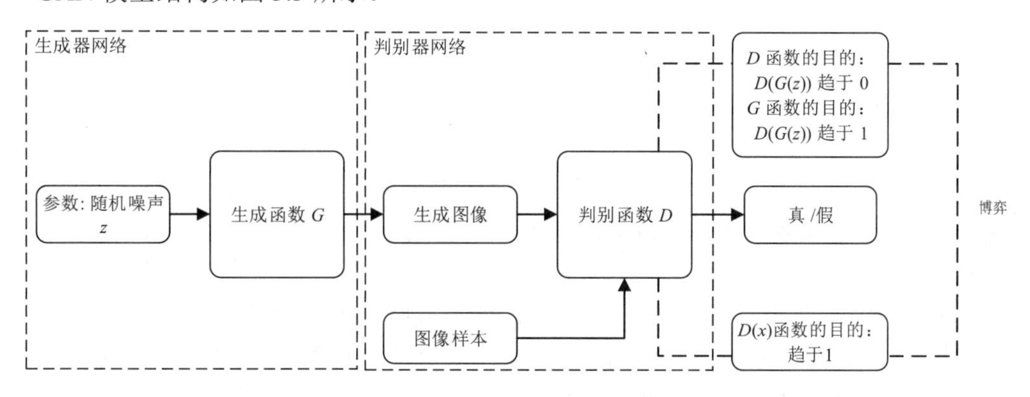

图 3.3 GAN 模型结构

钱真真（2020）、杨胜男（2020）、吴少乾和李西男（2020）对 GAN 模型的原理进行了详细的阐述，具体如下。

GAN 是一种深度生成模型，包含两个相互竞争的神经网络模型：生成模型和判别模型。其中，生成模型的目的是学习真实样本的分布，生成相似度逼近真实样本的生成样本，而判别模型的目的则是判断训练样本来自真实样本还是生成样本。简单来说，两个模型通过不断地对抗训练，生成模型生成近似真实的生成样本，判别模型降低自己判别错误的概率。

我们知道，生成器的目标是训练模型，使生成的图像接近真实图像，即最小化真实图像与生成图像之间的差距，使得判别器将生成的图像判断为真实图像。因此，生成器的目标函数可表示为

$$\min_{\mathrm{G}} \varphi_{\mathrm{G}} = E_{z\sim p_z(z)}\left[\lg\left(1-D\left(G\left(z\right)\right)\right)\right] \tag{3.16}$$

判别器的目的与生成器的目的相反，它希望能够最大化地将真实数据准确判断为 1，将生成器输出的图像全都判断为 0，因此，判别器的目标函数可表示为

$$\max_{\mathrm{D}} V\left(D,G\right) = E_{x\sim p_{\mathrm{data}}(x)}\left[\lg D\left(x\right)\right] + E_{z\sim p_z(z)}\left[\lg\left(1-D\left(G\left(z\right)\right)\right)\right] \tag{3.17}$$

在式（3.16）和式（3.17）中，x 表示真实图像；$p_{\mathrm{data}}\left(x\right)$ 为真实数据分布；z 表示随机噪声，其分布是 $p_z\left(z\right)$；$G(z)$是将随机噪声 z 送入生成器后输出的图像，取决于生成器的参数 θ_{g}，将 $G(z)$服从的分布记为 p_{g}。生成器的目的是通过训练调整参数 θ_{g}，使得 $G(z)$服从的分布 p_{g} 无限接近于 $p_{\mathrm{data}}\left(x\right)$；同样，判别器的目的是在训练过程中通过调整参数 θ_{d}，使得 $D(x)$与 $D(G(z))$的判别误差越小越好。

将生成器和判别器的目标函数进行整合，可以得到生成对抗网络的总体目标函数。G 和 D 通过不断的对抗训练，使 D 正确判别训练样本来源的概率最大化，同时使 G 生成数据与真实数据的相似度最大化。在训练优化 D 的同时，当 D 的输入为真实样本 x 时，希望 $D(x)$接近 1；当输入为生成样本 $G(z)$时，希望 $D(G(z))$趋于 0，即希望 $1-D(G(z))$接近 1，故极大化生成模型。在训练优化生成模型时，输入只有噪声 z，此时希望生成样本 $G(z)$通过判别模型后的概

率值为 1，即希望 $D(G(z))$趋于 1，1-$D(G(z))$趋于 0，故极小化生成模型。因此，两个模型的训练可以表示为关于值函数 $V(D,G)$的极小化极大的双方博弈问题：

$$\min_{G}\max_{D}V\left(D,G\right)=E_{x\sim p_{\text{data}}(x)}\left[\lg D\left(x\right)\right]+E_{z\sim p_{z}(z)}\left[\lg\left(1-D\left(G\left(z\right)\right)\right)\right] \tag{3.18}$$

式（3.18）由两项构成。其中，x 表示真实图像，z 表示输入 G 网络的噪声，而 $G(z)$表示 G 网络生成的图片。$D(x)$表示 D 网络判断真实图像是否真实的概率，而 $D(G(z))$是 D 网络判断 G 网络生成的图像是否真实的概率。

G 网络的目的：上面提到，$D(G(z))$是 D 网络判断 G 网络生成的图像是否真实的概率，G 网络应该希望自己生成的图像越接近真实越好。也就是说，G 网络希望 $D(G(z))$尽可能大，这时 $V(D,G)$会变小。

D 网络的目的：D 网络的能力越强，$D(x)$应该越大，$D(G(x))$应该越小。这时 $V(D,G)$会变大。

在训练过程中，两个模型交替迭代，先固定生成模型，训练判别模型，更新判别模型的参数；然后固定判别模型，更新生成模型的参数，最终达到模型稳定状态。

3.3.3 基于生成对抗网络的图像阴影去除模型——ST-CGAN

ST-CGAN 模型是典型的基于 GAN 模型的阴影去除方法。ST-CGAN 模型包含两部分：阴影检测与阴影去除。在阴影检测部分，首先将原始图像输入阴影检测生成器中，生成对应的阴影掩膜；其次利用阴影检测判别器监督生成阴影掩膜的过程，将原始 RGB 场景图像与生成的阴影掩膜堆叠在一起，作为阴影检测判别器的输入，从而进一步判断两幅图像的关系，最终达到收敛。在阴影去除部分，首先将原始图像和阴影掩膜作为阴影去除生成器的输入部分，从而生成无阴影图像；其次利用阴影去除判别器监督生成无阴影图像的过程，将原始 RGB 图像、阴影掩膜、无阴影图像堆叠在一起，作为阴影去除判别器的输入，通过和基准图像的对比判断阴影去除的效果，直至达到收敛。通过上述两部分过程可以得到无阴影图像。

ST-CGAN 框架图如图 3.4 所示。

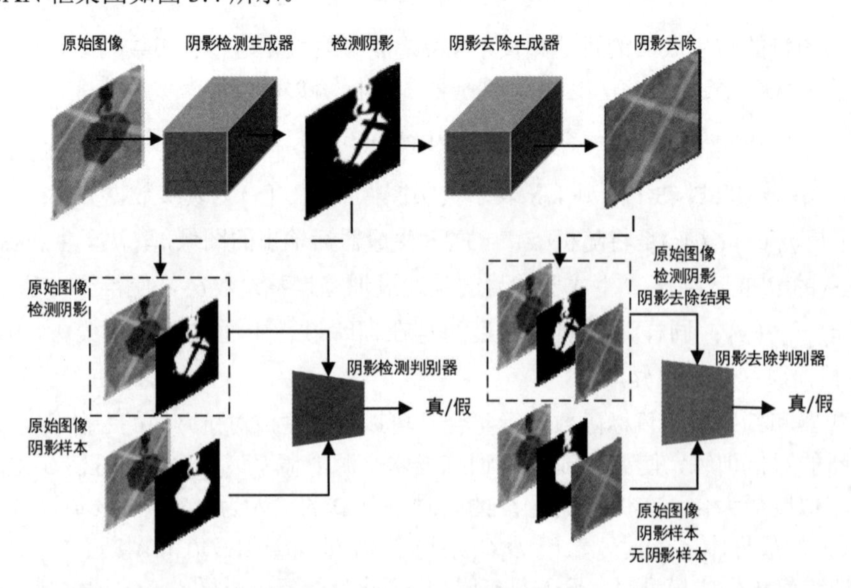

图 3.4　ST-CGAN 框架图

3.4 本章小结

图像阴影去除是图像处理中的关键环节，与图像阴影检测之间存在着密切的联系。阴影去除的难点是纹理的保持和阴影边缘的准确处理。本章针对图像阴影去除功能，对目前已有的方法进行了归类，分别介绍了基于梯度域的图像阴影去除方法、基于光照转移的图像阴影去除方法和基于深度学习的图像阴影去除方法。在实际生产应用中，图像阴影去除需要根据图像背景的复杂性、图像类型选取适宜的方法。

本章参考文献

[1] Finlayson G D, Hordley S D, Drew M S. Removing Shadows from Images[C]//Proc. of ECCV, 2002.

[2] Finlayson G D, Hordley S D, Lu C, et al. On the removal of shadows from images[J]. IEEE Transactions on Pattern Analysis & Machine Intelligence, 2006,28(1):59-68.

[3] Fredembach C, Finlayson G D. Hamiltonian path-based shadow removal[C]//Proc. of the 16th British Machine Vision Conference (BMVC), 2005.

[4] Finlayson G D, Drew M S, Lu C. Entropy Minimization for Shadow Removal[J]. International Journal of Computer Vision, 2009, 85(1):35-57.

[5] Liu F, Gleicher M. Texture-Consistent Shadow Removal[C]//the European Conference on Computer Vision, 2008.

[6] 黄微，傅利琴，王琛．基于梯度域的保纹理图像阴影去除算法[J]．计算机应用，2013，33(08):2317-2319．

[7] 傅利琴．基于光照无关图的图像去阴影方法研究[D]．上海：上海大学，2013．

[8] Shor Y, Lischinski D. The Shadow Meets the Mask: Pyramid-Based Shadow Removal[C]//Computer Graphics Forum, 2008.

[9] Xiao C, Xiao D, Zhang L, et al. Efficient Shadow Removal Using Subregion Matching Illumination Transfer [J]．Computer Graphics Forum, 2013, 32(7):421-430.

[10] Guo R, Dai Q, Hoiem D. Single-image shadow detection and removal using paired regions[C]//Computer Vision and Pattern Recognition (CVPR), 2011.

[11] Zhang L, Zhang Q, Xiao C. Shadow Remover: Image Shadow Removal Based on Illumination Recovering Optimization[J]. IEEE Transactions on Image Processing A Publication of the IEEE Signal Processing Society, 2015,24(11):4623-4636.

[12] 张玲．图像光照恢复与分解技术研究[D]．武汉：武汉大学，2017．

[13] Xiao C, She R, Xiao D, et al. Fast Shadow Removal Using Adaptive Multi - Scale Illumination Transfer[C]//Computer Graphics Forum, 2013.

[14] Xiao Y, Tsougenis E, Tang C K. Shadow Removal from Single RGB-D Images[C]//Computer Vision & Pattern Recognition, 2014.

[15] Fan X, Wu W, Zhang L, et al. Shading-aware shadow detection and removal from a single image[J]. The Visual Computer, 2020,36(2):2175–2188.
[16] Tappen M F, Freeman W T, Adelson E H. Recovering Intrinsic Images from a Single Image[J]. IEEE Transactions on Pattern Analysis & Machine Intelligence, 2005,27(9):1459-1472.
[17] Gryka M, Terry M, Brostow G J. Learning to Remove Soft Shadows[J]. Acm Transactions on Graphics, 2015,34(5):1-15.
[18] Ding B, Long C, Zhang L, et al. ARGAN: Attentive Recurrent Generative Adversarial Network for Shadow Detection and Removal[C]//the IEEE/CVF International Conference on Computer Vision(ICCV), 2020.
[19] Cun X, Pun C M, Shi C. Towards Ghost-free Shadow Removal via Dual Hierarchical Aggregation Network and Shadow Matting GAN[C]//the Association for the Advance of Artificial Intelligence ,2019.
[20] Hu X, Fu C W, Lei Z, et al. Direction-aware Spatial Context Features for Shadow Detection and Removal[C]//IEEE Transactions on Pattern Analysis & Machine Intelligence, 2018.
[21] Lin Y H, Chen W C, Chuang Y Y. BEDSR-Net: A Deep Shadow Removal Network From a Single Document Image[C]//the IEEE/CVF Conference on Computer Vision and Pattern Recognition(CVPR), 2020.
[22] Zhang L, Long C, Yan Q, et al. CLA - GAN: A Context and Lightness Aware Generative Adversarial Network for Shadow Removal[C]//Computer Graphics Forum, 2020.
[23] Wang J, Li X, Hui L, et al. Stacked Conditional Generative Adversarial Networks for Jointly Learning Shadow Detection and Shadow Removal[C]//the IEEE/CVF Conference on Computer Vision and Pattern Recognition, 2017.
[24] Hu X, Jiang Y, Fu C W, et al. Mask-ShadowGAN: Learning to Remove Shadows From Unpaired Data[C]//the IEEE/CVF International Conference on Computer Vision(ICCV), 2019.
[25] 钱真真. 基于生成对抗网络的自然图像阴影去除研究[D]. 北京：北京交通大学，2020.
[26] 杨胜男. 基于深度学习的自然场景阴影去除方法的研究[D]. 济南：山东师范大学，2020.
[27] 吴少乾，李西明. 生成对抗网络的研究进展综述[J]. 计算机科学与探索，2020，14(03):377-388.

第4章 图像噪声处理

由于全天候、全天时获取影像的特性，合成孔径雷达（Synthetic Aperture Radar，SAR）被广泛应用在军事、农业和救灾等领域。然而，作为一种相干成像系统，SAR 图像中必然会存在相干斑噪声，严重影响着图像解译及后续应用。特别地，SAR 图像的边界和对比度信息提供了反射目标的几何、材质信息，相干斑噪声却会造成这些信息的损失，给解译工作造成困难。因此，在抑制相干斑噪声的同时，高保真地恢复边界、对比度信息是一项重要的研究工作。

4.1 背景与现状分析

4.1.1 图像噪声处理的背景及意义

SAR 是一种主动式的成像系统，以处理微波频段超声波在地表产生的各种回波信号为基础，以二维图像显示地表植被、河流、建筑物等地物要素，用以评价地物要素的位置、属性及变化等信息，已被广泛应用在军事、救灾和农业等领域。它通常被安装在飞机和卫星等移动平台上，一般通过侧视照射的工作方式发射电磁波。由于主动发射的方式与超声波的特性，SAR 系统依然可以在黑夜、云雾、沙尘的影响下清晰地获取地表影像，相比于其他的成像系统，此种能力是独一无二的。例如，在云雾或黑夜环境中，光学传感器根本无法探测目标，红外传感器虽然可以抵抗黑夜的影响，但是对云雾或一些其他物理障碍依然无法穿透而获得有效的回波信号。然而，这些因素都无法影响 SAR 系统成像，它发射具有超高频率的电磁波，可以有效穿透这些障碍物，从而对目标进行探测。对于需要实时探测的任务（军事探测、灾害救助等），此种能力是至关重要的。另外，SAR 系统可以获得具有较高距离分辨率和方位分辨率的雷达图像。由于这些独特的优点，SAR 图像有着很高的应用价值，如地表监测、3D 制图和船舶探测等。

20 世纪 50 年代，美国军方科学家首次提出了 SAR 系统，主要用来探测人造物体和执行军事侦察任务。20 世纪七八十年代，星载 SAR 系统被应用在了民用领域，以获取地球表面的地理与生物参数，此时 SAR 系统的分辨率一般是较低的，如图 4.1（a）所示，C 波段星载 SAR 系统的分辨率仅为 20m（约数）。但是，随着干涉和极化技术的出现，SAR 系统的分辨率大幅度提升，达到了亚米级精度，如图 4.1（b）所示，X 波段星载 SAR 系统的分辨率达到了 1m。SAR 系统的分辨率大幅度提升后，生成的影像有了更广泛的应用场景，如建筑物提取、场景分类和资源探测等。SAR 系统已经进入一个黄金发展时期，目前，已经有了 20 余种星载 SAR 传感器。

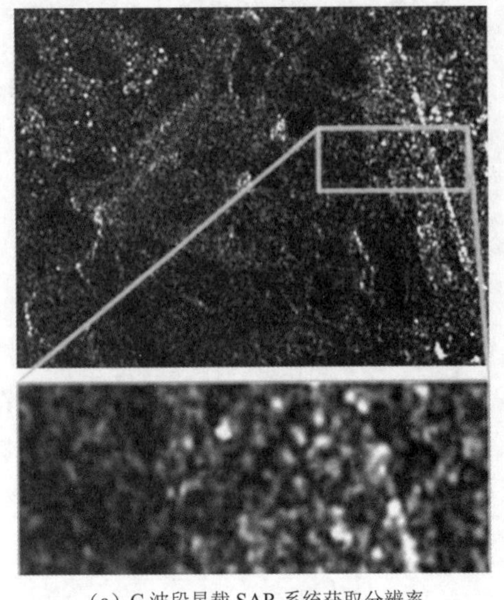
（a）C 波段星载 SAR 系统获取分辨率约为 20m 的 SAR 图像

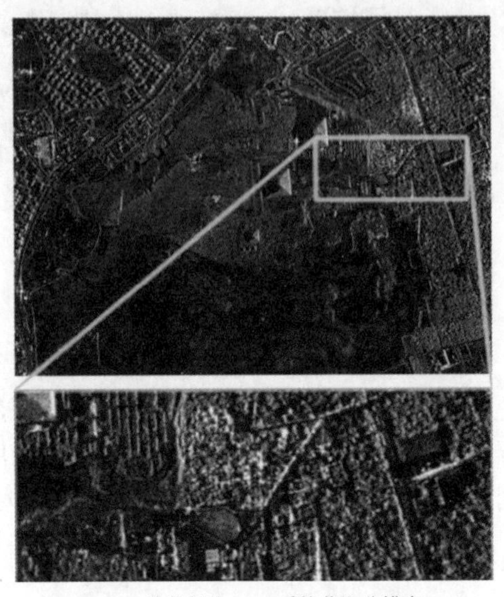
（b）X 波段星载 SAR 系统获取分辨率为 1m 的 SAR 图像

图 4.1　不同时期的星载 SAR 系统获取的图像

然而，由于回波信号接收时的相干叠加过程，相干斑噪声必然会在 SAR 系统产生的地表影像中出现。它在图像上的具体表现为剧烈起伏的明暗变化，呈斑点状随机分布。相干斑噪声的剧烈起伏的特性给高价值信息的解读造成了巨大的困难，如纹理、边界、对比度和点目标等。另外，它还影响 SAR 系统的空间分辨率，从而严重影响后续解译及应用工作的开展。目前，技术手段的发展依然无法完全消除相干斑噪声，它依然会存在于 SAR 图像中，给进行下一步工作造成了巨大的影响。应用了干涉和极化技术之后，虽然 SAR 图像的分辨率大幅度提升了，但是相干斑噪声仍然存在。因此，抑制相干斑噪声是一项非常有研究价值的工作，是后续解译和应用工作开展的基础。

为了消除相干斑噪声的影响，学者开展了相干斑噪声抑制算法的工作，给后续解译和应用工作打下了良好的基础。在 SAR 图像中，边界和对比度信息蕴含着探测目标的几何与属性信息，然而相干斑噪声严重破坏了这些信息，使其不能正确地对探测目标进行解读，从而对后续工作产生误导，导致一些难以预料的结果。因此，在有效抑制相干斑噪声的同时，高保真地恢复边界和对比度信息是 SAR 图像抑斑算法研究的重要内容。

4.1.2　国内外图像噪声处理方法现状分析

自然图像的噪声去除一直都是热门的研究问题。近 20 年，各种方法体系迅速更新迭代，每一次方法体系的变更都对恢复结果有大幅度提升。从变分方法渐渐发展到非局部滤波方法，紧接着出现了组稀疏性和低秩优化方法，近些年，深度学习方法又成了新的方法体系。自然图像的噪声去除方法一直指引着SAR图像相干斑抑制工作的前进方向，为抑制相干斑噪声探索新的可能。但是，相干斑噪声独特的特性给相应方法体系的移植带来了极大的困难。自然图像的噪声通常被认为是一种加性噪声，而SAR图像中的相干斑噪声通常被认为是乘性噪声。那么，在进行相应方法体系的移植时，需要对方法体系做出很多特定的改变，以适应相干斑噪声独特的特性。对于变分、非局部、组稀疏性和低秩优化方法体系，需要特殊考虑相干斑噪声的分布特性。而对于严重依赖数据集的深度学习体系，SAR图像的数据集也需要进行特殊的构建，这是由于无污染的SAR图像是不可能获得的。因此，众多学者基于相干斑噪声独特的特性做了大量的研究工作，很多经典的相干斑抑制方法被提出。目前，通常把这些相干斑噪声抑制方法分为以下几类：变分方法、非局部滤波方法和深度学习方法。

1. 变分方法

由于很好平滑均质区域和保持整洁边界的特性，变分模型被广泛应用在图像处理[7,8]、网格去噪[9,10]、点云去噪[11]中。变分模型通常包含数据项和正则项。数据项一般模拟噪声的随机分布，正则项包含着图像的先验信息。Rudin等[7]首次根据全变分（Total Variation，TV）原理提出了变分模型，通常称为ROF模型。该模型被证明可以有效保持边界特征，后续大量学者对此进行了扩展，使用不同的正则项或数据项完成不同的优化任务。在相干斑噪声抑制领域，Aubert和Aujol [8]首次基于最大后验概率提出了著名的AA-model，模型中的正则项是TV正则项；数据项包含分数函数和对数函数，用来模拟相干斑噪声的随机分布，称为AA数据项。在对模型进行求解时，他们采用了简单的梯度下降法。虽然梯度下降法依然可以对相干斑噪声产生抑制效果，但是算法不具备鲁棒性，无法得到高保真的抑斑结果。这是由于AA数据项是非凸非光滑的，构建得到的AA-model具有多个极值点，梯度下降法会致使陷入局部的极值点，无法达到最优的极值点。为了解决模型不易求解的问题，学者开展了大量的工作，大致可以分为两种研究思路：log转换和凸逼近。

对于第一种研究思路，学者通过log转换将SAR图像乘性噪声的相干斑噪声转化为加性噪声进行处理[12-14]，这样便可以将非凸的AA数据项转化为易于求解的凸模型。对转化后的凸模型进行求解之后，通过指数转化将结果映射到原始图像域中，这样便可以得到最终的求解结果。Huang等[12]基于以上思路对AA数据项进行了log转换，得到了较好的相干斑抑制结果。但是，他们采用的TV正则项给恢复结果带来了严重的阶梯现象，在数值和视觉上都对恢复结果造成了严重的影响。为了解决这种现象，Feng等[14]在log转换的基础上采用了TGV（Total Generalized Variation）正则项。TGV正则项中包含一个二阶项和一个一阶项，它们可以根据图像中的特征变化而自适应地变化。当处于平坦区域时，二阶项的值相对较大，此时它起主导作用，可以恢复光滑区域；当处于特征区域时，一阶项的值相对较大，可以较好地恢复边界。通过这种基于特征的自适应调节能力，TGV正则项可以很好地消除阶梯现象，更好地保持边界特征和恢复光滑区域。但是，基于log转换的研究方法会使恢复结果出现一种亮度压制的现象：高灰度的像素被压缩，低灰度的像素被扩展。这是由于log转换为非线性变换，像素值在log域中会被压缩。在log域中进行优化后，通过指数转换并不能精确地映射到原始的图像范围内。为了解决该研究思路的弊端，Steidl等[15]提出了可以很好地模拟相干斑噪声分布的数据项，他们采用的是凸函数，称为I-divergence数据项。因此，他们从本质上解决了非凸非光滑的 AA 数据项难以求解的问题，但是模型采用的 TV 正则项给恢复结果带来了阶梯现象。Feng 等[14]对此进行了改进，将 TV 正则项替换为 TGV 正则项。

对于第二种研究思路，学者对非凸非光滑的 AA 数据项采用逼近求解的思路，将原始的非凸问题转化为凸问题进行求解。Dong 和 Zeng[16]对非凸 AA-model 添加了一个二次的罚函数，将模型转换为强凸性质，从而可以简单地进行求解。他们给出了详细的证明过程，并对模型强凸的特性做了分析。但是，由于模型中 TV 正则项的缘故，恢复结果中会出现阶梯现象。Shama 等[17]在此基础上，将 TV 正则项转化为 TGV 正则项，从而可以弥补原始模型的不足。另外，Li 等[18]使用 DCA（Difference of Convex Algorithm）算法将原始非凸的 AA-model 转化为两个凸问题，通过对这两个凸问题进行迭代求解，得到了原始非凸模型的解。另外，他们还给出了详细的证明过程，并通过实验充分验证了这种逼近求解方法的有效性。Bai[19]将 TGV 正则项引入非凸模型中，运用 DCA 算法对模型进行了求解。

2．非局部滤波方法

非局部滤波方法首次是应用在自然图像中来去除噪声的。非局部滤波方法有 Non-Local Means（NLM）[20]、Block-Matching 3D（BM3D）[21]、K-SVD[22]、组稀疏性[23]和低秩优化[24]等。由于非局部滤波方法展现出来的良好的细节恢复能力，学者尝试在 SAR 图像领域开展相关研究工作[25-29]。Deledalle 等[30]首次将 NLM 方法扩展到了 SAR 图像中以抑制相干斑噪声。在自然图像中，NLM 方法的工作原理是寻找与当前像素强相似的像素进行加权平均，从而得到滤波结果，相似性衡量标准是当前像素所属区块与其他像素区块的欧几里得距离。但是，由于相干斑噪声独特的随机分布过程，这种相似性衡量标准是不合适的。Deledalle 等设计了一种新的衡量标准来评价 SAR 图像像素的相似性，并对加权平均过程做出了改进，对每次迭代都重新进行了赋权。基于更合理的相似性衡量标准和自适应权值，他们的方法在相干斑抑制中取得了优秀的细节恢复结果，通常被认为是该领域的一种经典算法，简称 PPBit。Parrilli 等[31]对 BM3D 方法的主要步骤做了相应的改进以适应相干斑噪声的抑制工作，简写为 SARBM3D。他们在每次迭代过程中都寻找相似性区块，从而得到了较好的细节恢复结果。但是，相似性区块的寻找也带来了时间复杂度的提升。因此，Cozzolino 等[32]提出了一个快速版本的 SARBM3D，简称 FANS。Liu 等[33]借鉴自然图像中组稀疏性的应用，提出了包含 I-divergence 数据项和组稀疏性正则项的相干斑噪声抑制模型。近年来，低秩优化方法[34-37]被应用在 SAR 图像领域，一般通过 Nuclear Norm（核范数）最小化的方法对低秩问题进行求解。综上所述，非局部滤波方法利用了 SAR 图像自相似性的机制，从而在抑制相干斑噪声的同时，可以较好地恢复细节信息。但是，在那些本没有相似性特征的区域，这些方法依然会识别相似性特征，从而造成了一些令人烦恼的奇怪现象，如鬼影、笔刷。

3．深度学习方法

近些年，作为一种数据驱动方法，深度学习吸引了大量学者的注意。在 SAR 图像领域，学者也开展了大量的研究工作[38-40]，提出了一些网络结构来抑制相干斑噪声，主要分为以下几类：基于 log 域、基于原始域（具备残差机制）和基于原始域（不具备残差机制），如图 4.2 所示。

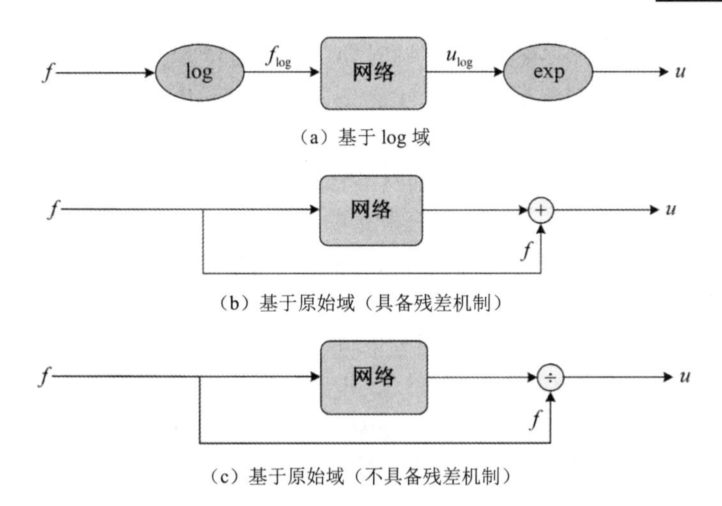

（a）基于 log 域

（b）基于原始域（具备残差机制）

（c）基于原始域（不具备残差机制）

图 4.2 抑制 SAR 图像相干斑噪声的网络结构

（1）基于 log 域的深度学习网络结构。相干斑噪声作为一种乘性噪声，直接使用自然图像的网络框架显然是不合理的。类似于变分方法中 log 转换的研究思路，首先将图像映射到 log 域，在 log 域中设计具体的网络结构；然后将输出结果映射到原始的图像域（原始域），如图 4.2（a）所示。SAR-CNN[41]便是基于这种思路设计的网络结构，是早期使用深度学习抑制相干斑噪声的方法之一。相关学者将 log 域中的 SAR 图像输入一个 17 层的卷积神经网络中。SAR-CNN 借鉴于 Zhang 等[42]提出的网络结构。得到 log 域中的输出结果后，通过指数函数将恢复结果映射到原始域中，这样便得到了最终的相干斑噪声抑制结果。由于无相干斑噪声影响的 SAR 图像是不可能得到的，所以相关学者分别采用合成数据和多视处理的真实 SAR 图像作为数据集，以尽可能地学习真实相干斑噪声的随机分布。学者基于这样的思路，在 log 域中提出了大量的相干斑噪声抑制的深度学习方法[43-46]。通过 log 转换，乘性相干斑噪声被转化为加性噪声。因此，大量针对自然图像的深度学习方法可以应用在 SAR 图像中，从而可以鲁棒地抑制相干斑噪声，得到较好的恢复结果。但是，由于 log 转换是非线性的，所以恢复结果中会出现图像整体亮度被压缩的现象。

（2）基于原始域（具备残差机制）的网络结构。不考虑乘性噪声，把退化的 SAR 图像看作没有受到相干斑噪声破坏的 SAR 图像和相应残差的和，这便是基于原始域（具备残差机制）的网络结构的研究思路，如图 4.2（b）所示。在原始域中使用残差机制[47]进行网络结构的设计，这时相干斑噪声是作为一种加性噪声来进行处理的，噪声原始的分布特性与学习得到的特性便会互相矛盾，致使学习得到的噪声方差与信号本身互相独立，与空间分布强相关：对于强反射区域，噪声具有较高的强度；对于弱反射区域，噪声具有较低的强度。在场景密集度不高的区域，这种矛盾不会对恢复结果造成影响；但是，在场景密集度较高的区域，将相干斑噪声作为加性噪声会导致一些不可预测的结果。然而，由于该网络结构相对来说较为简单，可以直接借鉴自然图像的相关方法，所以在相干斑噪声抑制领域非常流行。SAR-DRN[47]是此类方法的先行者，也是早期使用深度学习抑制相干斑噪声的方法之一。它的网络结构非常轻量化，仅有 7 个卷积层，充分降低了训练的复杂度。虽然网络结构简单，但是空洞卷积、跳跃连接和残差网络等技术的应用，使 SAR-DRN 依然展现出较好的相干斑抑制效果。Li 等[48]在 SAR-DRN 的基础上加入了注意力机制，使网络在重要的通道和空间位置上附加有较大的权值，以消除不重要信息对网络的干扰。同时期，稠密连接的机制被应用在相干斑噪声抑制中[49]。后来，深层的网络结构也开始出现，Lattari 等[50,51]使用 U-Net[52]设计了用于相干斑抑制的网络。

（3）基于原始域（不具备残差机制）的网络结构。在该类深度学习网络结构中，充分考虑了相干斑噪声是一种乘性噪声，网络学习得到的比率图像便是真实分布的相干斑噪声，如图 4.2（c）所示。网络的输入为原始域的 SAR 图像，网络的输出为比率图像，将输入的 SAR 图像除以比率图像便得到最终的恢复结果。相比以上两种网络结构，由于该网络结构在原始域中估计真实的相干斑噪声，所以该网络结构更为合理，符合相干斑噪声的生成机理。ID-CNN[52]便是首次被提出的该种网络结构方法，也是早期使用深度学习抑制相干斑噪声的方法之一。该方法在学习得到比率图像后，需要用输入 SAR 图像除以比率图像，但是，如果比率图像的某些像素为零或非常接近零，则除法操作会造成无穷大的像素值。显然，这样是不合理的。因此，在除法操作后，该方法使用了一个非线性层（tanh）来避免这种情况。基于这样的网络结构，学者[53-57]开展了大量的扩展工作。

以上提及的方法都可以有效地抑制相干斑噪声，并且每种方法体系都有着自己的独特优势。但是，这些方法仍然存在着一些问题，如特征丢失（边界模糊、对比度降低、纹理信息损失）、数据集的强依赖性、人造现象（笔刷、鬼影、阶梯）等。因此，在抑制相干斑噪声的同时，恢复更保真的 SAR 图像仍然是一个非常大的挑战。

作为一种相干成像系统，SAR 图像中必然存在相干斑噪声。为了消除相干斑噪声对后续解译和应用工作的影响，设计一种鲁棒的相干斑噪声抑制算法是至关重要的。在 SAR 图像中，边界和对比度信息蕴含着探测目标的几何与属性信息，相干斑噪声严重破坏了这些信息。本节讨论了目前的相干斑噪声抑制算法，它们都能较好地得到恢复结果，但是都无法同时高保真地恢复边界和对比度信息。因此，下面介绍一种可以很好地保持整洁边界、对比度信息的相干斑噪声抑制算法，从而可以高保真地恢复 SAR 图像，以满足后续工作的应用需求。

4.2 SAR 系统成像与相干斑噪声

本节针对 SAR 系统，首先对它的成像原理进行相应的简介，并且详细说明其中的主要参数；其次基于相干斑噪声的形成原理，具体阐述相干斑噪声与加性高斯噪声的区别；然后针对 SAR 图像的两种格式，描述相应格式下的相干斑噪声统计模型；最后给出一些常见的相干斑噪声抑制结果的评价指标。

4.2.1 SAR 系统的成像原理

SAR 系统是通过发射微波频段的电磁波来探测目标，用有限长度的天线有序地接收回波信号，进而用一定的处理手段对回波信号进行处理而成像的雷达系统。它通常被安装在飞机和卫星等移动平台上，叫作机载 SAR、星载 SAR。为了消除移动平台的左右运动造成回波信号模糊的影响，SAR 系统通常采用侧视照射发射电磁波，如图 4.3 所示。

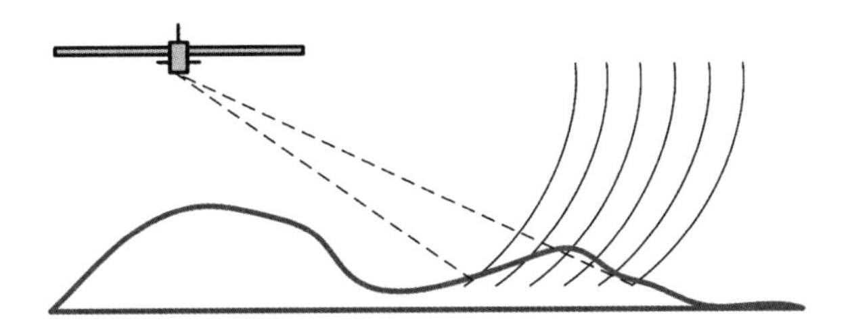

图 4.3　采用侧视照射发射电磁波

最简单的 SAR 系统包含 3 部分：微波脉冲发射器、接收器和天线。物理尺寸为 L_x、L_y 的天线被安装在高度为 H 的移动平台上，运动速度为 V_{SAR}。天线前进的方向称为方位向（y 轴），通常与微波脉冲发射器发射的电磁波方向垂直。垂直于方位向的方向称为距离向（x 轴）。天线以 θ_0 为入射角发射电磁波，发射的方向（r 方向）叫作天线辐射轴。天线发射波束扫描到的区域称为天线辐射带，如图 4.4（a）中的椭圆区域所示。移动平台不断前进，波束扫描到的区域也就越多，这些区域便称为雷达测绘区，如图 4.4（a）中的矩形区域所示。图 4.4（b）、（c）展示了天线辐射带中各参数在距离向和方位向上的几何关系。天线孔径一般用(θ_x,θ_y)表示，可以通过下式进行估计：

$$\theta_x=\frac{\lambda}{L_x},\quad \theta_y=\frac{\lambda}{L_y} \tag{4.1}$$

其中，λ 是某载波频率信号的波长；L_x、L_y 是天线的物理尺寸。此时，距离向长度 ΔX 和方位向长度 ΔY 可以通过下式计算：

$$\Delta X\approx\frac{R_0\theta_x}{\cos\theta_0},\quad \Delta Y\approx R_0\theta_y \tag{4.2}$$

其中，R_0 是天线到天线辐射带中心位置的距离。

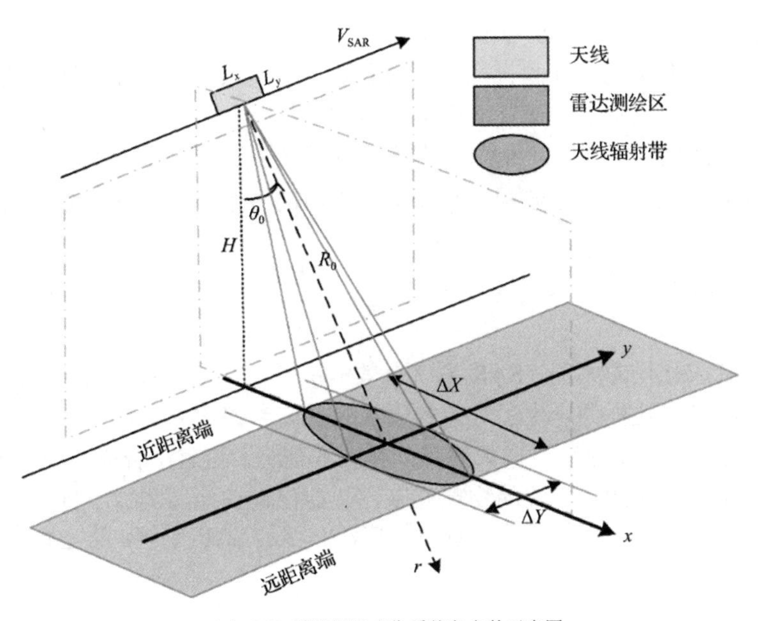

（a）SAR 系统侧视成像系统各参数示意图

图 4.4　SAR 系统的成像原理

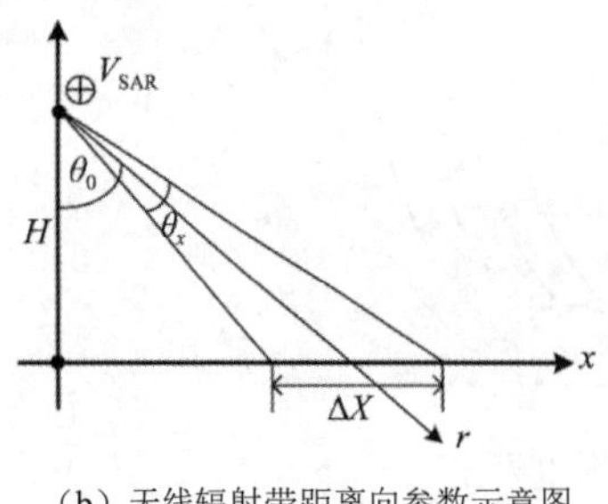

（b）天线辐射带距离向参数示意图

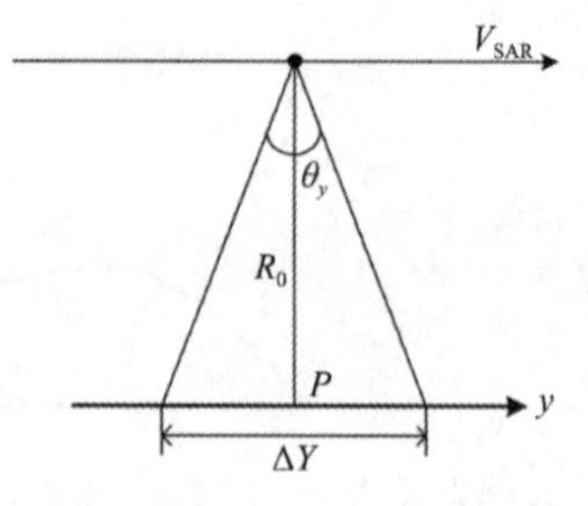

（c）天线辐射带方位向参数示意图

图 4.4　SAR 系统的成像原理（续）

SAR 系统的空间分辨率包括距离向和方位向分辨率，用来衡量该方向上的相近散射体的区分能力。脉冲信号的周期越短，距离向分辨率越高。同时，脉冲信号需要较高的能量来降低回波信号中的噪声比率。然而，目前的工业水平不能制造出同时满足这两点需求的微波脉冲发射器。因此，在一般的雷达系统中，分辨率和噪声比率是互相矛盾的。但是，基于脉冲压缩技术，SAR 系统绕过了工业水平的障碍，以特殊的发射、接收形式满足了这两点需求。具体地，对脉冲信号做以下要求：信号为长周期，且周期中分散着非常高的能量。此外，在信号发射的同时，为了后续对回波信号进行有效处理，一个周期为 T_p 的线性调频信号被建立，以扫描发射的脉冲信号。在接收回波信号时，使用滤波器对回波信号进行处理，长周期脉冲信号便可以被压缩为短周期脉冲信号，从而便满足了信号具有较高能量和短周期的需求。通过对脉冲信号的发射和接收方式的精心设计，在虚拟层次上达成了 SAR 系统分辨率和噪声比率的统一，致使 SAR 系统可以获得较高的距离向分辨率。距离向分辨率可以通过下式计算：

$$\delta_x \approx \frac{c}{2B\sin\theta} \tag{4.3}$$

其中，c 为光速；θ 为入射角；B 为压缩后的短周期脉冲信号的频率。

雷达系统在方位向上区分探测目标的能力是随着天线长度的增加而增强的。但是，天线的物理长度是不能无限增加的，而人们则期望得到更精确的微小目标区分能力。由于天线的物理长度是无法无限增加的，所以 SAR 系统的方位向分辨率便就此受限。因此，SAR 系统的方位向分辨率较低，无法有效区分同一天线辐射带内的多个目标。它的方位向即时分辨率可由下式计算：

$$\delta_y = \Delta Y = R_0\theta_y = \frac{R_0\lambda}{L_y} \tag{4.4}$$

但是，基于合成孔径的原理，SAR 系统有效解决了天线物理长度的问题。天线沿着移动平台的运动方向前进，这样便产生了等效的天线孔径。当接收回波信号时，对信号进行相干处理，从而可以得到类似于单个合成天线阵列接收的信号，这就是合成孔径技术的原理[57,58]。合成孔径方法在虚拟上增加了天线的物理长度，从而使精细地探测微小目标得以实现、方位向分辨率大幅提升、SAR 图像的应用场景更加广泛。对于 SAR 系统，给定距离 R_0，其方位向分辨率可以通过下式计算：

$$\delta_y = \frac{L_y}{2} \tag{4.5}$$

由式（4.5）可见，SAR 系统的方位向分辨率仅与天线的物理尺寸成正比，与其他参数无关。

4.2.2　相干斑噪声的形成机理

由于使用了合成孔径技术，所以 SAR 系统必须对回波信号进行相干处理，只有这样才可以生成图像信号。图 4.5 展示了 SAR 图像中一个散射单元信号的形成，它是单元内各物理散射子回波信号的矢量叠加，这个过程称为相干处理。在该散射单元内，物理散射子的大小与脉冲信号的波长相近。这些物理散射子反射的回波信号都有着以下特性：频率相同，幅度和相位却不一致。由于这些物理散射子的干扰，相干叠加后的最终回波信号并不能反映探测目标的真实特性。但是，相干叠加的信号是围绕目标特性起伏的，从侧面可以反映真实目标。因此，在生成的 SAR 图像中会出现灰度值剧烈变化的现象，这些灰度值具体是随着某一均值上下随机起伏的。此时，在视觉上便展现出强烈的明暗变化，这种现象便称为相干斑噪声，如图 4.6 所示。

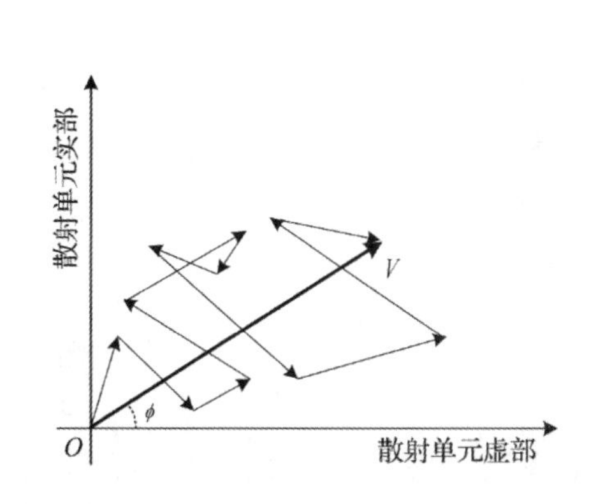

图 4.5　SAR 图像中一个散射单元信号的形成

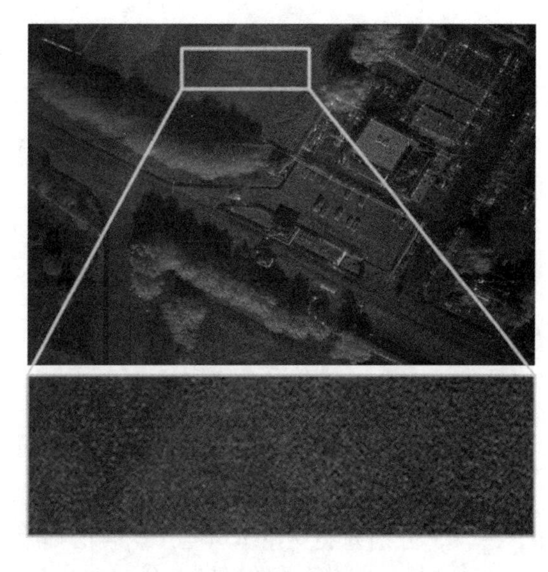

图 4.6　具有相干斑噪声的 SAR 图像

基于以上分析，SAR 系统合成的影像中定然会出现相干斑噪声，这是由相干处理过程引起的，是系统的成像原理决定的。在散射单元内，众多物理散射子产生了幅度和相位不一致的回波信号，相干叠加后并不能准确反映目标特性，相干叠加的信号是围绕目标特性起伏的。相比于自然图像的高斯噪声，二者虽然在视觉上的表现类似，但形成机理是完全不一致的。高斯噪声的出现是由外界物理条件（光线强度）引起的，而相干斑噪声本质上并不是真正意义上的噪声，是相干成像系统内部的问题。相干斑噪声是由相干处理引起的，是电磁波探测目标的方法导致的[59]。它在客观上展现为明暗起伏的斑点噪声，但是它可以从侧面展现出探测目标的物理特性。相干斑噪声在超声医疗图像中也会出现，但是在该领域内，对相干斑噪声的处理需要慎重，不能对其进行完全抑制。这是由于相干斑噪声可以从侧面反映病变，如果对其进行完全抑制，则病变区域也可能被抹去了，无法发现相应病变进而进行处理。从本例来看，我们可以更清晰地了解相干斑噪声是完全不同于高斯噪声的。对于 SAR 系统，地表的探测不需要那么精细的反射特性，而更关注边界、点状、对比度特征。因此，在 SAR 系统中，需要尽可能地抑制相干斑噪声，同时高保真地恢复边界、点和对比度信息。

4.2.3 相干斑噪声的统计模型

对每个散射单元内物理散射子的回波信号进行相干叠加后，便可以得到复数格式的图像信号，它是原始数据格式。如图 4.5 所示，一个散射单元内复数格式的图像信号便是这样产生的。假设该散射单元内有 M 个物理散射子，则第 j 个物理散射子的回波信号为

$$z_j = x_j + y_j i \tag{4.6}$$

其中，$x_j = A_j \cos\phi_j$；$y_j = A_j \sin\phi_j$；A_j、ϕ_j 分别是第 j 个物理散射子的回波信号的幅度、总相位。此时，这个散射单元内复数格式的信号为

$$z = \sum_{j=1}^{M} z_j = \sum_{j=1}^{M} x_j + y_j \mathrm{i} = \sum_{j=1}^{M} x_j + \mathrm{i}\sum_{j=1}^{M} y_j = x + y\mathrm{i} \tag{4.7}$$

显然，复数格式的信号是无法成像的。对复数格式信号的实部和虚部进行相关操作，可以得到两种实数格式的 SAR 图像：幅度格式和强度格式。该散射单元内幅度格式的信号为

$$Y = |z| = \sqrt{x^2 + y^2} \tag{4.8}$$

相应强度格式的信号为

$$I = z^2 = x^2 + y^2 \tag{4.9}$$

目前，主流的相干斑噪声抑制方法都是针对幅度格式和强度格式进行处理的，因此，接下来只对这两种格式的相干斑噪声统计模型进行简介。

1. 幅度格式的相干斑噪声统计模型

相干斑噪声通常被认为是一种乘性噪声，幅度格式下的 SAR 图像可以被下式模拟：

$$Y = f_a e_a \tag{4.10}$$

其中，e_a、f_a 分别为不受相干斑噪声影响的幅度 SAR 图像、幅度格式下的相干斑噪声。当等效视数 $L=1$ 时，f_a 通常被认为是服从瑞利分布的：

$$p_{f_a}(f_a) = \frac{\pi f_a}{2}\exp(-\frac{\pi f_a^2}{4}),\ f_a \geqslant 0,\ L=1 \tag{4.11}$$

2. 强度格式的相干斑噪声统计模型

强度格式下的 SAR 图像可以被下式模拟：

$$I = f_I e_I \tag{4.12}$$

其中，e_I、f_I 分别为不受相干斑噪声影响的幅度 SAR 图像、强度格式下的相干斑噪声。f_I 通常被认为是服从伽马分布的，其均值和方差分别为 1、$1/L$：

$$p_{f_I}(f_I) = \frac{L^L f_I^{L-1} e^{-Lf_I}}{\Gamma(L)},\ f_I > 0,\ L \geqslant 1 \tag{4.13}$$

其中，$\Gamma(\bullet)$ 为伽马函数。

4.2.4 相干斑噪声抑制结果的评价指标

由于在获取 SAR 图像时存在相干叠加的过程，所以相干斑噪声必然会出现在 SAR 图像中。剧烈明暗起伏的相干斑噪声严重破坏了纹理、边界和对比度等重要信息，对后续解译和应用工作造成了巨大的阻碍。因此，在通过相关方法抑制相干斑噪声的同时，需要尽可能地恢复这些信息。如何评价恢复结果是一个难题，从视觉方面主观地判别这些信息的恢复程度显然是不合理的。为此，学者提出了一些数值指标来进行客观的评测：等效视数（ENL）、边缘保持指数（EPI）等。

1. 等效视数

等效视数用来衡量相干斑噪声抑制后均值区域的平滑程度。等效视数越大，均值区域越平滑，相干斑噪声抑制能力越强。针对某均值区域，等效视数可以通过下式计算：

$$L=\alpha\frac{\mathrm{EXP}^2}{\mathrm{VAR}} \tag{4.14}$$

其中，EXP、VAR 分别为该均值区域内的均值和方差。在强度格式下，$\alpha=1$；在幅度格式下，$\alpha=4/\pi-1$。

2. 边缘保持指数

SAR 图像中的边缘信息蕴含着重要的语义信息，对后续解译和应用工作有着巨大的帮助。因此，在抑制相干斑噪声的同时，应该尽可能地恢复整洁的边界，而 EPI 就是评价边缘保持能力的指标。假设 f、u 分别是受到相干斑噪声影响、不受相干斑噪声影响的 SAR 图像，图像大小为 $M\times N$（单位为像素），那么 EPI 可以通过下式计算：

$$\mathrm{EPI}=\frac{\sum\limits_{i,j}|u(i,j)-u(i+1,j)|+|u(i,j)-u(i,j+1)|}{\sum\limits_{i,j}|f(i,j)-f(i+1,j)|+|f(i,j)-f(i,j+1)|} \tag{4.15}$$

其中，$i=1,2,\cdots,M$，$j=1,2,\cdots,N$，都是图像像素的位置。EPI 越接近于 1，说明恢复结果中的边界信息保持得越好。

为了让读者更了解本章的研究背景，4.2 节具体描述了 SAR 系统得到地表影像的过程，重点介绍了相干斑噪声的产生原因。在 4.2.1 节中，介绍了 SAR 系统的工作原理，对方位向分辨率和距离向分辨率做出了详细的解释；在 4.2.2 节中，对相干斑噪声做了定义，并对比自然图像的高斯噪声，从本质上详细分析了相干斑噪声的特性；4.2.3 节介绍了 SAR 图像主要的数据格式，并对相应格式的相干斑噪声统计模型做了简介；4.2.4 节介绍了等效视数（ENL）、边缘保持指数（EPI）这两个相干斑噪声抑制结果的评价指标。

4.3 非凸非光滑变分模型及求解方法

本节首先定义一些基本算子和函数空间，可以为后续内容打下统一的符号基础；然后对非凸非光滑变分模型进行简单介绍，并给出一些求解方法的简介；最后对本节内容进行总结。

4.3.1 基本算子和函数空间的定义

本节对相关的基本算子和函数空间进行定义。首先，假设强度格式的 SAR 图像 $\boldsymbol{u}$ 可以被表达为 $M\times N$ 的矩阵，$\mathbb{R}^{M\times N}$ 的欧几里得空间被记为 V。离散的梯度算子便可以定义为 $\nabla:V\to Q$，其中 $Q=V\times V$。对于 $\boldsymbol{u}\in V$，$\nabla\boldsymbol{u}$ 可以通过下式计算：

$$(\nabla\boldsymbol{u})_{i,j}=\left((D_x^+\boldsymbol{u})_{i,j},(D_y^+\boldsymbol{u})_{i,j}\right) \tag{4.16}$$

其中

$$\begin{aligned}(D_x^+\boldsymbol{u})_{i,j}&=\begin{cases}u_{i,j+1}-u_{i,j}, & 1\leqslant j\leqslant M-1\\ u_{i,1}-u_{i,M}, & j=M\end{cases}\\ (D_y^+\boldsymbol{u})_{i,j}&=\begin{cases}u_{i+1,j}-u_{i,j}, & 1\leqslant j\leqslant N-1\\ u_{1,j}-u_{N,j}, & j=N\end{cases}\end{aligned} \tag{4.17}$$

在这里，$i=1,2,\cdots,M$，$j=1,2,\cdots,N$，(i,j)代表 SAR 图像像素的位置；D_x^+ 和 D_y^+ 分别是水平方向与垂直方向上的前向差分算子。此时，对于 $\boldsymbol{u}\in V$，V 空间中的点积、范数分别为

$$\left\langle \boldsymbol{u}^1,\boldsymbol{u}^2\right\rangle_V=\boldsymbol{u}^1\cdot\boldsymbol{u}^2,\ \ \|\boldsymbol{u}\|_V=\sqrt{\langle\boldsymbol{u},\boldsymbol{u}\rangle_V},\ \ \forall\boldsymbol{u},\boldsymbol{u}^1,\boldsymbol{u}^2\in V \tag{4.18}$$

Q 空间中的点积、范数分别为

$$\langle p,q\rangle_Q=\langle p_1,q_1\rangle_V+\langle p_2,q_2\rangle_V,\ \ \|p\|_Q=\sqrt{\langle p,p\rangle_Q},\ \ \forall p,q\in Q \tag{4.19}$$

散度算子 $\mathrm{div}:Q\to V$ 是 ∇ 的连接算子，有以下形式：

$$(\mathrm{div}\,p)_{i,j}=((D_x^-p_1)_{i,j},(D_y^-p_2)_{i,j}) \tag{4.20}$$

其中，D_x^-、D_y^- 分别是具有周期性的边界条件的水平方向、垂直方向上的后向差分算子。接下来便定义离散格式的拉普拉斯算子 $\Delta:V\to V$，如下所示：

$$(\Delta\boldsymbol{u})_{i,j}=(D_x^-D_x^+\boldsymbol{u})_{i,j}+(D_y^-D_y^+\boldsymbol{u})_{i,j} \tag{4.21}$$

4.3.2 非凸非光滑变分模型

图像去噪是一个经典的逆问题，一般通过变分模型对问题进行建模来恢复图像。变分模型一般包含正则项和数据项。数据项用来约束原始图像和被噪声破坏的图像在恢复过程中的差异，一般是由噪声性质决定的。正则项蕴含着图像的先验信息，用来平滑图像或增强图像的稀疏性。假设原始图像、被噪声破坏的图像分别用 $\boldsymbol{u}$、$\boldsymbol{f}$ 表示，那么用来恢复图像的变分模型如下：

$$\min_{u\in V}F(K\boldsymbol{u},\boldsymbol{f})+\sum_{i,j}R(\|(G\boldsymbol{u})_{i,j}\|_V) \tag{4.22}$$

其中，$R(\cdot)$、$F(\cdot,\cdot)$、G 和 K 分别为一种正则化函数、一种保真项函数、一种线性变换和一种退化算子。如果 $R(\cdot)$ 和 $F(\cdot,\cdot)$ 都为凸函数，那么式（4.22）便叫作凸模型；否则，叫作非凸非光滑模型。凸模型由于具有易于求解的特性，所以被广泛应用于各种优化问题。通常，$F(\cdot,\cdot)$ 为平方函数（ℓ_2 数据项），$R(\cdot)$ 为绝对值函数（ℓ_1 正则项）。但是，相比于凸正则化函数，非凸非光滑的正则化函数可以提供较强的稀疏性，能更好地恢复边界和均值区域。因此，学者研究了一系列非凸函数的特性，如 p（$0<p<1$）幂函数[60-62]、L0[63]、分数函数[64]、对数函数

[65]，以及它们的截断版本与组合形式[66,67]。其中，p $(0<p<1)$ 幂函数是最常用的一种非凸函数，所构成的正则项叫作 ℓ_p 正则项。保真项函数 $F(\cdot,\cdot)$ 是根据所处理的噪声特性来选择相应的函数的。在自然图像中，噪声一般被模拟为加性噪声，选取较为简单的凸函数便可以达到很好的噪声去除效果，如平方函数（高斯噪声）和绝对值函数（冲量噪声）。而在SAR图像中，相干斑噪声被认为是一种乘性噪声，简单的凸函数不能很好地模拟相干斑噪声的分布特性，通常选取非凸的分数函数和对数函数的组合形式（AA数据项）。

非凸非光滑变分模型可以带来较强的稀疏性，且具有良好的建模能力。然而，它却无利于模型的求解，带来了复杂的模型性质。因此，主流的方法采用凸的 ℓ_1 正则项恢复图像，以寻求强稀疏性与求解难度的平衡。针对凸变分模型，学者提出了很多快速又易于收敛的求解算法，如迭代阈值算法、交替方向乘子法（ADMM）、分裂Bregman迭代法、对偶和原对偶法等。但是，非凸非光滑变分模型的优点又让学者难以割舍，为此开展了大量的求解算法研究工作。早期，学者[8]没有考虑非凸函数的特性，使用梯度下降法进行求解，极易陷入局部最小解。后来，基于逼近求解的思路，学者将原始的非凸问题转化为一系列的凸问题进行迭代求解[16-19]。相比于梯度下降法，它们可以得到较为精确的解，但逼近求解的方式带来了很高的时间复杂度。近些年，学者[60, 62]使用变量分割法和增广拉格朗日法对非凸问题进行求解，提出了具体的封闭解形式。

4.3.3 变量分割法

变量分割法通常用来解决无限制的优化问题。为了不失一般性，这里将该无限制的优化问题定义为以下形式：

$$\min_{u\in V} f_1(\boldsymbol{u})+f_2(g(\boldsymbol{u})) \tag{4.23}$$

其中，$\boldsymbol{u}\in V$ 为要优化的信号；$g(\boldsymbol{u})$ 是一个以 $\boldsymbol{u}$ 为变量的函数。对于无限制的优化式（4.23），变量分割法通常会建立一个新变量 v，将其转化为受限问题，如下所示：

$$\begin{aligned}&\min_{u,v\in V} f_1(\boldsymbol{u})+f_2(v)\\&s.t.\ v=g(\boldsymbol{u})\end{aligned} \tag{4.24}$$

显而易见，优化式（4.24）是等价于无限制的优化式（4.23）的，并且在可行解集合 $\{(\boldsymbol{u},v):v=g(\boldsymbol{u})\}$ 中，二者是完全一致的。相比于无限制的优化式（4.23），优化式（4.24）的求解难度是降低的，通过二项式补偿的方法可以简单求解：

$$\min_{u,v\in V} f_1(\boldsymbol{u})+f_2(v)+\frac{r}{2}\|v-g(\boldsymbol{u})\|_V^2 \tag{4.25}$$

其中，r 为正实数。对于式（4.25），分别固定 $\boldsymbol{u}$、v 两个变量来交替迭代求解。在交替迭代求解过程中，变量 r 逐渐增大，便可以强制满足约束条件 $v=g(\boldsymbol{u})$，使式（4.25）逼近于受限问题，即式（4.24）。当满足拟合条件后，所求问题，即式（4.25）的解便等价于无限制优化问题，即式（4.23）的解。但是，当变量 r 非常大时，会导致补偿的二项式变得异常大，致使目标函数的最小化问题进入一种病态，无法得到合适的优化结果。

4.3.4 增广拉格朗日法

增广拉格朗日法（ALM）主要用来解决具有等式限制的优化问题，具体形式如下：

$$\begin{gathered}\min_{z\in V} E(z) \\ s.t.\ \boldsymbol{A}z-\boldsymbol{b}=0\end{gathered} \tag{4.26}$$

其中，$\boldsymbol{A}$为系数矩阵；$\boldsymbol{b}$为常数矩阵。对于式（4.26），其增广拉格朗日函数如下：

$$\mathcal{L}(z,\lambda,r)=E(z)+\langle \boldsymbol{A}z-\boldsymbol{b},\lambda\rangle_V+\frac{r}{2}\|\langle \boldsymbol{A}z-\boldsymbol{b},\lambda\rangle\|_V^2 \tag{4.27}$$

其中，λ是拉格朗日乘子；$r>0$，为惩罚项系数。通过将式（4.26）转化为相应的增广拉格朗日形式，即式（4.27），将约束问题转化为无约束问题，从而可以简单地根据以下迭代算法进行求解。

算法 4.1：增广拉格朗日法（ALM）

输入：$\boldsymbol{A},\boldsymbol{b},r$

初始化：$k=0$

repeat

（1）$z^{k+1}=\min L(z,\lambda^k,r)$

（2）$\lambda^{k+1}=\lambda^k+r(\boldsymbol{A}z^{k+1}-\boldsymbol{b})$

（3）$k=k+1$

until　满足停止条件

输出：z^k

本节对非凸非光滑模型及其求解方法做了主要介绍。为了全书符号的统一性，4.3.1 节首先定义了两个函数空间和离散的梯度算子、散度算子、拉普拉斯算子，之后定义了函数空间中的范数和内积。4.3.2 节区分了凸模型与非凸非光滑模型，介绍了相应的求解方法。后面两节介绍了常用于求解非凸非光滑模型的变量分割法和增广拉格朗日法。

4.4 抑制相干斑噪声的非凸非光滑变分模型

本节首先对一些抑制相干斑噪声的经典变分模型进行简述，并阐述研究非凸非光滑变分模型的主要动机；其次，为了更好地恢复边界和均值区域，提出一个无截断的非凸非光滑变分模型，并给出详细的求解及证明过程；然后，为了解决无截断模型对比度降低的问题，提出一个截断的非凸非光滑变分模型，并给出模型的快速算法设计过程；最后对本节提出的两个非凸非光滑变分模型进行总结。

4.4.1 经典的相干斑噪声抑制变分模型

本节主要针对强度格式的 SAR 图像开展研究工作。考虑全书的可读性，本节在此简述一些经典的相干斑噪声抑制变分模型。首先，相干斑噪声通常被认为是一种乘性噪声，具体形式如下：

$$f = u\eta \tag{4.28}$$

其中，$f, u \in V$ 分别为受到相干斑噪声污染的和无污染的 SAR 图像，它们都是强度格式下的图像；η 是乘性的相干斑噪声，一般认为是服从伽马分布的。假设有等效视数为 L 的 SAR 图像，则 η 的概率密度函数如下：

$$P(\eta) = \frac{1}{\Gamma(L)} L^L \eta^{L-1} \mathrm{e}^{-L\eta} \mathrm{H}(\eta) \tag{4.29}$$

其中，H 和 Γ 分别为赫维赛德函数、伽马函数。基于最大后验原则，Aubert 和 Aujol[8]提出了著名的 AA-model。他们使用非凸的对数函数和分数函数较好地模拟了相干斑噪声的概率分布，具体模型如下：

$$\min_{u \in V} \left\{ (\log u + \frac{f}{u}) + \lambda \|\nabla u\|_Q \right\} \tag{4.30}$$

其中，$\lambda > 0$，是正则化系数，用来平衡正则项和数据项之间的权重。虽然非凸的 AA 数据项可以有效地抑制相干斑噪声，但是无利于模型的求解，极易使模型陷入局部最小值，从而无法得到精确的解。为了解决模型不易求解的问题，学者开展了大量的工作，大致可以分为两种研究思路：凸逼近和 log 转换。

（1）基于凸逼近的研究思路。Dong 和 Zeng[16]使用一个二次罚函数对原始非凸的 AA-model 做了严格的凸逼近，将非凸问题转化为凸问题进行求解，具体模型如下：

$$\min_{u \in V} \left\{ (\log u + \frac{f}{u}) + \alpha\Big(\sqrt{\frac{u}{f}} - 1\Big)^2 + \lambda \|\nabla u\|_Q \right\} \tag{4.31}$$

其中，α 为一个正实数，用来调节凸逼近的能力，如果 $\alpha \geqslant 2\sqrt{6}/9$，则模型是强凸的，他们给出了详细的证明过程。转变为凸模型后，便可以轻易地使用常见的凸问题求解法进行快速算法的设计，如交替方向乘子法和本原对偶法等。但是，模型中的 TV 正则项给恢复图像引入了严重的阶梯现象。Shama 等[17]将 TV 正则项替换为 TGV 正则项，更好地恢复了光滑区域，有效减弱了阶梯现象。基于相同逼近求解的思路，Li 等[18]使用 DCA 算法对 AA-model 进行凸逼近，将原始的非凸问题转化为两个凸问题进行迭代求解，从而得到了非凸问题的精确解。但是，该方法仅能处理以下模型：数据项为非凸函数，正则项为非凸函数。如果模型中的正则项也为凸函数，则 DCA 算法不能有效求解。后续，Bai 等[19]扩展了 Li 等[18]的工作，将 TV 正则项替换为 TGV 正则项来减弱阶梯现象。

（2）基于 log 转换的研究思路。在该类方法中，首先通过 log 转换将非凸的 AA-model 转换为凸模型进行求解。得到结果之后，通过对数转换将 log 域中的结果映射到原始域中，得到最终的恢复结果。Feng 等[14]便采用了这种策略，使用 $u_l = \log u$ 将原始图像映射到 log 域中，得到了以下模型：

$$\begin{aligned} u_l^* &= \min_{u_l \in V} \left\{ (u_l + f\mathrm{e}^{-u_l}) + \lambda \mathrm{TGV}_\alpha^2(u_l) \right\} \\ u^* &= \mathrm{e}^{u_l^*} \end{aligned} \tag{4.32}$$

其中，$\mathrm{TGV}_\alpha^2(\cdot)$ 为 Bredies 等[66]定义的二阶正则项。该模型有效地抑制了相干斑噪声，并且得到了较好的光滑区域恢复结果。但是，由于采用的 log 转换是非线性变换，所以图像在 log 域中会有以下现象：高灰度的像素被压缩，低灰度的像素被扩展。在 log 域中得到优化结果后，指数转换操作并不能精确地映射到原始的图像范围内，会导致恢复结果整体的亮度被压缩，呈现出一种偏暗的视觉效果。

综上所述，这两种研究思路都存在一些弊端。从本质上而言，这些弊端是由以下两种需求引起的：易于求解和模拟相干斑噪声的概率分布。Steidl 等[15]解决了这个问题，他们提出了一个凸的数据项，可以很好地模拟相干斑噪声的概率分布，简称 I-divergence 数据项。具体的模型如下：

$$\min_{u\in V}\left\{(u-f\log u)+\lambda\|\nabla u\|_{Q}\right\} \tag{4.33}$$

实验结果证明 I-divergence 数据项可以很有效地抑制相干斑噪声。另外，Feng 等[14]在该模型，即式（4.33）的基础上，将 TV 正则项替换为 TGV 正则项，从侧面验证了 I-divergence 数据项的有效性。但是，由于 TGV 中存在二阶项，所以会对恢复结果造成一些特征的模糊。

以上提及的经典方法使用的都是凸的 ℓ_1 正则项，得到了较好的相干斑噪声抑制结果。非凸非光滑的 $\ell_p\,(0<p<1)$ 正则项通常可以得到更好的恢复结果[60, 62]。然而，$\ell_p\,(0<p<1)$ 正则项给模型的求解带来了极大的困难。因此，主流的方法采用凸的 ℓ_1 正则项恢复图像，以寻求强稀疏性与求解难度的平衡。近些年，在自然图像领域，学者基于变量分割法和增广拉格朗日法提出了 $\ell_p\,(0<p<1)$ 范数变分模型的快速算法。受到他们的启示，本节拟在 SAR 图像领域开展 $\ell_p\,(0<p<1)$ 范数最小化问题的研究，探索强稀疏性带来的良好特性（边界保持、均值区域恢复能力）。但是，所有的凸正则项和大部分非凸正则项都存在对比度下降的问题。为了解决这个问题，Wu 等[67]在正则项上使用了一个截断函数，实验结果证明截断策略可以大幅提升对比度和数值指标。另外，本节拟对上一个研究问题进行扩展，用来研究截断函数对 $\ell_p\,(0<p<1)$ 范数最小化问题的影响，解决对比度降低的问题，尽可能消除对后续工作的影响。

4.4.2 无截断的非凸非光滑变分模型及数值算法

1. 无截断的非凸非光滑变分模型

由于相干处理过程，SAR 系统得到的观测影像中定然会出现相干斑噪声。相比于自然图像的高斯噪声，乘性的相干斑噪声会严重破坏重要的信息，在强度格式的 SAR 图像中表现得尤为剧烈。为了恢复更整洁的边界，这里提出了一个无截断的非凸非光滑变分模型：

$$\min_{u\in V}\left\{\alpha(\boldsymbol{u}-f\log\boldsymbol{u})+\sum_{1\leqslant i\leqslant M,1\leqslant j\leqslant N}\left\|(\nabla\boldsymbol{u})_{i,j}\right\|^{p}\right\} \tag{4.34}$$

其中

$$\left\|(\nabla\boldsymbol{u})_{i,j}\right\|^{p}=\left(\sqrt{(D_x^{+}\boldsymbol{u})_{i,j}^{2}+(D_y^{+}\boldsymbol{u})_{i,j}^{2}}\right)^{p} \tag{4.35}$$

其中，$f,\boldsymbol{u}\in V$，分别为受到相干斑噪声污染的和无污染的 SAR 图像（强度格式）；α 是一个正实数，用来平衡正则项和数据项之间的权重；p 在 $[0,1]$ 区间，用来控制 ℓ_p 正则项的非凸程度。由于该模型，即式（4.34）是非凸非光滑的，所以快速算法的设计是比较有挑战性的。基于变量分割法和增广拉格朗日法，Lanza 等[62]对 TV_p-ℓ_2 模型进行了求解。因此，对这里提出的非凸非光滑模型使用相同的求解策略。下面对该模型，即式（4.34）引入两个变量 t 和 w，将其转化为一个受限制的问题：

$$\min_{u\in V}\left\{\alpha(w-f\log w)+\sum_{1\leqslant i\leqslant M,1\leqslant j\leqslant N}\left\|t_{i,j}\right\|^{p}\right\}\qquad(4.36)$$
$$s.t.\ \ w=u,t=\nabla\boldsymbol{u}$$

对于该模型，即式（4.36），其增广拉格朗日形式为

$$\mathcal{L}(\boldsymbol{u},t,w;\lambda_t,\lambda_w)=\alpha(w-f\log w)+\sum_{1\leqslant i\leqslant M,1\leqslant j\leqslant N}\left\|t_{i,j}\right\|^{p}+\langle\lambda_w,w-\boldsymbol{u}\rangle_V+\langle\lambda_t,t-\nabla\boldsymbol{u}\rangle_Q+\frac{r_w}{2}\|w-\boldsymbol{u}\|_V^2+\frac{r_t}{2}\|t-\nabla\boldsymbol{u}\|_Q^2\qquad(4.37)$$

其中，$r_t,r_w>0$，是惩罚项系数；λ_t 和 λ_w 是拉格朗日乘子。主要变量更新程序可以分为以下3个子问题。

（1）子问题 t。对于固定的 $\boldsymbol{u}$、w，计算 t：

$$\min_{t\in Q}\sum_{1\leqslant i\leqslant M,1\leqslant j\leqslant N}\left\|\boldsymbol{t}_{i,j}\right\|^{p}+\langle\lambda_t,t-\nabla\boldsymbol{u}\rangle_Q+\frac{r_t}{2}\|t-\nabla\boldsymbol{u}\|_Q^2\qquad(4.38)$$

（2）子问题 w。对于固定的 t、$\boldsymbol{u}$，计算 w：

$$\min_{w\in V}\ \alpha(w-f\log w)+\langle\lambda_w,w-\boldsymbol{u}\rangle_V+\frac{r_w}{2}\|w-\boldsymbol{u}\|_V^2\qquad(4.39)$$

（3）子问题 $\boldsymbol{u}$。对于固定的 t、w，计算 u：

$$\min_{u\in V}\ \langle\lambda_w,w-\boldsymbol{u}\rangle_V+\langle\lambda_t,t-\nabla\boldsymbol{u}\rangle_Q+\frac{r_w}{2}\|w-\boldsymbol{u}\|_V^2+\frac{r_t}{2}\|t-\nabla\boldsymbol{u}\|_Q^2\qquad(4.40)$$

2．子问题 t 的求解

式（4.38）可以化简为

$$\min_{t\in Q}\sum_{1\leqslant i\leqslant M,1\leqslant j\leqslant N}\left\|\boldsymbol{t}_{i,j}\right\|^{p}+\frac{r_t}{2}\left\|t-(\nabla\boldsymbol{u}-\frac{\lambda_t}{r_t})\right\|_Q^2\qquad(4.41)$$

可见，式（4.41）可以逐像素进行求解，即分成了 $M\times N$ 个子问题。针对每个 $\boldsymbol{t}_{i,j}$，对以下的子问题进行求解：

$$\min_{t_{i,j}\in Q}\left\|\boldsymbol{t}_{i,j}\right\|^{p}+\frac{r_t}{2}\left\|\boldsymbol{t}_{i,j}-\boldsymbol{q}_{i,j}\right\|_Q^2\qquad(4.42)$$

其中

$$\boldsymbol{q}_{i,j}=(\nabla u)_{i,j}-\frac{(\lambda_t)_{i,j}}{r_t}\qquad(4.43)$$

假设 $\boldsymbol{t}_{i,j}=(\boldsymbol{t}_{i,j}^1,\boldsymbol{t}_{i,j}^2)\in Q$，那么 $\left\|\boldsymbol{t}_{i,j}\right\|=\sqrt{(\boldsymbol{t}_{i,j}^1)^2+(\boldsymbol{t}_{i,j}^2)^2}$。这里先假设 $\boldsymbol{t}_{i,j}^*$ 为式（4.42）的解：

$$\boldsymbol{t}_{i,j}^*=\min_{t_{i,j}\in Q}\left\|\boldsymbol{t}_{i,j}\right\|^{p}+\frac{r_t}{2}\left\|\boldsymbol{t}_{i,j}-\boldsymbol{q}_{i,j}\right\|_Q^2\qquad(4.44)$$

那么对于 $\boldsymbol{t}_{i,j}^*$，可以先给出一个封闭解的形式，再具体给出详细的证明过程：

$$\boldsymbol{t}_{i,j}^*=\xi^*\boldsymbol{q}_{i,j},\ \ \xi^*\in[0,1]\qquad(4.45)$$

其中

$$\begin{cases}(\text{a})\ \xi^*=0, & \|\boldsymbol{q}_{i,j}\|=0\\ (\text{b})\ \xi^*=0, & \|\boldsymbol{q}_{i,j}\|>0,\ \beta<\bar{\beta}\\ (\text{c})\ \xi^*\in\{0,\bar{\xi}\}, & \|\boldsymbol{q}_{i,j}\|>0,\ \beta=\bar{\beta}\\ (\text{d})\ \xi^*\text{在式 } p\xi^{p-1}+\beta(\xi-1)=0 & \\ \quad\text{的开区间}(\bar{\xi},1)\text{上有唯一解}, & \|\boldsymbol{q}_{i,j}\|>0,\ \beta>\bar{\beta}\end{cases} \tag{4.46}$$

其中，β、$\bar{\beta}$、$\bar{\xi}$ 分别如下：

$$\beta=r_t\|q_{i,j}\|_Q^{2-p},\ \bar{\beta}=\frac{(2-p)^{2-p}}{(2-2p)^{1-p}},\ \bar{\xi}=2\frac{1-p}{2-p} \tag{4.47}$$

下面证明式（4.45）。首先证明 $\boldsymbol{t}_{i,j}^*=\xi^*\boldsymbol{q}_{i,j}$，即 V 空间里的解向量 $\boldsymbol{t}_{i,j}^*$ 和向量常数 $\boldsymbol{q}_{i,j}$ 是同方向的；然后在此基础上证明 $\xi^*\in[0,1]$。为了更好地描述证明过程，将式（4.44）转化成以下形式：

$$\boldsymbol{t}_{i,j}^*=\min_{\boldsymbol{t}_{i,j}\in Q}\left\{\Psi(\boldsymbol{t}_{i,j})=\|\boldsymbol{t}_{i,j}\|^p+\frac{r_t}{2}\|\boldsymbol{t}_{i,j}-\boldsymbol{q}_{i,j}\|_Q^2\right\} \tag{4.48}$$

其中，$\boldsymbol{t}_{i,j}=(\boldsymbol{t}_{i,j}^1,\boldsymbol{t}_{i,j}^2)$；$\boldsymbol{q}_{i,j}=(\boldsymbol{q}_{i,j}^1,\boldsymbol{q}_{i,j}^2)$。在图 4.7 中，以 $\boldsymbol{t}_{i,j}$ 的分量 $(\boldsymbol{t}_{i,j}^1,\boldsymbol{t}_{i,j}^2)$ 为坐标轴构成一个坐标系，对式（4.48）列出一个几何性的解释。$\boldsymbol{t}_{i,j}^*$ 和 $\boldsymbol{q}_{i,j}$ 同方向等价于式（4.48）的解 $\boldsymbol{t}_{i,j}^*$ 在线段 $O\boldsymbol{q}_{i,j}$ 方向上。除了 $\boldsymbol{t}_{i,j}^*$，任意的 $\boldsymbol{t}_{i,j}$ 都不在 $O\boldsymbol{q}_{i,j}$ 方向上，可以得到 $\Psi(\boldsymbol{t}_{i,j})-\Psi(\boldsymbol{t}_{i,j}^*)>0$。可见，在构建时，有 $\|\boldsymbol{t}_{i,j}\|-\|\boldsymbol{t}_{i,j}^*\|$，可以列出以下等式：

$$\begin{aligned}\Psi(\boldsymbol{t}_{i,j})-\Psi(\boldsymbol{t}_{i,j}^*)&=\|\boldsymbol{t}_{i,j}\|^p-\|\boldsymbol{t}_{i,j}^*\|^p+\frac{r_t}{2}(\|\boldsymbol{t}_{i,j}-\boldsymbol{q}_{i,j}\|_Q^2-\|\boldsymbol{t}_{i,j}^*-\boldsymbol{q}_{i,j}\|_Q^2)\\&=\frac{r_t}{2}(\|\boldsymbol{t}_{i,j}\|^2+\|\boldsymbol{q}_{i,j}\|^2-2\langle\boldsymbol{t}_{i,j},\boldsymbol{q}_{i,j}\rangle_Q-\|\boldsymbol{t}_{i,j}^*\|^2-\|\boldsymbol{q}_{i,j}\|^2+2\langle\boldsymbol{t}_{i,j}^*,\boldsymbol{q}_{i,j}\rangle_Q)\\&=r_t\langle\boldsymbol{t}_{i,j}^*-\boldsymbol{t}_{i,j},\boldsymbol{q}_{i,j}\rangle_Q\\&=r_t\|\boldsymbol{t}_{i,j}^*-\boldsymbol{t}_{i,j}\|\|\boldsymbol{q}_{i,j}\|\cos(\widehat{O\boldsymbol{t}_{i,j}^*\boldsymbol{t}_{i,j}})\end{aligned} \tag{4.49}$$

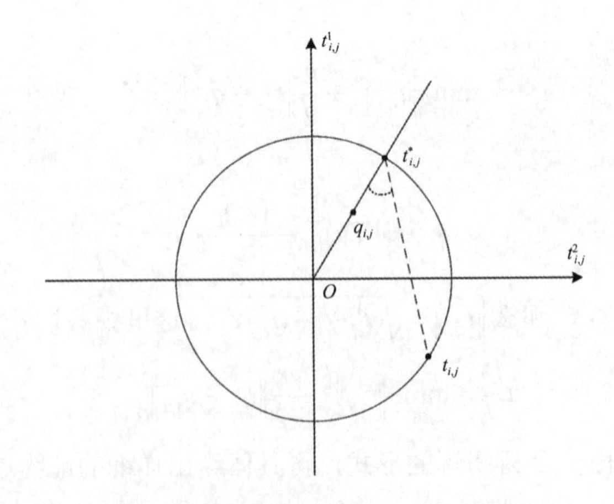

图 4.7　式（4.48）的一个几何性的解释

由于圆内的一条半径和一条直线的夹角永远是小于90°的，所以$\cos(\widehat{Ot_{i,j}^{*}t_{i,j}})>0$。因此$\Psi(\boldsymbol{t}_{i,j})-\Psi(\boldsymbol{t}_{i,j}^{*})>0$，即可证明$\boldsymbol{t}_{i,j}^{*}$永远在$O\boldsymbol{q}_{i,j}$方向上，即$\boldsymbol{t}_{i,j}^{*}=\xi^{*}\boldsymbol{q}_{i,j}$，$\xi^{*}>0$。接着，对$\xi^{*}\in[0,1]$进行证明。将$\boldsymbol{t}_{i,j}^{*}=\xi^{*}\boldsymbol{q}_{i,j}$，$\xi^{*}>0$代入式（4.44）中，得到如下的优化问题：

$$
\begin{aligned}
\xi^{*}&=\min_{\xi\geqslant0}\ \left\|\xi\boldsymbol{q}_{i,j}\right\|^{p}+\frac{r_t}{2}\left\|\xi\boldsymbol{q}_{i,j}-\boldsymbol{q}_{i,j}\right\|_{Q}^{2}\\
&=\min_{\xi\geqslant0}\ \left\|\boldsymbol{q}_{i,j}\right\|^{p}\xi^{p}+\frac{r_t}{2}\left\|\boldsymbol{q}_{i,j}\right\|^{2}(\xi-1)^{2}\\
&=\min_{\xi\geqslant0}\ \xi^{p}+\frac{r_t}{2}\left\|\boldsymbol{q}_{i,j}\right\|^{2-p}(\xi-1)^{2}
\end{aligned}
\tag{4.50}
$$

令$\beta=r_t\left\|\boldsymbol{q}_{i,j}\right\|_{Q}^{2-p}$，$f(\xi)=\xi^{p}+\dfrac{\beta}{2}(\xi-1)^{2}$，则式（4.50）变成以下形式：

$$
\xi^{*}=\min_{\xi\geqslant0}\ \left\{f(\xi)=\xi^{p}+\frac{\beta}{2}(\xi-1)^{2}\right\}
\tag{4.51}
$$

假设在$0\leqslant\xi^{*}\leqslant1$时，$f(\xi^{*})$取得最小值，那么，对于任何$\xi>1$的值，必定有$f(\xi)-f(1)>0$。如果可以得证该结论，那么$\xi^{*}\in[0,1]$便可以得到证明。因此，给出下式：

$$
f(\xi)-f(1)=\xi^{p}-1+\frac{\beta}{2}(\xi-1)^{2}
\tag{4.52}
$$

由于$0<p<1$，$\beta>0$，$\xi>1$，所以必然有$f(\xi)-f(1)>0$。因此，式（4.45）得证。

证明式（4.46）的情况（a）。如果$\left\|\boldsymbol{q}_{i,j}\right\|=0$，即$\boldsymbol{q}_{i,j}=(0,0)$，那么，式（4.44）变为以下形式：

$$
\boldsymbol{t}_{i,j}^{*}=\min_{t_{i,j}\in Q}\ \left\|\boldsymbol{t}_{i,j}\right\|^{p}+\frac{r_t}{2}\left\|\boldsymbol{t}_{i,j}\right\|_{Q}^{2}
\tag{4.53}
$$

对于式（4.53），显然$\boldsymbol{t}_{i,j}^{*}=0$，即$\xi^{*}=0$。因此，当$\left\|\boldsymbol{q}_{i,j}\right\|=0$时，$\xi^{*}=0$。

证明式（4.46）的情况（b）、（c）、（d）。将$\boldsymbol{t}_{i,j}^{*}=\xi^{*}\boldsymbol{q}_{i,j}$代入式（4.44）中，得到等价的最小化问题，即式（4.51）。为了分析$f(\xi)$的图像性质，对$f(\xi)=\xi^{p}+(\xi-1)^{2}\beta/2$分别求一阶导数、二阶导数：

$$
\begin{aligned}
f'(\xi)&=p\xi^{p-1}+\beta(\xi-1)\\
f''(\xi)&=p(p-1)\xi^{p-2}+\beta
\end{aligned}
\tag{4.54}
$$

为了更直观地查看$f(\xi)$的图像性质，将$f'(\xi)$分为以下两个函数：

$$
\begin{aligned}
&\frac{f'(\xi)}{p}=g_1(\xi)-g_2(\xi)\\
&g_1(\xi)=\xi^{p-1},\ g_2(\xi)=\frac{\beta}{p}(1-\xi)
\end{aligned}
\tag{4.55}
$$

这样，$g_1(\xi)-g_2(\xi)$可以反映$f'(\xi)$的正负值的变化。由于$0<p<1$，$\beta>0$，所以$g_1(\xi)$是一个反函数，$g_2(\xi)$是一个斜率为负数（$-\beta/p$）、截距为正数（β/p）的一次线性函数。下面将$g_1(\xi)$、$g_2(\xi)$展示在同一坐标系下，如图 4.8（a）所示。

在图 4.8（a）中，可以轻易地判断出 $g_1(\xi)-g_2(\xi)$ 的正负取值，可以清晰地判断 $f(\xi)$ 的单调性，从而找到不同情况下的最小化问题，即式（4.51）的全局最小值的解。固定 p 的取值，随着 β/p 逐渐增大，$f(\xi)$ 会出现不同的性质，图 4.8 中的（b）、（c）、（d）、（e）、（f）便是图 4.8（a）的不同情况下的 $f(\xi)$ 的函数图像。其中，图 4.8（d）是一个临界点，当 β/p 小于该情况下的 β/p 时，式（4.51）的全局最小值的解都为 0；当 β/p 大于该情况下的 β/p 时，有一个靠近于 $\xi=1$ 的全局最小值。因此，这里需要求出图 4.8（d）中的 β/p。另外，由于 p 是一个定值，只需分析 β 的值即可，因此联立以下方程组：

$$\begin{cases} f(\xi)=\xi^p+\dfrac{\beta}{2}(\xi-1)^2=0 \\ f'(\xi)=p\xi^{p-1}+\beta(\xi-1)=0 \end{cases} \tag{4.56}$$

将式（4.56）的解 β、ξ 记为 $\bar{\beta}$、$\bar{\xi}$：

$$\bar{\beta}=\frac{(2-p)^{2-p}}{(2-2p)^{1-p}},\ \bar{\xi}=2\frac{1-p}{2-p} \tag{4.57}$$

即可得证以下结论：当 $\beta<\bar{\beta}$ 时，$\xi^*=0$；当 $\beta=\bar{\beta}$ 时，$\xi^*\in\{0,\bar{\xi}\}$；当 $\beta>\bar{\beta}$ 时，ξ^* 在 $p\xi^{p-1}+\beta(\xi-1)=0$ 的开区间 $(\bar{\xi},1)$ 上有唯一解。对于唯一解的具体求解方法，可以采用梯度下降法，以 $\xi=1$ 为初始值开始迭代求解，满足终止条件便可得到该唯一解。

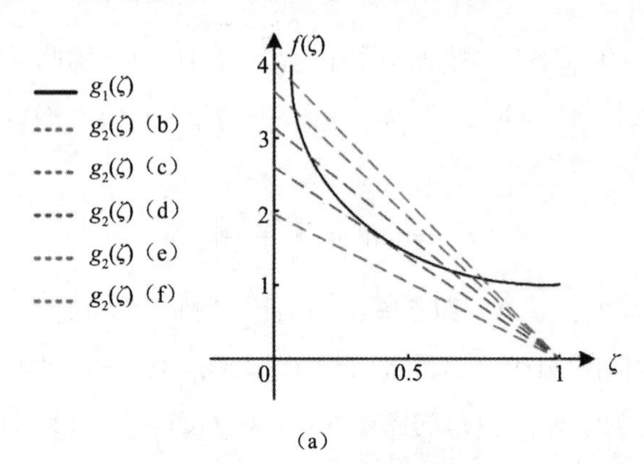

（a）

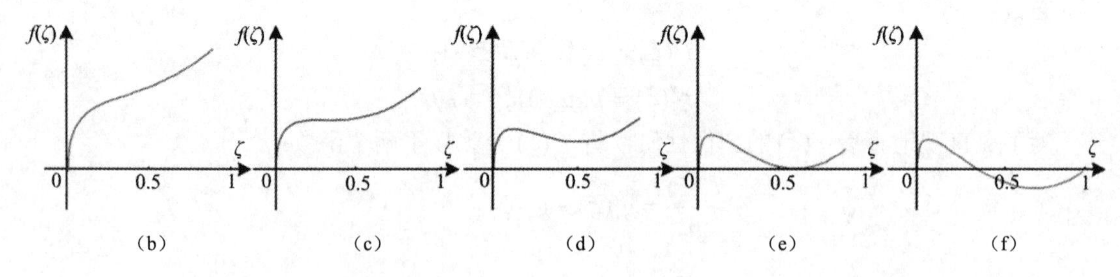

（b）（c）（d）（e）（f）

图 4.8　式（4.51）的函数图像分析

3. 子问题 w 的求解

对于式（4.39），可以写为

$$\min_{w\in V}\ \alpha(w-f\log w)+\langle\lambda_w,w-\boldsymbol{u}\rangle_V+\frac{r_w}{2}\|w-\boldsymbol{u}\|_V^2 \tag{4.58}$$

由于式（4.58）是严格的凸问题，所以可以很简单地通过一阶最优条件进行求解：

$$w^2+(\frac{\alpha}{r_w}+\frac{\lambda_w}{r_w}-\boldsymbol{u})w-\frac{\alpha}{r_w}f=0 \tag{4.59}$$

显而易见，对于式（4.59），有如下显式解：

$$w=\frac{\sqrt{4(\frac{\alpha}{r_w}f)+(\frac{\alpha}{r_w}+\frac{\lambda_w}{r_w}-\boldsymbol{u})^2}-(\frac{\alpha}{r_w}+\frac{\lambda_w}{r_w}-\boldsymbol{u})}{2} \tag{4.60}$$

4．子问题 $\boldsymbol{u}$ 的求解

对于式（4.40），可以化简为以下形式：

$$\min_{u\in V}\ \frac{r_w}{2}\left\|\boldsymbol{u}-(w+\frac{\lambda_w}{r_w})\right\|_V^2+\frac{r_t}{2}\left\|\nabla\boldsymbol{u}-(t+\frac{\lambda_t}{r_t})\right\|_Q^2 \tag{4.61}$$

这是一个典型的二项式优化问题，其一阶最优条件为

$$\frac{r_w}{r_t}u-\nabla\boldsymbol{u}=\frac{r_w}{r_t}(w+\frac{\lambda_w}{r_w})-\mathrm{div}(t+\frac{\lambda_t}{r_t}) \tag{4.62}$$

显而易见，式（4.62）是一个带着周期性边界条件的线性方程。因此，该方程的矩阵系数可以通过二维傅里叶变换（FFT）进行对角化，从而可以利用快速傅里叶变换完成式（4.62）的求解，如下所示：

$$u=F^{-1}\left(\frac{F\left(\frac{r_w}{r_t}(w+\frac{\lambda_w}{r_w})\right)-F(D_x^-)F(t^1+\frac{\lambda_t^1}{r_t})-F(D_y^-)F(t^2+\frac{\lambda_t^2}{r_t})}{\frac{r_w}{r_t}-F(D_x^-D_x^++D_y^-D_y^+)}\right) \tag{4.63}$$

其中，F 和 F^{-1} 分别为傅里叶变换和逆向傅里叶变换；$t=(t^1,t^2)$；$\lambda_t=(\lambda_t^1,\lambda_t^2)$。

至此，3 个子问题，即式（4.38）～式（4.40）的求解已经完成。式（4.34）的整体求解流程在算法 4.2 中列出。在迭代过程中，只要满足停止条件之一，算法 4.2 便会停止迭代并输出最终的相干斑噪声抑制结果。

算法 4.2：求解无截断的非凸非光滑变分模型，即式（4.34）

输入：f,α,p,r_t,r_w

初始化：$w^0=f,u^0=f,\lambda_t^0=0,\lambda_w^0=0,k=0,K=500,\varepsilon=\mathrm{le}^{-4}$

repeat

（1）求解子问题 t

对于给定的（u^k,λ_t^k），根据式（4.38）计算 t^{k+1}

（2）求解子问题 w

对于给定的（u^k,λ_w^k），根据式（4.39）计算 w^{k+1}

（3）求解子问题 $\boldsymbol{u}$

对于给定的（$t^k,w^k,\lambda_w^k,\lambda_t^k$），根据式（4.40）计算 u^{k+1}

（4）更新拉格朗日乘子

$\lambda_t^{k+1}=\lambda_t^k+r_t(t^{k+1}-\nabla u^{k+1})$

$\lambda_w^{k+1}=\lambda_w^k+r_w(w^{k+1}-u^{k+1})$

until $\left\|u^{k+1}-u^k\right\|<\varepsilon$ 或 $k>K$

输出：u^k

4.4.3 截断的非凸非光滑变分模型及数值算法

1. 截断的非凸非光滑变分模型

在 4.4.2 节中，为了在 SAR 图像中恢复较为整洁的边界，提出了无截断的非凸非光滑变分模型。但是，该模型会降低 SAR 图像的对比度。因此，本节提出一个截断的非凸非光滑变分模型，以更好地保持原有 SAR 图像的对比度。具体模型如下：

$$\min_{u\in V}\left\{\alpha(\boldsymbol{u}-f\log\boldsymbol{u})+\sum_{1\leqslant i\leqslant M,1\leqslant j\leqslant N}\mathcal{T}\left(\left\|(\nabla\boldsymbol{u})_{i,j}\right\|^p\right)\right\} \tag{4.64}$$

其中，$\mathcal{T}\left(\left\|(\nabla\boldsymbol{u})_{i,j}\right\|^p\right)=\min\left(\left\|(\nabla\boldsymbol{u})_{i,j}\right\|^p,\tau^p\right)$，是一个截断函数，$\tau>0$，是该截断函数的一个阈值。同样，这里也引入两个变量 t 和 w，将模型转化为一个受限制的问题：

$$\min_{u\in V}\left\{\alpha(w-f\log w)+\sum_{1\leqslant i\leqslant M,1\leqslant j\leqslant N}\mathcal{T}\left(\left\|t_{i,j}\right\|^p\right)\right\} \tag{4.65}$$

$$s.t.\ \ w=\boldsymbol{u},\ \ t=\nabla\boldsymbol{u}$$

将式（4.65）转化为增广拉格朗日形式：

$$\begin{aligned}\mathcal{L}(u,t,w;\lambda_t,\lambda_w)=&\alpha(w-f\log w)+\sum_{1\leqslant i\leqslant M,1\leqslant j\leqslant N}\mathcal{T}\left(\left\|t_{i,j}\right\|^p\right)+\left\langle\lambda_w,w-u\right\rangle_V+\\&\left\langle\lambda_t,t-\nabla\boldsymbol{u}\right\rangle_Q+\frac{r_w}{2}\left\|w-\boldsymbol{u}\right\|_V^2+\frac{r_t}{2}\left\|t-\nabla\boldsymbol{u}\right\|_Q^2\end{aligned} \tag{4.66}$$

其中，$r_t,r_w>0$，是惩罚项系数；λ_t 和 λ_w 是拉格朗日乘子。式（4.66）中的主要变量更新程序可以分为以下 3 个子问题。

（1）子问题 t。对于固定的 $\boldsymbol{u}$、w，计算 t：

$$\min_{t\in Q}\sum_{1\leqslant i\leqslant M,1\leqslant j\leqslant N}\mathcal{T}\left(\left\|t_{i,j}\right\|^p\right)+\left\langle\lambda_t,t-\nabla\boldsymbol{u}\right\rangle_Q+\frac{r_t}{2}\left\|t-\nabla\boldsymbol{u}\right\|_Q^2 \tag{4.67}$$

（2）子问题 w。固定的 t、$\boldsymbol{u}$，计算 w：

$$\min_{w\in V}\alpha(w-f\log w)+\left\langle\lambda_w,w-\boldsymbol{u}\right\rangle_V+\frac{r_w}{2}\left\|w-\boldsymbol{u}\right\|_V^2 \tag{4.68}$$

（3）子问题 $\boldsymbol{u}$。固定的 t、w，计算 $\boldsymbol{u}$：

$$\min_{u\in V}\left\langle\lambda_w,w-\boldsymbol{u}\right\rangle_V+\left\langle\lambda_t,t-\nabla\boldsymbol{u}\right\rangle_Q+\frac{r_w}{2}\left\|w-\boldsymbol{u}\right\|_V^2+\frac{r_t}{2}\left\|t-\nabla\boldsymbol{u}\right\|_Q^2 \tag{4.69}$$

对于子问题 $\boldsymbol{u}$、w，其求解过程和相应的求解与无截断的非凸非光滑变分模型，即式（4.34）是一致的。因此，这里不再赘述，请读者参考式（4.60）、式（4.63）。在式（4.34）的基础上，在其正则项上添加一个截断函数，形成了新的模型，即式（4.64）。截断函数带来了良好的对比度保持能力，但也使式（4.67）的求解变得更加复杂，接下来便针对该问题进行详细论述。

2. 子问题 t 的求解

对于式（4.67），可以化简为

$$\min_{t\in Q}\sum_{1\leqslant i\leqslant M,1\leqslant j\leqslant N}\mathcal{T}\left(\left\|t_{i,j}\right\|^{p}\right)+\frac{r_t}{2}\left\|t-(\nabla\boldsymbol{u}-\frac{\lambda_t}{r_t})\right\|_{Q}^{2} \tag{4.70}$$

式（4.70）可以逐像素的进行计算，从而可以分为 $M\times N$ 个子问题进行逐一求解。对于每个 $t_{i,j}$，都需要求解下式：

$$\min_{t_{i,j}\in Q}\left\{\min\left(\left\|t_{i,j}\right\|^{p},\tau^{p}\right)+\frac{r_t}{2}\left\|t_{i,j}-q_{i,j}\right\|_{Q}^{2}\right\} \tag{4.71}$$

其中

$$q_{i,j}=(\nabla u)_{i,j}-\frac{(\lambda_t)_{i,j}}{r_t} \tag{4.72}$$

为了求解式（4.71），引入如下函数：

$$\begin{aligned}&\upsilon(t_{i,j})=\min\left(\left\|t_{i,j}\right\|^{p},\tau^{p}\right)+\frac{r_t}{2}\left\|t_{i,j}-q_{i,j}\right\|_{Q}^{2}\\&\upsilon_1(t_{i,j})=\left\|t_{i,j}\right\|^{p}+\frac{r_t}{2}\left\|t_{i,j}-q_{i,j}\right\|_{Q}^{2}\\&\upsilon_2(t_{i,j})=\tau^{p}+\frac{r_t}{2}\left\|t_{i,j}-q_{i,j}\right\|_{Q}^{2}\end{aligned} \tag{4.73}$$

从而，式（4.71）可以写为

$$t_{i,j}^{*}=\min_{t_{i,j}\in Q}\upsilon(t_{i,j})=\min_{t_{i,j}\in Q}\left\{\min\left(\left\|t_{i,j}\right\|^{p},\tau^{p}\right)+\frac{r_t}{2}\left\|t_{i,j}-q_{i,j}\right\|_{Q}^{2}\right\} \tag{4.74}$$

显而易见，式（4.74）有以下解：

$$t_{i,j}^{*}=\begin{cases}(t_{i,j}^{*})_{\upsilon_1}, & \upsilon_1\left((t_{i,j}^{*})_{\upsilon_1}\right)<\upsilon_2\left((t_{i,j}^{*})_{\upsilon_2}\right)\\ \{(t_{i,j}^{*})_{\upsilon_1},(t_{i,j}^{*})_{\upsilon_2}\}, & \upsilon_1\left((t_{i,j}^{*})_{\upsilon_1}\right)=\upsilon_2\left((t_{i,j}^{*})_{\upsilon_2}\right)\\ (t_{i,j}^{*})_{\upsilon_2}, & \upsilon_1\left((t_{i,j}^{*})_{\upsilon_1}\right)>\upsilon_2\left((t_{i,j}^{*})_{\upsilon_2}\right)\end{cases} \tag{4.75}$$

其中

$$(t_{i,j}^{*})_{\upsilon_1}=\min_{0\leqslant t_{i,j}\leqslant\tau}\upsilon_1(t_{i,j}) \tag{4.76}$$

$$(t_{i,j}^{*})_{\upsilon_2}=\min_{t_{i,j}>\tau}\upsilon_2(t_{i,j}) \tag{4.77}$$

接下来，只需分别对式（4.76）、式（4.77）进行求解即可。具体地，式（4.76）与无截断的非凸非光滑变分模型，即式（4.34）中的子问题 t 是一致的，在此不再赘述，参考式（4.45）即可。对于式（4.77），将其展开：

$$(t_{i,j}^{*})_{\upsilon_2}=\min_{t_{i,j}>\tau}\upsilon_2(t_{i,j})=\min_{t_{i,j}>\tau}\tau^{p}+\frac{r_t}{2}\left\|t_{i,j}-q_{i,j}\right\|_{Q}^{2} \tag{4.78}$$

在式（4.78）中，τ 是一个固定的参数。此时，式（4.78）便是一个简单的二项式函数：

$$(t_{i,j}^*)_{\upsilon_2} = \min_{t_{i,j}>\tau} \frac{r_t}{2}\left\|t_{i,j} - q_{i,j}\right\|_Q^2 \tag{4.79}$$

显而易见，该最小化问题的解为 $(t_{i,j}^*)_{\upsilon_2} = \max(t_{i,j}, \tau)$。这样，对式（4.67）的求解已经完成，整体的求解流程在算法 4.3 中列出。

算法 4.3：式（4.67）的全局最优解

输入：

（1）求解 $(t_{i,j}^*)_{\upsilon_1} = \min\limits_{0\leqslant t_{i,j}\leqslant r} \upsilon_1(t_{i,j})$

根据式（4.45）计算 $(t_{i,j}^*)_{\upsilon_1}$

（2）求解 $(t_{i,j}^*)_{\upsilon_2} = \min\limits_{t_{i,j}>r} \upsilon_2(t_{i,j})$

有固定解：$(t_{i,j}^*)_{\upsilon_2} = \max(t_{i,j}, \tau)$

（3）求解全局最优解 $t_{i,j}^*$

$$t_{i,j}^* = \begin{cases} (t_{i,j}^*)_{\upsilon_1}, & \upsilon_1((t_{i,j}^*)_{\upsilon_1}) < \upsilon_2((t_{i,j}^*)_{\upsilon_2}) \\ \{(t_{i,j}^*)_{\upsilon_1}, (t_{i,j}^*)_{\upsilon_2}\}, & \upsilon_1((t_{i,j}^*)_{\upsilon_1}) = \upsilon_2((t_{i,j}^*)_{\upsilon_2}) \\ (t_{i,j}^*)_{\upsilon_2}, & \upsilon_1((t_{i,j}^*)_{\upsilon_1}) > \upsilon_2((t_{i,j}^*)_{\upsilon_2}) \end{cases}$$

输出：$t_{i,j}^*$

至此，附加截断函数的模型，即式（4.64）已经求解完毕，整体的求解流程列在算法 4.4 中。在迭代过程中，只要满足停止条件之一，算法 4.4 便会停止迭代，并输出最终的相干斑噪声抑制结果。

算法 4.4：求解截断的非凸非光滑变分模型，即式（4.64）

输入：f,α,τ,p,r_t,r_w

初始化：$w^0=f,u^0=f,\lambda_t^0=0,\lambda_w^0=0,k=0,K=500,\varepsilon=\mathrm{le}^{-4}$

repeat

（1）求解子问题 t

对于给定的（u^k,λ_t^k），根据算法 4.3 计算 t^{k+1}

（2）求解子问题 w

对于给定的（u^k,λ_w^k），根据式（4.68）计算 w^{k+1}

（3）求解子问题 u

对于给定的（$t^k,w^k,\lambda_w^k,\lambda_t^k$），根据式（4.69）计算 u^{k+1}

（4）更新拉格朗日乘子

$\lambda_t^{k+1}=\lambda_t^k+r_t(t^{k+1}-\nabla u^{k+1})$

$\lambda_w^{k+1}=\lambda_w^k+r_w(w^{k+1}-u^{k+1})$

until $\left\|u^{k+1}-u^k\right\|<\varepsilon$ 或 $k>K$

输出：u^k

本节首先简述了一些经典的相干斑噪声抑制变分模型，用来增加本章的完整性。另外，在 4.4.1 节的尾部，详细地给出了研究非凸非光滑变分模型的主要动机。其次，在 4.4.2 节提出了一个无截断的非凸非光滑变分模型，用来高保真地恢复边界和均值区域。基于变量分割法和增广拉格朗日法，将原始的非凸非光滑变分模型分解成 3 个子问题进行迭代求解。对于这 3 个子问题，子问题 t 的求解是难点，通过图文详细地给出了封闭解的证明过程。然后，对于该非凸非光滑变分模型的整体求解过程，展示在 4.4.2 节中。在 4.4.3 节，为了在保持整洁的边界的同时可以更好地恢复 SAR 图像的对比度，在无截断的非凸非光滑变分模型的正则项上添加了一个截断函数，从而提出了一个截断的非凸非光滑变分模型。添加了截断函数之后，原本难以求解的子问题 t 变得更加复杂，对此描述了详细的求解过程，并在 4.4.3 节中给出了该子问题求解的整体算法。最后，在 4.4.3 节中给出了截断的非凸非光滑变分模型的整体求解算法。

4.5　实验结果与分析

为了充分验证提出的两个变分模型的有效性，本节使用合成数据和真实的 SAR 图像进行大量的测试。首先，本节对这两种数据集的构建进行描述；然后，对提出的两个变分模型进行相关参数的分析；最后，相比于经典算法，本节在合成数据和真实的 SAR 图像上对提出的模型进行测试，从视觉和数值结果两方面共同分析算法的有效性。这些经典的算法分别为 SARBM3D[31]、PPBit[30]、DCA[18]、DZ[16]、TGV[14]。本节对所提出的无截断的和截断的非凸非光滑变分模型简称为 Idiv-TVp、Idiv-TRTVp。此外，所有的实验都是在 MATLAB R2016a 平台上进行的，相应代码都是在具有 2.9GHz AMD Ryzen7 4800H 处理器和 16GB RAM 的笔记本电脑上执行的。

4.5.1　合成数据集和真实 SAR 图像数据集的构建

由于相干处理过程的存在，无相干斑噪声的 SAR 图像是不可能获得的。目前存在一些 SAR 图像相干斑噪声抑制结果的评价指标，但它们衡量的都是片面的，仅能从侧面评价恢复结果中均值区域、细节和边界的保持能力。因此，为了全面评估抑制相干斑噪声的有效性，学者在一些近似无噪声的图像上添加合成的相干斑噪声，从而可以借用 PSNR 和 SSIM 来全方位地评估方法的有效性。在本节中，构建了合成数据集和真实 SAR 图像数据集（见图 4.9），用来更广泛、更深入地评价所提出的非凸非光滑变分模型。

对于合成数据集，本节使用经典的土地利用数据集 UC Merced Land-Use Dataset[68]，将其当作近似的无噪声图像来添加合成的相干斑噪声。该数据集包含 21 种场景类别，每种场景类别中包含 100 幅图像。本节在这 21 种场景中选取 4 种，并在每种场景中选取 1 幅图像作为合成数据集，如图 4.9（a）～（d）所示。对于合成的相干斑噪声，这里模拟强度格式的相干斑噪声，通常认为是符合伽马分布的。根据相干斑噪声的概率分布，本节生成参数为 L 的相干斑噪声。将合成的相干斑噪声乘以合成数据集中的图像，便得到受到相干斑噪声破坏的图像。在后续的实验中，添加 $L=4$ 、8 两个噪声级别的相干斑噪声进行测试。

(a) Pic1 (b) Pic2 (c) Pic3 (d) Pic4

(e) SAR1 (f) SAR2 (g) SAR3 (h) SAR4

图 4.9 合成数据集和真实 SAR 图像数据集

对于真实的 SAR 图像数据集，这里选取 TerraSAR 获得的 4 种不同场景的强度格式的数据，如图 4.9（e）～（h）所示，相应 SAR 图像的详细信息如表 4.1 所示。

表 4.1 相应 SAR 图像的详细信息

图像	SAR1	SAR2	SAR3	SAR4
时间	2010 年 12 月 23 日	2010 年 12 月 23 日	2011 年 07 月 09 日	2009 年 10 月 21 日
地点	美国亚利桑那州皮马县图森	美国亚利桑那州皮马县图森	美国内华达州黑石沙漠	中国湖北省宜昌市三峡大坝
波段	X	X	X	X
极化模式	HH	HH	HH	HH
分辨率	1～5m	1～5m	1～5m	1～5m
成像模式	High Resolution Spotlight	High Resolution Spotlight	Spotlight	StripMap

4.5.2 模型参数分析

一般的变分模型都有一些参数，需要对它们进行微调来达到较好的恢复结果。当然，本章提出的两个变分模型也不例外。无截断的模型中有两个主要的参数α、p，而截断的模型中有 3 个主要的参数α、p、τ。参数α、p在两个模型中的作用是一致的，因此，这里仅针对无截断模型来详细分析参数α、p的作用即可。对于参数τ，通过截断模型来详细分析其影响，并给出相应的设置范围。

参数α用来调节正则项和数据项的权重，用来达到相干斑噪声抑制效果和细节保持能力的平衡。我们在 Pic1 中添加$L=5$的相干斑噪声，以此来测试参数α对无截断模型的影响，如

图 4.10 所示。在实验中，固定参数 $p=0.7$，分别设置 α 为 10、6、3、1 进行测试。如果将 α 的值设置得过大，则相干斑噪声不能很好地被抑制，如图 4.10（b）、（c）所示；如果将 α 的值设置得过小，则会丢失细节信息，如图 4.10（e）所示。在 $\alpha=3$ 时，本次测试得到了最好的恢复结果，不仅有效地抑制了相干斑噪声，还较好地恢复了细节信息。因此，参数 α 应该根据恢复结果手动调节为一个合适的值。此处先验地给出以下设置规则：对于 $L\leqslant 4$ 的噪声级别，α 应设置在[0.1,20]区间；对于 $L>4$ 的噪声级别，α 应设置在[10,100]区间。

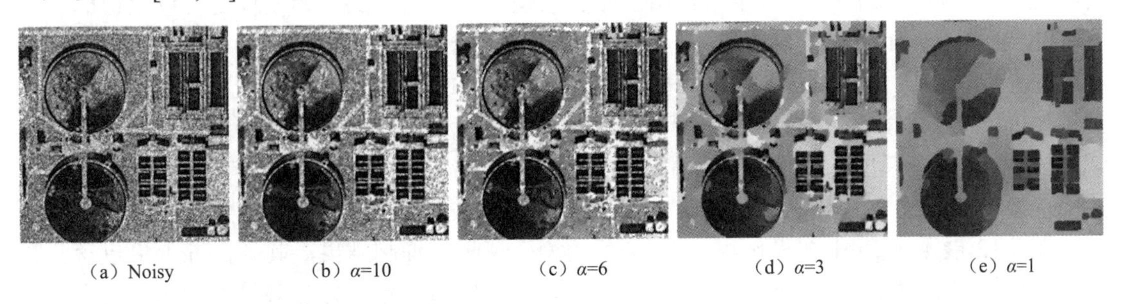
（a）Noisy （b）α=10 （c）α=6 （d）α=3 （e）α=1

图 4.10 固定参数 $p=0.7$，变化 α 得到的相干斑噪声抑制结果

参数 p 用来控制 ℓ_p 正则项的非凸程度。它越接近于 0，模型的稀疏性越强。但是，稀疏性的强弱是由要恢复的图像的几何特性决定的。如果模型的稀疏性强于恢复任务要求的稀疏性，那么会造成细节信息的损失，并出现一些奇怪的人造现象；如果稀疏性过弱，则不能很好地保持整洁的边界。因此，p 应该设置为一个合适的值，用来满足恢复任务所需的稀疏性要求。这里在 Pic3 上添加 $L=5$ 的相干斑噪声来测试参数 p 对无截断模型的影响，如图 4.11 所示。在实验中，固定参数 $\alpha=5$，分别设置 p 为 0.9、0.7、0.5、0.3 进行测试。图 4.11（b）展示了 $p=0.9$ 时的相干斑噪声抑制结果，这时模型的稀疏性不足，不能很好地保持边界特征。而图 4.11（d）、（e）中的 p 值过小，使得模型的稀疏性过强，损失了一些细节信息。特别是图 4.11（e），还出现了一些奇怪的斑点。图 4.11（c）的稀疏性刚好满足恢复任务要求，得到了较好的边界恢复结果。此处先验地给出一些设置原则：对于细节丰富的图像，p 值应该相对大一些，如设置在[0.4,0.9]区间；对于分片光滑的图像，p 值应该相对小一些，如设置在[0.1,0.6]区间。

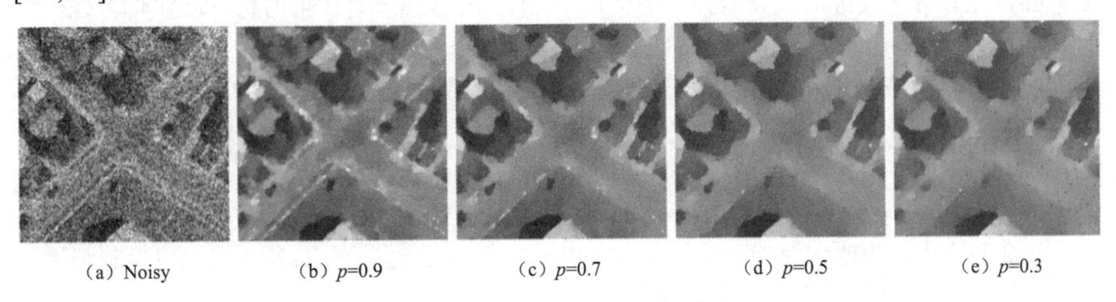
（a）Noisy （b）p=0.9 （c）p=0.7 （d）p=0.5 （e）p=0.3

图 4.11 固定参数 $\alpha=5$，变化 p 得到的相干斑噪声抑制结果

参数 τ 是截断模型中截断函数的一个阈值，用来对正则项产生合适的截断，从而可以很好地保持对比度信息。后面会通过丰富的合成实验来展示截断的有效性。因此，本节不再详细赘述，仅先验地给出 τ 的设置规则。τ 的取值一般在[1,5]区间，从 $\tau=1$ 开始慢慢提升来达到

较优的数值结果。对于合成数据，用来获取更高的 PSNR 和结构相似性 SSIM；对于真实的 SAR 图像，用来获取更高的 EPI 和 ENL。

4.5.3 合成数据的相干斑噪声抑制结果分析

本节分别对合成数据集添加 $L=4$、8 的相干斑噪声并进行测试，从视觉和数值方面验证两种变分模型的有效性。由于本节使用的是合成噪声，无污染的原始图像是可以获得的，因此，PSNR 和 SSIM 可以用来评估各方法的恢复结果。PSNR 用来衡量原始图像与恢复结果之间的差异性，其值大小代表二者相似程度的高低。SSIM 用来衡量这二者之间结构的相似性，其越接近于 1，相似度就越高。相比于无截断模型，截断模型只增添了一个截断函数。除了截断阈值 τ，这两个模型的其他参数都是一致的。为了充分证明截断策略的有效性，在本节的实验中，使这两个模型的参数保持一致，仅对截断阈值 τ 做特殊化设置。

图 4.12 展示了 Pic1 在噪声级别 $L=4$ 下的相干斑噪声抑制结果，其中，Pic1 中包含一些尖锐的特征和高对比度的区域。由图 4.12 可知，所有的方法都可以有效地抑制相干斑噪声。其中，SARBM3D 和 PPBit 属于非局部方法，DCA、DZ 和 TGV 都属于变分方法。作为非凸非光滑 AA-model 的凸逼近方法，DCA 和 DZ 都有效抑制了相干斑噪声。但是，在大噪声的情况下，DZ 不能鲁棒地抑制相干斑噪声，产生了一些奇怪的黑点，如图 4.12（e）所示。另外，DCA 和 DZ 中的正则项都是一阶 TV 正则项，在光滑区域产生了阶梯现象，如图 4.12（d）、（e）所示。TGV 可以根据图像中的特征变化而自适应地更换二阶项和一阶项的主导作用，从而较好地恢复光滑区域，减弱阶梯现象。但是，TGV 中依然存在二阶项，会模糊尖锐特征，如图 4.12（f）所示。非局部方法可以很好地识别相似特征，SARBM3D 和 PPBit 通常可以获得比 DCA、DZ 更好的相干斑抑制结果。但是，在有些区域，原始图像即便没有特征，它们也会尝试进行识别。此时，非局部方法便会在这些区域得到一些本不该有的特征，导致一些奇怪的人造现象。例如，SARBM3D 在均值区域内存在鬼影现象，如图 4.12（b）所示；PPBit 存在严重的笔刷现象，如图 4.12（c）所示。另外，相比于变分方法，SARBM3D 和 PPBit 会模糊尖锐特征，不能恢复整洁的边界。相比于这些经典的方法，本章提出的无截断的变分模型 Idiv-TVp 可以较好地恢复整洁的边界和均值区域，如图 4.12（g）所示。另外，通过合适的阈值 τ，截断模型 Idiv-TRTVp 不仅继承了 Idiv-TVp 的优点，还较好地恢复了对比度信息，如图 4.12（h）所示。下面使用两个误差评价标准（PSNR 和 SSIM）来分别评价恢复结果和原始图像之间的差异、结构相似性，$L=4$ 下 Pic1 相干斑噪声抑制结果的数值指标在表 4.2 中列出。相比于其他方法，Idiv-TRTVp 和 Idiv-TVp 的 PSNR 与 SSIM 值都处于领先位置。而且，由于截断函数的使用，Idiv-TRTVp 得到了最优的 PSNR 和 SSIM 值。通过本项测试，不仅证明了非凸非光滑变分模型的有效性，还充分证明了截断函数可以有效恢复对比度信息。

在图 4.12 中，每幅图像的上部分别为噪声图像和相应方法产生的相干斑噪声抑制结果，每幅图像的下部分别为相应部分的放大图像。

图 4.13 展示了 Pic2 在噪声级别 $L=4$ 下的相干斑噪声抑制结果，Pic2 中包含一些具有尖锐边界和微小特征的区域。SARBM3D 和 PPBit 又一次出现了严重的鬼影与笔刷现象，如图 4.13（b）、（c）所示。这次，DCA 方法表现良好，但是阶梯现象依然存在，且有一些边界模糊的现象，如图 4.13（d）所示。DZ 的凸逼近方法不够鲁棒，又一次在恢复结果中出现了

黑色的斑点，如图 4.13（e）所示。Idiv-TRTVp 和 Idiv-TVp 又恢复了较为整洁的边界与均值区域，如图 4.13（g）、（h）所示。在表 4.2 中，PSNR 和 SSIM 两个指标都是较高的，并且 Idiv-TRTVp 的数值比 Idiv-TVp 略高一些，从侧面验证了截断函数可以恢复更保真的结果。

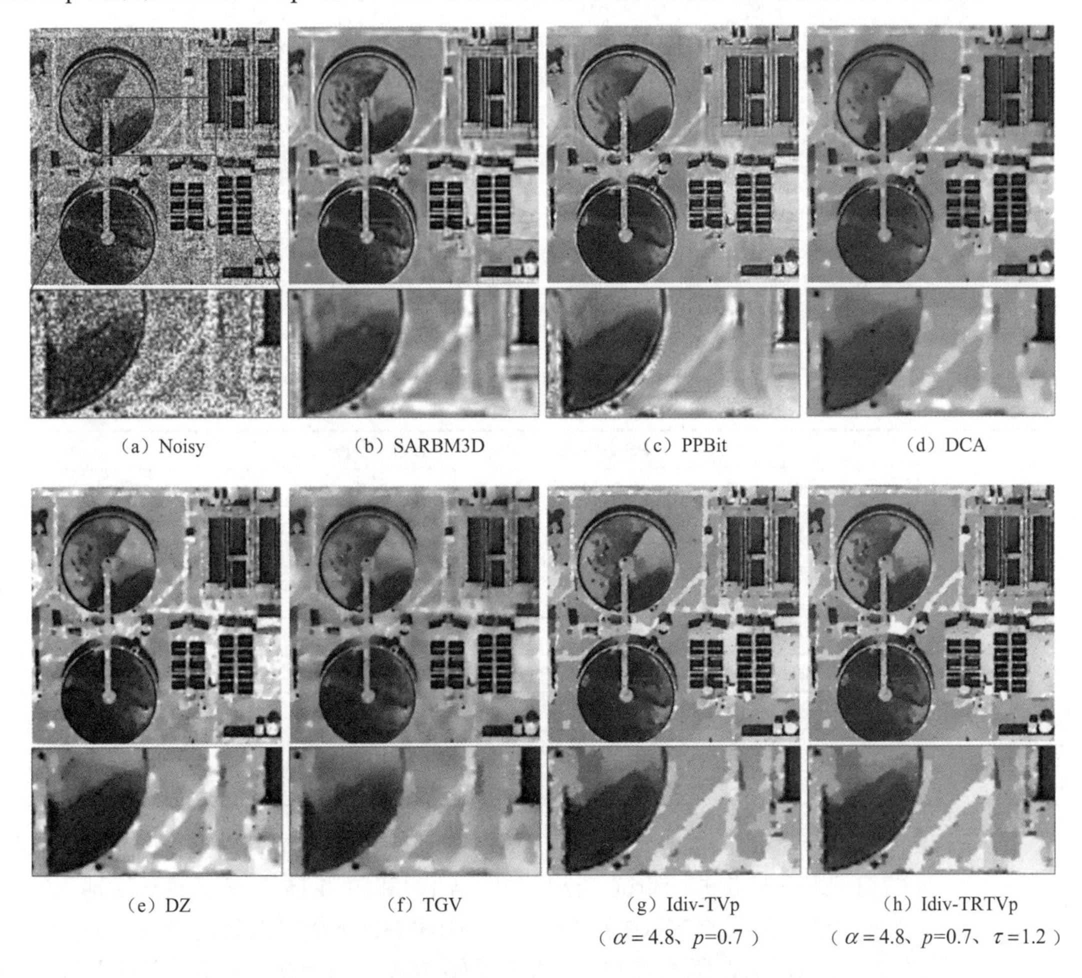

（a）Noisy　（b）SARBM3D　（c）PPBit　（d）DCA

（e）DZ　（f）TGV　（g）Idiv-TVp（$\alpha=4.8$、p=0.7）　（h）Idiv-TRTVp（$\alpha=4.8$、p=0.7、$\tau=1.2$）

图 4.12　Pic1 在噪声级别 $L=4$ 下的相干斑噪声抑制结果

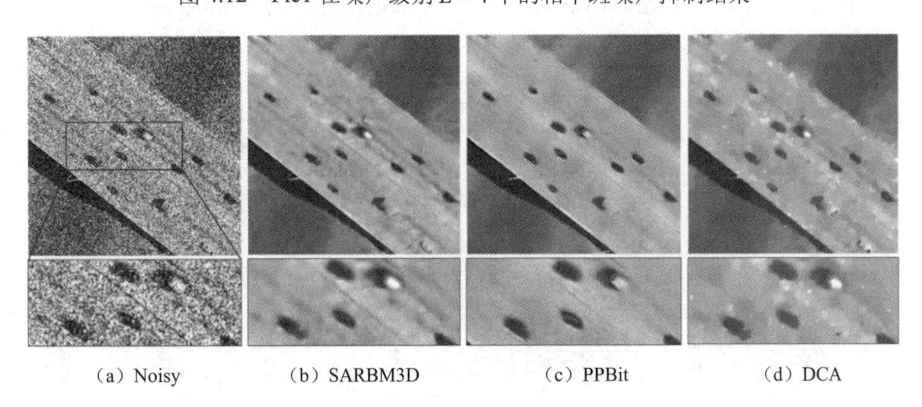

（a）Noisy　（b）SARBM3D　（c）PPBit　（d）DCA

图 4.13　Pic2 在噪声级别 $L=4$ 下的相干斑噪声抑制结果

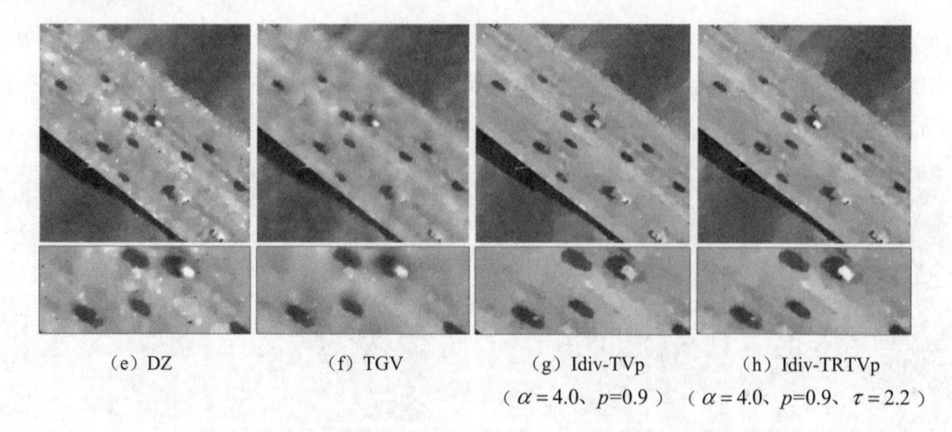

（e）DZ　（f）TGV　（g）Idiv-TVp（$\alpha = 4.0$、p=0.9）　（h）Idiv-TRTVp（$\alpha = 4.0$、p=0.9、$\tau = 2.2$）

图 4.13　Pic2 在噪声级别 $L = 4$ 下的相干斑噪声抑制结果（续）

表 4.2　$L = 4$ 下相干斑噪声抑制结果的数值指标

Method	PSNR（单位：dB）,SSIM;耗时（单位：s）			
	Pic1	Pic2	Pic3	Pic4
Noisy	13.35,0.3921;—	12.49,0.1261; —	12.23,0.1217; —	12.23,0.1586; —
SARBM3D	20.96,0.6316;15.0	23.91,0.3160;14.8	23.14,0.3577;14.6	22.51,0.3442;14.6
PPBit	17.69,0.4927;15.7	23.23,0.2387;15.5	22.33,0.2684;16.1	21.38,0.2418;15.9
DCA	18.02,0.4819;2.9	22.27,0.2191;2.7	22.20,0.2893;2.7	21.29,0.2594;2.7
DZ	18.70,0.5275;11.4	22.31,0.2338;10.9	22.37,0.3051;11.7	21.64,0.2615;11.9
TGV	19.08,0.6263;38.3	22.69,0.4929;37.8	22.52,0.5494;41.2	21.96,0.4676;41.9
Idiv-TVp	21.00,0.7291;3.7	23.97,0.5442;10.1	23.15,0.5759;2.8	22.68,0.4993;9.4
Idiv-TRTVp	21.01,0.7310;4.3	24.01,0.5470;10.4	23.17,0.5780;2.8	22.70,0.5001;9.4

为了更深入地探索两个非凸非光滑变分模型的有效性，对具有丰富细节信息的 Pic3 和 Pic4 添加 $L = 4$ 的相干斑噪声并进行测试，结果如图 4.14 和图 4.15 所示。再一次地，Idiv-TRTVp 和 Idiv-TVp 得到了最高的 PSNR 和 SSIM，SARBM3D 取到了较好的 PSNR 值，但是由于其存在着严重的鬼影现象，所以其 SSIM 数值不如 TGV。通过视觉和数值结果验证，可知本章提出的 Idiv-TRTVp 和 Idiv-TVp 可以得到与原始信号更相似的结果。

（a）Noisy　（b）SARBM3D　（c）PPBit　（d）DCA

图 4.14　Pic3 在噪声级别 $L = 4$ 下的相干斑噪声抑制结果

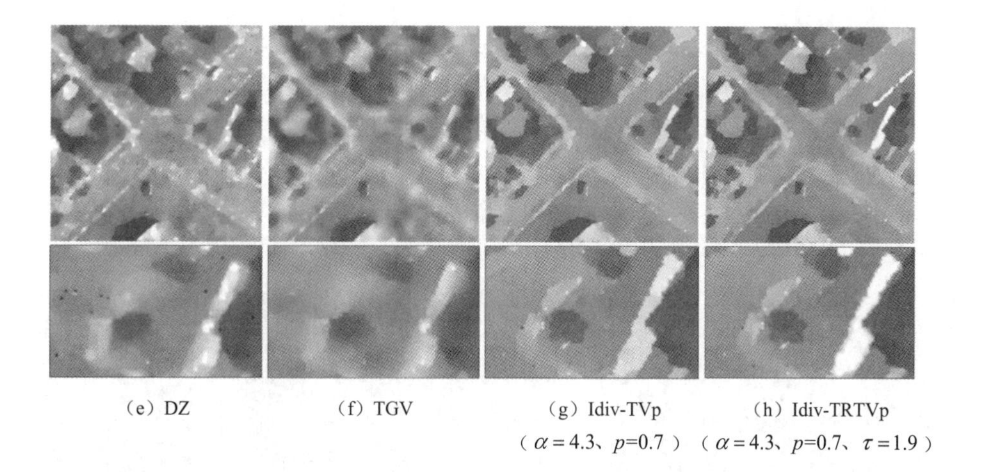

（e）DZ　（f）TGV　（g）Idiv-TVp（$\alpha=4.3$、p=0.7）　（h）Idiv-TRTVp（$\alpha=4.3$、p=0.7、$\tau=1.9$）

图 4.14　Pic3 在噪声级别 $L=4$ 下的相干斑噪声抑制结果（续）

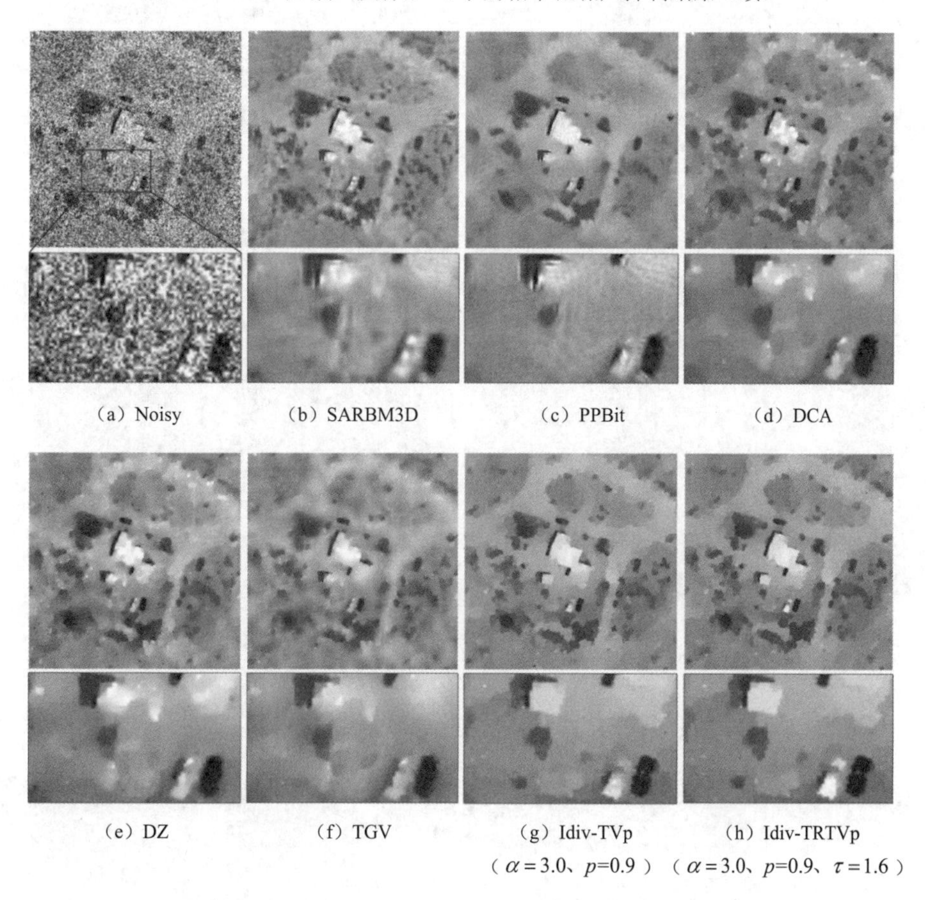

（a）Noisy　（b）SARBM3D　（c）PPBit　（d）DCA

（e）DZ　（f）TGV　（g）Idiv-TVp（$\alpha=3.0$、p=0.9）　（h）Idiv-TRTVp（$\alpha=3.0$、p=0.9、$\tau=1.6$）

图 4.15　Pic4 在噪声级别 $L=4$ 下的相干斑噪声抑制结果

接下来展示 Pic1、Pic2、Pic3 和 Pic4 在噪声级别 $L=8$ 下的视觉与数值结果，分别如图 4.16～图 4.19 和表 4.3 所示。由于在低噪声尺度下图像信号的特征破坏得没有那么强烈，因此，非局部方法可以更好地识别结构信息的相似性，从而可以得到更好的恢复结果。如

图 4.16（b）所示，SARBM3D 恢复了较好的细节信息，并在表 4.3 中得到了最高的 PSNR。但是，在均值区域，SARBM3D 仍然存在着较为严重的鬼影现象。而 Idiv-TRTVp 和 Idiv-TVp 却可以很好地恢复均值区域并恢复整洁的边界，因此，Idiv-TRTVp 得到了最高的 SSIM，紧接着是 Idiv-TVp。此外，Idiv-TRTVp 得到了次高的 PSNR 值，充分证明了所提模型的优越性。在低噪声尺度下，Idiv-TRTVp 仍然可以很好地恢复均值区域、对比度和保持整洁的边界，如图 4.16（h）所示。

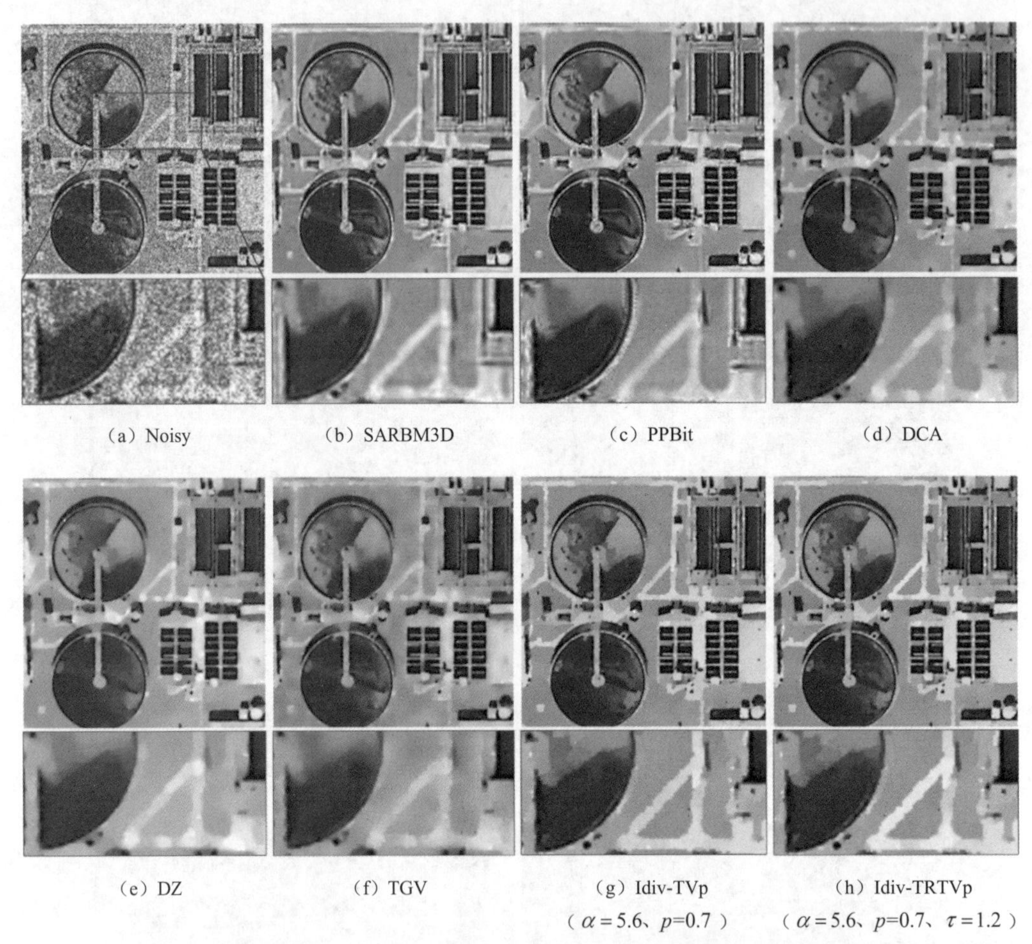

（a）Noisy （b）SARBM3D （c）PPBit （d）DCA

（e）DZ （f）TGV （g）Idiv-TVp（$\alpha=5.6$、p=0.7） （h）Idiv-TRTVp（$\alpha=5.6$、p=0.7、$\tau=1.2$）

图 4.16 Pic1 在噪声级别 $L=8$ 下的相干斑噪声抑制结果

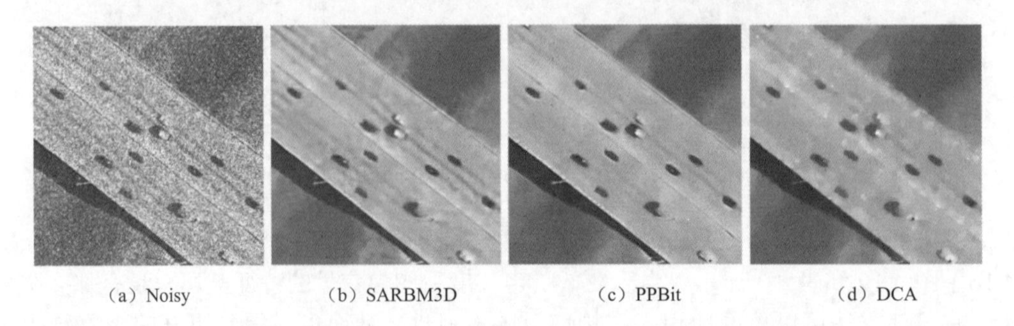

（a）Noisy （b）SARBM3D （c）PPBit （d）DCA

图 4.17 Pic2 在噪声级别 $L=8$ 下的相干斑噪声抑制结果

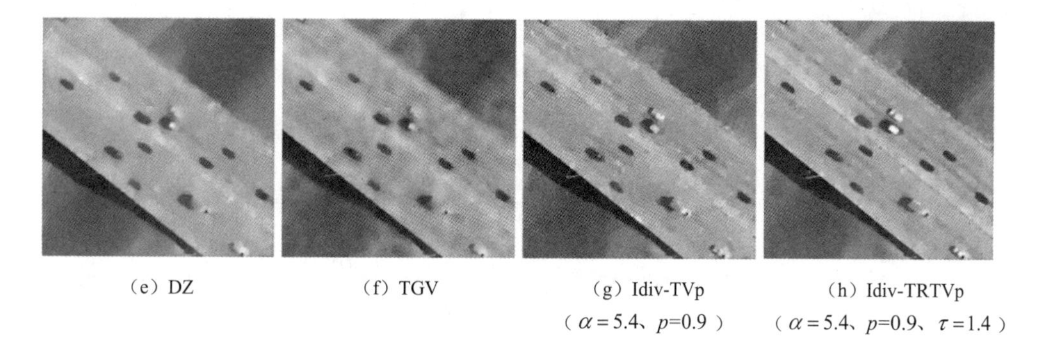

（e）DZ　（f）TGV　（g）Idiv-TVp（$\alpha=5.4$、p=0.9）　（h）Idiv-TRTVp（$\alpha=5.4$、p=0.9、$\tau=1.4$）

图 4.17　Pic2 在噪声级别 $L=8$ 下的相干斑噪声抑制结果（续）

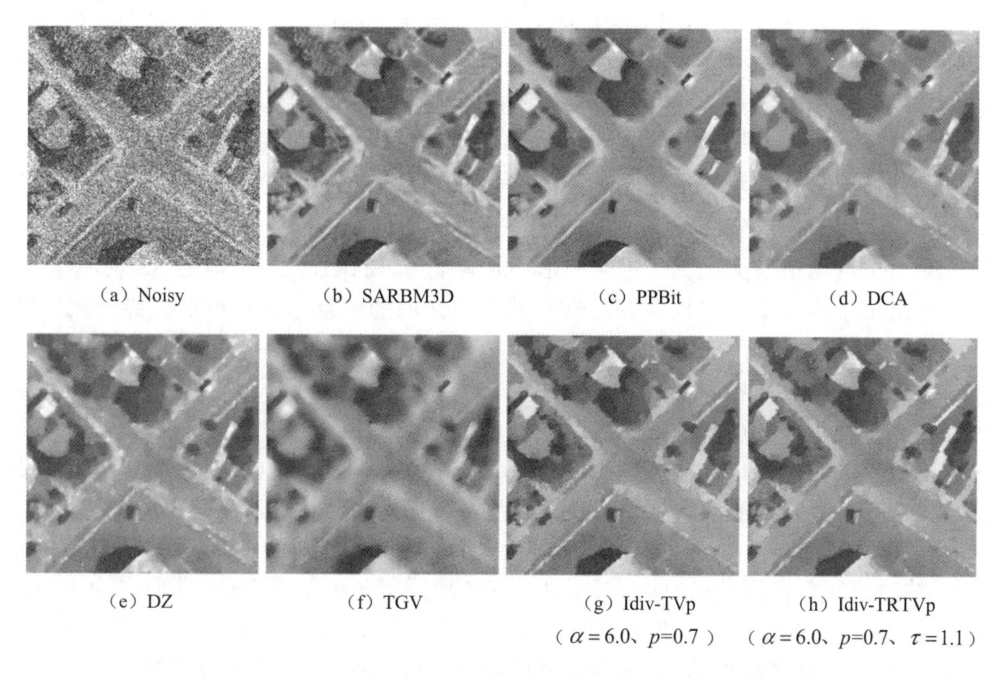

（a）Noisy　（b）SARBM3D　（c）PPBit　（d）DCA

（e）DZ　（f）TGV　（g）Idiv-TVp（$\alpha=6.0$、p=0.7）　（h）Idiv-TRTVp（$\alpha=6.0$、p=0.7、$\tau=1.1$）

图 4.18　Pic3 在噪声级别 $L=8$ 下的相干斑噪声抑制结果

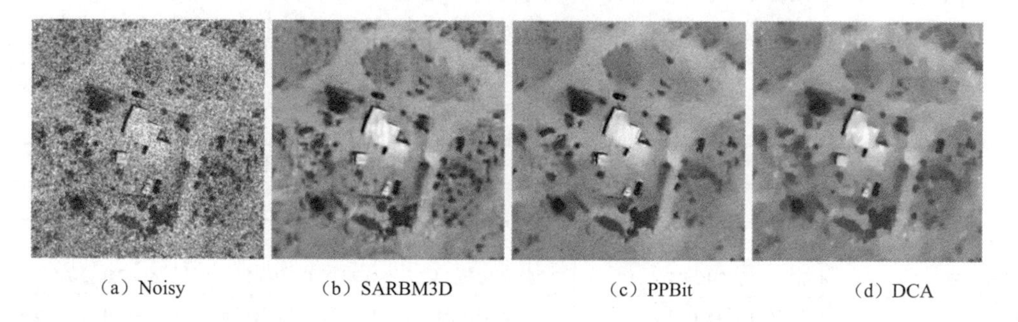

（a）Noisy　（b）SARBM3D　（c）PPBit　（d）DCA

图 4.19　Pic4 在噪声级别 $L=8$ 下的相干斑噪声抑制结果

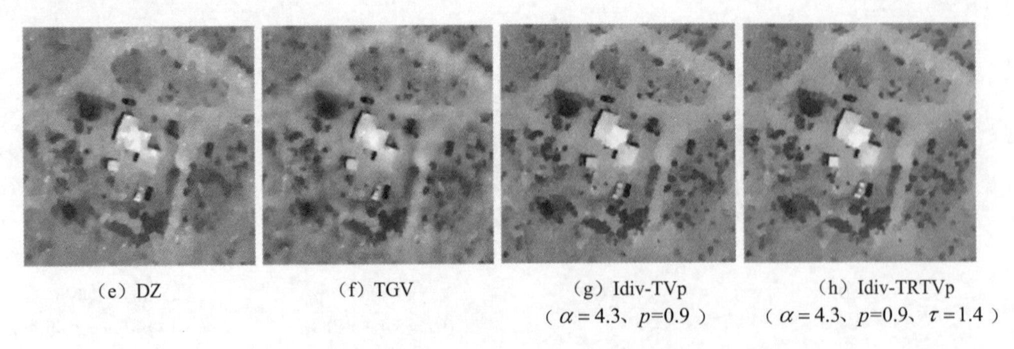

（e）DZ　　（f）TGV　　（g）Idiv-TVp（$\alpha=4.3$、p=0.9）　　（h）Idiv-TRTVp（$\alpha=4.3$、p=0.9、$\tau=1.4$）

图 4.19　Pic4 在噪声级别 $L=8$ 下的相干斑噪声抑制结果（续）

由图 4.19 可知，所提出的两个变分模型展现了较好的相干斑噪声抑制结果。SARBM3D 恢复了更多的细节信息，但是它在均值区域内带来了严重的鬼影现象，严重影响了恢复结果的可视化质量。PPBit 在恢复结果中依然出现了笔刷现象，并且模糊了边界。而 Idiv-TVp 和 Idiv-TRTVp 却高保真地恢复了边界信息，并且在均值区域没有引入一些额外的人造现象。特别是 Idiv-TRTVp，不仅保持了 Idiv-TVp 的优点，还高保真地恢复了对比度信息。在数值结果方面，本章提出的两个变分模型得到了较优异的数值指标，它们的 PSNR 和 SSIM 都是处于领先地位的。虽然在个别情况下，相应的 PSNR 略低于 SARBM3D，但是 SSIM 指标一直遥遥领先，这是由于本章提出的模型有着良好的均值区域的恢复结果和整洁边界的保持结果。而截断函数使 Idiv-TRTVp 在 PSNR 和 SSIM 上一直领先 Idiv-TVp，充分证明了 Idiv-TRTVp 可以更好地恢复对比度信息，从而恢复更保真的信号。

另外，各种相干斑噪声抑制方法的时间消耗也记录在表 4.2 和表 4.3 中。其中，TGV 的执行时间是最长的，这是由于它的求解方法采用的是本原对偶法，需要较多的迭代次数来达到算法的收敛，从而得到最终的恢复结果。其次，非局部方法（SARBM3D 和 PPBit）也消耗了大量的时间，这是由它们本身的特性决定的，它们需要寻找相似的结构信息来得到去噪结果。再次，DZ 的时间耗费也相对多一些，这是由于 DZ 增添了一个二项式来对非凸的 AA-model 进行逼近求解，从而需要较多的计算量来达到算法的拟合。最后，Idiv-TRTVp、Idiv-TVp 和对比算法 DCA 的时间消耗是最少的，具有较低的时间复杂度。因此，两个变分模型不仅可以有效地抑制相干斑噪声，还在算法执行方面有着时间优势。总之，无论从相干斑噪声抑制结果的数值指标方面看，还是从算法执行的时间指标方面看，本章提出的模型都展现了良好的特性。

表 4.3　$L=8$ 下相干斑噪声抑制结果的 PSNR 和 SSIM

Method	PSNR（单位：dB）,SSIM;耗时（单位：s）			
	Pic1	Pic2	Pic3	Pic4
Noisy	15.63,0.4891; —	14.66,0.1841; —	14.41,0.1913; —	14.36,0.2338; —
SARBM3D	22.71,0.7034;14.5	25.47,0.4076;14.7	24.77,0.4505;14.6	23.67,0.4203;14.8
PPBit	19.70,0.6048;15.2	24.12,0.3056;16.1	23.82,0.3631;15.6	22.50,0.3221;15.8
DCA	19.65,0.5579;2.1	23.50,0.2449;2.0	23.57,0.3393;2.1	22.55,0.3014;2.1
DZ	19.26,0.5207;11.4	23.24,0.2009;11.1	23.88,0.3733;11.9	22.75,0.3150;11.4
TGV	20.30,0.6889;33.8	23.37,0.5175;33.7	22.69,0.5443;36.6	23.14,0.5381;33.8
Idiv-TVp	22.42,0.7659;3.5	25.04,0.5969;7.1	24.25,0.6343;2.5	23.82,0.5712;8.2
Idiv-TRTVp	22.43,0.7754;3.5	25.05,0.5973;7.4	24.27,0.6337;2.5	23.85,0.5802;8.2

4.5.4 真实 SAR 图像的相干斑噪声抑制结果分析

在 4.5.3 节中，我们使用合成数据来测试两个非凸非光滑变分模型。它们不仅可以有效地抑制相干斑噪声，还可以保持整洁的边界和良好地恢复均值区域。在合成数据的实验中，除了截断阈值 τ，Idiv-TRTVp 与 Idiv-TVp 的参数设置都是一致的。在数值和视觉结果上，Idiv-TRTVp 确实可以很好地恢复对比度信息，且获得了比 Idiv-TVp 更高的数值指标，充分验证了截断函数的有效性。因此，在接下来的实验中，仅用 Idiv-TRTVp 对真实的 SAR 图像进行测试。另外，DCA 和 DZ 都是 AA-model 的凸逼近，而 DCA 通常表现得更为鲁棒。因此，在真实 SAR 图像的测试中，仅使用 DCA 作为对比方法。对于所有的对比实验，我们都对相应参数进行微调，以获取较好的相干斑噪声抑制结果。

图 4.20～图 4.23 展示了真实 SAR 图像相干斑噪声抑制结果。其中，图像上部是各方法得到的相干斑噪声抑制结果，图像下部是相应恢复结果的比率图像。比率图像是由受相干斑噪声污染的 SAR 图像除以抑斑后的结果得到的。从本质上来说，它就是相干斑噪声，可以用来评估恢复结果的边界保持能力和细节恢复能力。如果比率图像呈现的是随机分布的噪点，则说明相应的相干斑噪声抑制结果有很好的边界保持能力和细节恢复能力；如果可以明显看到残留的几何特征，则说明在抑制相干斑噪声的过程中损失了很多细节、结构信息。在真实 SAR 图像的测试中，采用 ENL 和 EPI 对恢复结果进行评估。

图 4.20 展示了 SAR1 的相干斑噪声抑制结果。作为非局部方法，SARBM3D 和 PPBit 可以更好地恢复细节信息。但是，由于在本没有结构信息的区域进行了特征识别，所以它们在均值区域有严重的人造现象，如图 4.20（b）、（c）所示。DCA 和 TGV 都模糊了一些尖锐特征，如图 4.20（d）、（e）所示。其中，TGV 模糊得更严重，这是由于它的模型中存在一个二阶项。在相应的比率图像上，DCA 和 TGV 都残留着明显的几何特征，其中 TGV 表现得更为明显。SARBM3D 有严重的鬼影现象，PPBit 有笔刷现象。在相应的比率图像上，二者没有留下明显的几何特征，验证了它们良好的细节恢复能力。Idiv-TRTVp 得到了几何特征残留最少的比率图像，如图 4.20（f）所示。而且，在表 4.4 中，Idiv-TRTVp 得到了最优的 ENL 和 EPI。由此可见，针对真实的 SAR 图像，两个变分模型依然非常有效，可以较好地恢复均值区域、边界特征和对比度信息。

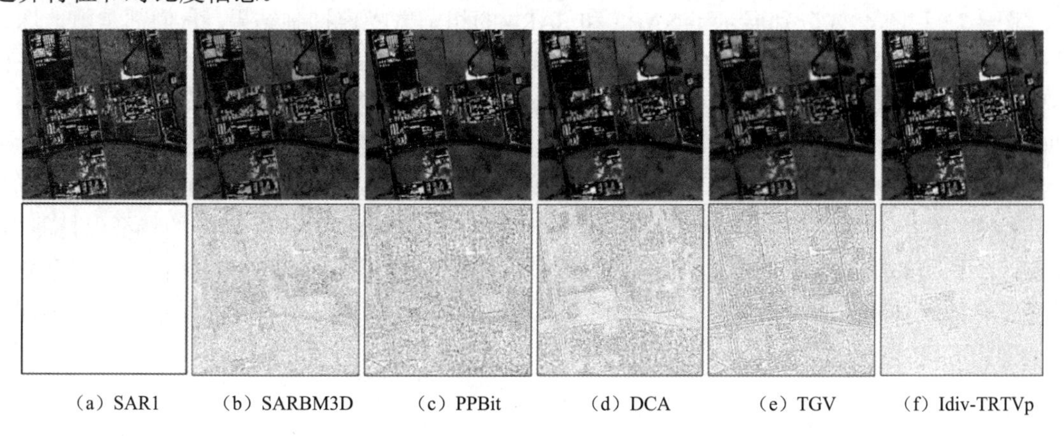

（a）SAR1　（b）SARBM3D　（c）PPBit　（d）DCA　（e）TGV　（f）Idiv-TRTVp

图 4.20　SAR1 的相干斑噪声抑制结果

表 4.4 相干斑噪声抑制结果的 ENL 和 EPI

Method	ENL,EPI;耗时（单位：s）			
	SAR1	SAR2	SAR3	SAR4
Noisy	28.0,1.00; —	20.3,1.00; —	20.9,1.00; —	22.6,1.00; —
SARBM3D	430.3,0.40;16.5	80.4,0.62;15.4	394.2,0.11;15.1	241.7,0.50;14.6
PPBit	471.4,0.40;16.9	205.0,0.69;17.6	427,0.09;17.1	344.3,0.64;16.8
DCA	412.3,0.26;3.2	177.3,0.54;3.7	432,0.08;3.5	304.4,0.42;3.0
TGV	280.8,0.22;34.4	157.6,0.30;33.9	350.6,0.09;33.2	163.9,0.33;33.6
Idiv-TRTVp	501.7,0.41;5.8	224.7,0.75; 9.8	440.4,0.15;4.9	396,6,0.66;5.1

图 4.21 展示了 SAR2 的相干斑噪声抑制结果。SAR2 包含更多的边界和高对比度区域。再一次地，DCA 和 TGV 损失了较多的特征与细节信息。从比率图像上看，SARBM3D、PPBit 和 Idiv-TRTVp 都包含较少的细节信息与结构信息。然而，非局部方法依然存在着严重的鬼影和笔刷现象，给均值区域的恢复造成困难。Idiv-TRTVp 得到了最高的 ENL 和 EPI。对于具有复杂的城市场景的影像，两个变分模型依然可以有效地抑制相干斑噪声。

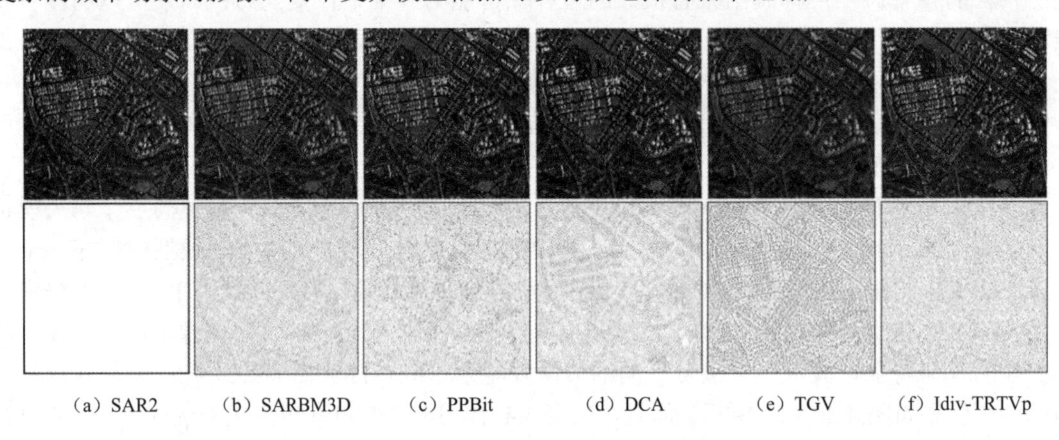

（a）SAR2　（b）SARBM3D　（c）PPBit　（d）DCA　（e）TGV　（f）Idiv-TRTVp

图 4.21 SAR2 的相干斑噪声抑制结果

图 4.22 和图 4.23 分别展示了 SAR3 和 SAR4 的相干斑噪声抑制结果，它们都是山地场景的影像。在比率图像上，Idiv-TRTVp 又遗留了最少的结构信息和细节信息。SARBM3D 在比率图像上留下了明显的结构信息，可以清晰地看出原有的地物结构，从侧面充分说明了它在抑制相干斑噪声的同时严重损坏了边界和结构信息，如图 4.22（b）和图 4.23（b）所示。再一次地，DCA 和 TGV 又在比率图像上留下了较多的特征和纹理。而对于 PPBit，它虽然也有一些特征和纹理信息丢失的现象。但是，相较于其他方法，PPBit 展现了较好的特征保持能力。在表 4.4 中，Idiv-TRTVp 又获得了最高的 ENL 和 EPI。对于山地场景的 SAR 图像，两个变分模型又有效地抑制了相干斑噪声，充分验证了 Idiv-TRTVp 的鲁棒性，可以很好地处理不同场景类别的 SAR 图像。

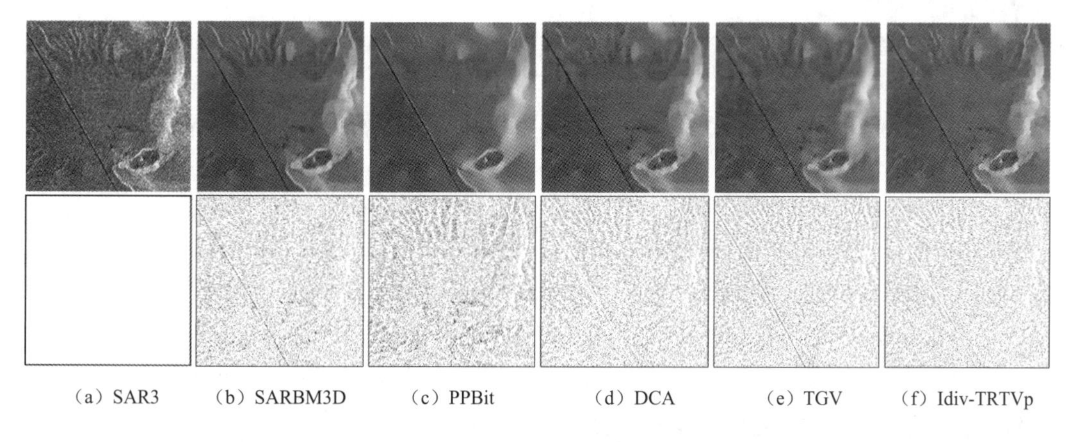

图 4.22　SAR3 的相干斑噪声抑制结果

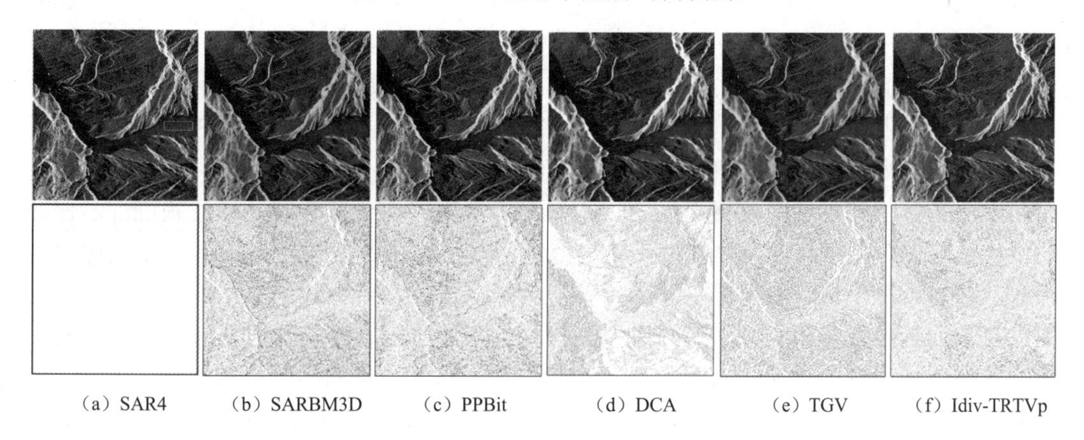

图 4.23　SAR4 的相干斑噪声抑制结果

为了充分验证本章提出的两个非凸非光滑变分模型的有效性，首先在 4.5.1 节中构建了不同场景类别的合成数据和真实 SAR 图像的数据集。其次在 4.5.2 节中讨论了模型中的参数对恢复结果的影响，并给出了参数设置的建议范围。在 4.5.3 节中对合成数据添加了两个噪声级别的相干斑噪声，以充分验证模型的有效性。实验结果证明，相比于非局部方法，在高噪声尺度的情况下，Idiv-TRTVp 和 Idiv-TVp 有着明显的优势；在低噪声尺度情况下，非局部方法得到了较好的 PSNR，但是，Idiv-TRTVp 和 Idiv-TVp 依然在 SSIM 指标上占有绝对的优势。最后针对真实的 SAR 图像，对比经典的方法进行测试，Idiv-TRTVp 依然可以有效地抑制相干斑噪声，并且可以鲁棒地处理不同场景的影像。相比于其他经典方法，两个变分模型不仅在比率图像上残留了较少的结构信息，还得到了最好的 ENL 和 EPI。

4.6　本章小结

本章重点介绍的内容包括 3 部分：一是为了较好地恢复边界信息，基于非凸非光滑的正则化技术，提出了一个无截断的非凸非光滑变分模型，称为 Idiv-TVp 模型；二是为了有效地恢复对比度信息，借助截断函数，提出了一个截断的非凸非光滑变分模型，称为 Idiv-TRTVp

模型；三是基于变量分割法和增广拉格朗日法，对所提出的两个非凸非光滑问题进行了快速算法的设计。

基于非凸非光滑的正则化技术，本章首先提出了一个无截断的非凸非光滑变分模型，包含一个 $\ell_p\ (0<p<1)$ 正则项和一个 I-divergence 数据项。$\ell_p\ (0<p<1)$ 正则项有较强的稀疏性，可以更好地恢复边界特征和均值区域。I-divergence 数据项可以很好地对相干斑噪声的随机分布进行建模，从而可以鲁棒地抑制相干斑噪声。此外，相比于非凸的 AA 数据项，I-divergence 数据项的凸光滑特性降低了求解的难度。通过在合成数据和真实 SAR 图像上进行的测试，在高噪声尺度下，Idiv-TVp 有着明显的优势，可以鲁棒地抑制相干斑噪声，并获得了最好的数值指标。在低噪声尺度下，Idiv-TVp 依然得到了最高的 SSIM。对于具有尖锐特征和均值区域的图像，Idiv-TVp 可以恢复更保真的结果。

为了解决 Idiv-TVp 中存在的对比度降低的问题，对模型中的 ℓ_p 正则项添加了一个截断函数，从而提出了一个截断的非凸非光滑变分模型 Idiv-TRTVp。它不仅可以保持 Idiv-TVp 优秀的边界特征和均值区域恢复能力，还有效地恢复了对比度信息。通过大量的合成数据和真实的 SAR 图像，对比经典的相干斑噪声抑制方法，Idiv-TRTVp 得到了高保真的恢复结果，证明了非凸非光滑正则化技术和截断函数的有效性。

基于变量分割法和增广拉格朗日法，本章对所提出的两个非凸非光滑问题进行了快速算法的设计。首先对无截断非凸非光滑问题进行求解。将无截断模型分解成 3 个子问题进行迭代求解，并对于每个问题给出了具体的求解过程。附加截断函数后，原本不易求解的问题变得更加复杂。针对截断模型，采用与无截断模型相似的求解思路，针对具有截断函数的子问题进行详细分析，以此来完成求解。通过实验结果，对比经典的相干斑噪声抑制方法，Idiv-TVp 和 Idiv-TRTVp 在有效抑制相干斑噪声的同时，具有较低的时间复杂度。因此，实验结果证明，本章提出的求解算法可以快速、鲁棒地完成优化任务。

本章参考文献

[1] 颜学颖．SAR 图像相干斑抑制和分割方法研究[D]．西安：西安电子科技大学，2013．

[2] Colesanti C, Ferretti A, Novali F, et al. SAR monitoring of progressive and seasonal ground deformation using the permanent scatterers technique[J]. IEEE Transactions on Geoscience and Remote Sensing, 2003,41(7):1685-1701.

[3] Berardino P, Fornaro G, Lanari R, et al. A new algorithm for surface deformation monitoring based on small baseline differential SAR interferograms[J]. IEEE Transactions on Geoscience and Remote Sensing, 2002,40(11):2375-2383.

[4] Rigling B D, Moses R L. Three-dimensional surface reconstruction from multistatic SAR images[J]. IEEE Transactions on Image Processing, 2005,14(8):1159-1171.

[5] 陈建宏，赵拥军，刘伟，等． 基于非局部均值的最优极化舰船检测算法[J]．信息工程大学学报，2014，15(6):708-713．

[6] Cui Z, Li Q, Cao Z, et al. Dense Attention Pyramid Networks for Multi-Scale Ship Detection in SAR Images[J]. IEEE Transactions on Geoscience and Remote Sensing, 2019,57(11):8983-8997.

[7] Rudin L I, Osher S, Fatemi E. Nonlinear total variation based noise removal algorithms[J]. Physica D: nonlinear phenomena, 1992,60:259-268.

[8] Aubert G, Aujol J. A variational approach to removing multiplicative noise[J]. SIAM journal on applied mathematics, 2008,68(4):925-946.

[9] Liu Z, Wang W, Zhong S, et al. Mesh Denoising via a Novel Mumford-Shah Framework[J]. Computer-Aided Design, 2020,126(0010-4485):102858.

[10] Liu Z, Lai R, Zhang H, et al. Triangulated surface denoising using high order regularization with dynamic weights[J]. SIAM Journal on Scientific Computing, 2019,41(1):B1-B26.

[11] Liu Z, Xiao X, Zhong S, et al. A feature-preserving framework for point cloud denoising[J]. Computer-Aided Design, 2020,127(0010-4485):102857.

[12] Huang Y, Ng M K, Wen Y. A new total variation method for multiplicative noise removal[J]. SIAM Journal on imaging sciences, 2009,2(1):20-40.

[13] Bioucas-Dias J M, Figueiredo M A T. Multiplicative noise removal using variable splitting and constrained optimization[J]. IEEE Transactions on Image Processing, 2010,19(7):1720-1730.

[14] Feng W, Lei H, Gao Y. Speckle reduction via higher order total variation approach[J]. IEEE Transactions on Image Processing, 2014,23(4):1831-1843.

[15] Steidl G, Teuber T. Removing multiplicative noise by Douglas-Rachford splitting methods[J]. Journal of Mathematical Imaging and Vision, 2010,36(2):168-184.

[16] Dong Y, Zeng T. A convex variational model for restoring blurred images with multiplicative noise[J]. SIAM Journal on Imaging Sciences, 2013,6(3):1598-1625.

[17] Shama M, Huang T, Liu J, et al. A convex total generalized variation regularized model for multiplicative noise and blur removal[J]. Applied Mathematics and Computation, 2016,276:109-121.

[18] Li Z, Lou Y, Zeng T. Variational multiplicative noise removal by DC programming[J]. Journal of Scientific Computing, 2016,68(3):1200-1216.

[19] Bai L. A new nonconvex approach for image restoration with Gamma noise[J]. Computers & Mathematics with Applications, 2019,77(10):2627-2639.

[20] Buades A, Coll B, Morel J. A review of image denoising algorithms, with a new one[J]. Multiscale Modeling & Simulation, 2005,4(2):490-530.

[21] Dabov K, Foi A, Katkovnik V, et al. Image denoising by sparse 3-D transform-domain collaborative filtering[J]. IEEE Transactions on image processing, 2007,16(8):2080-2095.

[22] Elad M, Aharon M. Image denoising via sparse and redundant representations over learned dictionaries[J]. IEEE Transactions on Image processing, 2006,15(12):3736-3745.

[23] Liu J, Huang T, Selesnick I W, et al. Image restoration using total variation with overlapping group sparsity[J]. Information Sciences, 2015,295:232-246.

[24] Dong W, Shi G, Li X. Nonlocal image restoration with bilateral variance estimation: a low-rank approach[J]. IEEE transactions on image processing, 2012,22(2):700-711.

[25] 易子麟，尹东，胡安洲，等. 基于非局部均值滤波的 SAR 图像去噪[J]. 电子与信息学报，2012，34(04):950-955.

[26] 杨学志，陈靖，周芳，等. 基于同质像素预选择的极化 SAR 图像非局部均值滤波[J]. 电子与信息学报，2015，37(12):2991-2999.

[27] 刘书君，吴国庆，张新征，等. 基于非局部分类处理的 SAR 图像降斑[J]. 系统工程与电子技术，2016，38(03):551-556.

[28] 陈世媛，李小将. 基于自适应非局部均值的 SAR 图像相干斑抑制[J]. 系统工程与电子技术，2017，39(12):2683-2690.

[29] 陈建宏，赵拥军，赖涛，等. 单视全极化 SAR 图像快速非局部均值滤波[J]. 武汉大学学报（信息科学版），2016，41(05):629-634.

[30] Deledalle C, Denis L I C, Tupin F. Iterative weighted maximum likelihood denoising with probabilistic patch-based weights[J]. IEEE Transactions on Image Processing, 2009,18(12):2661-2672.

[31] Parrilli S, Poderico M, Angelino C V, et al. A nonlocal SAR image denoising algorithm based on LLMMSE wavelet shrinkage[J]. IEEE Transactions on Geoscience and Remote Sensing, 2011,50(2):606-616.

[32] Cozzolino D, Parrilli S, Scarpa G, et al. Fast adaptive nonlocal SAR despeckling[J]. IEEE Geoscience and Remote Sensing Letters, 2013,11(2):524-528.

[33] Liu J, Huang T, Liu G, et al. Total variation with overlapping group sparsity for speckle noise reduction[J]. Neurocomputing, 2016,216:502-513.

[34] Guan D, Xiang D, Tang X, et al. A SAR Image Despeckling Method Using Multi-Scale Nonlocal Low-Rank Model[J]. IEEE Geoscience and Remote Sensing Letters, 2019,17(3):421-425.

[35] Chen G, Li G, Liu Y, et al. SAR Image Despeckling Based on Combination of Fractional-Order Total Variation and Nonlocal Low Rank Regularization[J]. IEEE Transactions on Geoscience and Remote Sensing, 2019,58(3):2056-2070.

[36] Guan D, Xiang D, Tang X, et al. SAR Image Despeckling Based on Nonlocal Low-Rank Regularization[J]. IEEE Transactions on Geoscience and Remote Sensing, 2019,57(6):3472-3489.

[37] Liu S, Hu Q, Li P, et al. Speckle Suppression Based on Weighted Nuclear Norm Minimization and Grey Theory[J]. IEEE Transactions on Geoscience and Remote Sensing, 2019,57(5):2700-2708.

[38] 钱满，张向阳，李仁昌. 改进卷积神经网络 SAR 图像去噪算法[J]. 计算机工程与应用，2020，56(14):176-182.

[39] 高春永，柏业超，王琼. 基于改进的半监督阶梯网络 SAR 图像识别[J]. 南京大学学报（自然科学），2021，57(01):160-166.

[40] 陈坤，郝明，庄龙，等. 基于卷积神经网络的 SAR 图像水体提取[J]. 电子测量技术，2021，44(03):125-131.

[41] Chierchia G, Cozzolino D, Poggi G, et al. SAR image despeckling through convolutional neural networks[C]//the IEEE International Geoscience and Remote Sensing Symposium, 2017.

[42] Zhang K, Zuo W, Chen Y, et al. Beyond a gaussian denoiser: Residual learning of deep cnn for image denoising[J]. IEEE Transactions on Image Processing, 2017,26(7):3142-3155.

[43] Dalsasso E, Yang X, Denis L I C, et al. SAR Image Despeckling by Deep Neural Networks: from a pre-trained model to an end-to-end training strategy[J]. Remote Sensing, 2020,12(16):26-36.

[44] Pan T, Peng D, Yang W, et al. A Filter for SAR Image Despeckling Using Pre-Trained Convolutional Neural Network Model[J]. Remote Sensing, 2019,11(20):2379.

[45] Yue D, Xu F, Jin Y. SAR despeckling neural network with logarithmic convolutional product model[J]. International journal of remote sensing, 2018,39(21):7483-7505.

[46] He K, Zhang X, Ren S, et al. Deep residual learning for image recognition[C]//the Computer Vision and Pattern Recognition, 2016.

[47] Zhang Q, Yuan Q, Li J, et al. Learning a dilated residual network for SAR image despeckling[J]. Remote Sensing, 2018,10(2):196.

[48] Li J, Li Y, Xiao Y, et al. HDRANet: Hybrid Dilated Residual Attention Network for SAR Image Despeckling[J]. Remote Sensing, 2019,11(24):2921.

[49] Gui Y, Xue L, Li X. SAR image despeckling using a dilated densely connected network[J]. Remote Sensing Letters, 2018,9(9):857-866.

[50] Lattari F, Gonzalez Leon B, Asaro F, et al. Deep learning for SAR image despeckling[J]. Remote Sensing, 2019,11(13):1532.

[51] Ronneberger O, Fischer P, Brox T. U-net: Convolutional networks for biomedical image segmentation [C]//the Medical Image Computing and Computer Assisted Intervention, 2015.

[52] Wang P, Zhang H, Patel V M. SAR image despeckling using a convolutional neural network[J]. IEEE Signal Processing Letters, 2017,24(12):1763-1767.

[53] Bai Y C, Zhang S, Chen M, et al. A Fractional Total Variational CNN Approach for SAR Image Despeckling[C]//International Conference on Intelligent Computing. Springer, 2018.

[54] Ferraioli G , Pascazio V , Vitale S . A Novel Cost Function for Despeckling using Convolutional Neural Networks[C]//Joint Urban Remote Sensing Event, 2019.

[55] Vitale S, Ferraioli G, Pascazio V. A New Ratio Image Based CNN Algorithm for SAR Despeckling [C]//the IEEE International Symposium on Geoscience and Remote Sensing (IGARSS), 2019.

[56] Zeng T, Ren Z, Lam E Y. Speckle suppression using the convolutional neural network with an exponential linear unit [C]//Optical Society of America, 2018.

[57] Soumekh M. Synthetic aperture radar signal processing[M]. New York: Wiley, 1999.

[58] Brown W M. Synthetic aperture radar[J]. IEEE Transactions on Aerospace and Electronic Systems, 1967(2):217-229.

[59] Tomiyasu K. Preliminary results of a spectral analysis of simulated complex pulse response history of a synthetic aperture radar pixel[J]. IEEE Transactions on Geoscience and

Remote Sensing, 1984(6):577-581.

[60] Zuo W, Meng D, Zhang L, et al. A generalized iterated shrinkage algorithm for non-convex sparse coding[C]//the IEEE International Conference on Computer Vision, 2013.

[61] Saquib S S, Bouman C A, Sauer K. ML parameter estimation for Markov random fields with applications to Bayesian tomography[J]. IEEE transactions on Image Processing,1998,7(7):1029-1044.

[62] Lanza A, Morigi S, Sgallari F. Constrained TVp-L2 Model for Image Restoration[J]. Journal of Scientific Computing, 2016,68(1):64-91.

[63] Li X, Lu C, Yi X, et al. Image Smoothing via L0 Gradient Minimization[J]. ACM Transactions on Graphics, 2011, 30(6):1-12.

[64] Geman D, Reynolds G. Constrained restoration and the recovery of discontinuities[J]. IEEE Transactions on pattern analysis and machine intelligence, 1992,14(3):367-383.

[65] Hebert T, Leahy R. A generalized EM algorithm for 3-D Bayesian reconstruction from Poisson data using Gibbs priors[J]. IEEE transactions on medical imaging, 1989,8(2):194-202.

[66] Bredies K, Kunisch K, Pock T. Total generalized variation[J]. SIAM Journal on Imaging Sciences, 2010,3(3):492-526.

[67] Wu C, Liu Z, Wen S. A general truncated regularization framework for contrast-preserving variational signal and image restoration: Motivation and implementation[J]. Science China Mathematics, 2018,61(9):1711-1732.

[68] Yang Y, Newsam S. Bag-of-visual-words and spatial extensions for land-use classification[C]// Sigspatial International Conference on Advances in Geographic Information Systems, 2010.

第5章 图像匀光、匀色

传统地理学通过地面监测站、实地测量获取地理信息数据，具有周期长、耗时长、耗费高等缺陷，遥感的出现极大地改善了以上缺陷，大大缩短了数据采集的时间，同时，遥感图像（影像，根据上下文要表达的内容使用不同的表述）的出现掀起了图像处理的热潮。但由于在获取遥感图像的过程中，航拍器型号、天气和拍摄内容的差异等诸多因素会引发影像明暗、偏色、阴影及色度不一致等光影色度问题，单纯地获取图像已经不能满足人们的需求，为此，学者设计出了各式各样的匀光、匀色算法，对光照分布不均匀的图像、色度异常的图像进行匀光、匀色处理，经过长时间的发展后，取得了令人满意的效果。如今，遥感图像匀光、匀色技术已较为成熟，本章对具有代表性的匀光、匀色方法进行阐述和分析。

5.1 图像匀光、匀色的意义与现状分析

遥感技术是在20世纪60年代发展起来的对地观测综合技术，并从70年代开始得到迅猛发展。随着遥感技术的发展，遥感信息存储、处理与应用技术也得到不同程度的发展，目前已经广泛应用于矿产资源调查、土地资源调查、地质灾害监测与环境保护等各个领域，并发挥着越来越重要的作用。遥感图像是遥感技术不断发展的基础，负责记录各种地物电磁波的大小，主要分为航空影像和卫星影像两种，是探测器获得的遥感信息的重要表现形式之一。遥感图像质量的高低会直接影响实验结果。一般的卫星影像和航空影像均存在单幅影像内部色彩分布不均匀或多幅影像融合色彩不一致的问题，如何形成完整、和谐且色度一致的影像是学者一直想要解决的问题。为解决此类问题，涌现了若干遥感图像匀光、匀色算法，以提高影像质量及人眼目视判读精度。匀光、匀色算法大致可按原理划分为以下3类。

1. 基于加性噪声模型

第一类是基于加性噪声模型。该类模型认为遥感图像由理想图像与噪声图像的叠加构成，通过噪声图像便可计算出理想图像。该类模型的代表算法为模糊正像匀光算法，适合对单幅影像进行匀光操作，是一种常见的遥感图像匀光算法。它将原始负片与模糊正片的影像进行叠加后得到亮度均匀的遥感图像。针对 Mask 匀光算法的不足，姚芳等[1]提出了一种基

于自适应分块的 Mask 匀光算法，将影像进行分块处理，采用不同截止频率的低通滤波器来处理分辨率不一样的影像块，以获得具有最好匀光效果的背景影像。史宁[2]对待处理影像进行纹理分割，分别选择最佳尺寸的低频滤波器来处理分割后的遥感图像，以获得背景影像，提高了遥感图像整体的匀光效果。孙文等[3]对低通滤波器获得的背景影像进行动态范围的压缩处理，在与原始影像执行相减处理后，对相减后影像进行非线性补偿，以进一步消除亮度分布不均匀现象。张振等[4]将小波变换与 Mask 匀光算法相结合，充分利用小波分解和重构特性过滤噪声图像，以获得亮度分布均匀的影像，不仅保持了较丰富的影像信息，还增强了影像的细节信息、均匀了影像的色彩，消除了影像中高反差相邻区域交界处的灰度失真现象。

2. 基于乘性噪声模型

第二类是基于乘性噪声模型。该类模型认为遥感图像由地物受光量与景物反射量的乘积构成，照度不均匀造成影像亮度不均匀，适合对影像进行去雾操作，代表算法有同态滤波匀光算法与 Retinex 算法。其中， Retinex 算法适用于单幅影像内的匀光处理，且具有较好的匀光效果，但是处理后影像的反差和清晰度会有所下降。另外， Retinex 算法认为影像中的光照是连续的，因此，该算法不适用于反差分布不均匀的校正、有雾的彩色影像、拼接影像。为此，Funt 等[5]对当时的 Retinex 算法进行改进，用一种快速交替方向优化算法来代替傅里叶几何变换，实验表明，改进后的方法对夜晚影像的处理效果更好，能够保留更多的细节。李慧芳[6]利用投影归一化最速下降法获得影像瞬时的照度分布，引入了多尺度数值求解的概念，不仅可以实现影像的匀光，还能尽可能多地保留影像的细节信息，且运算效率较高。付仲良等[7]提出了一种以快速傅里叶变换为基础的多尺度 Retinex 匀光算法，增强了之前 Retinex 算法的适用性并有效解决了地形图折痕问题。何惜琴和许艳华[8]通过将影像转换到 YCbCr 颜色空间，分离出亮度、色度分量，单独对亮度分量进行处理，以保持原始色彩信息、消除光晕现象，并更多地保留输出影像的细节信息。杨静[9]利用小波变换，对高、低频信息分别进行去噪处理与多尺度 Retinex 增强，增强了处理后影像的边缘信息和对比度，并抑制了噪声的产生。

3. 基于图像特征模型

第三类是基于图像特征模型。该类模型认为影像亮度由影像均值决定，方差反映亮度，构成影像的地物具有连续性，连续性使相邻像素的方差具有相关性，可以通过统计参数的标准化来获取整幅图像的映射关系，代表算法有 LRM 和 Wallis 算法。张力等[10]指出，Wallis 是一种局部影像变换，能够在增强局部反差的同时抑制噪声，起到色彩均衡的作用。王智均等[11]提出，在进行 Wallis 匀色操作前，先进行基于小波变换的影像融合预处理，将携带细节信号的小波分量分离出来，这样，在融合的过程中可以获得更好的匀色效果。周丽雅等[12]提出了一种基于 Wallis 滤波器的影像均匀算法，对影像进行分块后，取具有最高灰度均值的影像块作为参考影像，并以该影像块作为 Wallis 匀光变换参数，在通过均值、方差一致性的方法校正色彩反差的同时，增强了影像的细节信息、提高了影像质量，为后续遥感工作的进行提供了保证。

上述算法均能实现遥感图像的匀光、匀色，但均有一定的针对性、局限性，选择哪种算法，以及如何更好地实现遥感图像的匀光、匀色对非专业人士来说是一项挑战，为解决此问题，本章以现有的一些匀光、匀色算法为基础，对其基本原理及算法流程进行深入研究，用不同的代表算法对同一幅待处理影像进行匀光或匀色操作后，从输出影像的灰度均值、标准差、信息熵、平均梯度 4 方面对算法的匀光、匀色效果进行评估，以便选取效果最佳的算法。

5.2　图像匀光、匀色方法

5.2.1　图像匀光方法

1. Mask 匀光算法

匀光技术的灵感来自光学相片的晒印，在晒印相片的印相曝光过程中，通过胶片上的透明区域照射到相纸上的光亮要比密度较大的区域的光亮多，因此要对曝光过强和曝光过弱的地方分别进行补偿。首先用一张模糊的透明正片作为遮光板，将模糊正片与负片按照轮廓线进行叠加、晒像，得到一张反差较小而密度比较均匀的相片；然后用硬性相纸晒印，增强整张相片的总体反差；最后得到晒印的光学相片。

Mask 匀光算法也被称为模糊真像匀光法，是一种常见的用于处理单幅影像的匀光算法，结合上述光学相片晒印原理分析，Mask 算法的基本原理是将一幅光照分布不均匀的遥感图像看作背景影像与光照均匀影像的叠加，可以采用数学模型表示：

$$A(x,y)=B(x,y)+C(x,y) \tag{5.1}$$

其中，$A(x,y)$是待处理光照分布不均匀的原始输入影像，往往是一幅色度不均匀的遥感图像；$B(x,y)$是匀光算法处理后的光照均匀的目标结果影像，往往位于影像的高频部分，主要反映影像中地物自身的反射特性及地物的细节信息，这些内容均为常量，不随光照的改变而改变；$C(x,y)$是背景影像（噪声影像），往往位于影像的低频部分，主要反映一些容易受光照、气候、拍摄角度、大气条件等外界影响影像的亮度变化趋势，其亮度容易产生突变，不能真实反映遥感图像各像元之间的亮度关系。

Mask 匀光算法的主要流程是先通过合适的滤波器对原始影像进行滤波处理，得到模拟亮度分布的背景影像，再将原始影像与背景影像进行相减运算、拉伸处理，得到色度均匀的遥感图像，如图 5.1 所示。

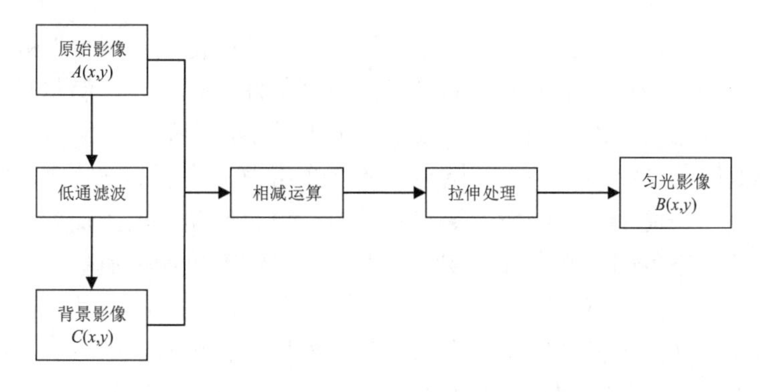

图 5.1　Mask 匀光算法的主要流程

由图 5.1 可知，原始影像是由光照均匀的影像叠加一个背景影像得到的，按照该流程推导出影像的光照分布不均匀现象是由背景影像的不均匀造成的，因此可以通过相减运算和拉伸处理得到匀光影像。综上，滤波器的选择及拉伸处理的方式会直接影响 Mask 匀光算法对遥感图像的处理效果。

不同影像需要根据自身条件选取不同尺度的滤波器，本实验选择滤波器主要兼顾空间误差 Δx 与频率误差 Δy，两者需要满足以下关系：

$$\Delta x \times \Delta y \geqslant \frac{1}{4} \tag{5.2}$$

由于误差会累积传递，所以需要通过高斯低通滤波器对影像的高频噪声部分进行平滑处理以得到背景影像，在选取同一型号的滤波器时，空间误差 Δx 与频率误差 Δy 互为反比，为使得两者达到平衡状态，通常选取高斯低通滤波器。高斯低通滤波器中的高斯函数属于正态分布，标准差 σ 决定了滤波器的尺度，σ 越大，参与运算的像元越多，遥感图像的模糊程度也就越大，得到的背景影像包含的细节信息越少；σ 越小，参与运算的像元越集中，得到的背景影像的亮度分布更精确，却包含更多细节信息。众所周知，在 Mask 匀光算法中，背景影像属于需要被减去的噪声部分，若背景影像中包含太多的遥感图像细节信息，则会造成影像局部细节丢失，影响影像内容信息。

当原始影像与背景影像相减后，会得到匀光影像，匀光后，影像的整体光线反差会变小，原始影像中较暗区域反差的减小最为明显，为了使影像整体匀光效果更充分且保持影像整体反差的一致性、在突出影像细节的同时保持影像的清晰度，需要在相减处理后对匀光影像进行拉伸处理，本节主要介绍 x%线性拉伸（以 5%为例）。

5%线性拉伸以匀光影像中各个像元的灰度值直方图为基础，取直方图中前、后 5%处对应的灰度值，分别记为最小值 min 与最大值 max，将影像中灰度值小于 min 的像素的灰度值改为 min，将大于 max 的像素的灰度值改为 max。修改完成后，对影像灰度值进行线性拉伸，至[0,255]区间，其数学表达式如下：

$$p = \frac{255}{\max - \min}(q - \min) \tag{5.3}$$

其中，q 为拉伸前原始影像某像元的灰度值；p 为拉伸后对应像元的灰度值。

2. 同态滤波匀光算法

同态滤波匀光算法是一种典型的图像增强算法，其核心是通过减少低频、增加高频来减少影像的光照变化并达到锐化细节的目的。影像拍摄条件存在差异，偶尔会得到动态范围较大的遥感图像，导致感兴趣部分的灰度值较暗且范围较小，影像细节没有办法辨认，从某种程度上来讲，影像的灰度等级与动态范围存在相互作用力，追求灰度等级的扩展，能够达到提高影像内容的反差、便于观察影像的细节的目的，但会使动态范围变大；若通过压缩灰度等级以减小影像的动态范围，则会导致物体灰度层次和细节更加不清晰，为了消除不均匀照度的影响而又不损失图像细节，即达到二者之间的最优平衡，需要采用同态滤波匀光算法。

同态滤波匀光算法认为图像的灰度由照射分量和反射分量共同组成。其中，反射分量反映图像内容，随图像细节的不同在空间上做快速变化，频谱落在空间高频区；照射分量在空间上具有缓慢变化的性质，频谱落在空间低频区。同态滤波匀光算法通过在频域中同时压缩图像亮度范围、增强图像对比度，将低频照射分量$i(x,y)$与高频反射分量$r(x,y)$的乘积共同构成一幅图像$f(x,y)$，以达到匀光目的。

综上，动态范围较大的影像使用同态滤波匀光算法具有更好的匀光效果，可以采用如下照度反射模型进行描述。

一副图像$f(x,y)$可由照射分量$i(x,y)$和反射分量$r(x,y)$的乘积表示：

$$f(x,y)=i(x,y)\times r(x,y) \tag{5.4}$$

式（5.4）不方便直接用于对照度和反射的频率分量进行计算操作，因此，对式（5.4）取对数：

$$\ln f(x,y)=\ln i(x,y)+\ln r(x,y) \tag{5.5}$$

两边取傅里叶变换：

$$\varepsilon\{\ln f(x,y)\}=\varepsilon\{\ln i(x,y)\}+\varepsilon\{\ln r(x,y)\} \tag{5.6}$$

使用同态滤波器分别处理低频照度和高频反射率对像元灰度值的影响，达到既能丰富影像细节，又能控制影像动态范围的目的。

同态滤波匀光算法认为一幅影像是由其照射分量和反射分量的乘积组成的，尤其在不同物体的连接部分，图像的照射分量通常由慢的空间变化来表征，而反射分量往往会引起突变，同态滤波匀光算法通过平衡二者的关系达到匀光效果，其基本流程如图 5.2 所示。

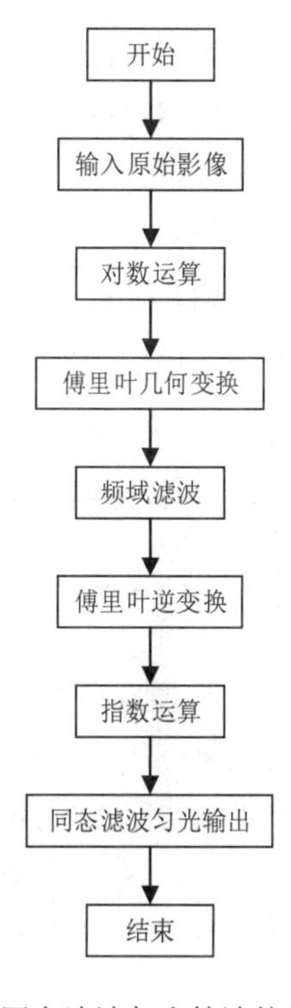

图 5.2　同态滤波匀光算法的基本流程

由图 5.2 可知，图像取对数后的傅里叶变换的低频成分与照射分量相联系、高频成分与反射分量相联系。这种控制器需要指定一个滤波器函数$H(u,v)$，它可用不同的可控方法影响傅里叶变换的低频和高频。如果 y_L 和 y_H 选定，而 $y_L<1$ 且 $1<y_H$，那么滤波器函数趋近于衰减低频照射分量的贡献，而增强高频反射分量的贡献。最终结果是同时进行动态范围的压缩和对比度的增强，实现遥感图像的匀光。

5.2.2 图像匀色方法

1．Wallis 匀色算法

Wallis 匀色算法是一种常见的用于处理单幅影像的匀色算法，其实质是一种局部影像的变换，基本原理是，一幅影像的色度与亮度由其灰度均值决定，影像的动态范围由其方差决定，并且方差在一定程度上能够反映影像的反差，Wallis 滤波器将影像的灰度均值与方差映射到给定的灰度均值与方差，使影像内部各个区域具有趋于一致的灰度均值与方差，达到调整影像内部的色彩平衡的目的。Wallis 匀色算法的一般表达式如下：

$$f(x,y)=\left[g(x,y)-m_g\right]\frac{cs_f}{cs_g+(1-c)s_f} \tag{5.7}$$

其中，$g(x,y)$ 和 $f(x,y)$ 分别是原始影像灰度值与经过变换的影像灰度值；m_g 是原始影像的局部灰度均值；s_g 是原始影像的方差；s_f 是另一幅影像的同名影像块的方差；c 是影像的方差扩展常数，通常取值为[0,1]。

Wallis 是一种线性滤波器模型，式（5.7）可以表示为如下形式：

$$f(x,y)=g(x,y)r_1+r_0 \tag{5.8}$$

其中，r_1 是乘性系数；r_0 是加性系数：

$$\begin{cases} r_1=\dfrac{cs_f}{cs_g+(1-c)s_f} \\ r_0=bm_f+(1-b-r_1)m_g \end{cases} \tag{5.9}$$

其中，m_f 是另一幅影像的同名影像块的局部灰度均值；b 是影像亮度系数，通常取值为[0,1]。

在经典的 Wallis 匀色算法中，往往取 b=1，c=1，此时滤波公式变为如下形式：

$$f(x,y)=\left[g(x,y)-m_g\right]\times\left(\frac{s_f}{s_g}\right)+m_f \tag{5.10}$$

由式（5.10）可知，当 $m_g=m_f$，$s_g=s_f$ 时，即原始影像灰度均值和方差与目标影像的灰度均值和方差大小一致，采用 Wallis 匀色算法不能起到改变影像灰度值的作用。

Wallis 匀色算法的主要流程是首先通过读取遥感图像的 Wallis 参数，计算出相同数据类型和波段数的待计算影像的灰度均值与方差；然后将影像的灰度均值与方差映射到给定的灰度均值与方差，计算出标准影像的灰度均值与方差并输出，如图 5.3 所示。

2．直方图匹配匀色算法

灰度直方图是一种统计描述灰度等级分布的图形，即统计一幅影像中所有像素的灰度值，将其按照灰度值由小至大排列，统计每个灰度值出现的频率。灰度直方图可以直观地反映出某种灰度级所包含的像素的个数、图像中某种灰度出现的频率，通过观察直方图的性质，可以推断出图像的一些基本性质。通常情况下，直方图的峰值描述图像的明暗度，明亮图像的峰值靠近右侧，晦暗图像的峰值靠近左侧。直方图的密集程度反映了图像的对比度及像素的灰度分布情况，低对比度图像的直方图窄，集中于灰度级的中部；高对比度图像的直方图成分覆盖的灰度级很宽且像素的分布较均匀，只有少量的垂线比其他高许多。直观上来说，若一幅图像的像素占有全部可能的灰度级且分布均匀，则这样的图像具有高对比度和多变的灰度色度。

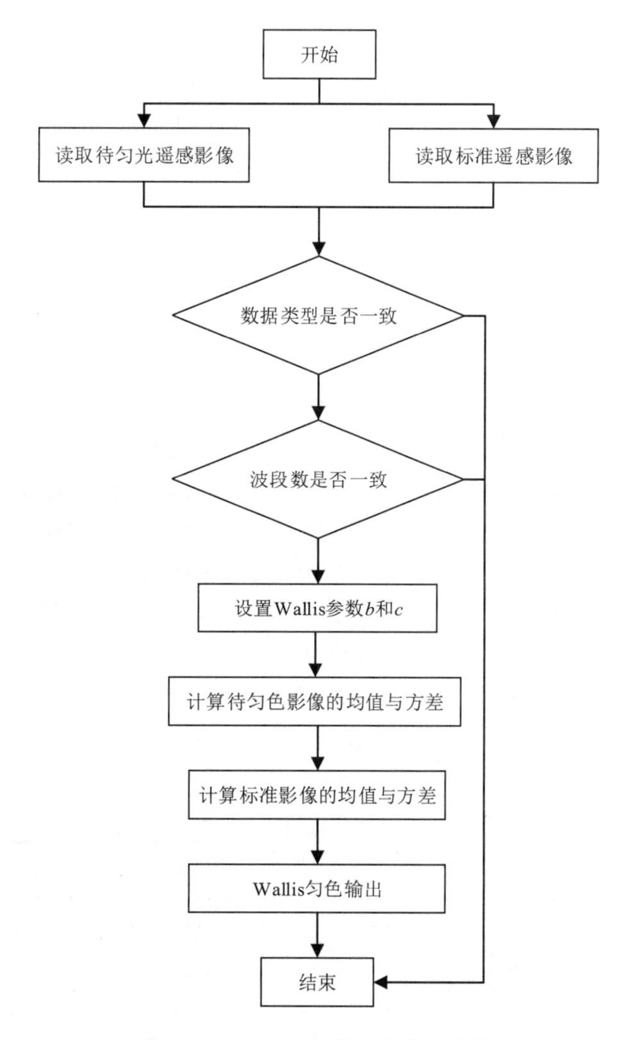

图 5.3　Wallis 匀色算法的主要流程

直方图均衡化是在整个灰度阶范围内对图像进行拉升，但有时这种整个范围内的拉升并不是最好的，当需要按照某个灰度分布进行拉升时，可使用直方图匹配算法（也称直方图规定化算法）。该算法是一种非线性点运算算法，通常用于遥感图像之间的匀色处理，一般选择一幅色彩效果比较好的影像作为参考模板，通过直方图映射的方式增强视觉，使待处理图像直方图与模板直方图趋于近似。在使用直方图匹配算法时，首先需要准备一幅模板影像并求出其灰度分布。该算法的具体步骤如下。

首先对原始图像进行直方图均衡化：

$$S_k = T(r_k) = L \times \sum_{i=0}^{i=k} P_r(r_k) \tag{5.11}$$

然后对模板图像进行直方图均衡化：

$$V_m = G(z_m) = L \times \sum_{j=0}^{j=m} P_z(z_m) \tag{5.12}$$

其中，r_k与z_m是直方图均衡化前的原始图像与模板图像；S_k与V_m是直方图均衡化后的原始图像与模板图像。由于对原始图像与模板图像都进行了直方图均衡化，且规范化操作的目的是找到一个从原始图像到规定化后图像的映射，即从r_k到z_m的映射关系：

$$S_k = V_m \tag{5.13}$$

于是有如下关系：

$$\begin{cases} L \times \sum_{i=0}^{i=k} P_r(r_k) = L \times \sum_{j=0}^{j=m} P_z(z_m) \\ \sum_{i=0}^{i=k} P_r(r_k) = \sum_{j=0}^{j=m} P_z(z_m) \end{cases} \tag{5.14}$$

可以看出，要求出r_k和z_m之间的映射关系，只要满足r_k和s_k的累计概率最相近即可。

直方图匹配算法主要有 3 个主要步骤。首先计算出原始图像的累积直方图。然后计算出参考图像的累积直方图，利用一定的映射规则建立原始图像与参考图像之间的直方图映射表。直方图匹配算法在进行直方图映射时，有单映射规则（SML）与组映射规则（GML）两种方法。通常情况下，组映射规则对遥感图像的匀色效果要比单映射规则下的匀色效果好，因此本章实验均采用组映射规则。最后通过该组映射规则得到与参考图像相似的原始图像直方图，实现遥感图像的匀色。直方图匹配匀色算法流程如图 5.4 所示：

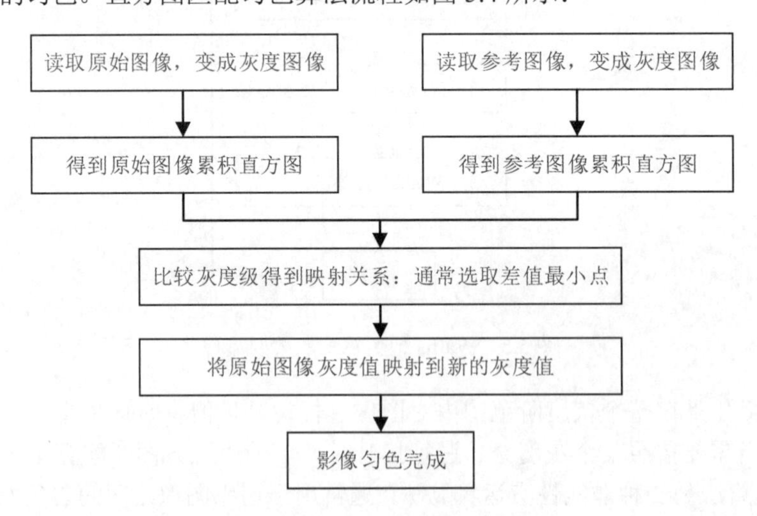

图 5.4　直方图匹配匀色算法流程

5.2.3 图像质量评价标准

1. 灰度均值

灰度值是指将灰度对象在转换为 RGB 时每个像素对应的颜色值，灰度图像按照对数关系通常将黑白划分为 256 个灰度等级，即 0 到 255 的灰度等级范围，黑色为 0，白色为 255，故黑白图像也称灰度图像，在图像识别领域有很广泛的用途。影像的灰度均值即影像各个像素点灰度值的平均值。通常情况下，灰度值用来评估遥感图像的明暗程度，一幅影像的灰度均值的计算方法如下：

$$M = \frac{1}{n}\sum_{i=1}^{n} x_i \tag{5.15}$$

其中，x_i 表示的是第 i 个像元点的灰度值，利用求和公式求出所有像元灰度值的和，除以像元个数 n 后得到影像的灰度均值。

灰度均值通常用于描述影像灰度的平均水平，明亮的图像具有较大的灰度均值，如图 5.5（a）所示；晦暗的图像具有较小的灰度均值，如图 5.5（b）所示。

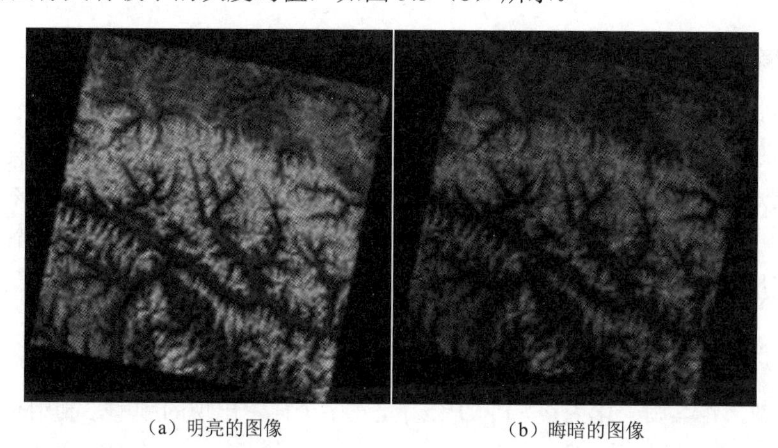

（a）明亮的图像　　（b）晦暗的图像

图 5.5 灰度均值对比图

2. 标准差

方差是在概率论和统计方差衡量随机变量或一组数据时离散程度的度量方式，能够反映一组数据与均值的偏离程度。通常情况下，标准差用来评估遥感图像对比度的高低。方差的计算方法如下：

$$D = \frac{1}{n}\sum_{i=1}^{n}\left(x_i - M\right)^2 \tag{5.16}$$

其中，x_i 表示的是第 i 个样本的数值；M 是 n 个样本的均值。利用求和公式求出所有样本与均值差值的平方和，除以像元个数 n 后得到样本的方差 D。

标准差也被称为标准偏差或实验准差，能够反映组内各样本间的离散程度，从数值上看，标准差是方差的算数平方根，计算方法如下：

$$\delta = \sqrt[2]{D^2} \tag{5.17}$$

其中，D 是方差，方差的平方开二次方根得到标准差，通常用于描述影像中高频部分的大小，即影像对比度的高低，高对比度的图像具有较大的标准差，如图 5.6（a）所示；低对比度的图像具有较小的标准差，如图 5.6（b）所示。

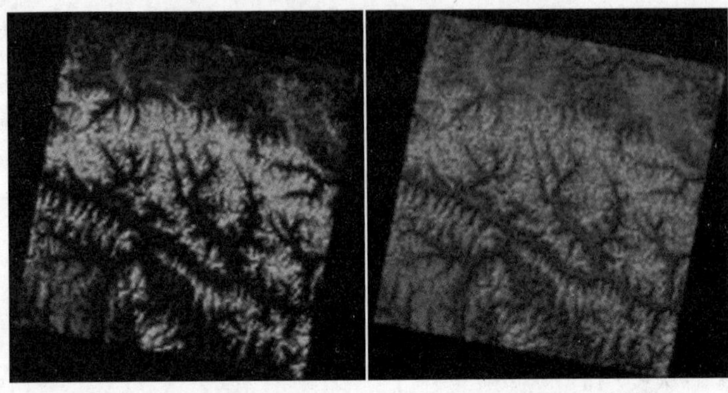

（a）高对比度的图像　　（b）低对比度的图像

图 5.6　标准差对比图

3．信息熵

信息熵通常用来评估遥感图像中的信息冗余程度，是一种通过排除信息中的冗余信息后计算信息平均量以量化信息的方法，能够反映影像包含信息的多少。影像的信息熵越大，即影像信息越丰富，影像质量越好；影像的信息熵越小，即影像信息越贫瘠，影像质量越差。

通过信息熵的性质可以得知信息熵的计算是一种函数形式，为了满足两个变量乘积函数值等于两个变量函数值的和，这种函数形式应该是对数函数，其计算方法如下：

$$H(x)=C\sum_{i=0}^{n}P(x_i)\log_2 P(x_i) \tag{5.18}$$

其中，C 为常数，将其归一化为 $C=1$；$P(x_i)$ 是第 i 个样本出现的频率，利用求和公式，通过从第一个样本到第 n 个样本信息量累加的方式求取信息熵，考虑到信息熵的非负性，在式（5.18）前添加负号，即得到信息熵公式：

$$H(x)=-\sum_{i=0}^{n}P(x_i)\log_2 P(x_i) \tag{5.19}$$

4．平均梯度

平均梯度是指一幅影像梯度图上所有点的均值，能够反映影像的灰度变化率。影像的平均梯度越大，即图像影线两侧附近灰度值有明显差异，灰度变化率越大，影像的层次越丰富，影像越清晰。

通常情况下，平均梯度用来评判遥感图像的相对清晰度。一幅影像的平均梯度的计算方法如下：

$$G(x)=\frac{1}{m\times n}\sum_{i=1}^{m}\sum_{j=1}^{n}\sqrt{\frac{\left(\frac{\partial f}{\partial x}\right)^2+\left(\frac{\partial f}{\partial y}\right)^2}{2}} \tag{5.20}$$

其中，$m \times n$ 表示影像包含的像素点总数；$\frac{\partial f}{\partial x}$ 表示该像素点在水平方向的梯度值；$\frac{\partial f}{\partial y}$ 表示该像素点在垂直方向的梯度值，通过两个求和公式遍历所有像素点，求取所有像素点梯度值的和后求均值，得到平均梯度。

5.3　图像匀光、匀色实验分析

本章通过影像匀光实验、单幅影像匀色实验、多幅影像匀色实验的实验结果对遥感图像进行定性、定量分析评价，以便于选取较优算法。定性分析即通过目视判读法分析原始影像与处理后影像的肉眼差别并进行主观描述；定量分析通过图表结合的方式对不同算法的处理结果进行客观比较，通过表格描述不同算法处理后的影像灰度均值、标准差、信息熵、平均梯度的数值大小，并与原始影像的灰度均值、标准差、信息熵、平均梯度的数值大小进行客观比较。本节即通过折线图直观描述影像，将待评价影像分为 3×3 的影像块，如图 5.7 所示，从灰度均值、标准差、信息熵、平均梯度中选取影响实验结果最关键的指标，并以每个影像块为单位分别进行计算，匀光实验选取灰度均值为关键指标，匀色实验选取灰度均值、标准差为关键指标，通过观察折线图走向对影像进行直观的评价，以比较算法的优良性。

影像块 1	影像块 2	影像块 3
影像块 4	影像块 5	影像块 6
影像块 7	影像块 8	影像块 9

图 5.7　影像分块示意图

5.3.1　实验数据

为了客观真实地验证方法的有效性，选取李烁、李鹏程等学者经常使用的 3 组遥感图像[13,14]，利用不同的匀光算法进行匀光实验；选取一组遥感图像，利用不同的匀色算法进行单幅影像匀色实验；选取一组遥感图像，利用不同的匀色算法进行多幅影像匀色实验并对处理后的影像进行拼接裁剪；通过定性、定量分析对实验结果进行主观、客观评价。

实验平台为 Intel Core i7 CPU、8GB 内存的计算机，编程语言为 MATLAB。

1．匀光实验数据

为了选取匀光效果较优的算法，本节选取李烁、李鹏程等学者经常使用的 3 幅亮度分布不均匀的遥感图像[13,14]，分别利用 Mask 算法、同态滤波算法对同一幅影像进行匀光处理并对结果进行比较。选取的 3 幅遥感图像如图 5.8～图 5.10 所示，其分辨率均为 1024×1024（单位为像素）且均具有光照分布不均匀的特征，图 5.8 具有左上角灰暗、右下角明亮的影像特点，图 5.9 具有四周灰暗、中心明亮的影像特点，图 5.10 具有影像右侧存在阴影的特点。

图 5.8　影像 a

图 5.9　影像 b

图 5.10　影像 c

2. 匀色实验数据

为使文章内容更加全面完整，将匀色实验分为单幅影像匀色、多幅影像匀色两部分。

（1）单幅影像匀色。为了选取匀色效果较优的算法，本节选取一组城市区域遥感图像，分别利用 Wallis 算法、直方图匹配算法对同一组影像进行匀色处理并对结果进行比较。选取的遥感图像如图 5.11 所示，其分辨率为 1024×1024（单位为像素）且具有右侧绿色过于浓厚、色度不一致的影像特征。此时选取一幅光照均匀、色度一致的遥感图像作为参考影像，如图 5.12 所示，以参考影像为基准，使用不同匀色算法对原始影像进行匀色处理，使原始影像具有与参考影像相似的色度。

图 5.11　影像 d

图 5.12　影像 e

（2）多幅影像匀色。为了选取匀色效果较优的算法且使实验内容更加丰富，本节选取两幅遥感图像进行多幅影像匀色实验，分别利用 Wallis 算法、直方图匹配算法进行多幅影像的批量匀色处理并对结果进行比较，处理后对影像进行拼接，裁剪其重要部分作为评估影像。选取的遥感图像如图 5.13、图 5.14 所示，其分辨率均为 1024×1024（单位为像素）且具有色度异常的影像特征。为保持两组影像镶嵌后色度一致，两组实验需要选取同一幅参考影像，如图 5.15 所示，具有色度美观、整体一致的特点。以参考影像为基准，使用不同的匀色算法对原始影像进行匀色处理，使原始影像具有与参考影像相似的色度。

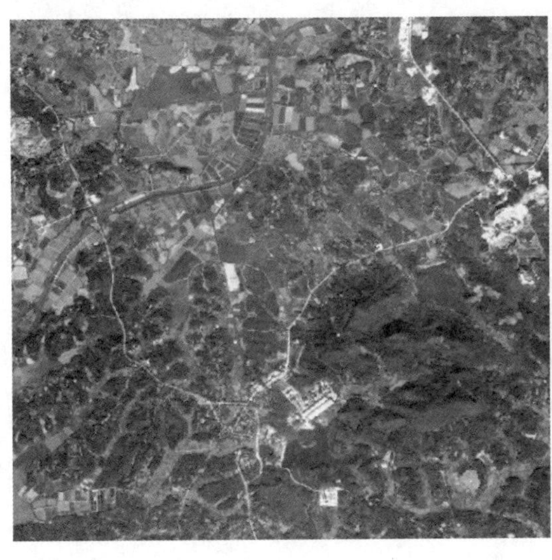

图 5.13　影像 f

图 5.14　影像 g

图 5.15　影像 h

5.3.2　匀光处理结果

分别使用 Mask 匀光算法、同态滤波匀光算法对 3 幅待匀光影像进行匀光处理，结果如图 5.16 所示。

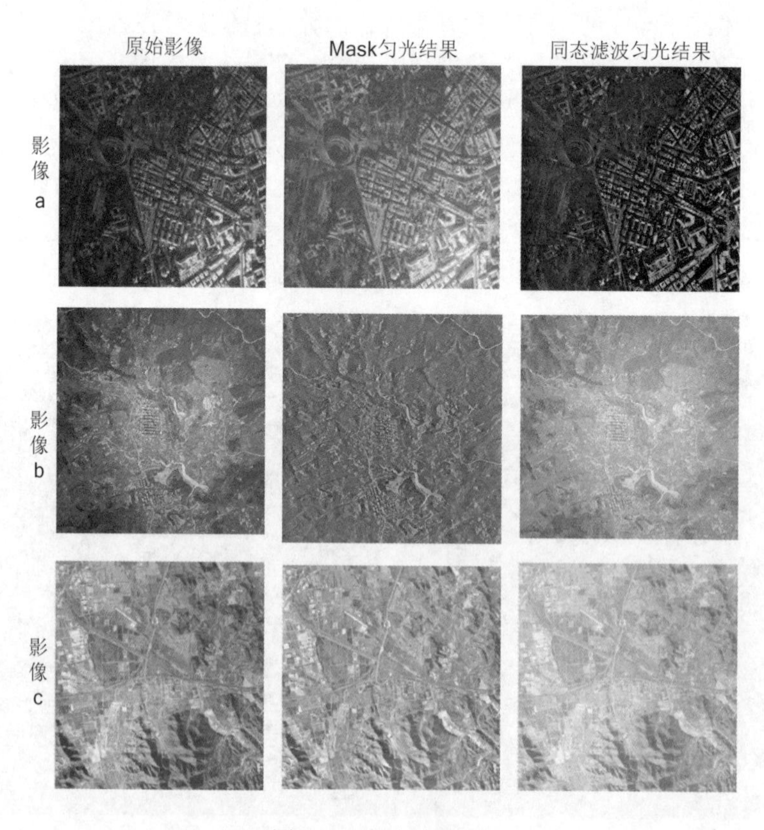

图 5.16　匀光结果图

1. 定性分析

利用目视判读法观察图 5.16 中第 1 行的 3 幅图像，可以清晰地看出，通过 Mask 算法匀光后，影像的整体亮度提升，左上角灰暗处的影像细节信息得以展现，光照分布均匀；通过同态滤波算法匀光后，影像的光照分布不均匀现象有所改善，但影像的左上角区域仍然是昏暗不清的。

利用目视判读法观察图 5.16 中第 2 行的 3 幅图像，可以清晰地看出，通过 Mask 算法，基本解决了影像 b 亮度分布不均匀的问题，匀光后的遥感图像整体亮度偏高；通过同态滤波算法匀光后，影像的光照分布不均匀现象仅有略微改善，影像整体亮度偏低。

利用目视判读法观察图 5.16 中第 3 行的 3 幅图像，可以清晰地看出，通过 Mask 算法，基本消除了影像 c 右侧阴影部分的影像，影像的细节部分得以展示，匀光结果较为理想；通过同态滤波算法匀光后，影像的整体亮度较高且并未削弱阴影部分对影像质量的影响。

综上，定性分析得到的结论是 Mask 匀光算法的效果优于同态滤波匀光算法的效果。

2. 定量分析

为了使实验结论更具有说服力，将一幅影像分割为 9 个小影像块后，计算出 9 个小影像块的灰度均值、标准差、信息熵、平均梯度的均值并绘制表格与灰度均值折线图，处理后影像块的各值越接近，算法的匀光效果越好，因为灰度均值反映了影像的光照亮度，所以选取灰度均值作为匀光实验的关键指标绘制折线图——以 x 轴为小影像块编号，以 y 轴为灰度均值数值。由于每个小影像块具有不同的灰度均值，所以当描述影像的折线越平缓，即每个小影像块的灰度均值大小越接近时，影像光照分布越均匀；描述影像的折线越陡峭多变，即每个小影像块的均值大小相差越大，影像光照分布越不均匀。

3. 影像 a 定量分析

对影像 a 进行表格定量分析，对原始影像及各算法处理结果影像进行评价指标参数统计，如表 5.1 所示。

表 5.1　影像 a 匀光前后评价指标统计值

指　　标	影　像　a	Mask　算　法	同态滤波算法
灰度均值	60.37	42.43	116.14
标准差	31.86	35.4	30.02
信息熵	6.59	6.45	6.78
平均梯度	5.87	8.53	11.79

从表 5.1 中可以看出，Mask 算法匀光处理后的影像较原始影像灰度均值有所下降，同态滤波算法匀光处理后的影像较原始影像灰度均值有所上升，即通过 Mask 算法处理后的影像灰度均值有所下降，影像亮度变低；通过同态滤波算法处理后的影像灰度均值升高。通过观察处理后的影像可知，同态滤波算法虽然提升了影像亮度，但影像右下角明显亮于其他部分，仍处于光照分布不均匀状态。从标准差的角度观察，Mask 算法处理后的影像标准差有所增大，同态滤波算法处理后的影像标准差有所减小。两种算法处理后的信息熵大小没有明显变化。

信息熵与平均梯度在一定程度上能够反映影像的细节信息清晰度，通过对比可知，Mask 算法对影像的细节信息保持最好。

对影像 a 进行折线图定量分析，如图 5.17 所示。

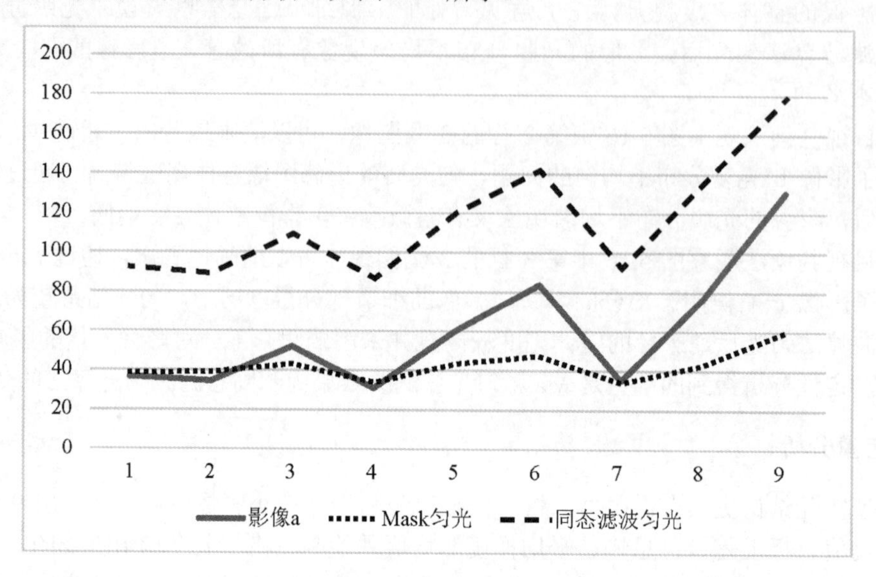

图 5.17 影像 a 匀光前后灰度均值折线图

从图 5.17 可以看出，原始影像具有严重的光照分布不均匀特点，小影像块 4 至 9 的灰度均值在折线图上产生突变；通过同态滤波匀光算法处理后的影像灰度均值折线仍处于跌宕起伏的状态，匀光效果较差；通过 Mask 匀光算法处理后的影像灰度均值折线趋于平缓，达到了较好的匀光效果。

综上，对影像 a 进行定量分析得到的结论是 Mask 匀光算法的效果优于同态滤波匀光算法的效果。

4．影像 b 定量分析

对影像 b 进行表格定量分析，对原始影像及各算法处理结果影像进行评价指标参数统计，结果如表 5.2 所示。

表 5.2 影像 b 匀光前后评价指标统计值

指　标	影　像　b	Mask　算　法	同态滤波算法
灰度均值	108.81	106.62	163.45
标准差	29.18	24.55	21.92
信息熵	6.79	6.52	6.44
平均梯度	6.56	6.67	5.14

从表 5.2 可以看出，Mask 算法匀光处理后的影像较原始影像灰度均值有所下降，同态滤波算法匀光处理后的影像较原始影像灰度均值有所上升，即通过 Mask 算法处理后的影像灰度均值有所下降，影像亮度变低；通过同态滤波算法处理后的影像灰度均值升高。通过观察

处理后影像可知，同态滤波算法虽然提升了影像亮度，但影像四周光照明显暗于影像中心，仍处于光照分布不均匀状态。从标准差的角度观察，两种算法处理后的影像标准差都有所减小。两种算法处理后的信息熵大小没有明显变化。信息熵与平均梯度在一定程度上能够反映影像的细节信息清晰度，通过对比可知，Mask 算法对影像的细节信息保持最好。

对影像 b 进行折线图定量分析，如图 5.18 所示。

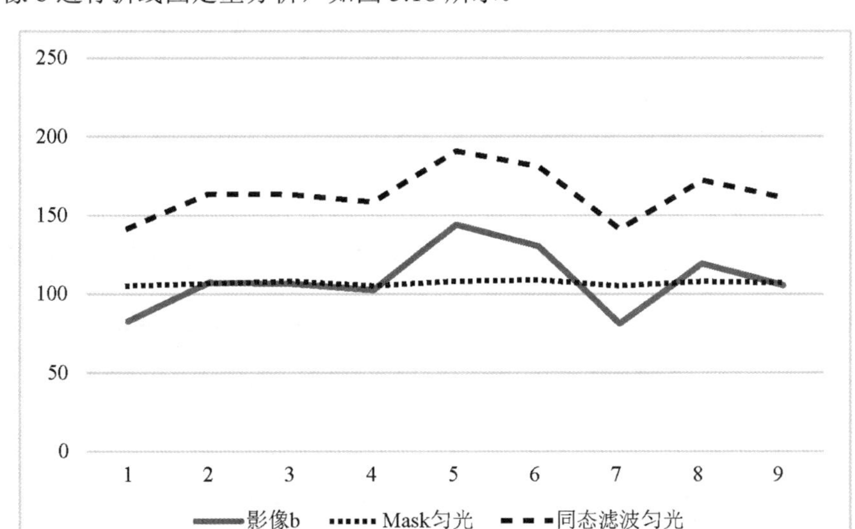

图 5.18 影像 b 匀光前后灰度均值折线图

从图 5.18 可以看出，原始影像具有严重的光照分布不均匀特点，小影像块 4 至 8 的灰度均值在折线图上产生突变；通过同态滤波匀光算法处理后的影像灰度均值折线基本与原始影像折线一样，匀光效果较差；通过 Mask 匀光算法处理后的影像灰度均值折线趋于平缓，达到了较好的匀光效果。

综上，对影像 b 进行定量分析得到的结论是 Mask 匀光算法的效果优于同态滤波匀光算法的效果。

5. 影像 c 定量分析

对影像 c 进行表格定量分析，对原始影像及各算法处理结果影像进行评价指标参数统计，如表 5.3 所示。

表 5.3 影像 c 匀光前后评价指标统计值

指　标	影　像　c	Mask　算　法	同态滤波算法
灰度均值	137.22	151.33	183.99
标准差	34.09	32.28	23.50
信息熵	6.66	6.95	6.46
平均梯度	5.92	5.72	4.06

从表 5.3 可以看出，两种算法匀光处理后的影像较原始影像灰度均值均有所上升，即都提升了影像亮度。从标准差的角度观察，Mask 算法处理后的影像较原始影像标准差有小幅下降，同态滤波算法处理后的影像标准差大幅下降，即通过两种算法处理后，影像反差都减小了，其中同态滤波减小的幅度更大。两种算法处理后的信息熵大小没有明显变化。信息熵与平均梯度在一定程度上能够反映影像的细节信息清晰度，通过对比可知，Mask 算法对影像的细节信息保持最好。

对影像 c 进行折线图定量分析，如图 5.19 所示。

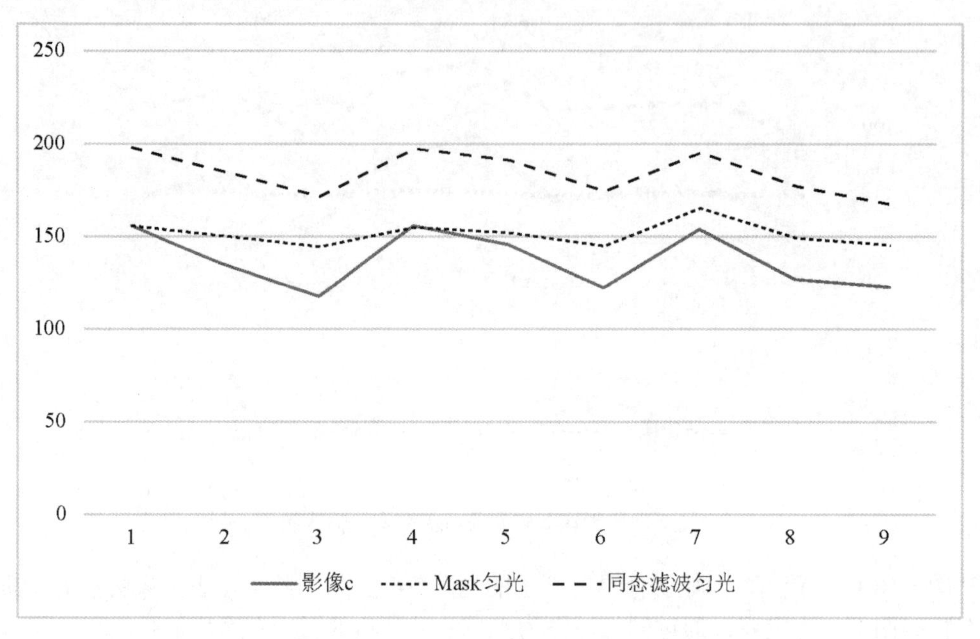

图 5.19　影像 c 匀光前后灰度均值折线图

从图 5.19 可以看出，原始影像有光照分布不均匀的特点，小影像块 3、6 的灰度均值在折线图上产生突变；通过同态滤波匀光算法处理后的影像灰度均值折线与原始影像灰度均值折线基本没有差别，匀光效果较差；通过 Mask 匀光算法处理后的影像灰度均值折线虽然存在突变点（小影像块 7），但整体趋于平缓，达到了较好的匀光效果。

综上，对影像 c 进行定量分析得到的结论是 Mask 匀光算法的效果优于同态滤波匀光算法的效果。

由此可以得到结论，无论从定性分析还是定量分析的角度来看，Mask 匀光算法对 3 组影像的匀光效果优于同态滤波匀光算法的匀光效果。

5.3.3　匀色处理结果

分别使用 Wallis 匀色算法、直方图匹配算法对 3 幅待匀色影像进行匀色处理，结果如图 5.20～图 5.23 所示。

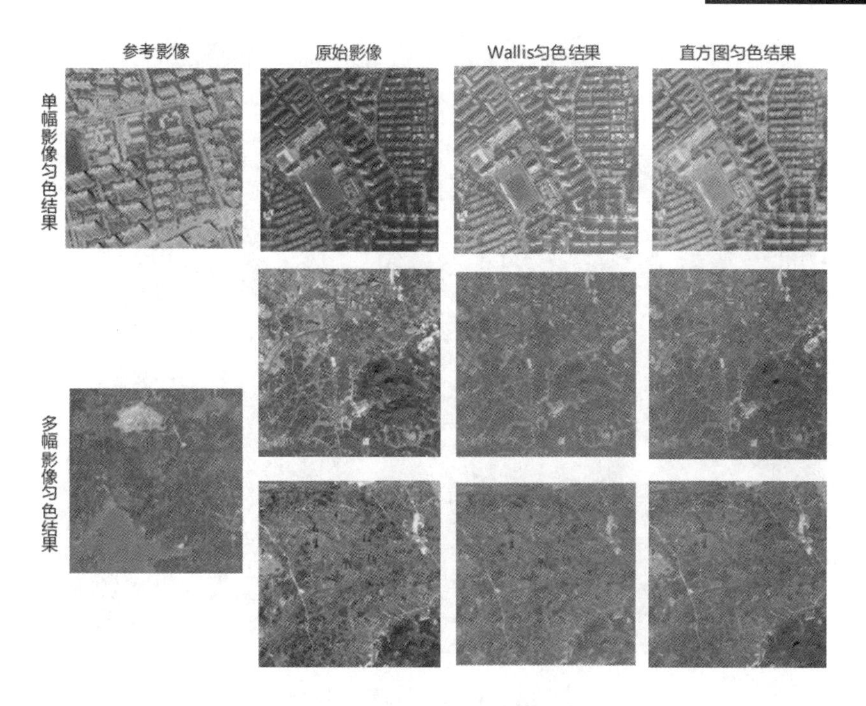

图 5.20 匀色结果图

图 5.21 原始影像拼接

图 5.22 Wallis 算法影像拼接

图 5.23 直方图匹配算法影像拼接

1. 定性分析

（1）单幅影像匀色实验定性分析。利用目视判读法观察图 5.20 中第 1 行的 3 幅图像，可以看出，通过 Wallis 算法、直方图匹配算法匀色后的影像整体色度都较为接近参考影像，即两种算法均具有较好的匀色效果。

利用目视判读法观察图 5.20 中第 2 行的 3 幅图像，可以看出，通过 Wallis 算法、直方图匹配算法匀色后的影像整体色度都较为接近参考影像。但 Wallis 算法匀色后的影像左上角的黄色小区域颜色更接近于参考影像；直方图匹配算法匀色后的影像左上角的黄色小区域颜色更接近于原始影像。

利用目视判读法观察图 5.20 中第 3 行的 3 幅图像，可以看出，通过 Wallis 算法、直方图匹配算法匀色后的影像整体色度都较为接近参考影像。但 Wallis 算法匀色后的影像左中部的黄色区域颜色更接近于参考影像，直方图匹配算法匀色后的影像左中部的黄色区域颜色更接近于原始影像。

综上，单幅影像匀色实验定性分析得到的结论是 Wallis 匀色算法的效果优于直方图匀色算法的效果。

（2）多幅影像匀色实验定性分析。多幅影像的匀色需要实现拼接功能，为了使实验结论更简洁且具有说服力，使用拼接后的原始影像、处理后影像进行定性分析，通过观察拼接后的影像是否成为“一张图”来评判影像匀色效果。

利用目视判读法观察图 5.21～图 5.23，可以看出，两种算法匀色拼接后都成了“一张图”，影像整体色度都较为接近参考影像，两种匀色方法都具有良好的匀色效果，需要通过定量分析进一步比较两种算法的匀色效果。

2．定量分析

（1）单幅影像匀色实验定量分析。为了使实验结论更具有说服力，将一幅影像分割为 9 个小影像块后，计算出 9 个小影像块的灰度均值、标准差、信息熵、平均梯度均值并绘制表格与折线图。观察表格内各值，若匀色后影像各值与参考影像各值越接近，则算法的匀色效果越好，因为匀色实验的目的是使待匀色影像的色度趋于参考影像，即匀色后的影像与参考影像越相似。因为灰度均值能够反映影像的光照亮度分布，标准差能够反映影像的变化率，所以选取灰度均值与标准差作为匀色实验的关键指标绘制折线图——以 x 轴为小影像块编号，以 y 轴为灰度均值、标准差数值。由于每个小影像块具有不同的灰度均值、标准差，所以当描述影像的折线越平缓，即每个小影像块的灰度均值、标准差大小越接近时，影像光照分布越均匀且变化率越小；当描述影像的折线越陡峭多变，即每个小影像块的均值、标准差大小相差越大时，影像光照分布越不均匀且变化率越大。当处理后影像的指标值越接近于参考影像的指标值时，算法的匀色效果越好。

对影像 d 进行表格定量分析，对原始影像、参考影像及各算法处理结果影像进行评价指标参数统计，如表 5.4 所示。

表 5.4 影像 d 匀色前后评价指标统计值

指 标	参考影像_d	影 像 d	Wallis 算 法	直方图匹配算法
灰度均值	133.93	76.10	133.93	134.04
标准差	38.75	39.42	37.27	36.79
信息熵	7.19	7.03	6.99	7.17
平均梯度	6.74	7.12	7.10	7.02

从表 5.4 可以看出，两种算法处理后的影像灰度均值均增大，即亮度升高，Wallis 算法匀色处理后影像的灰度均值与参考影像的灰度均值相等。两种算法处理后的影像标准差均有小幅减小，Wallis 算法匀色处理后影像的标准差与参考影像的标准差更为接近。信息熵与平均梯度在一定程度上能够反映影像的细节信息清晰度，从信息熵的角度观察，两种算法处理后的信息熵大小没有明显变化，通过对比可知，Wallis 算法对影像的细节信息保持最好。

对影像 d 进行折线图定量分析，对原始影像、参考影像及各算法处理结果影像进行评价，如图 5.24 和图 5.25 所示。

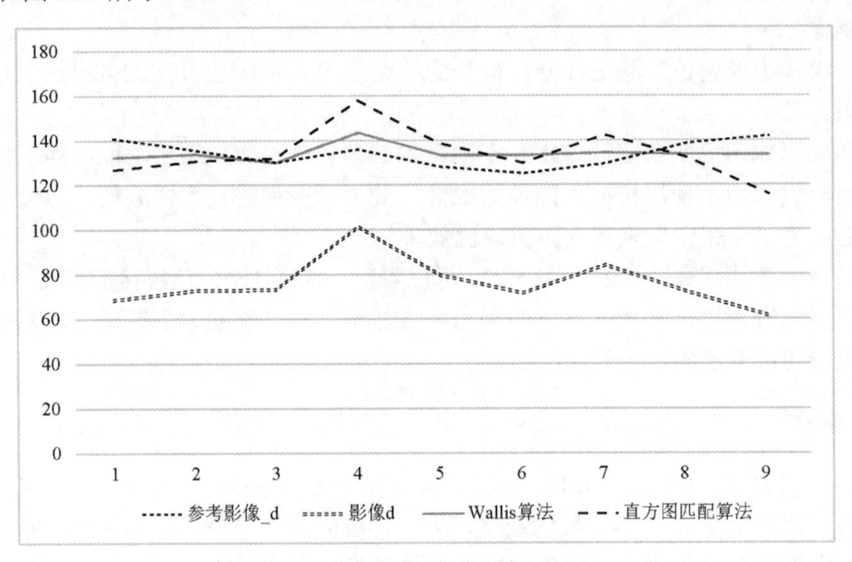

图 5.24　影像 d 匀色前后灰度均值折线图

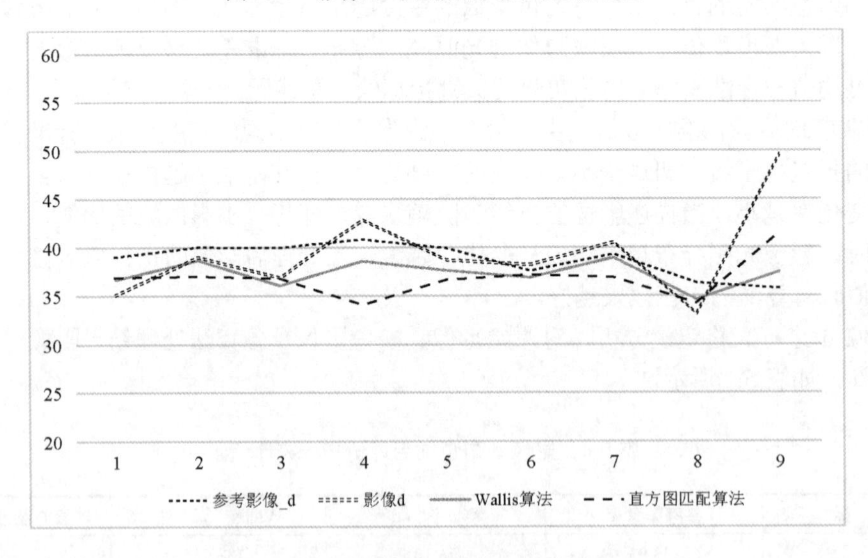

图 5.25　影像 d 匀色前后标准差折线图

从图 5.24 可以看出，描述原始影像 d 灰度均值的折线位于折线图的最下方且跌宕起伏，原始影像存在影像亮度低、光照分布不均匀的特点；描述参考影像的折线较描述原始影像 d 的折线而言，位于折线图的上方，参考影像的亮度高于原始影像的亮度，处理后的影像亮度越接近参考影像，匀色效果越好。从灰度均值的角度看，通过 Wallis 算法、直方图匹配算法对原始影像进行处理后，影像的灰度均值均提高且接近参考影像的灰度均值，两种算法的匀色效果均为优良；结合图 5.25，从影像均匀程度的角度看，描述 Wallis 算法处理后影像的折线更平缓，即处理后的影像更均匀。

综上，对影像 d 进行定量分析得到的结论是 Wallis 匀色算法的效果优于直方图匀色算法的效果。

由此可以得到单幅影像匀色结论：无论从定性分析还是定量分析的角度看，Wallis 匀色算法的匀色效果都优于直方图匀色算法的匀色效果。

（2）多幅影像匀色实验定量分析。多幅影像的匀色需要实现拼接功能，为了使实验结论更简洁且具有说服力，截取拼接后的原始影像、处理后影像的部分对其进行定量分析，如图 5.26 所示。通过观察数据形成的表格与折线图来评判影像匀色效果的好坏。将截取影像分割为 9 个小影像块后，计算出它们的灰度均值、标准差、信息熵、平均梯度的均值并绘制表格与折线图。观察表格内各值，若匀色后影像各值与参考影像各值越接近，则算法的匀色效果越好，因为匀色实验的目的是使待匀色影像的色度趋于参考影像，即匀色后的影像与参考影像越相似；因为灰度均值能够反映影像的光照亮度分布情况，标准差能够反映影像的变化率，所以选取灰度均值与标准差作为匀色实验的关键指标绘制折线图——以 x 轴为小影像块编号，以 y 轴为灰度均值、标准差数值。由于每个小影像块具有不同的灰度均值、标准差，所以当描述影像的折线越平缓，即每个小影像块的灰度均值、标准差大小越接近时，影像光照分布越均匀且变化率越小；当描述影像的折线越陡峭多变，即每个小影像块的均值、标准差大小相差越大时，影像光照分布越不均匀且变化率越大，当处理后影像的指标值越接近参考影像的指标值时，算法的匀色效果越好。

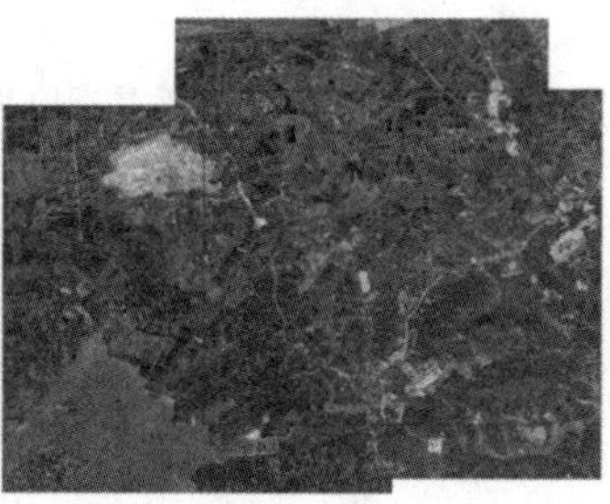

图 5.26　拼接影像截取内容

对截取的原始影像进行表格定量分析，对拼接后原始影像、参考影像及截取的部分各算法处理结果影像进行评价指标参数统计，如表 5.5 所示。

表 5.5　多幅拼接影像部分匀色前后客观指标评价指标统计值

指　标	参考影像	原始影像	Wallis 算法	直方图匹配算法
灰度均值	102.06	90.07	100.31	97.98
标准差	21.49	33.43	19.91	20.43
信息熵	6.17	6.98	6.14	6.16
平均梯度	5.71	5.84	5.54	5.21

从表 5.5 可以看出，两种算法处理后的影像灰度均值均增大，即亮度提升了，Wallis 算法匀色处理后影像的灰度均值与参考影像的灰度均值最接近；两种算法处理后的影像标准差均有小幅减小，直方图匹配算法匀色处理后影像的标准差与参考影像的标准差更为接近；从信息熵的角度观察，两种算法处理后的信息熵大小均与参考影像信息熵大小较为接近；信息熵与平均梯度在一定程度上能够反映影像的细节信息清晰度，通过对比可知，Wallis 算法对影像的细节信息保持最好。

对截取影像进行折线图定量分析，对原始影像、参考影像及各算法处理结果影像进行评价，如图 5.27 和图 5.28 所示。

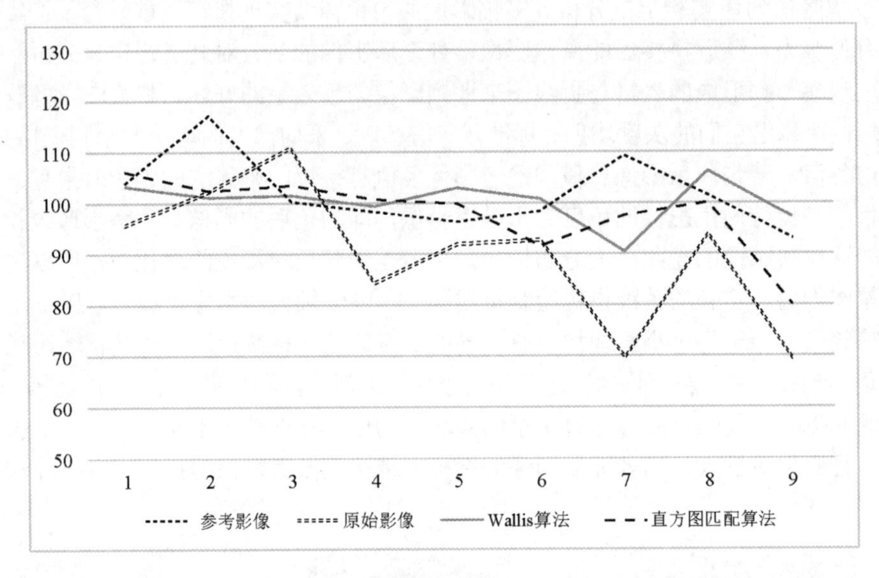

图 5.27　拼接影像匀色前后灰度均值折线图

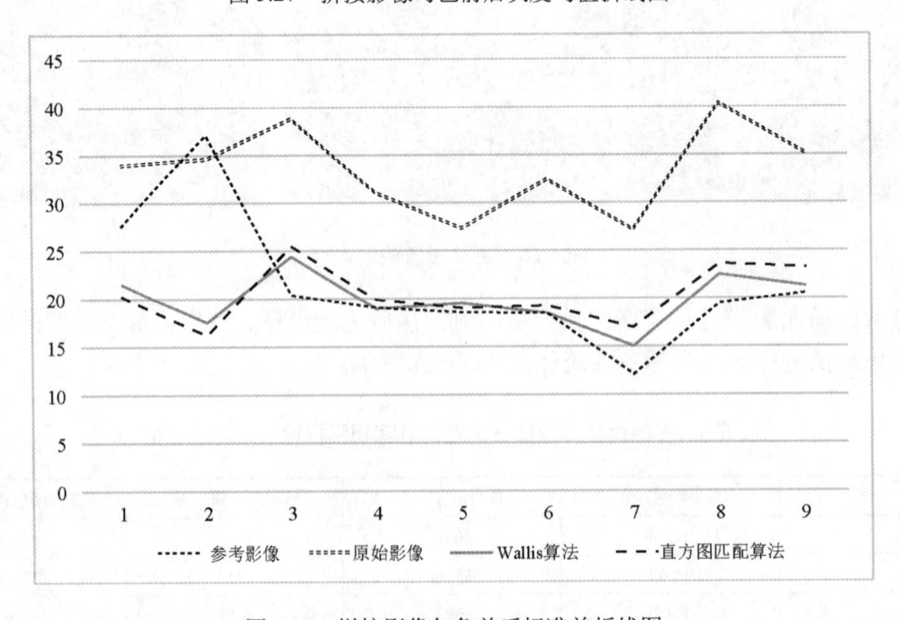

图 5.28　拼接影像匀色前后标准差折线图

从图 5.27 可以看出，描述原始拼接影像灰度均值的折线跌宕起伏，原始影像存在光照分布不均匀的特点，描述 Wallis 算法处理后拼接影像的折线最为平缓，匀色效果最好。从标准差的角度看，通过 Wallis 算法、直方图匹配算法对原始影像进行处理后，两条折线均趋向于参考影像，相比之下，描述 Wallis 算法的折线更趋向于参考影像折线，即处理后的影像更接近参考影像。

综上，对拼接影像进行定量分析得到的结论是 Wallis 匀色算法的效果优于直方图匹配匀色算法的效果。

由此可以得到多幅影像匀色实验的结论：无论从定性分析还是定量分析的角度看，Wallis 匀色算法的匀色效果都优于直方图匹配匀色算法的匀色效果。

5.4 本章小结

本章立足于遥感图像匀光、匀色方法研究领域，在总结了前人提出的各种方法之下选择了几个较为经典的图像匀光、匀色模型，选取光照分布不均匀、色度不正常的遥感图像，对其进行匀光、匀色处理，并对实验结果进行了详细的分析。

本章解释了遥感图像匀光、匀色处理，即解决遥感图像光照分布不均匀、色度不正常的问题，阐明了该项操作的意义及必要性，调研了经典匀光、匀色方法，阐述了国内研究现状并将其归纳总结为基于加性噪声模型、基于乘性噪声模型、基于图像特征模型 3 类。选择 Mask、同态滤波两种匀光算法，Wallis、直方图匹配两种匀色算法，分别对不同的影像进行对比实验并进行定性、定量结果分析，发现两种匀光算法中的 Mask 算法的处理效果较好，两种匀色算法中的 Wallis 算法的处理效果较好，为图像匀光、匀色方法的选择提供了参考。

本章参考文献

[1] 姚芳，万幼川，胡晗．基于 Mask 原理的改进匀光算法研究[J]．遥感信息，2013，3：9-10.

[2] 史宁．基于 MASK 方法的无人机航拍影像匀光处理[D]．长春：吉林大学，2013.

[3] 孙文，尤红建，傅兴玉，等．基于非线性 MASK 的遥感图像匀光算法[J]．测绘科学，2014，39（9）：130-134.

[4] 张振，朱宝山，朱述龙，等．小波变换改进的 MASK 匀光算法[J]．遥感学报，2009，13(6):1074-1081.

[5] Barnard K, Cardei V, Funt B. A comparison of computational color constancy algorithms. I: Methodology and experiments with synthesized data[J].IEEE transactions on Image Processing, 2002, 11(9):972-984.

[6] 李慧芳．一种基于变分 Retinex 的遥感图像不均匀性校正方法[J]．测绘学报，2010，39(6):585.

[7] 付仲良，童春芽，邵世维．采用 FFTW 的 Retinex 及其在扫描地形图匀光中的应用[J]．应用科学学报，2010，28(3):4.

[8] 何惜琴，许艳华．基于 Retinex 理论的非均匀图像增强算法[J]．机电技术，2015(3):4.

[9] 杨静．基于小波变换的低对比度图像增强方法[J]．计算机时代，2011(1):3.

[10] 张力，张祖勋，张剑清．Wallis 滤波在影像匹配中的应用[J]．武汉测绘科技大学学报，1999，24(1):5.

[11] 王智均，李德仁，李清泉．Wallis 变换在小波影像融合中的应用[J]．武汉测绘科技大学学报，2000，25(4):5.

[12] 周丽雅，秦志远，尚炜，等．反差一致性保持的影像匀光算法[J]．测绘科学技术学报，2011，28(1):4.

[13] 李烁，王慧，王利勇，等. 遥感图像变分 Mask 自适应匀光算法[J]. 遥感学报，2018，22(03):450-457.

[14] 李鹏程，王栋，朱积国. 改进的自适应 Mask 匀光算法[J]. 遥感信息，2018，33(04):86-90.

第6章 基于卷积神经网络的图像超分辨率重建

超分辨率重建（超分重建）技术如今已是计算机视觉领域非常炙手可热的方向，自 2014 年基于卷积神经网络的超分辨率重建模型 SRCNN 被提出以后，深度学习在超分辨率重建技术方面的应用掀起了一片热潮。光学遥感图像在如今的生活中扮演着非常重要的角色，在资源、环境、灾害、区域和城市等方面都有着非常重要的应用，但由于硬件的局限性，光学遥感的空间分辨率还不能够满足人们的需求。随着问题的提出，学者开始将遥感图像与超分辨率重建进行了结合，并取得了令人满意的效果，但要想使用这些网络模型，就必须有一定的深度学习基础和程序编写能力。深度学习对人们的专业素质有很高的要求，如何降低人们对遥感图像进行超分辨率重建的专业门槛是目前需要研究的热点问题之一。如今以自然图像为数据集的基于深度学习的超分辨率重建模型层出不穷，但是其在遥感图像处理中的效果是怎么样的并不知道，这同样是本章要研究的问题。

6.1 图像超分辨率重建的意义与现状分析

6.1.1 图像超分辨率重建的背景与意义

图像超分辨率（Super Resolution，SR）重建技术是指运用图像处理和信号处理的方式，通过计算机软件特定的算法将已有的一幅或多幅低质量、低分辨率图像转换成高质量、高分辨率图像的技术[1]。图像超分辨率重建分为单图像超分辨率（Single-Image Super-Resolution Reconstruction，SISR）重建和多图像超分辨率（Multi-Image Super-Resolution Reconstruction，MISR）重建。多图像超分辨率重建是指由多幅低分辨率图像合成一幅高分辨率图像，单图像超分辨重建是指由一幅低分辨率图像生成一幅高分辨率图像。但是图像超分辨率重建本身是一个病态问题，换句话说，它对应的结果具有不唯一性，存在多重解[2]。并且，如何通过低分辨率图像得到一幅最接近真实情况的图像也一直是学者想要解决的问题。

近年来，图像超分辨率重建技术在计算机视觉方面受到了学者的极大关注，在许多领域中，超分辨率重建都有着重要的应用，如医疗图像增强[3]和小物体检测[4]。同样，在遥感领域，由于硬件成本和技术的限制，卫星观测到的图像往往不能满足人们的需求，因此，超分辨率重建技术在遥感领域也拥有着非常重要和广泛的应用，如土地覆盖分类[5-8]、自然灾害预警[9]、目标检测[10-12]、语义标注[13-16]、场景分析[17]等。因此，本章首先讨论基于深度学习的遥感图像超分辨率重建方法，并在此基础上使用经典的遥感图像数据集进行实验分析。

6.1.2 图像超分辨率重建方法现状分析

图像超分辨率重建是计算机视觉中非常重要的一个研究领域，能够通过算法将一幅低分辨率图像变为一幅高分辨率图像，但是超分辨率重建本身就是一个病态问题，因为它对应着多重解，即通过一幅低分辨率图像可以通过不同的算法获得不同的多幅高分辨率图像。因此，国内外的许多学者都对图像超分辨率重建算法进行了深入的研究，他们先后提出了基于插值、基于重建和基于学习的超分辨率算法。

1. 自然图像超分辨率重建研究现状

超分辨率重建技术最早是应用在自然图像上的。自然图像是在自然界中拍摄的图像，拥有着丰富的纹理细节。图像超分辨率重建可以使自然图像的纹理细节更加清晰地展现出来，为了能够更好地恢复这些纹理细节，学者对自然图像展开了深入研究并取得了非常不错的成果。

（1）基于插值的方法。Harris[18]在 20 世纪 60 年代首次提出了基于插值的方法进行图像超分辨率重建并成功地将一幅低分辨图像重建为一幅高分辨率图像。基于插值的方法主要是通过给定的像素点来预测未知的像素点的过程。该方法认为图像中新增的像素点只与像素点周围的像素值相关，是提高图像分辨率最简单的方法[19]。该方法在一定程度上提高了图像的分辨率并打开了图像超分辨率重建的大门，但是这种方法的效果不能令人满意，得到的高分辨率图像往往出现模糊、失真的现象，因此未能够被广泛应用。在此之后，许多经典的插值算法先后被提了出来，主要包括最近邻插值[20]、双线性插值[21]和双三次插值[12]等算法。

最近邻插值算法属于零阶插值法，其新增像素点的值是直接复制与之最邻近的像素值。该方法的优点是算法简单、速度快，但在图像放大后容易出现锯齿和马赛克现象，在图像缩小时容易造成图像失真。

双线性插值算法属于一阶插值法，其新增像素点的值是根据最邻近的 4 个像素点来预测的。该方法的效果要优于最近邻插值算法，但是其计算量更大，算法复杂度更高，并且该算法只考虑到了邻近 4 个像素值的影响，并没有考虑邻近 4 个像素值变化率的影响，因而该方法具备低通滤波的性质。也就是说，利用该方法进行缩放，图像的高频部分非常容易受到很大的损失，图像的边缘也会变得较为模糊。

双三次插值算法是二维空间中最常用的插值算法，相较于以上两种算法，它是最复杂的、效果最好的插值算法，其新增像素点的值是根据最邻近的 16 个像素点的值来预测的。该方法不仅考虑到了周围 4 个像素值的直接影响，还考虑到了像素值变化率的影响，克服了最近邻插值算法和双线性插值算法的不足，处理后的效果最使人满意。后来学者又提出了精度更高、算法更复杂的插值算法，如局部方差插值法[22]、回归模型插值法[23,24]和自适应卷积插值法[25]。这些复杂的插值算法从某种程度上来说提高了重建后图像的质量，但是这些插值算法对图像的细节恢复能力还是非常有限的，因为这些插值算法只利用自身的像素值对新增的像素值做预测，并没有借助外部有用的信息，这使插值算法在发展过程中遇到了瓶颈。

（2）基于重建的方法。20 世纪 80 年代，基于重建的超分辨率算法被 Tsai[26]提了出来。基于重建的算法主要是指通过多幅低分辨率图像重建出一幅高分辨率图像。它主要利用图像的退化模型研究原始图像视觉场景是如何演化得到观测图像的，其中，运动估计和先验知识提取是关键的因素[19]。基于重建的经典算法主要包括迭代反向投影法[27]、凸集投影法[28]、最大后验概率法[29,30]。

迭代反向投影法的原理是模拟低分率图像与参考图像之间的误差来重建高分辨率图像，在模拟时不断地重复进行反迭代运算[1]。该算法的特点是比较简单，但是重建后的图像会出现均匀分布的误差，导致图像失真。

凸集投影法与迭代反向投影法类似，也是通过迭代来达到超分辨率重建的效果的。该算法要求首先在一个矢量空间内定义一些闭合的凸形约束集合，而真实高分辨率图像就包含在这些凸形约束集合中；然后对这些凸形约束集合进行预测，通过不断地迭代，对各个凸形约束集合寻找最优解。

最大后验概率法是一种基于概率论的算法。该算法首先将马尔可夫随机场作为图像的先验模型，然后在给定低分辨率的序列图像后通过最大后验得到最终的高分辨率图像[19]。在超分辨率重建中，如果上采样因子较大，那么基于重建的方法的弊端就显露了出来。它只能提供非常局限的信息，导致重建出的高分辨率图像效果较差，并不能被广泛应用。

（3）基于学习的方法。2000 年，Freeman 等[31]首次提出了基于学习的超分辨率重建方法。基于学习的超分辨率算法的思想是跳出图像本身的局限性，借助外界的有用信息对低分辨率图像进行重建。也就是说，该算法研究大量的低分辨率图像与高分辨率图像之间的映射关系，通过这种映射关系对输入的低分辨率图像进行重建以获得高分辨率图像。基于学习的方法主要分为 3 类，分别是流形学习、稀疏表示和深度学习。

流形学习最开始是由 Chang 等[32]提出的，他们利用流形学习的邻居嵌入算法实现了图像超分辨率，假设高分辨率图像和低分辨率图像在特征空间中具有相似的局部流形[19]。流形学习认为：我们观察到的数据都由一个低维流形映射到了高维空间，在高维空间就造成了数据冗余；实际上，这些数据在低维空间就可以唯一表示，而流形学习所做的事情就是如何将高维空间映射到低维空间。

后来，Yang 等[33-35]将压缩感知理论引进了超分辨率重建中，他们当时提出了一种基于稀疏表示的重建模型，认为任意一幅图像都是可以被字典稀疏表示的，这种字典可以看作一个数据库，并且可以从这个数据库中学习到低分辨率图像到高分辨率图像的映射。

2014 年，Dong 等[36]将卷积神经网络应用在图像超分辨率重建中，这是人们首次将超分辨率重建技术与深度学习进行结合，在超分辨率重建领域有着里程碑的意义。他们将该网络模型命名为 SRCNN。SRCNN 首先通过对大量样本数据的训练进行图像特征的提取，然后学习低分辨率图像到高分辨率图像端到端的映射。SRCNN 模型仅仅使用了 3 层神经网络就取得了非常好的效果。2016 年，Dong 等[37]提出了 FSRCNN 模型，对 SRCNN 进行了较大的改进，主要体现在 3 方面：第一是 FSRCNN 使用了反卷积层，与 SRCNN 网络模型不同的是，它直接将低分辨率图像输入网络模型中，最后才实现上采样操作；第二是 FSRCNN 相较于 SRCNN 加深了网络模型，使用了更加小的卷积核和更多、更广的映射层代替之前 SRCNN 中较大的网络层；第三是 FSRCNN 可以共享自己网络模型的映射层，如果需要改变重建中上采样的倍率，则只需对最后的反卷积层进行改动即可。FSRCNN 相较于 SRCNN，速度有了较大的提升。Shi 等[38]提出了 ESPCN 模型，与 SRCNN 模型的区别之一是它首先通过上采样插值得到高分辨率图像，再将其输入网络模型中，这样会提高模型的计算复杂度，而 ESPCN 模型直接在低分辨率图像中进行特征提取，这样卷积运算量就大大降低了，因此效率得到了提高。Kim 等[39]在 2016 年提出了 VDSR 模型，这是一个拥有 20 层网络的非常有深度的网络模型，参考了 VGG[40]模型和 ResNet[41]模型，首次将残差学习引入图像超分辨率重建中并取得了很好的效果。Kim 等[42]在提出 VDSR 模型的同时提出了 DRCN 模型，与 VDSR 模型非常接近，首次将递归神经网络（Recursive Neural Network）[43]引入图像超分辨率重建中，同时使用了残差学习中的 Skip-Connection，并且这个模型还通过 16 个递归来加深自己的网络结构，增大了网络的感受野尺寸，以此来提高性能。Tai 等[44]受到了 ResNet、VDSR 和 DRCN 模型的启发，提出了 DRRN 模型，最终仅仅采用了 1 个递归块、25 个残差单元和 52 层深度的网络结构来提高模型的性能。Lai 等[45]对之前的方法总结出 3 个问题：一是之前有的模型需要进行上采样插值预处理，这会增大计算开销；二是之前的模型在使用 L2 范数作为损失函数时会导致重建结果过于平滑；三是在重建倍率大于 8 的时候操作起来比较困难。Tong 等[46]受到了 DenseNet[47]的启发，将 DenseNet 应用到了超分辨率重建中，提出了 SRDenseNet 模型。Ledig[48]等受到 GAN[49]的启发，首次将生成对抗网络 GAN 引入超分辨率重建中，并提出了 SRGAN 模型。SRGAN 模型包含一个生成器和一个判别器，生成器用于生成接近真实的图像，判别器用于判别图像的真伪，生成器与判别器相互对抗，直到判别器无法判别真伪。SRGAN 使用了感知损失函数，包括内容损失函数和对抗损失函数，以此来解决重建的图像过于平滑的问题并提升重建图像的真实感。Wang 等[50]对 SRGAN 模型进行了改进并提出了 ESRGAN 模型。他们对 SRGAN 模型的改进主要包括：一是引入了残差密集块（RRDB）来代替 SRGAN 的残差单元，还移除了批量归一化层（BN[2]），并使用残差缩放[51,52]和更小的初始化来方便训练深度非常深的网络；二是用 RaGAN[53]改进判别器，从之前的判别“一幅图像是否真实”到现在的判别“一幅图像是否比另一幅图像更真实”；三是提出利用激活前的 VGG 特征来改善感知损失，而不像 SRGAN 那样在激活后使用 VGG 特征。实验表明，ESRGAN 的重建效果比 SRGAN 的重建效果更加真实。Lim 等[54]提出了 EDSR，获得了 NTIRE2017 超分辨率挑战赛[55]的冠军。该网络模型是在 SRGAN[48]的 SRResNet 的基础上进行设计的，是一个 65 层的增强型网络模型，其卷积层输出通道数多达 256，是一个非常宽的网络。EDSR 最突出的贡献就是移除了 SRResNet 多余的模块，以此来简化模型。实验表明，EDSR 模型取得了非常不错的效果。Zhang 等[56]在 2018 年提出了 RDN 模型。该模型基于 SRDenseNet 和 ResNet 模型创建，借用了残差网络和密集连接块的思想并将其应用到了自然图像的超分辨率重建中。

2. 遥感图像超分辨率重建研究现状

与自然图像不同的是，高分辨率遥感图像的获取相对来说要困难得多，因此，在进行遥感图像训练时，不能像自然图像那样拥有大量丰富的数据集，如果使用自然图像的数据集做训练预测遥感图像，则由于遥感图像与自然图像退化的差异性，重建的效果常常会出现意想不到的失真。因此，遥感图像的超分辨率重建往往基于深度学习超分辨率算法进行改进。在遥感领域中，基于插值的算法主要用于遥感图像的预处理，遥感图像的超分辨率重建模型主要分为基于传统的神经网络模型和基于 GAN 的神经网络模型。

（1）基于传统的神经网络模型。Ducournau 等[57]和 Luo[58]等分别基于经典的深度学习模型 SRCNN、VDSR 进行了微调并应用在遥感图像的超分辨率重建中。Lei 等[59]设计了一种多形式的网络结构，用于遥感图像超分辨率重建的局部细节和全局环境的先验提取。Liu 等[60]提出了 LGCNet 模型，利用多任务学习深度神经网络来实现遥感图像的超分辨率重建。Pan 等[61]将残差学习和背投影相结合得到一个残差背投影块，将其应用到遥感图像的大尺度采样因子的超分辨率重建中。Li 等[62]和 Hu 等[63]将卷积神经网络与传统的图像超分辨率重建方法相结合并应用到了高光谱图像的超分辨率重建中。Mei 等[64]将 3D-CNN 结构应用到了高光谱图像的超分辨率重建中。Ma 等[65]将递归网络的 Res-Net 和小波变换相结合并应用于遥感图像的超分辨率重建中。Luo 等[58]将 Chanel Attention（CA）集成到残差网络中，从土地覆盖组件中学习高频信息。Chang 等[66]引入了双向卷积 Long Short-Term Memory（LSTM）层以从每一个递归中学习遥感图像特征的相关性。Lu 等[67]提出了一种多尺度残差神经网络 MRNN 模型，从遥感图像物体多尺度特征角度出发，很好地恢复了遥感图像的高频信息。

（2）基于 GAN 的神经网络模型。在 SRGAN 模型被提出后，将 GAN 用于超分辨率重建成为热点。同样，国内外学者也都将 GAN 与遥感图像的超分辨率重建相结合并取得了不错的效果。Ma 等[68]提出了一种基于 GAN 的提高遥感图像分辨率的方法，称为密集残差生成对抗网络（DRGAN）。DRGAN 主要参照了 Wasserstein GAN[69]，以此对损失函数进行修改，从而提高了重建的精度，避免了梯度消失现象。Jiang 等[70]利用 GAN 模型提出了边缘增强生成对抗网络（EEGAN），很好地增强了重建后遥感图像边缘的锐利性。Lei 等[71]提出了双判别器 GANs 网络模型 CDGANs，与 GAN 模型不同的是，该模型的判别器接收一对图像，在视觉外观和局部细节方面能获得更准确的超分辨率结果。Yu 等[72]在 DBPN[73]的基础上进行改进，提出了 E-DBPN 模型。该模型对 DBPN 的改进主要包含两部分：一是添加增强残留通道注意模块（ERCAM）到 DBPN 中，既能保持原有输入特征的良好特性，又能强调更重要的特征，抑制更不重要的特征；二是采用序列特征融合模块（SFFM）替代拼接操作，对不同单元生成的特征映射进行区分处理。Ma 等[74]提出了一种显著判别生成对抗网络模型 SD-GAN，用于遥感图像的超分辨率重建，与以往算法不同的是，该模型提出的残差密集显著生成算法将显著映射作为生成算法的补充条件。

本节从遥感图像空间分辨率日益提高的需求出发，分别阐述、总结了国内外超分辨率重建技术的研究现状，归纳了深度学习在超分辨率重建中的应用，分析了遥感图像与自然图像在超分辨率重建中的区别，总结了如今超分辨率重建技术在遥感图像方面应用的困难，同时对深度学习的卷积神经网络基本架构进行了简单的介绍，还对近几年来比较经典的超分辨率重建网络模型进行了总结。

6.2 超分辨率重建技术与数据集

6.2.1 人工神经网络

人工神经网络是 20 世纪 80 年代以来新兴的人工智能领域热点。它模仿生物神经网络来建立某种简单的模型，通过不同的连接组成不同的网络模型。人工神经网络主要包含输入层、隐藏层和输出层，如图 6.1 所示。近年来，对人工神经网络的研究不断深入，在模式识别、智能机器人、生物学、经济学、医学等诸多领域已经取得了巨大的成就。

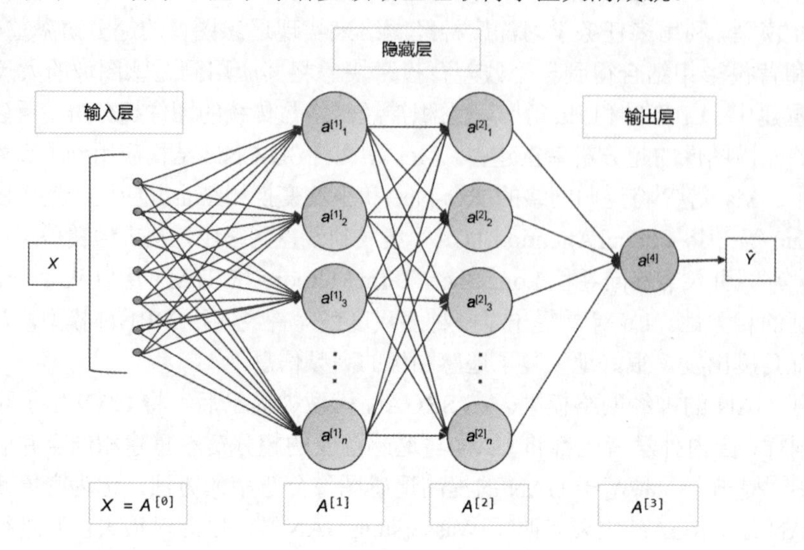

图 6.1　人工神经网络模型结构

6.2.2　卷积神经网络基本结构

卷积神经网络属于人工神经网络的一种，主要包括特征提取层和特征映射层两部分。对于特征提取层，每一个神经元的输入都与前一层的局部区域相连接，从而可以提取前一层的区域特征。特征映射层是指一个平面，将获取的特征铺开进行映射。卷积神经网络模型结构如图 6.2 所示。

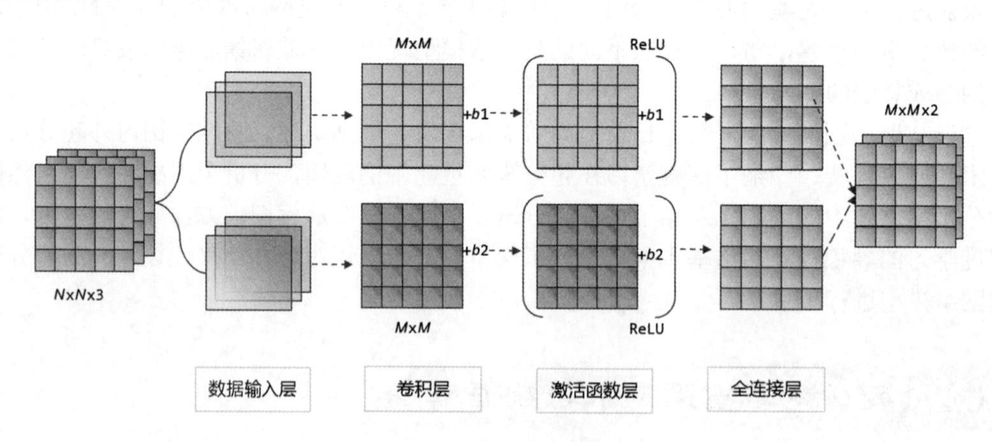

图 6.2　卷积神经网络模型结构

1. 数据输入层

数据输入层对原始图像进行预处理，其中主要包括去均值、归一化处理和主成分分析。

（1）去均值。去均值中的“均值”包含两种，一种是图像均值，即一个通道内所有像素的平均值；另外一种是像素均值，即每个像素位置对应通道的像素平均值。而去均值的计算方法就是将图像的各个像素值减去平均值。该方法常用于图像的预处理，能够大大减少后续的运算量。

（2）归一化。归一化是指将有量纲的表达式处理为无量纲的表达式，将所有的数据映射到 0 到 1 的范围内，这样处理起来会更加方便、快速。

（3）主成分分析。主成分分析是数据降维的一种常用方法，主要思想是抛弃数据中信息量较少的维度，保留信息量较大且独立的具有代表性的维度，从而可以节省大量的时间和成本。

（4）白化。白化是指去除数据的冗余信息。图像的像素之间存在着很强的相关性，这就存在大量的数据冗余，因此，要减少数据冗余，就要使用白化进行预处理。

2．卷积层

卷积层是通过对上一层进行卷积运算而得到的。所谓卷积运算，是指主要通过卷积核在图像上进行滑动并计算点乘而得到特征图，主要用于图像细节的特征提取。卷积层的结构图如图 6.3 所示。

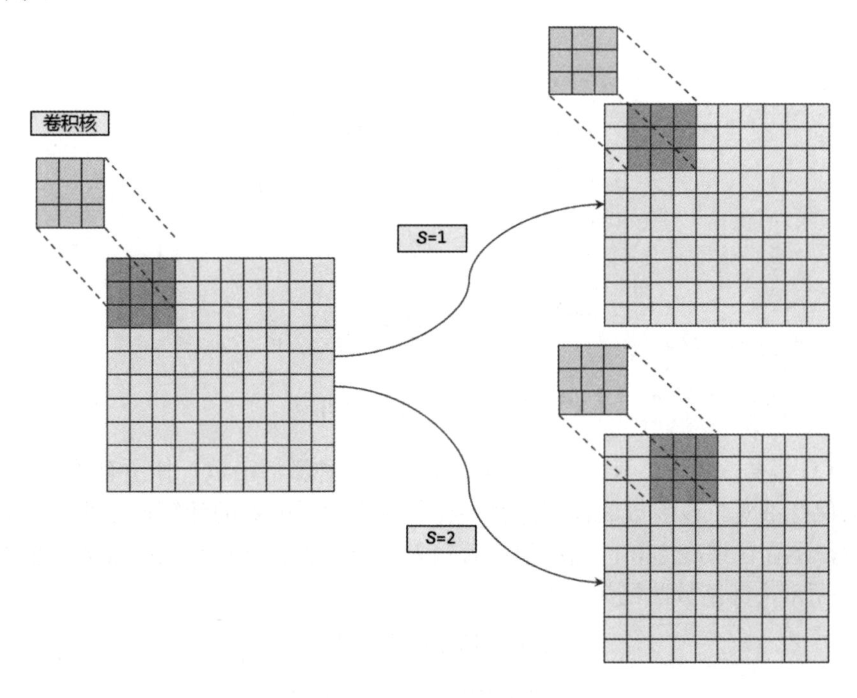

图 6.3　卷积层的结构图

3．激活函数层

激活函数层是通过对前一层进行激活函数处理而得到的，激活函数主要通过加入非线性因素来处理线性模型不能解决的问题。常用的激活函数主要包括 Sigmoid 函数、tanh 函数、ReLU 函数、Leaky ReLU 函数等。

（1）Sigmoid 函数。Sigmoid 函数能够把数值变换为 0 到 1 之间的输出，如果负数的绝对值非常大，则输出 0；如果正数的绝对值非常大，则输出 1，如式（6.1）所示，其函数曲线如图 6.4 所示。

$$f(x)=\frac{1}{1+\mathrm{e}^{-x}} \tag{6.1}$$

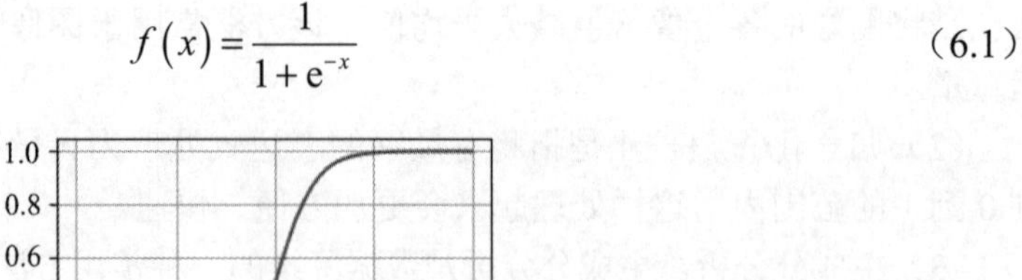

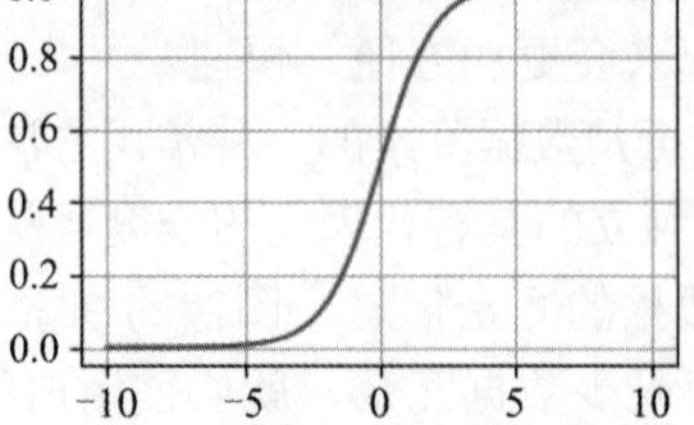

图 6.4　Sigmoid 函数曲线

（2）tanh 函数。tanh 函数是双曲正切函数，与 Sigmoid 函数曲线很接近；不同的是，tanh 函数的输出区间为(−1,1)，整个函数是以 0 为中心的，如式（6.2）所示，其函数曲线如图 6.5 所示。

$$\tanh(x)=\frac{\mathrm{e}^{x}-\mathrm{e}^{-x}}{\mathrm{e}^{x}+\mathrm{e}^{-x}} \tag{6.2}$$

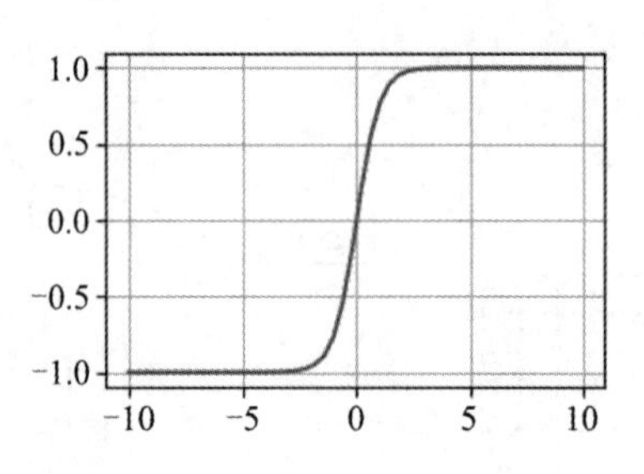

图 6.5　tanh 函数曲线

（3）ReLU 函数。ReLU 函数是目前比较流行的一种激活函数，使所有的负数都归为 0，所有的整数保持不变。该函数的计算速度要比前两个激活函数的计算速度快，当遇到全为正数的输入时，不存在梯度饱和问题；但是若输入的全为负数，那么该函数会完全不被激活，如式（6.3）所示，其函数曲线如图 6.6 所示。

$$f(x)=\max(0,x) \tag{6.3}$$

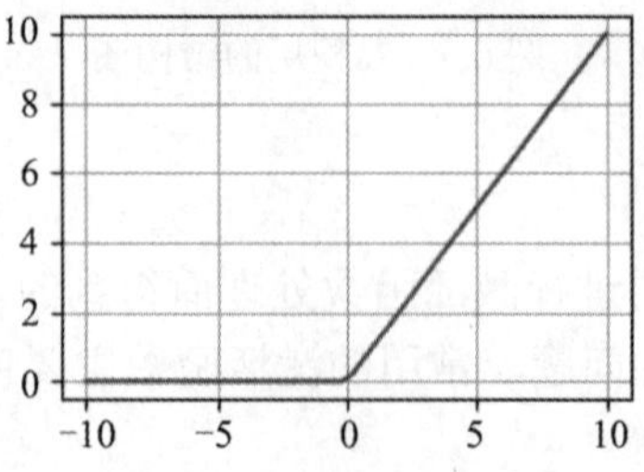

图 6.6　ReLU 函数曲线

（4）Leaky ReLU 函数。Leaky ReLU 函数是基于 ReLU 函数的一种改进，在负数范围内，

Leaky ReLU 函数含有一个很小的斜率，这样就可以避免输入所有负数而使得激活函数失去作用的情况，如式（6.4）所示，其函数曲线如图 6.7 所示。

$$f\left(x\right)=\max\left(\alpha x,x\right) \tag{6.4}$$

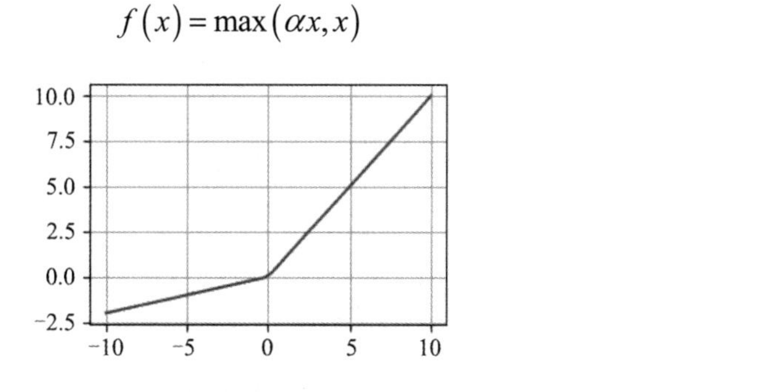

图 6.7　Leaky ReLU 函数曲线

4．池化层

池化层一般在卷积层之后，主要通过过滤器对上一层以滑动的方式进行压缩处理，主要目的是减少参数量，并提取主要特征。池化一般分为最大池化、随机池化和平均池化。最大池化是指选择过滤器对应位置的最大值为池化层的值，随机池化是指选择过滤器对应位置的随机值为池化层的值，平均池化是指选择过滤器对应位置所有值的平均值为池化层的值。池化层的结构如图 6.8 所示。

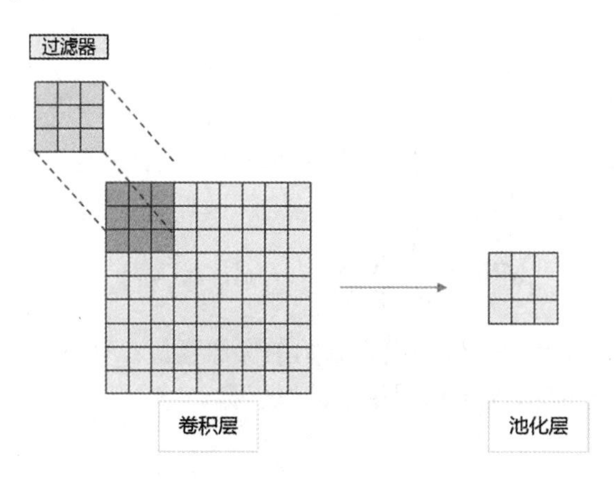

图 6.8　池化层的结构

5．全连接层

全连接层的每一个神经元都与上一层的所有神经元相连接，用于把上一层提取的所有特征综合起来，在卷积神经网络中起到了分类器的作用。一般而言，全连接层中的参数是最多的，需要耗费很大的内存；其计算如式（6.5）所示，其结构如图 6.9 所示。

$$\begin{aligned}
\alpha_1&=W_{11}\times x_1+W_{12}\times x_2+W_{13}\times x_3+b_1\\
\alpha_2&=W_{21}\times x_1+W_{22}\times x_2+W_{23}\times x_3+b_2\\
&\vdots\\
\alpha_3&=W_{31}\times x_1+W_{32}\times x_2+W_{33}\times x_3+b_3
\end{aligned} \tag{6.5}$$

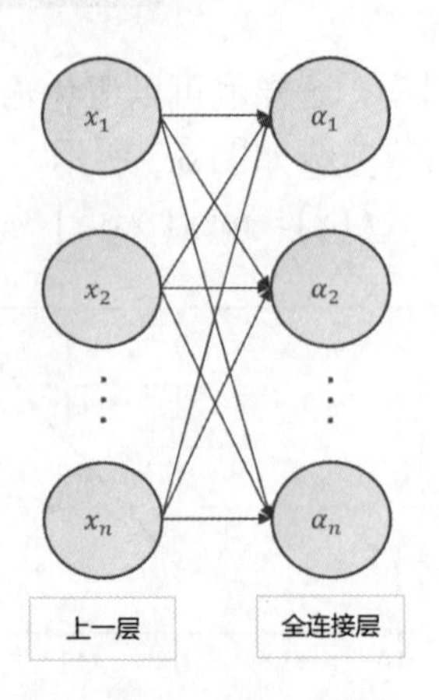

图 6.9　池化层的结构

6.2.3　图像超分辨率重建质量评价指标

对超分辨率重建的图像质量进行评价的方法通常分为主观评价法和客观评价法。其中，主观评价需要对图像处理有经验的专业人员对图像的分辨率、饱和度、色彩等进行人为评价，个人主观性比较强，影响专业人员评价的不确定性因素比较多，因此并不采纳该方法；而客观评价法常用的主要有均方误差（MSE）、均方根误差（RMSE）、峰值信噪比（PSNR）和结构相似性（SSIM）等指标。本节采用 MSE、PSNR 和 SSIM 对遥感图像的超分辨率重建结果进行评价。

1．MSE

MSE 是指原始图像和结果图像直接做差取平方和，其计算复杂度比较低，但是和主观评价的差距非常大，其计算方法如下：

$$\text{MSE}=\frac{1}{mn}\sum_{i=0}^{m-1}\sum_{j=0}^{n-1}\left[I\left(i,j\right)-N\left(i,j\right)\right]^2 \tag{6.6}$$

其中，m 和 n 代表图像的宽和高；$I(i,j)$代表原始图像像素值；$N(i,j)$代表重建后的图像像素值，这里的 i 表示图像中的横坐标，j 表示图像中的纵坐标。

2．PSNR

PSNR 是图像超分辨率重建领域最常用的图像质量评价标准之一，其单位是分贝（dB），其值越大，代表图像的质量越接近原始图像，其计算方法如下：

$$\text{PSNR}=10\times\lg\left(\frac{\text{MAX}^2}{\text{MSE}}\right) \tag{6.7}$$

其中，m 和 n 代表图像的宽和高；$I(i,j)$代表原始图像像素值；$N(i,j)$代表重建后的图像像素值，i 表示图像中的横坐标，j 表示图像中的纵坐标；MAX 代表图像像素所取最大值。

3．SSIM

SSIM 是图像超分辨率重建领域最常用的图像质量评价标准之一。该指标从图像的亮度、结构、对比度出发，着重于人眼的主观感受，能够很好地反映重建后图像的细节纹理，代表了重建图像与原始图像的结果相似性，取值为 0 到 1，其值越大，代表重建图像与原始图像越相似，即取值为 0 代表重建图像与原始图像毫无关系，取值为 1 代表重建图像与原始图像完全一样，其计算公式如下：

$$\text{SSIM}(x,y)=\frac{(2\mu_x\mu_y+c_1)(2\sigma_{xy}+c_2)}{(\mu_x^2+\mu_y^2+c_1)(\sigma_x^2+\sigma_y^2+c_2)} \tag{6.8}$$

其中，μ_x 代表图像 x 的均值；μ_y 代表图像 y 的均值；σ_x^2 代表图像 x 的方差；σ_y^2 代表图像 y 的方差；σ_{xy} 代表图像 x 和图像 y 的协方差；c_1 和 c_2 是常数。

6.2.4　超分辨率重建经典模型

自 SRCNN[36]在 2014 年被提出以来，学者提出了一个又一个经典的网络模型。例如，线性网络模型有 SRCNN、FSRCNN[37]，残差网络模型有 VDSR[39]、EDSR[55]，递归网络模型有 DRCN[42]，密集连接网络模型有 SRDenseNet[46]，生成对抗网络模型有 SRGAN[48]。下面对 SRCNN、VDSR、DRCN、SRDenseNet 和 SRGAN 网络模型进行介绍。

1．SRCNN

SRCNN 是 Dong 等在 2014 年提出的，首次将超分辨率重建与卷积神经网络相结合，是卷积神经网络在超分辨率重建中的开山之作。SRCNN 借鉴稀疏编码的思想，创建了一个只有 3 层深度的网络模型，这 3 层分别是指特征提取层、非线性映射层和重建层。其中，特征提取层采用的是 9×9×64 的卷积核，即卷积核的尺寸为 9×9，卷积核的个数为 64，一共输出 64 个特征图；非线性映射层采用的是 1×1×32 的卷积核，即这个卷积核的尺寸是 1×1，个数是 32，一共输出 32 个特征图；重建层采用 5×5×1 的卷积核，即这个卷积核的尺寸是 5×5，卷积核的个数是 1，一共输出 1 个特征图，即结果图。SRCNN 采用 91 幅自然图像作为训练数据集，采用 Set14 数据集和 Set5 数据集作为测试数据集，采用 PSNR 和 SSIM 作为图像质量评价指标，采用 MSE（均方误差）作为损失函数，其结构如图 6.10 所示。

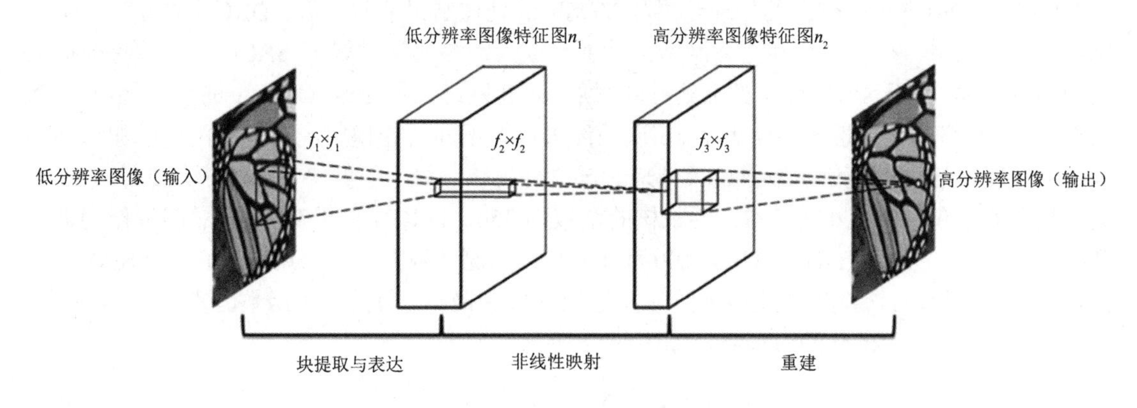

图 6.10　SRCNN 模型的结构[36]

2. VDSR

VDSR[39]是 Kim 等在 2016 年提出的，首次将 He 等[41]在 2015 年提出的残差网络（ResNet）应用到了超分辨率重建中。ResNet 在卷积神经网络中具有里程碑的地位。VDSR 利用了 ResNet 的思想，将其应用到超分辨率重建中。该网络模型利用非常深的结构来增大感受野的尺寸，共有 20 层，每一层都采用 3×3×64 的卷积核，即卷积核的尺寸为 3×3，卷积核的个数为 64。VDSR 网络模型采用 291 幅自然图像作为训练数据集，采用 Test5、Test14、Urban100 和 B100 作为测试数据集，采用 PSNR 和 SSIM 指标作为图像质量评价标准，采用 L2 范数作为模型的损失函数，其结构如图 6.11 所示。

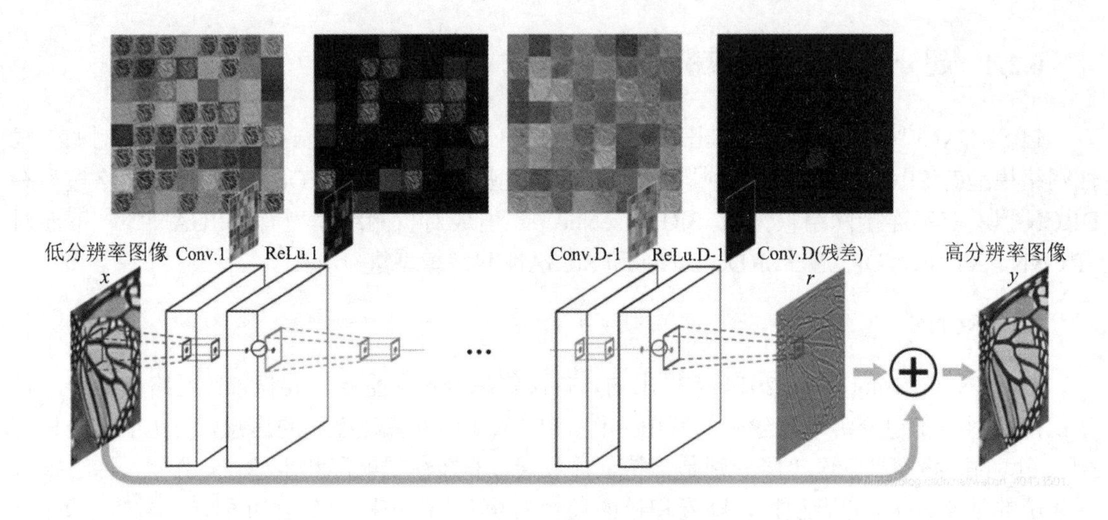

图 6.11　VDSR 模型的结构[39]

3. DRCN

DRCN[42]是 Kim 等在 2016 年提出的，首次将 Socher 等[43]在 2011 年提出的递归神经网络（RNN）与超分辨率重建相结合。DRCN 的作者和 VDSR 的作者相同，他们在同一年分别提出了 VDSR 和 DRCN，DRCN 的处理结果与 VDSR 的处理结果非常接近。DRCN 共分为 3 个子网络：嵌入网络、推理网络和重建网络。其中，嵌入网络非常类似于 SRCNN 中的特征提取层，推理网络类似于 SRCNN 中的非线性映射层，重建网络类似于 SRCNN 中的重建层。DRCN 共有 20 层网络，其中推理层使用了 16 次循环来代替不同的卷积层，这样不仅可以加深网络模型的深度，还可以避免参数量过大带来的过拟合问题，每一层网络采用的都是 3×3×256 的卷积核，即卷积核的大小为 3×3，卷积核的个数为 256。DRCN 采用 91 幅自然图像作为训练数据集，采用 Test5、Test14、Urban100 和 B100 作为测试数据集，采用 PSNR 和 SSIM 作为图像质量评价标准，循环层的损失函数、重建层的损失函数、总的损失函数分别如式（6.9）～式（6.11）所示。DRCN 的模型结构如图 6.12 所示。

$$l_1(\theta)=\sum_{d=1}^{D}\sum_{i=1}^{N}\frac{1}{2DN}y^{(i)}-\hat{y}_d^{(i)2} \tag{6.9}$$

$$l_2(\theta)=\sum_{i=1}^{N}\frac{1}{2N}y^{(i)}-\sum_{d=1}^{D}w_d\cdot\hat{y}_d^{(i)2} \tag{6.10}$$

$$L(\theta)=\alpha l_1(\theta)+(1-\alpha)l_2(\theta)+\beta\theta^2 \tag{6.11}$$

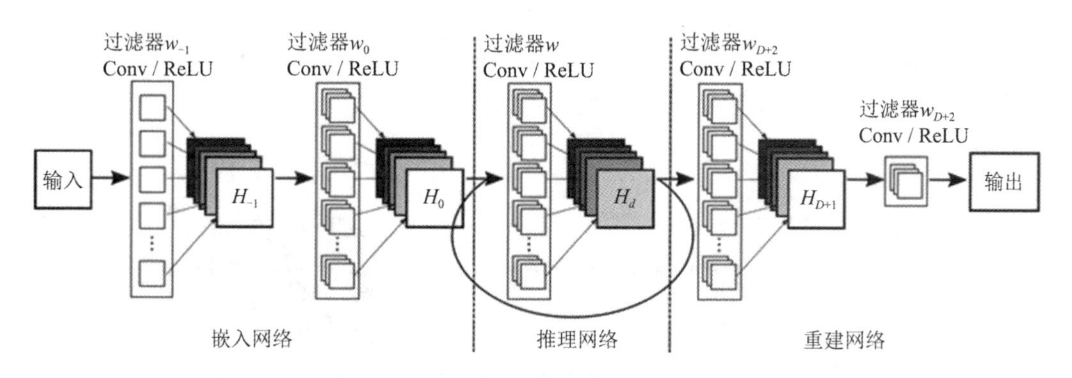

图 6.12　DRCN 的模型结构[42]

4．SRDenseNet

SRDenseNet[46]是 Tong 等在 2017 年提出的，首次将 Huang 等[47]在 2017 年提出的密集连接（DenseNet）与超分辨率重建相结合。DenseNet 与 ResNet 不同的是，它将每一层的特征都与之后的所有层串联而不是直接相加，这样的结构具有减轻梯度消散、减少参数量、加强特征传播等优点。DenseNet 的模型结构如图 6.13 所示。

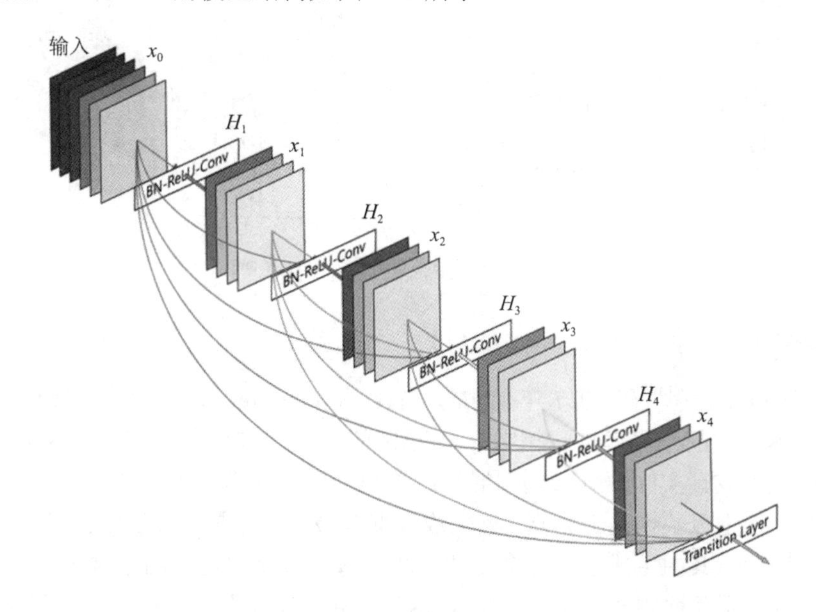

图 6.13　DenseNet 的模型结构[47]

SRDenseNet 利用了 DenseNet 的这种特点，将其应用到超分辨率重建问题中。Tong 等提出了 3 个 SRDenseNet 模型并进行了对比分析，第 1 个以最顶层的 DenseNet 输出作为反卷积层的输入，第 2 个将最底层的卷积层输出和最顶层的 DenseNet 输出串联起来作为反卷积层的输入，第 3 个将 DenseNet 看作一个整体，对 DenseNet 进行密集连接，即将最底层的卷积层输入和所有的 DenseNet 输出作为反卷积层的输入，可以看出，这 3 个模型的结构越来越复杂，通过实验结果可以发现，模型越复杂，效果越好。SRDenseNet 一共包含 8 个 DenseNet，每个 DenseNet 包含了 8 个密集块，这 64 层网络采用的是 3×3×128 的卷积核，即卷积核的尺寸为 3×3，卷积核的个数为 128。SRDenseNet 采用 ImageNet 中的 50000 幅自然图像为训练数据集，采用 Test5、Test14、Urban100 和 B100 作为测试数据集，采用 PSNR 和 SSIM 作为图像质量评价标准，采用 MSE 作为损失函数。SRDenseNet 的模型结构如图 6.14 所示。

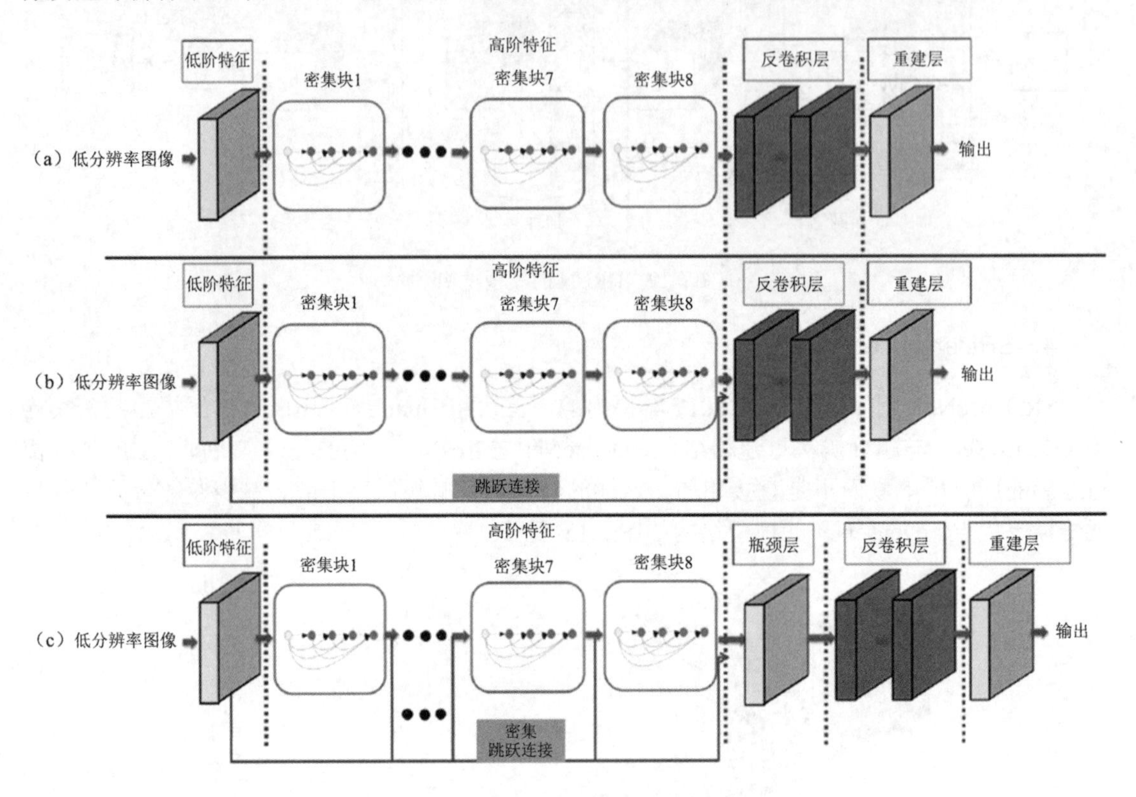

图 6.14　SRDenseNet 的模型结构[46]

5. SRGAN

SRGAN 是 Ledig 等[48]在 2017 年提出的，首次将 Goodfellow 等[49]在 2014 年提出的生成对抗网络（GAN）与超分辨率重建相结合。GAN 的主要结构包含一个生成器和一个判别器，生成器尽可能地生成真实的数据，判别器尽可能地判别生成数据的真假，它们相互抵抗，直到判别器无法判别生成数据是否为真，该生成数据即最后的结果。SRGAN 利用这一思想定义了生成器和判别器，其中生成器包含多个残差块，每个残差块包含两个卷积核大小为 3×3 的卷积层，每个卷积层后面跟着批量归一化（BN）层和 ReLU 层，最后一个残差块后面跟着卷积层、BN 层和 ReLU 层，紧接着是两个亚像素卷积层（亚像素卷积层用于增大提取的特征的尺寸）。判别器中包含 8 个卷积层，其中激活函数选择的是 Leaky ReLU，并且 SRGAN 通过 VGG[40]提取特征。SRGAN 选用了 ImageNet 中的 35 万幅图像作为该模型的训练数据集，选用 Set5、Set14、BSD100 等数据集作为该模型的测试数据集，采用 PSNR、SSIM 和 MOS 等指标作为图像质量评价标准，采用的感知损失函数如式（6.12）～式（6.14）所示。SRGAN 模型的结构如图 6.15 所示。

$$l_{\mathrm{VGG}/i,j}^{\mathrm{SR}}=\frac{1}{W_{i,j}H_{i,j}}\sum_{x=1}^{W_{i,j}}\sum_{y=1}^{H_{i,j}}\left(\phi_{i,j}\left(I^{\mathrm{HR}}\right)_{x,y}-\phi_{i,j}\left(G_{\theta_G}\left(I^{\mathrm{LR}}\right)\right)_{x,y}\right)^2 \tag{6.12}$$

$$l_{\mathrm{Gen}}^{\mathrm{SR}}=\sum_{n=1}^{N}-\log D_{\theta_D}\left(G_{\theta_G}\left(I^{\mathrm{LR}}\right)\right) \tag{6.13}$$

$$l^{\mathrm{SR}}=l_X^{\mathrm{SR}}+10^{-3}l_{\mathrm{Gen}}^{\mathrm{SR}} \tag{6.14}$$

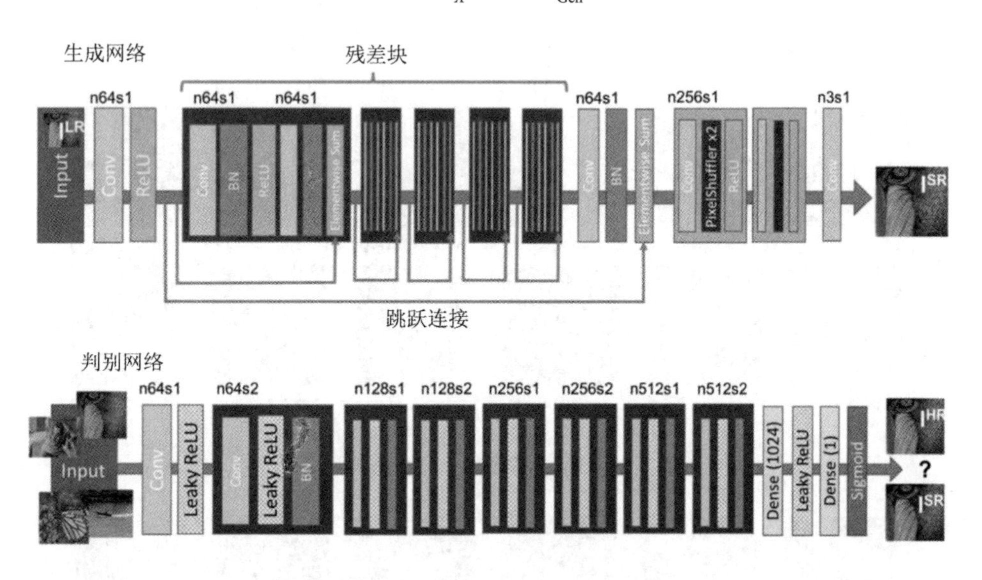

图 6.15　SRGAN 模型的结构[48]

6.2.5　实验数据

本章涉及的实验数据分别来自 AID、NWPU-RESISC45 和 RSSCN7 等数据集，其中的数据均为遥感图像。本节使用的所有模型都以 AID 数据集为训练数据集，以 NWPU-RESISC45 和 RSSCN7 数据集为模型的测试数据集。下面对这三个数据集中的数据进行详细介绍。

1．AID 数据集

AID[75]数据集中的遥感图像共有 10000 幅，一共分为 30 类，每类包含 220 至 420 幅影像不等，其类别分别是机场、裸地、棒球场、海滩、桥梁、商场中心、教堂、商业区、密集住宅区、荒漠、农田、森林、工业区、草地、中等密度住宅区、山脉、公园、停车场、运动场、池塘、港口、火车站、度假村、河流、学校、稀疏住宅区、广场、体育场、储油库、高架桥等。该数据集中各影像的分辨率是 600×600（单位为像素），其中的机场部分影像截图如图 6.16 所示。

2．NWPU-RESISC45 数据集

NWPU-RESISC45[76]中的遥感图像共有 31500 幅，一共分为 45 类，每类包含 700 幅影像，其类别分别是飞机、机场、棒球场、篮球场、沙滩等。该数据集中各影像的分辨率是 256×256（单位为像素），其中的沙滩部分影像截图如图 6.17 所示。

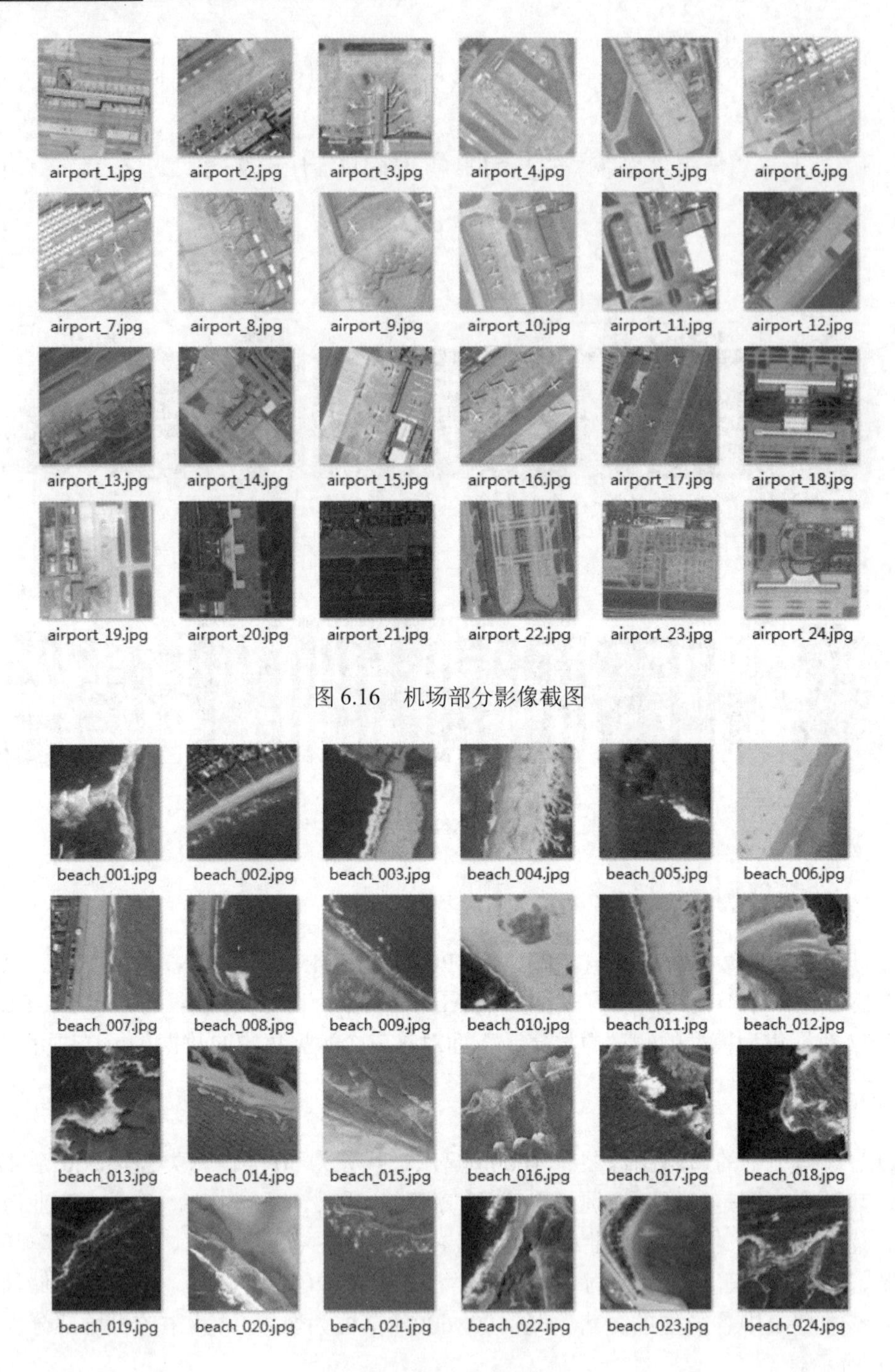

图 6.16　机场部分影像截图

图 6.17　沙滩部分影像截图

3. RSSCN7 数据集

RSSCN7[75]数据集中的遥感图像共有 2800 幅，一共分为 7 类，每类包含 400 幅影像，其类别分别是草地、野外、工业区、河流湖泊、森林、住宅区、停车场等。该数据集中各影像的分辨率是 400×400（单位为像素），其中的停车场部分影像截图如图 6.18 所示。

图 6.18　停车场部分影像截图

本节主要对人工神经网络、卷积神经网络、图像质量评价标准、经典的超分辨率重建模型和本章使用的遥感图像数据进行了详细介绍。图像质量评价标准主要介绍了 MSE、PSNR 和 SSIM 3 种如今非常常用的指标，并最终决定选择 PSNR 和 SSIM 作为图像质量评价指标。超分辨率重建的经典模型主要选取了 SRCNN、VDSR、DRCN、SRDenseNet、SRGAN 五大模型，以图文并茂的方式进行了阐述。实验数据主要选用了 AID、NWPU-RESISC45 和 RSSCN7 数据集，并对这些数据集的基本信息进行了介绍。

6.3　基于 RDN 的超分辨率重建网络模型

由于我们的研究对象主要是光学遥感图像，而遥感图像与自然图像相比具有很多独有的特点。光学遥感图像主要通过卫星的传感器记录地球表面辐射的电磁波信息，除了具有丰富的纹理信息，还具有光谱特征。光谱特征主要表现地球表面反射的电磁波能量的多少，地物通过不同强度的亮度值直接反映在遥感图像中，光谱特征将直接决定遥感图像的解译效果。纹理信息主要指自然纹理和人工纹理，人工纹理主要是为了在一定范围内使其纹理接近自然纹理。遥感图像的纹理信息不仅统计了影像的灰度值，还体现了图像灰度值的空间分布信息和结构信息。另外，遥感图像对应的空间尺度往往远远大于自然图像，即其包含的地物信息要更加丰富，因此，与自然图像相比，遥感图像地物的边缘信息显得尤为重要。通过大量的模型实验，发现 RDN[56]模型在处理遥感图像时要优于其他模型，尤其在大于 2 倍的上采样因子的情况下，RDN 模型更加能突出遥感图像的边缘特征，故下面对 RDN 模型的网络架构、模型训练及遥感图像超分辨率重建等进行全面阐述。

6.3.1 RDN 模型的网络架构

RDN[56]模型是基于 SRDenseNet[46]和 ResNet[41]模型创建的，其网络架构如图 6.19 所示。

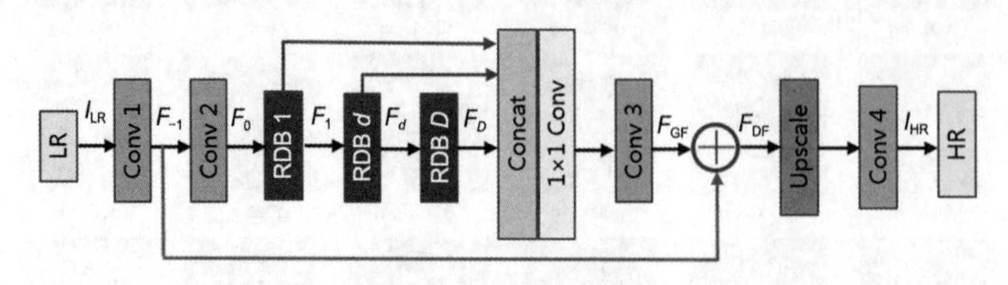

图 6.19　RDN 模型的网络架构

在图 6.19 中，LR 代表低分辨率图像；Conv 代表卷积层；RDB 代表 Residual Dense Block，即残差密集块；Concat 代表连接层；1×1 Conv 代表尺寸为 1×1 的卷积核；Upscale 代表上采样操作；HR 代表重建后的高分辨率图像，蓝色箭头代表局部特征融合；绿色箭头代表全局特征融合。

从图 6.19 中可以发现，第一个卷积层 F_{-1}[56]是通过输入的低分辨率图像 LR 得到的：

$$F_{-1} = H_{\text{SFE1}}(\text{LR}) \tag{6.15}$$

其中，$H_{\text{SFE1}}(\cdot)$ 代表第一个卷积操作；F_{-1} 用于进一步的浅层特征提取和全局残差学习。接下来由 F_{-1} 到 F_0：

$$F_0 = H_{\text{SFE2}}(F_{-1}) \tag{6.16}$$

其中，$H_{\text{SFE2}}(\cdot)$ 代表第二个卷积操作，并作为 RDB 的输入。假设这里包含 D 个 RDB，那么第 d 个 RDB 的输出 F_d 可由式（6.17）表示：

$$F_d = H_{\text{RDB},d}(F_{d-1}) = H_{\text{RDB},d}\left(H_{\text{RDB},d-1}\left(\cdots\left(H_{\text{RDB},1}(F_0)\right)\cdots\right)\right) \tag{6.17}$$

其中，$H_{\text{RDB},d}$ 代表第 d 个 RDB 操作，可以将其看作一个操作的复合函数，包含卷积操作和 ReLU 激活函数；F_d 是充分利用每个 RDB 的卷积操作产生的。

经过多个 RDB 的层层特征提取后，还要进行密集特征融合，包含全局特征融合和全局残差学习。F_{DF} 的由来如下：

$$F_{\text{DF}} = H_{\text{DFF}}(F_{-1}, F_0, F_1, \cdots, F_D) \tag{6.18}$$

其中，F_{DF} 是利用密集特征融合复合函数的特征映射。

总体来说，可以将这个复杂的过程简化为一个简单的函数：

$$I_{\text{SR}} = H_{\text{RDN}}(I_{\text{LR}}) \tag{6.19}$$

其中，I_{LR} 代表输入的低分辨率图像；I_{SR} 代表输出的高分辨率图像；H_{RDN} 代表整个 RDN 模块的操作。

RDB 模块的结构如图 6.20 所示。RDB 主要借鉴了 SRDenseNet 和 ResNet 的思想，Conv 代表卷积层，ReLU 代表激活函数层，曲线代表局部特征融合，绿色箭头代表全局特征融合。在该模块中，通过局部特征和全局特征的融合，将所有级别的信息（包括低级信息和高级信息）进行存储和记忆，这使 RDB 包含的特征信息非常丰富，包含多级别信息，保证信息不会丢失。而再看 RDN 模型，又对 RDB 进行了局部特征和全局特征融合，因此该模型提取的特征信息是极为丰富的。

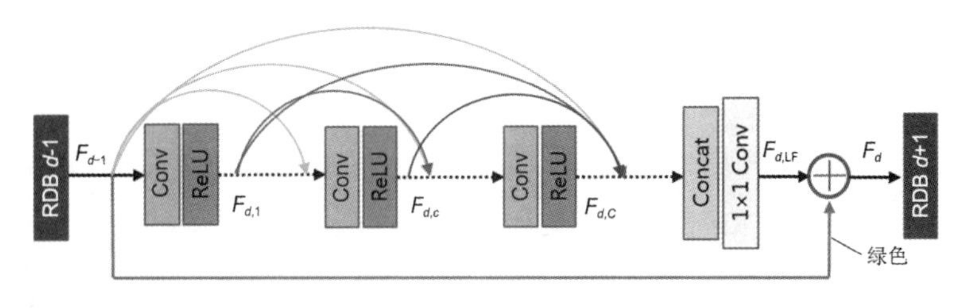

图 6.20　RDB 模块的结构

该机制的优势在于它将前一个 RDB 的信息传递到了后一个 RDB 的每一层中，以此实现了连续存储，而第 d 个 RDB 的第 c 层结果 $F_{d,c}$ 可由式（6.20）表示：

$$F_{d,c}=\sigma\left(W_{d,c}\left[F_{d-1},F_{d,1},\cdots,F_{d,c-1}\right]\right) \tag{6.20}$$

其中，σ 代表 ReLU 激活函数；$W_{d,c}$ 代表第 c 个卷积层的权重；$\left[F_{d-1},F_{d,1},\cdots,F_{d,c-1}\right]$ 代表第 d-1 个 RDB 生成的特征映射的拼接。

局部特征融合是指将前一个 RDB 特征映射与当前 RDB 所有层的特征映射进行融合，如图 6.20 所示，第 d-1 个 RDB 的特征映射以串接的方式直接引入第 d 个 RDB 中，并且通过引入 1×1 的卷积层来自适应地控制输出的信息。局部特征融合的公式如下：

$$F_{d,\mathrm{LF}}=H_{\mathrm{LFF}}^{d}\left(\left[F_{d-1},F_{d,1},\cdots,F_{d,c},\cdots F_{d,C}\right]\right) \tag{6.21}$$

其中，H_{LFF}^{d} 代表第 d 个 RDB 中的 1×1 的卷积层。

此外，这里还在 RDB 中引入了残差学习。局部残差学习可由公式（6.22）求得：

$$F_{d}=F_{d-1}+F_{d,\mathrm{LF}} \tag{6.22}$$

其中，F_d 为第 d 个 RDB 的特征映射；F_{d-1} 为第 d-1 个 RDB 的特征映射；$F_{d,\mathrm{LF}}$ 为第 d 个 RDB 的局部特征融合。

Upscale 模块的结构如图 6.21 所示。其中，Conv 代表卷积层，ReLU 代表激活函数。Upscale 模块的结构较为简单，它仅是一个 3 层网络结构，主要目的是通过卷积核的尺寸增大输出结果的尺寸，以此来提高图像的分辨率。

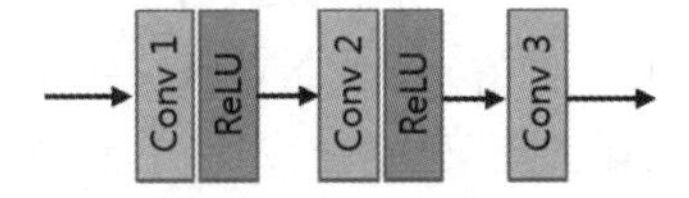

图 6.21　Upscale 模块的结构

6.3.2　遥感图像超分辨率重建过程

模型训练完毕后，就可以将测试数据作为 RDN 模型的输入进行影像的超分辨率重建，其流程如图 6.22 所示。

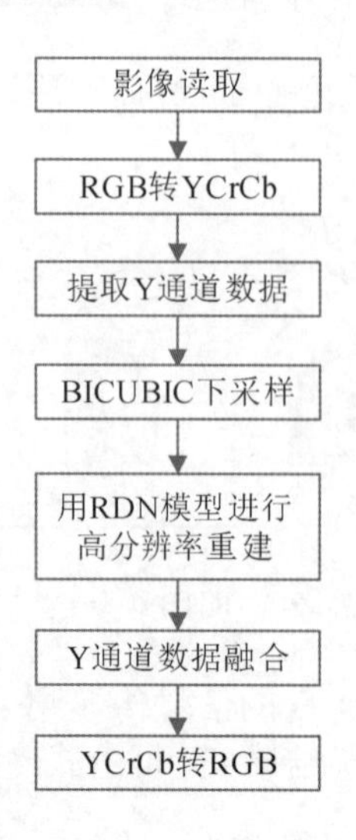

图 6.22　测试数据处理流程

对测试数据来讲，首先需要读取遥感图像并将其 RGB 通道转为 YCrCb 通道；其次提取 Y 通道数据并对该灰度图像 HR 通过 BICUBIC 算法进行下采样处理以获取该影像对应的低分辨率图像 LR；然后将 LR 作为 RDN 的输入进行处理，最终获得高分辨率 Y 通道数据；最后将其与原始数据的 CrCb 两通道数据进行融合，将其转为 RGB 通道图像即可。

下面以 NWPU-RESISC45 数据集 airport 类别中的 airport_001 影像为例进行 4 倍采样因子重建，如图 6.23 所示。

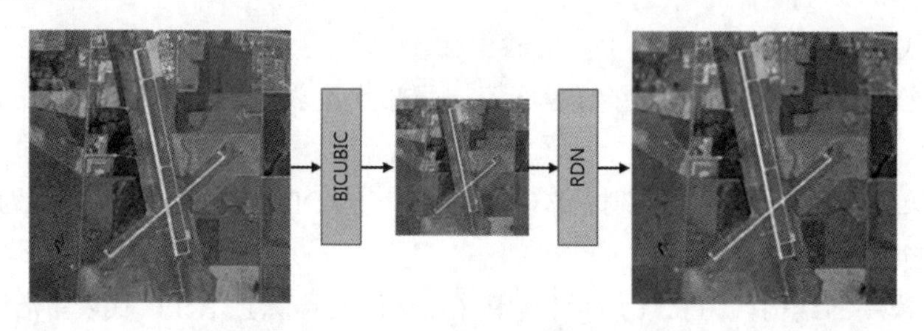

图 6.23　airport_001 影像实验流程图

本节对网络架构和遥感图像超分辨率重建的过程进行了阐述。首先在网络架构部分，对 RDN 模型的细节进行了详细的阐述；然后选择 NWPU-RESISC45 数据集中的 airport_001 影像作为示例展示了遥感图像超分辨率重建的过程。

6.4　实验结果对比分析

这里用于测试的数据集主要是 NWPU-RESISC45 和 RSSCN7。在 NWPU-RESISC45 数据集中，分别从机场、飞机、教堂、圆形农田、海港、湖泊、山脉、体育场类别中选取一幅影像；在 RSSCN7 数据集中，分别从草地、野外、工业区、河流湖泊、森林、住宅区、停车场类别中选取一幅影像。以这些影像作为样本数据，采样因子分别采用 2 倍、3 倍和 4 倍来进行影像的重建，并通过 BICUBIC、SRCNN、VDSR 等方法与 RDN 模型进行对比，其中图像的质量评价指标采用的是 PSNR 和 SSIM。

6.4.1 RDN 模型的训练

1. 网络参数的选择

（1）对于 RDN 模块，除了 RDB 模块，这里一共用了 4 个卷积层，每个卷积层的卷积核尺寸都是 3×3，步长都为 1，padding 类型都为 SAME。其中，第 1 个卷积层的卷积核的输入通道数为图像通道数，即 3，输出通道数为 64；第 2 个卷积层的卷积核的输入通道数和输出通道数都为 64，此时通过 RDB 模块处理并将每个 RDB 得到的结果连接在一起；第 3 个卷积层的卷积核的输入通道数和输出通道数都为 64，此时通过上采样模块，该模块将原低分辨率遥感图像变为所需的高分辨率遥感图像；第 4 个卷积层的卷积核的输入通道数和输出通道数都为 3。RDN 模块各卷积层参数如表 6.1 所示。

表 6.1 RDN 模块各卷积层参数

type	patch size	in_channels	out_channels	stride	padding
Conv1	3×3	3	64	1	SAME
Conv2	3×3	64	64	1	SAME
Conv 3	3×3	64	64	1	SAME
Conv 4	3×3	3	3	1	SAME

（2）对于 Upscale 模块，一共包含 3 个卷积层，每一层的卷积核步长都为 1，padding 类型都为 SAME。其中，第 1 个卷积层的卷积核的尺寸为 5×5，输入通道数和输出通道数都为 64；第 2 个卷积层的卷积核的尺寸为 3×3，输入通道数为 64，输出通道数为 31；第 3 个卷积层的卷积核的尺寸为 3×3，输入通道数为 32，输出通道数为 3×scale×scale，即输出通道数与上采样因子有关。Upscale 模块各卷积层参数如表 6.2 所示。

表 6.2 Upscale 模块各卷积层参数

type	patch size	in_channels	out_channels	stride	padding
Conv1	5×5	64	64	1	SAME
Conv2	3×3	64	32	1	SAME
Conv3	3×3	32	3×scale×scale	1	SAME

2. epoch 的选择

这里以 AID 数据集进行训练，在训练过程中，选择 L1 范数为模型的损失函数，将重建的上采样因子分别设置为 2 倍、3 倍和 4 倍，将 epoch 的最大值设置为 1000，RDN 模型损失与 epoch 的关系折线图如图 6.24～图 6.26 所示。

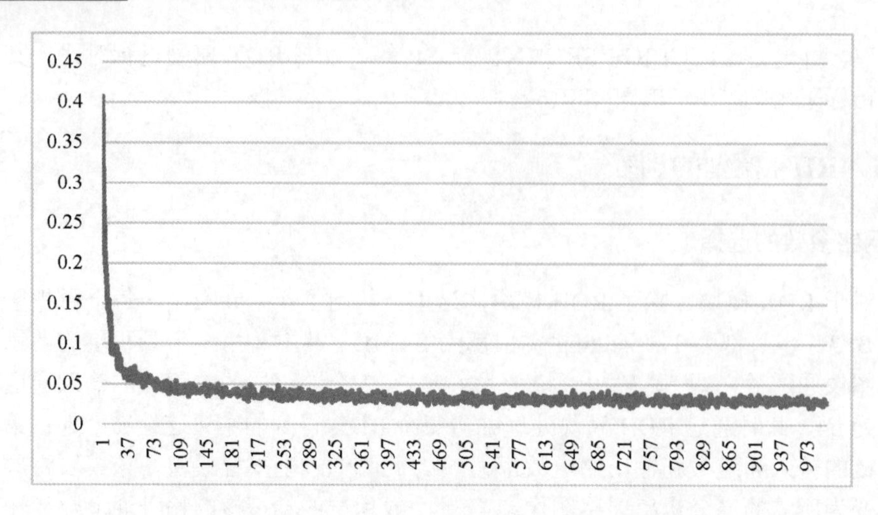

图 6.24　2 倍上采样因子下的 RDN 模型损失与 epoch 的关系折线图

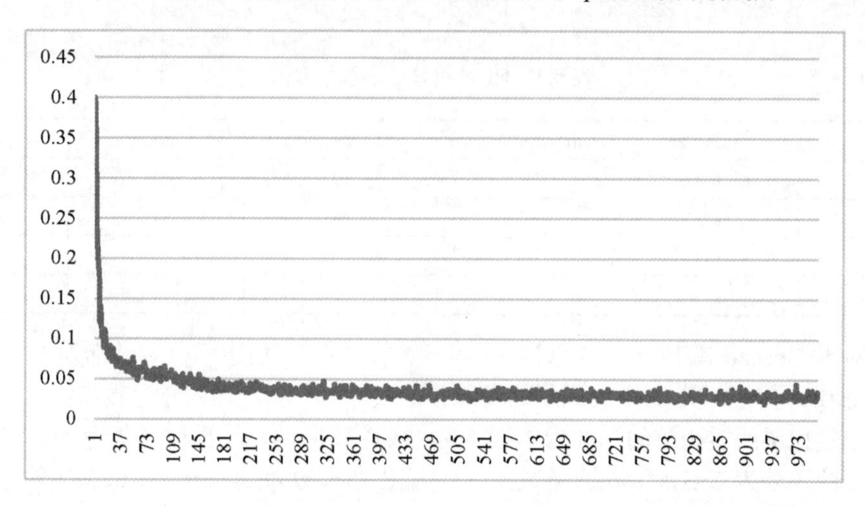

图 6.25　3 倍上采样因子下的 RDN 模型损失与 epoch 的关系折线图

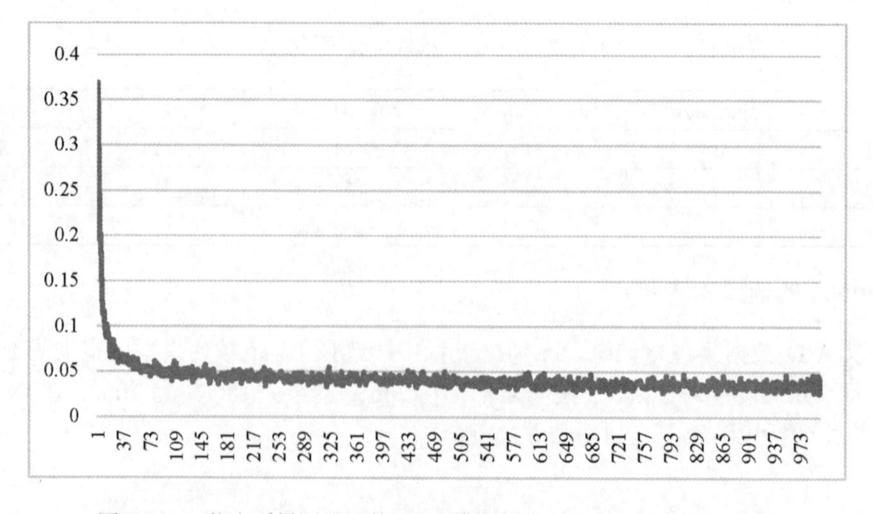

图 6.26　4 倍上采样因子下的 RDN 模型损失与 epoch 的关系折线图

由此可以看出，RDN 模型的损失随着 epoch 的增大是急剧下降的，在 2 倍上采样因子下，epoch 在 200 之后逐渐趋于饱和；在 3 倍上采样因子下，epoch 在 150 之后逐渐趋于饱和；在 4 倍上采样因子下，epoch 在 100 之后逐渐趋于饱和。通过计算可以发现，在 2 倍上采样因子下，损失最小值为 0.01625，对应的 epoch 为 596；在 3 倍上采样因子下，损失最小值为 0.019927，对应的 epoch 为 928；在 4 倍上采样因子下，损失最小值为 0.02604，对应的 epoch 为 999。因此，分别选择模型损失最低时的 epoch 作为实验中的选择。

6.4.2　基于 NWPU-RESISC45 数据集的测试结果

为了挑选一种效果最好的方法，这里选取 NWPU-RESISC45 数据集中的 8 幅影像来进行高分辨率重建，并选择 BICUBIC、SRCNN、VDSR 和 RDN 等方法进行实验和对比。同时选择 2 倍、3 倍和 4 倍的上采样因子进行高分辨率重建来对比不同方法的优劣。

1. 图像重建结果

在 NWPU-RESISC45 数据集中选择 8 幅遥感图像进行实验，它们分别是 airplane_001 影像、airport_001 影像、church_015 影像、circular_farmland_015 影像、harbor_023 影像、lake_001 影像、mountain_040 影像和 stadium_017 影像，如图 6.27 所示。

图 6.27　NWPU-RESISC45 数据集中用于实验的遥感图像

用各种基于深度学习的超分辨率重建方法进行实验，并将最后得到的结果进行直接的对比，其中 2 倍采样因子、3 倍采样因子和 4 倍采样因子的重建结果如图 6.28～图 6.33 所示。可以发现，2 倍采样因子的重建结果非常接近原始图像，3 倍采样因子的重建结果不如 2 倍采样因子的重建结果，4 倍采样因子的重建结果不如 3 倍采样因子的重建结果。也就是说，随着采样因子的增大，得到的重建效果是越来越差的，这个也不难理解，因为高分辨率重建代表着图像信息的恢复，而采样因子越大就代表着需要恢复越多的图像信息，由于高分辨率重建本身就是一个病态的、没有唯一解的问题，故随着采样因子的增大，图像的质量也越来越差。

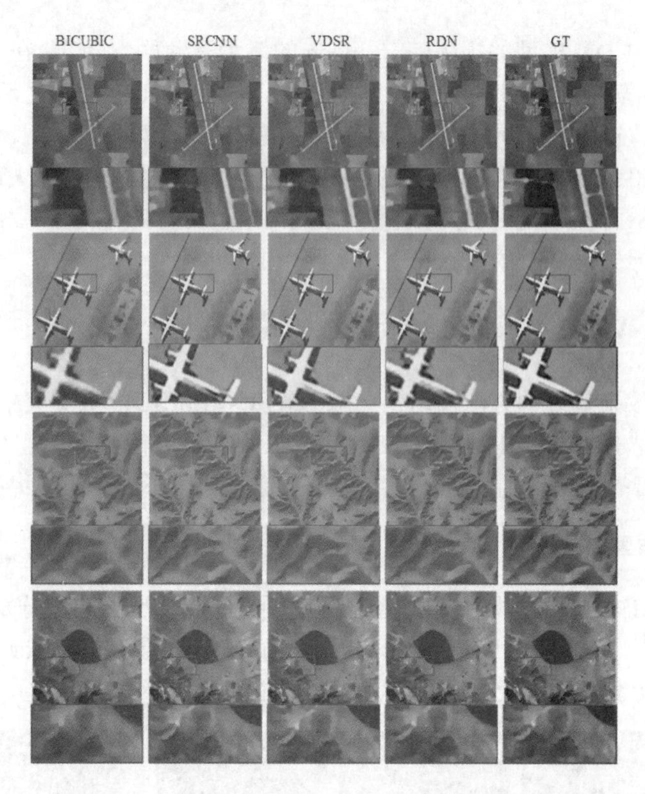

图 6.28　NWPU-RESISC45 数据集在 2 倍采样因子下的重建结果对比分析一

图 6.29　NWPU-RESISC45 数据集在 2 倍采样因子下的重建结果对比分析二

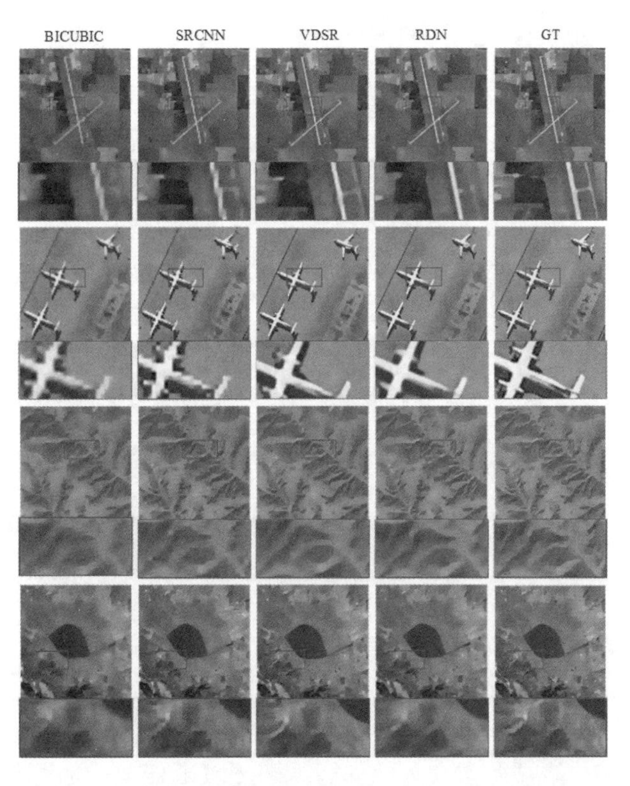

图 6.30　NWPU-RESISC45 数据集在 3 倍采样因子下的重建结果对比分析一

图 6.31　NWPU-RESISC45 数据集在 3 倍采样因子下的重建结果对比分析二

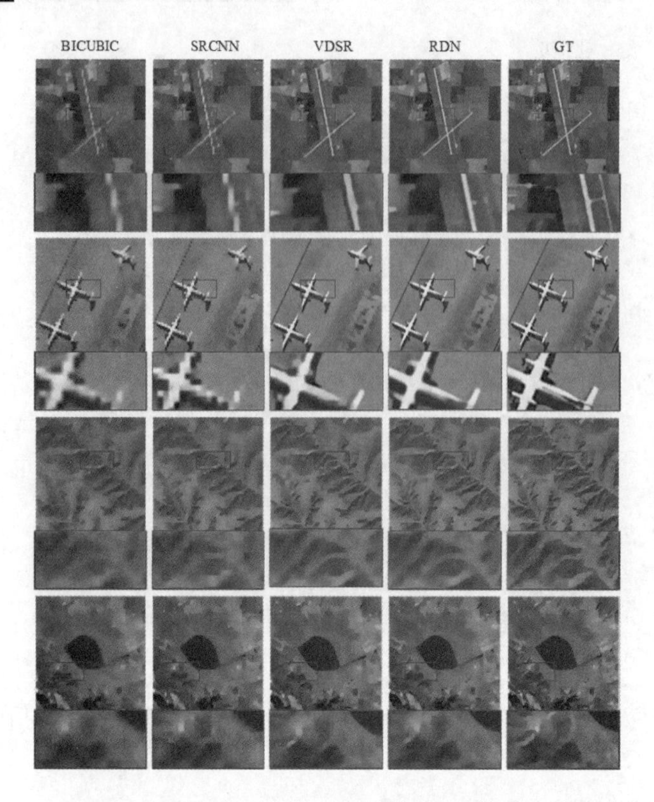

图 6.32　NWPU-RESISC45 数据集在 4 倍采样因子下的重建结果对比分析一

图 6.33　NWPU-RESISC45 数据集在 4 倍采样因子下的重建结果对比分析二

2. 评价指标

将以上 8 幅遥感图像在各个模型下进行的 2 倍、3 倍和 4 倍采样因子所得的 PSNR 与 SSIM 值进行展示。对于从 NWPU-RESISC45 数据集中选取的 8 幅影像，通过各种方法所得超分辨率重建结果的 PSNR 和 SSIM 值如表 6.3 和表 6.4 所示。

表 6.3　通过各种方法所得超分辨率重建结果的 PSNR 值

图像名称	采样因子	BICUBIC	SRCNN	VDSR	RDN
airplane_001	×2	27.62	31.47	32.02	30.27
	×3	25.15	25.33	28.33	29.95
	×4	23.48	23.55	25.73	27.61
airport_001	×2	29.48	31.88	32.33	31.70
	×3	26.89	27.04	29.27	30.00
	×4	25.27	25.36	27.24	28.41
church_015	×2	26.43	28.92	29.54	28.84
	×3	23.91	23.99	26.31	27.26
	×4	22.38	22.47	24.46	25.62
circular_farmland_015	×2	31.45	33.38	34.48	33.20
	×3	29.01	29.00	31.74	32.51
	×4	27.46	27.58	30.03	31.24
harbor_023	×2	21.26	23.79	24.76	23.47
	×3	18.81	18.73	20.91	21.84
	×4	17.63	17.68	19.37	20.54
lake_001	×2	29.87	31.40	31.87	31.95
	×3	27.57	27.49	29.03	29.24
	×4	26.18	26.23	27.39	27.59
mountain_040	×2	30.01	31.99	32.27	32.31
	×3	27.59	27.66	29.14	29.45
	×4	26.09	26.16	27.37	27.62
stadium_017	×2	27.76	30.46	30.91	30.46
	×3	24.94	25.12	27.33	28.19
	×4	23.07	23.18	24.94	26.37

表 6.4　通过各种方法所得超分辨率重建结果的 SSIM 值

图像名称	采样因子	BICUBIC	SRCNN	VDSR	RDN
airplane_001	×2	0.9363	0.9694	0.9727	0.9643
	×3	0.8923	0.9032	0.9358	0.9496
	×4	0.8456	0.8541	0.8955	0.9184
airport_001	×2	0.9175	0.9507	0.9552	0.9496
	×3	0.8599	0.8712	0.9061	0.9182
	×4	0.8071	0.8181	0.8559	0.8769

续表

图像名称	采样因子	BICUBIC	SRCNN	VDSR	RDN
church_015	×2	0.8692	0.9260	0.9303	0.9225
	×3	0.7824	0.8024	0.8614	0.8850
	×4	0.7070	0.7255	0.7919	0.8350
circular_farmland_015	×2	0.9450	0.9648	0.9712	0.9626
	×3	0.9085	0.9132	0.9427	0.9524
	×4	0.8749	0.8817	0.9164	0.9334
harbor_023	×2	0.8578	0.9306	0.9393	0.9186
	×3	0.7633	0.7900	0.8596	0.8924
	×4	0.6858	0.7110	0.7868	0.8570
lake_001	×2	0.9030	0.9391	0.9420	0.9455
	×3	0.8417	0.8523	0.8824	0.8889
	×4	0.7823	0.7925	0.8254	0.8323
mountain_040	×2	0.8979	0.9402	0.9425	0.9441
	×3	0.8284	0.8456	0.8431	0.8859
	×4	0.7620	0.7740	0.8135	0.8233
stadium_017	×2	0.9019	0.9475	0.9510	0.9484
	×3	0.8233	0.8456	0.8434	0.9047
	×4	0.7344	0.7541	0.8108	0.8489

6.4.3 基于 RSSCN7 数据集的测试结果

为了挑选一种效果最好的方法，这里选取 RSSCN7 数据集中的 7 幅影像，进行高分辨率重建，并选择 BICUBIC、SRCNN、VDSR 和 RDN 等方法进行实验和对比。同时选择 2 倍、3 倍和 4 倍的采样因子进行高分辨率重建来对比不同方法的优劣。

1. 图像重建结果

在 RSSCN7 数据集中选择 7 幅遥感图像进行实验，它们分别是 a007 影像、b223 影像、c072 影像、d164 影像、e316 影像、f001 影像、g003 影像，如图 6.34 所示。

图 6.34　RSSCN75 数据集中用于实验的遥感图像

用各种基于深度学习的超分辨率重建方法进行实验，并将最后得到的结果进行直接的对比，其中 2 倍采样因子、3 倍采样因子和 4 倍采样因子的重建结果如图 6.35～图 6.40 所示。可以发现，2 倍采样因子的重建结果非常接近原始图像，3 倍采样因子的结果不如 2 倍采样因子的重建结果，4 倍采样因子的重建结果不如 3 倍采样因子的重建结果。也就是说，随着采样因子的增大，得到的重建效果是越来越差的。

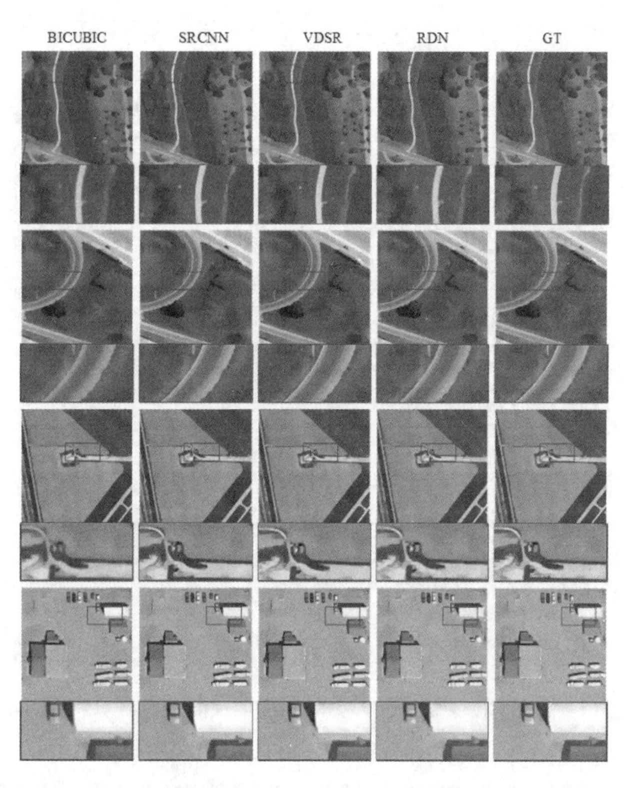

图 6.35　RSSCN7 数据集在 2 倍采样因子下的重建结果对比分析一

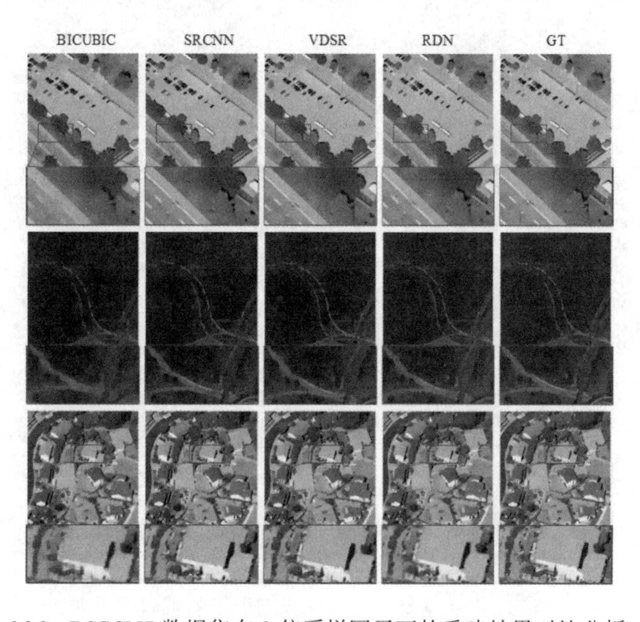

图 6.36　RSSCN7 数据集在 2 倍采样因子下的重建结果对比分析二

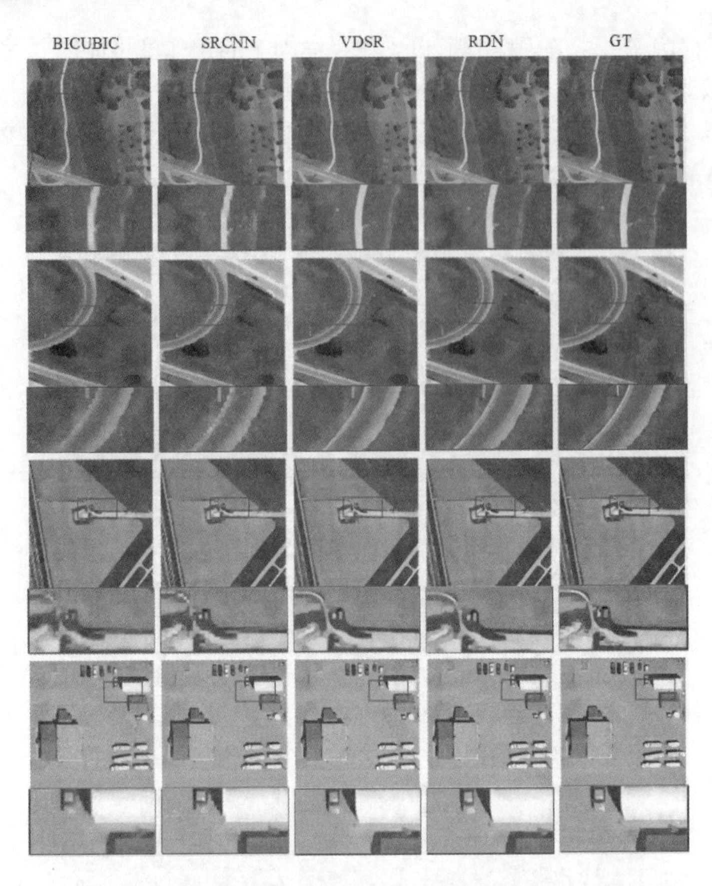

图 6.37　RSSCN7 数据集在 3 倍采样因子下的重建结果对比分析一

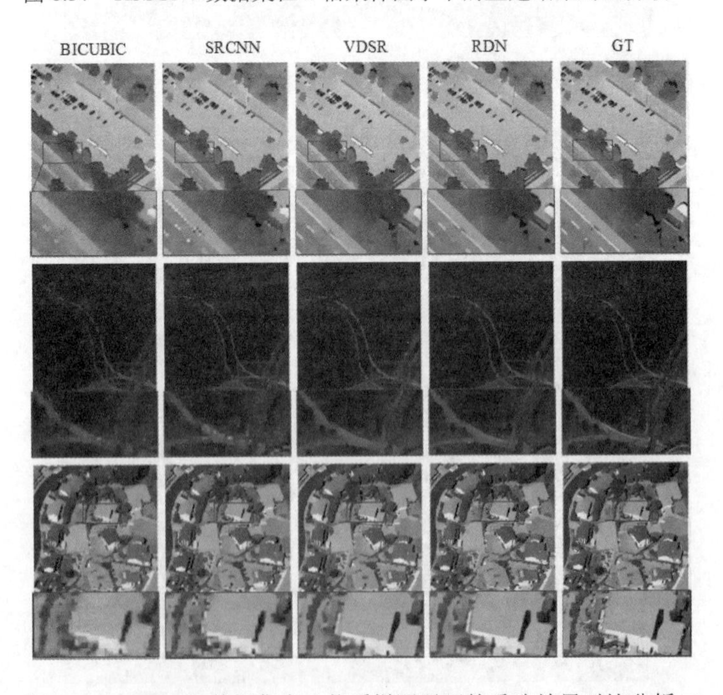

图 6.38　RSSCN7 数据集在 3 倍采样因子下的重建结果对比分析二

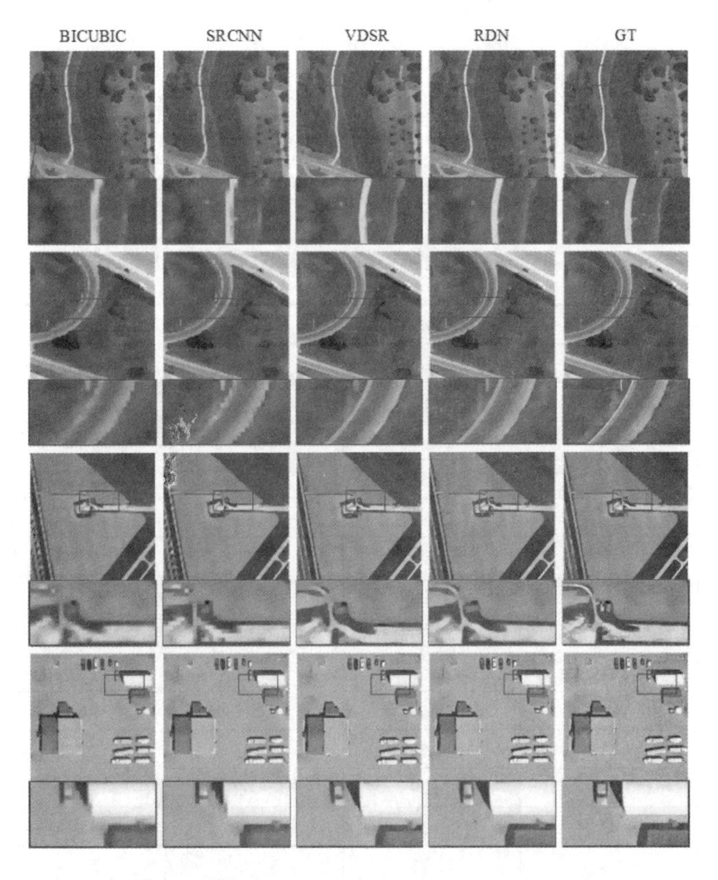

图 6.39　RSSCN7 数据集在 4 倍采样因子下的重建结果对比分析一

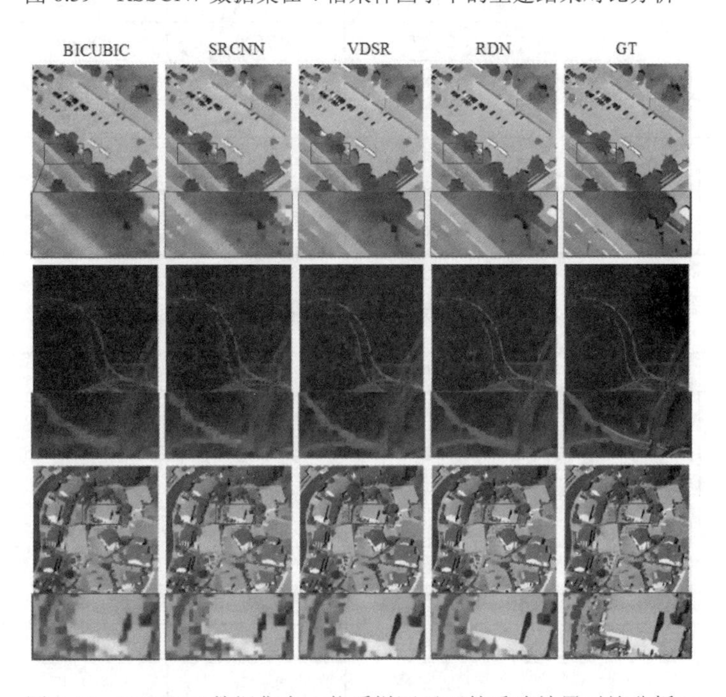

图 6.40　RSSCN7 数据集在 4 倍采样因子下的重建结果对比分析二

2. 评价指标

将以上 7 幅遥感图像在各个模型下进行的 2 倍、3 倍和 4 倍采样因子所得的 PSNR 和 SSIM 值进行展示。对于从 RSSCN7 数据集中选取的 7 幅影像，通过各种方法所得超分辨率重建结果的 PSNR 和 SSIM 值如表 6.5 和表 6.6 所示。

表 6.5 通过各种方法所得超分辨率重建结果的 PSNR 值

图像名称	采样因子	BICUBIC	SRCNN	VDSR	RDN
a007	×2	29.96	31.55	31.67	31.60
	×3	27.83	27.74	29.31	29.83
	×4	26.79	26.83	28.07	28.70
b223	×2	29.52	32.13	32.26	31.77
	×3	26.88	26.81	28.63	30.14
	×4	25.65	25.74	27.33	28.53
c072	×2	32.09	35.34	35.09	35.34
	×3	28.99	28.98	31.33	32.89
	×4	27.05	27.17	29.09	30.85
d164	×2	29.69	31.17	31.37	31.16
	×3	27.59	27.43	29.29	29.58
	×4	26.59	26.62	28.10	28.42
e316	×2	33.38	35.65	35.15	36.22
	×3	30.77	30.75	32.08	32.55
	×4	29.19	29.27	30.24	30.72
f001	×2	25.07	27.00	27.40	26.77
	×3	22.87	22.85	24.71	25.35
	×4	21.58	21.66	23.06	23.91
g003	×2	27.91	31.17	31.55	31.10
	×3	25.46	25.63	28.12	28.96
	×4	23.85	23.93	26.06	27.20

表 6.6 通过各种方法所得超分辨率重建结果的 SSIM 值

图像名称	采样因子	BICUBIC	SRCNN	VDSR	RDN
a007	×2	0.8948	0.9304	0.9266	0.9332
	×3	0.8350	0.8430	0.8706	0.8821
	×4	0.7947	0.8023	0.8287	0.8441
b223	×2	0.9359	0.9653	0.9618	0.9648
	×3	0.8893	0.8960	0.9151	0.9325
	×4	0.8554	0.8627	0.8839	0.9042
c072	×2	0.9573	0.9754	0.9713	0.9771
	×3	0.9238	0.9270	0.9442	0.9553
	×4	0.8914	0.8973	0.9162	0.9334

续表

图像名称	采样因子	BICUBIC	SRCNN	VDSR	RDN
d164	×2	0.9009	0.9317	0.9312	0.9333
	×3	0.8501	0.8561	0.8862	0.8939
	×4	0.8123	0.8192	0.8482	0.8584
e316	×2	0.9322	0.9624	0.9561	0.9678
	×3	0.8791	0.8877	0.9077	0.9172
	×4	0.8279	0.8365	0.8548	0.8677
f001	×2	0.8653	0.9145	0.9182	0.9105
	×3	0.7912	0.8080	0.8543	0.8701
	×4	0.7251	0.7408	0.7897	0.8193
g003	×2	0.9138	0.9568	0.9539	0.9575
	×3	0.8558	0.8706	0.9073	0.9213
	×4	0.7996	0.8109	0.8560	0.8821

本节主要对 BICUBIC、SRCNN、VDSR 和 RDN 方法进行了大量对比实验，并对实验结果进行了详细的分析。

6.5 本章小结

本章立足于遥感图像的超分辨率重建这个研究领域，在总结前人提出的各种方法的基础上，选择了几个经典的基于深度学习的超分辨率重建网络模型，以 AID 数据集为训练数据集，以 NWPU-RESISC45 和 RSSCN7 数据集为测试数据集进行了大量的实验，并对实验结果进行了详细的分析。

（1）本章在调研国内外学者对超分辨率重建研究的基础上，详细阐述了超分辨率重建是指图像从低分辨率到高分辨率的重建过程，介绍了遥感图像的应用价值和提高遥感图像空间分辨率的意义。超分辨率重建技术大致可分为 3 种，分别是基于插值的方法、基于重建的方法和基于学习的方法。其中，基于学习的方法是如今最流行的方法， SRCNN 模型在 2014 年被提出后，在超分辨率重建中具有里程碑的意义。它成功地将卷积神经网络应用到了超分辨率重建技术中；此外，各种经典的网络模型纷纷被提了出来，如 VDSR、RDN、SRGAN 等，以此为基础开始对遥感图像的超分辨率重建进行研究。

（2）本章选择了几个优秀的基于卷积神经网络的超分辨率网络模型，以 AID 数据集为训练数据集，以 NWPU-RESISC45 和 RSSCN7 数据集为测试数据集进行了大量的实验。本章以 PSNR 和 SSIM 为图像质量评价指标，发现了纹理细节比较简单的影像重建效果要优于纹理细节比较复杂的影像，RDN 模型更适合于边缘特征突出、纹理细节简单的影像。不管是对于 NWPU-RESISC45 数据集还是对于 RSSCN7 数据集，随着采样因子的增大，PSNR 和 SSIM 的值都有所下降。随着采样因子的增大，RDN 模型相较于其他模型的重建效果越来越好。

本章参考文献

[1] 陈敏强．深度卷积神经网络超分辨率重建技术驱动的卫星遥感图像融合研究[D]．南昌：东华理工大学，2019．

[2] Sergey I, Szegedy C. Batch normalization: Accelerating deep network training by reducing internal covariate shift[C].ICML'15: Proceedings of the 32nd International Conference on International Conference on Machine Learning, 2015, 37:448-456.

[3] Hayit G. Super-resolution in medical imaging[J]. The computer journal, 2009, 52(1):43-63.

[4] Bai Y, Zhang Y, Ding M, et al. Sod-mtgan: Small object detection via multi-task generative adversarial network[C]//Proceedings of the European Conference on Computer Vision (ECCV), 2018.

[5] Jiang J, Ma J, Chen C, et al. SuperPCA: A superpixelwise PCA approach for unsupervised feature extraction of hyperspectral imagery[J]. IEEE Transactions on Geoscience and Remote Sensing, 2018, 56(8): 4581-4593.

[6] He N, Fang L, Li S, et al. Remote sensing scene classification using multilayer stacked covariance pooling[J]. IEEE Transactions on Geoscience and Remote Sensing, 2018, 56(12): 6899-6910.

[7] Fang L, Liu G, Li S, et al. Hyperspectral image classification with squeeze multibias network[J]. IEEE Transactions on Geoscience and Remote Sensing, 2018, 57(3):1291-1301.

[8] Zhu J, Fang L, Ghamisi P. Deformable convolutional neural networks for hyperspectral image classification[J]. IEEE Geoscience and Remote Sensing Letters, 2018, 15(8): 1254-1258.

[9] Stefan B, Ulmer FG, Hansteen TH, et al. Radar path delay effects in volcanic gas plumes: the case of Lάscar Volcano, Northern Chile[J]. Remote Sensing, 2018, 10(10):1514.

[10] Zou Z, Shi Z. Random access memories: A new paradigm for target detection in high resolution aerial remote sensing images[J]. IEEE Transactions on Image Processing, 2017, 27(3): 1100-1111.

[11] Zou Z, Shi Z. Ship detection in spaceborne optical image with SVD networks[J]. IEEE Transactions on Geoscience and Remote Sensing, 2016, 54(10): 5832-5845.

[12] Li X, Orchard Michael-T. New edge-directed interpolation[J]. IEEE transactions on image processing, 2001, 10(10): 1521-1527.

[13] Pan B, Shi Z, Xu X. Analysis for the weakly Pareto optimum in multiobjective-based hyperspectral band selection[J]. IEEE Transactions on Geoscience and Remote Sensing, 2019, 57(6): 3729-3740.

[14] Xi W, Shi Z. Utilizing multilevel features for cloud detection on satellite imagery[J]. Remote Sensing, 2018, 10(11): 1853.

[15] Pan B, Shi Z, Xu X, et al. CoinNet: Copy initialization network for multispectral imagery semantic segmentation[J]. IEEE Geoscience and Remote Sensing Letters, 2018, 16(5): 816-820.

[16] Lin H, Shi Z, Zou Z. Fully convolutional network with task partitioning for inshore ship detection in optical remote sensing images[J]. IEEE Geoscience and Remote Sensing Letters, 2017, 14(10): 1665-1669.

[17] Shi Z, Zou Z. Can a machine generate humanlike language descriptions for a remote sensing image[J]. IEEE Transactions on Geoscience and Remote Sensing, 2017, 55(6): 3623-3634.

[18] Harris J L. Diffraction and resolving power[J]. JOSA, 1964, 54(7): 931-936.

[19] 吴荣贵. 基于深度学习的图像超分辨率重建研究[D]. 北京：中国科学院大学，2020.

[20] Schultz R R, Stevenson R L. A Bayesian approach to image expansion for improved definition[J]. IEEE Transactions on Image Processing, 1994, 3(3): 233-242.

[21] Hsieh H, Andrews H. Cubic splines for image interpolation and digital filtering[J]. IEEE Transactions on acoustics, speech, and signal processing, 1978, 26(6): 508-517.

[22] Zhang X J, Wu X L. Image interpolation by adaptive 2-D autoregressive modeling and soft-decision estimation[J]. IEEE transactions on image processing, 2008, 17(6): 887-896.

[23] Hiroyuki T, Farsiu S, Milanfar P. Kernel regression for image processing and reconstruction[J]. IEEE Transactions on image processing, 2007, 16(2): 349-366.

[24] Fei Z, Yang W, Liao Q. Interpolation-based image super-resolution using multisurface fitting[J]. IEEE Transactions on Image Processing, 2012, 21(7): 3312-3318.

[25] Liu X M, Zhao D B, Xiong R Q, et al. Image interpolation via regularized local linear regression[J]. IEEE Transactions on Image Processing, 2011, 20(12): 3455-3469.

[26] Tsai R. Multiframe image restoration and registration[J]. Advance Computer Visual and Image Processing, 1984, 1317-339.

[27] Michal I, Peleg S. Improving resolution by image registration[J]. CVGIP: Graphical models and image processing, 1991, 53(3): 231-239.

[28] Schultz R R, Stevenson R L. Extraction of high-resolution frames from video sequences[J]. IEEE transactions on image processing, 1996, 5(6): 996-1011.

[29] Schultz R R, Stevenson R L. Improved definition video frame enhancement[C]//the International Conference on Acoustics, Speech, and Signal Processing, 1995.

[30] 苏秉华，金伟其，牛丽红，等. 基于 Markov 约束的泊松最大后验概率超分辨率图像复原法[J]. 光子学报，2002，31(004):492-496.

[31] Freeman W T, Pasztor E C, Carmichael O T. Learning low-level vision[J]. International journal of computer vision, 2000, 40(1): 25-47.

[32] Chang H, Yeung D Y, Xiong Y. Super-resolution through neighbor embedding[C]// Proceedings of the IEEE Computer Society Conference on Computer Vision and Pattern Recognition, 2004.

[33] Yang J, Wright J, Huang T, et al. Image super-resolution via sparse representation[J]. IEEE transactions on image processing, 2010, 19(11): 2861-2873.

[34] Yang J, Wright J, Huang T, et al. Image super-resolution as sparse representation of raw image patches[C]//the IEEE conference on computer vision and pattern recognition, 2008.

[35] Yang J, Wang Z W, Lin Z, et al. Coupled dictionary training for image super-resolution[J]. IEEE transactions on image processing, 2012, 21(8): 3467-3478.

[36] Dong C, Loy C C, He K, et al. Learning a deep convolutional network for image super-resolution[C]//European conference on computer vision. Springer, 2014.

[37] Dong C, Loy C C, Tang X. Accelerating the super-resolution convolutional neural network[C]//European conference on computer vision, 2016.

[38] Shi W, Caballero J, Huszár F, et al. Real-time single image and video super-resolution using an efficient sub-pixel convolutional neural network[C]//Proceedings of the IEEE conference on computer vision and pattern recognition, 2016.

[39] Kim J, Lee J K, Lee K M. Accurate image super-resolution using very deep convolutional networks[C]//Proceedings of the IEEE conference on computer vision and pattern recognition, 2016.

[40] Karen S, Zisserman A. Very deep convolutional networks for large-scale image recognition[C].2015 International Conference on Learning Representations,2015,1-14.

[41] He K, Zhang X, Ren S, et al. Deep residual learning for image recognition[C]//Proceedings of the IEEE conference on computer vision and pattern recognition, 2016.

[42] Kim J, Lee J K, Lee K M. Deeply-recursive convolutional network for image super-resolution[C]//Proceedings of the IEEE conference on computer vision and pattern recognition, 2016.

[43] Socher R, Lin C C Y, Ng A Y, et al. Parsing natural scenes and natural language with recursive neural networks[C]//ICML, 2011.

[44] Tai Y, Yang J, Liu X. Image super-resolution via deep recursive residual network[C]// Proceedings of the IEEE conference on computer vision and pattern recognition, 2017.

[45] Lai W S, Huang J B, Ahuja N, et al. Deep laplacian pyramid networks for fast and accurate super-resolution[C]//Proceedings of the IEEE conference on computer vision and pattern recognition, 2017.

[46] Tong T, Li G, Liu X J, et al. Image Super-Resolution Using Dense Skip Connections[C]// the IEEE International Conference on Computer Vision, 2017.

[47] Huang G, Liu Z, Laurens V, et al. Densely connected convolutional networks[C]// Proceedings of the IEEE conference on computer vision and pattern recognition, 2017.

[48] Ledig C, Theis L, Huszár F, et al. Photo-realistic single image super-resolution using a generative adversarial network[C]//Proceedings of the IEEE conference on computer vision and pattern recognition, 2017.

[49] Goodfellow I J, Pouget-Abadie J, Mirza M, et al. Generative adversarial nets[J]. Advances in neural information processing systems, 2014, 27:2672-2680.

[50] Wang X, Yu K, Wu S, et al. Esrgan: Enhanced super-resolution generative adversarial networks[C]//Proceedings of the European Conference on Computer Vision (ECCV) Workshops, 2018.

[51] Christian S, Loffe S, Vanhoucke V, et al. Inception-v4, inception-resnet and the impact of residual connections on learning[C]. Proceedings of the Thirty-First AAAI Conference on Artificial Intelligence, San Francisco, California, USA,February 4-9, 2017, 1-17.

[52] 代强，程曦，王永梅，等. 基于轻量自动残差缩放网络的图像超分辨率重建[J]. 计算机应用，2020，40(5):1446-1452.

[53] Jolicoeur-Martineau A. The relativistic discriminator: a key element missing from standard GAN[J]. arXiv preprint arXiv:1807.00734, 2018.

[54] Lim B, Son S, Kim H, et al. Enhanced deep residual networks for single image super-resolution[C]//Proceedings of the IEEE conference on computer vision and pattern recognition workshops, 2017.

[55] Timofte R, Agustsson E, Van G L, et al. Ntire 2017 challenge on single image super-resolution: Methods and results[C]//Proceedings of the IEEE conference on computer vision and pattern recognition workshops, 2017.

[56] Zhang Y, Tian Y, Kong Y, et al. Residual dense network for image super-resolution[C]//Proceedings of the IEEE conference on computer vision and pattern recognition, 2018.

[57] Ducournau A, Fablet R. Deep learning for ocean remote sensing: an application of convolutional neural networks for super-resolution on satellite-derived SST data[C]//the 9th IAPR Workshop on Pattern Recogniton in Remote Sensing (PRRS), 2016.

[58] Luo Y M, Zhou L G, Wang S, et al. Video satellite imagery super resolution via convolutional neural networks[J]. IEEE Geoscience and Remote Sensing Letters, 2017, 14(12): 2398-2402.

[59] Lei S, Shi Z, Zou Z. Super-resolution for remote sensing images via local--global combined network[J]. IEEE Geoscience and Remote Sensing Letters, 2017, 14(8): 1243-1247.

[60] Liu H, Fu Z L, Han J G, et al. Single satellite imagery simultaneous super-resolution and colorization using multi-task deep neural networks[J]. Journal of Visual Communication and Image Representation, 2018, 53:20-30.

[61] Pan Z X, Ma W, Guo J Y, et al. Super-resolution of single remote sensing image based on residual dense backprojection networks[J]. IEEE Transactions on Geoscience and Remote Sensing, 2019, 57(10): 7918-7933.

[62] Li Y S, Hu J, Zhao X, et al. Hyperspectral image super-resolution using deep convolutional neural network[J]. Neurocomputing, 2017, 266:29-41.

[63] Hu J, Li Y S, Zhao X, et al. A spatial constraint and deep learning based hyperspectral image super-resolution method[C]//the IEEE International Geoscience and Remote Sensing Symposium (IGARSS), 2017.

[64] Mei S, Yuan X, Ji J, et al. Hyperspectral image super-resolution via convolutional neural network[C]//the IEEE International Conference on Image Processing (ICIP), 2017.

[65] Ma W, Pan Z X, Guo J Y, et al. Achieving super-resolution remote sensing images via the wavelet transform combined with the recursive res-net[J]. IEEE Transactions on Geoscience and Remote Sensing, 2019, 57(6): 3512-3527.

[66] Chang Y P, Luo B. Bidirectional convolutional LSTM neural network for remote sensing image super-resolution[J]. Remote Sensing, 2019, 11(20): 2333.

[67] Lu T, Wang J M, Zhang Y D, et al. Satellite image super-resolution via multi-scale residual deep neural network[J]. Remote Sensing, 2019, 11(13): 1588.

[68] Ma W, Pan Z X, Yuan F, et al. Super-Resolution of Remote Sensing Images via a Dense Residual Generative Adversarial Network[J]. Remote Sensing, 2019, 11(21): 2578.

[69] Martin A, Chintala S, Bottou L. Wasserstein gan[J]. arXiv preprint arXiv:1701.07875, 2017.

[70] Jiang K, Wang Z Y, Yi P, et al. Edge-Enhanced GAN for Remote Sensing Image Superresolution[J]. IEEE Transactions on Geoscience and Remote Sensing, 2019, 57(8): 5799-5812.

[71] Lei S, Shi Z, Zou Z. Coupled Adversarial Training for Remote Sensing Image Super-Resolution[J]. IEEE Transactions on Geoscience and Remote Sensing, 2020, 58(5): 3633-3643.

[72] Yu Y L, Li X Z, Liu F X. E-DBPN: Enhanced Deep Back-Projection Networks for Remote Sensing Scene Image Superresolution[J]. IEEE Transactions on Geoscience and Remote Sensing, 2020, 58(8): 5503-5515.

[73] Haris M, Shakhnarovich G, Ukita N. Deep back-projection networks for super-resolution[C]//Proceedings of the IEEE conference on computer vision and pattern recognition, 2018.

[74] Ma J, Zhang L B, Zhang J. SD-GAN: Saliency-Discriminated GAN for Remote Sensing Image Superresolution[J]. IEEE Geoscience and Remote Sensing Letters, 2020, 17(11): 1973-1977.

[75] Guo Z, Wu G, Shi X, et al. Geosr: A Computer Vision Package for Deep Learning Based Single-Frame Remote Sensing Imagery Super-Resolution[C]//IGARSS 2019-2019 IEEE International Geoscience and Remote Sensing Symposium, 2019.

第7章 基于深度学习的红树林提取

红树林具有多方面的生态系统服务功能，在海滨地区的生态环境系统等方面具有十分重要的作用。由于红树林生态环境系统极易受到人为因素和自然环境的影响，所以其监管和保护就显得极为重要。为了动态地对红树林分布区域进行制图和监测，需要准确提取遥感图像中的红树林，这也引起了诸多学者的兴趣。然而，传统的人工提取方法（如目视解译方法）主要利用学者的遥感专业知识及经验，根据遥感图像上红树林及其周围的影像特征，以及影像上目标的空间组合关系等，经推理、分析来识别红树林。这种方法虽然较为准确，但操作复杂且提取精度易受人为因素的影响。随着深度学习技术在图像分类、检测和分割方面应用的成功，使得基于深度学习智能提取遥感图像中地物的方法成为现在研究的一个焦点。

7.1 红树林提取的背景意义与现状分析

7.1.1 红树林提取的背景意义

红树林是指以红树植物为主的常绿乔木、灌木组成的木本植物群落[1]。红树林很难在砂质海岸生长，故经常出现在淤泥较多的河口一带。红树林主要分布在地球南北纬 25° 之间的 118 个国家和地区[1,2]。红树林可以提供多种生态系统服务功能[3]，主要包括以下几项。

（1）防风消浪、除淤保滩、固岸护堤[4]。

（2）净化海水和空气[5]。

（3）为海洋动植物提供良好的生长发育环境及觅食栖息地，保护生物多样性。

（4）具有很高的工业、药用等经济价值，可为人类提供木材、食物、药材和其他化工原料等。

（5）具有旅游观赏等自然景观和美学价值[3,6]。

红树林以非常有限的覆盖面积对调节河口和海岸带生态系统的全球生物地球化学过程具有重要作用，随着社会经济的迅速发展和沿海经济区的不断开发，红树林的生长环境越来越恶化[7]，而人类大量的经济开发活动导致红树林的分布区域进一步减少[8-10]，同时其面积也因人为砍伐而显著减小[11]。在国际上，湿地保护和生物多样性保护都将红树林资源列为重要的保护对象[9,12]。因此，保护红树林不但意义重大，而且迫在眉睫，特别是阻止红树林面积的减小成为当务之急。与此同时，提取红树林范围、估测红树林面积，并绘制红树林地图以应对红树林生态系统退化和土地利用变化就显得十分有意义。

然而，由于红树林林深树密且位于潮间带泥滩，受周期性潮水浸没影响，使人很难进入，导致红树林的大规模人工采样十分困难[13,14]。而且，虽然地面调查能够比较全面地了解生态系统的结构、过程和功能状况及其变化，但是这种观测需要长期持续的投入，所能达到的时空尺度也有一定的局限性。随着遥感、地理信息系统等技术的不断进步，为研究数据的获取提供了重要的技术手段和方法[15]。遥感技术因其数据更新快、空间分辨率高、覆盖面积大、尺度多样等特点，已成为国内外红树林监测的主要技术[16]。从高分辨率的航空图像到中、高分辨率的卫星图像，从高光谱数据到 SAR（Synthetic Aperture Radar，合成孔径雷达）及激光雷达（Light Detection and Ranging，LiDAR）数据，红树林研究已使用了各种遥感数据[17-19]。因此，高分辨率遥感图像中红树林分布范围提取的研究在红树林地图的制图和分布变迁，以及遥感监测方面占据十分重要的位置。

综上所述，由于遥感图像在红树林研究中的广泛应用，导致研究一种能实现多源的高分辨率遥感图像的提取就显得格外重要。随着深度学习模型的不断优化和深度学习的不断发展，及其在遥感图像中地物分类的应用，使得这方面的算法研究不断地得到改进。因此，对高精度遥感图像红树林提取方法进行研究具有极大的科学理论和工程应用实践价值。

7.1.2 红树林提取方法现状分析

1. 国外研究现状

传统的红树林遥感信息提取方法包括目视解译、支持向量机和随机森林等。在这些方法中，目视解译法的分类精度较高，但会造成大量人力和物力的耗费[20]。Giri 等[21]使用 Landsat 卫星数据绘制了南亚红树林当时的范围[20]。然而，传统的人工提取方法（如目视解译方法）主要根据遥感图像上红树林及周围的影像的光谱信息和结构信息等特征，经推理、分析来识别红树林。这种方法具有较高的精度，但费时费力[22]，并且包含操作人员的大量错误[23]。最近，对地物信息自动提取方法的大量研究已成功地用于遥感图像中提取红树林。研究人员提出了多种红树林提取方法，这些方法以分类的基本单元不同，可分为基于像素+传统方法和面向对象+传统方法的分类方法。其中，基于像素+传统方法的分类方法由于分类的对象是单个像素，因此只能获取像素在不同波段中的光谱特征，无法利用遥感图像中的地物及其周边的纹理信息，而且容易产生椒盐噪声，分类准确率不高[24]。基于像素的提取方法包括光谱角（Spectral Angle Mapper，SAM）[25,26]法、最大似然分类（Maximum Likelihood Classification，MLC）[27-29]和光谱分解[24,30,31]。

面向对象+传统方法的分类方法将同质且相邻的像元合并为一个对象，影像被分割为差异性较大的多个对象，将对象作为分类的基本单元[32,33]，在利用红树林的光谱特征信息的同时，将红树林斑块的形状、纹理及结构等空间信息考虑在内，因而具有更高的分类准确率[34]。一般而言，面向对象+传统方法的分类方法将分类的过程分为 4 步：影像分割、纹理信息提取、红树林提取和后处理。在应用中，通常以灰度共生矩阵（Gray-Level Co-occurrence Matrix，GLCM）计算对象的纹理特征，以获取更准确的分类图[35]。Jia 等[36]研究了基于对象的红树林提取方法，包括最近邻分类器[37,38]、随机森林[39]和支持向量机[40-42]。先前的研究表明，基于对象的方法通常比基于像素的方法对红树林物种进行分类要好，特别是高分辨率的高光谱影像[43-45]。对于大多数基于对象的分类，光谱特征被广泛使用[46]，但是也考虑了空间或结构信息，如纹理和形态特征。但是，基于面向对象的分类方法也存在一些缺点，如确定分割的标准以适应红树林的分类较难、参数难以设置、需要手动调参并不断适应、工作量较大、重新分割后分类的精度也不同。

自从 Krizhevsky 等基于深度学习理论提出了 AlexNet 模型[47]以来，深度学习方法得到广泛关注与研究，后续结果证明这种方法比传统的机器学习方法在计算机视觉方面表现更加出色。深度学习能够自动地从浅层的特征中学习更加复杂和抽象的深层特征，使得其在影像分类[48]、目标检测[49]、语义分割[50-52]和实例分割[53]方面取得很多突破。因此，深度学习方法吸引了研究人员从遥感图像中检测和分割各种地类的兴趣[54]。2015 年，Long 等提出了全卷积网络（Fully Convolutional Networks，FCN）[50]，该模型将全连接层转换为卷积层并连接中间特征图，将特征图中的位置信息和分类信息相结合，给每个待分类像素提供全局的语义信息，后续研究证明基于 FCN 及其扩展的语义分割模型具有出色的特征提取能力[55-58]。Zhong 等[59]利用 FCN 分别对建筑物和道路进行分割，结果证明，FCN 能检测遥感图像中不同类别的物体并预测其形状。Maggiori 等[60]基于 FCN 并结合多尺度特征图构建语义分割模型，实现了遥感图像的逐像素分类，实验证明，FCN 能够在一定程度上拟合地物边界，得到较为精确的预测结果。

随着卷积神经网络（Convolutional Neural Networks，CNN）的不断发展和技术突破[60]，借助丰富的层次特征和端到端可训练框架[51,61-63]，语义分割的性能有了显著提高。由于深度卷积神经网络通过下采样提取影像特征信息，导致大量特征信息被直接丢弃，使得难以对大量的小目标物体进行分类。因此，语义分割通常将高层的特征图进行上采样后与低层的特征图按通道进行叠加或按像素直接相加，通过卷积层融合特征信息并恢复像素点的分类信息和位置信息。Lin 等[64]提出了特征金字塔网络（Feature Pyramid Networks，FPN），通过上采样和特征图相加，利用浅层的特征将简单的目标区分开来，利用深层的特征将复杂的目标区分开来。U-Net 模型[65]是一个对称的语义分割模型，将编码信息重用于解码信息中，实现了医学领域的高精度影像分割。为了整合不同尺度的特征信息，PSPNet[62]应用了金字塔池化模块，将 5 种尺度的特征图按通道进行叠加；DeepLab[66] 应用了空洞空间金字塔池化（Atrous Spatial Pyramid Pooling，ASPP），使用 4 种不同采样率的扩张卷积学习图像的多尺度上下文信息。

受人类视觉的注意力机制的启发，注意力机制逐渐被应用于神经网络中，尤其在自然语言处理和计算机视觉方面，取得了显著成绩[58,67-69]。SENet（Squeeze and Excitation Networks）[58]利用全局平均池化压缩特征图信息并与特征图通道相乘实现注意力机制，以学习的方式自动获取每个特征通道的重要程度，依照这个重要程度增强有用的特征信息并抑制对当前任务用处不大的特征信息。Cao 等[70]提出了全局上下文模块，并以此捕获有效的像素关系。PAN（Pyramid Attention Network）[71]和 DFN（Discriminative Feature Network）[72]分别通过 GAU（Global Attention Up-sample）和 CAB（Channel Attention Block）执行全局池化，得到全局上下文信息，指导低级阶段特征图进行详细分类。

由于卷积计算的原理，导致语义分割网络结构往往不能准确地检测物体的边界，并且缺乏去除椒盐噪声的能力。因此，在后处理阶段，边界对准过程试图完善对象边界附近的预测，以细调语义分割的结果。传统的条件随机场（Conditional Random Field，CRF）使用能量函数建模相邻节点，使相近的像素点更倾向于相同分类。DeepLab[73]直接采用密集 CRF[74]作为 CNN 之后的后处理方法，dense-CRF 是建立在全连接图上的 CRF 变量，它不但计算速度快，而且既保留了细节又能获得长距离的依赖关系。CRFAsRNN[52]将 dense-CRF 建模为循环神经网络（Recurrent Neural Network，RNN）样式的运算符，使其成为深度神经网络的一部分，并提出了一条端到端的流程。 DPN（Deep Parsing Network）[61]对 dense-CRF 进行了不同的近似，考虑空间上下文关系，在二元势函数中引入了三元惩罚项，以学习局部上下文。Jampani 等 [75]介绍了双边滤波器，以计算卷积神经网络中特定的成对势能。上述深度学习技术和图像处理方法被广泛用于遥感图像地物提取中。

2. 国内研究现状

红树林的地物类型的特征十分复杂，包括光谱特征（是造成同谱异物和同物异谱的根本原因）、形状特征及纹理特征等[76]。在遥感图像的红树林提取任务中，现在的研究方法通常应用红树林与其周围地物的光谱特征差异和纹理、形状等结构特征的差异，同时通过波段组合加强这些特征，并利用地物边界增强及红树林边界检测技术[76-78]识别红树林与非红树林区域，实现红树林的精确提取，并将红树林提取的结果应用于红树林分布、面积的监测及制图等方面。

在国内，滕骏华等应用专题制图仪（Thematic Mapper，TM）、数字高程模型（Digital Elevation Model，DEM），通过人工神经网络（Artificial Neural Network，ANN）的分类算法学习红树林的地物特征，提取红树林的分布区域信息[79]，苏岫等和张伟等进一步研究了预处理遥感图像数据以用于红树林地物分类的策略[76,80]。刘凯等[81] 将红树林分布较多的珠海淇澳岛作为研究区域，在国内第一次融合了 TM 数据和 SAR 数据，并分别将监督分类、非监督分类及神经网络分类方法应用于遥感图像红树林提取任务中。综合而言，现阶段红树林提取任务的研究重心主要集中于分类方法及分类精度的提高上，而分类方法主要为传统的地物提取方法，如何提高遥感图像红树林提取的准确率、样本数据的选择和融合、红树林特征的提取、多源数据的应用仍然是遥感图像红树林分类十分有意义的研究课题。

3. 存在的问题分析

综上所述，国内外研究员和学者对于遥感图像红树林分割的问题仍然停留在基于像素+传统方法和面向对象+传统方法的分类方法的探究中。另外，还重点研究了红树林在不同波段遥感图像和波段组合中的光谱信息、纹理与形状结构等特征。虽然深度学习算法在遥感图像的道路和建筑物提取中取得了很大的成功，但在红树林提取中仍很少有学者采用深度学习算法，特别是没有统一的红树林语义分割数据集，使得模型性能的训练和测试也没有统一的标准。

语义分割任务在影像处理中的出色表现表明深度神经网络也可用于遥感图像中红树林的提取。遥感图像的多光谱成像和数据存储格式使其包含了丰富的地物信息，如对植被和水域十分敏感的近红外波段。但是，在遥感图像红树林提取的任务中，也导致了大量噪声和冗余数据的产生。一方面，由于红树林本身属于植被的一种类型，而且红树林与背景中的其他植被具有相同的光谱、结构和纹理特征，使得一部分植被被误分为红树林，即类间一致性误差；另一方面，由于红树林的成熟林与幼体扩展林、自然林与人工林的光谱、纹理和形状大不相同，如成熟林和自然林密集成块，而幼体扩展林和人工林多呈零星点状分布，造成红树林区被漏分。这些在光谱和空间特征上的复杂状况导致红树林提取变得十分困难。然而，红树林多分布于离海岸5km以内的潮间带地区，属于湿地森林生态系统，因此，可以利用遥感图像中的近红外波段和短波红外波段对水分敏感的特点区分陆地植被与红树林，利用海岸线建立缓冲区来过滤大部分错误分类的情况。

在我们提出的网络（ME-Net）中，我们尝试使用基于深度残差模块的网络结构ResNet[82]作为基本识别模型，以提取整个遥感图像的特征。ResNet克服了梯度消失的问题，并且训练简单，能很好地提取特征信息。另外，因为网络分为5个层级，低级阶段特征图有着较强的位置信息，高级阶段特征图有着很好的分类信息，所以通过全局平均池化为低级阶段特征图提供分类指导。通过不同尺度大小的卷积提取特征图的多尺度上下文信息，添加卷积模块以拟合地物类型的边界。该方法包含以下步骤：首先，通过遥感图像预处理并制作分类指数特征，结合野外实地调查，制作深度学习的数据集；其次，通过提出的语义分割模型将多波段的遥感图像分为红树林和非红树林两类。

7.1.3 红树林提取技术路线

本章以东寨港红树林自然保护区及其周围5km的Sentinel-2遥感图像作为研究对象，通过手工制作红树林多光谱指数，并提出一个语义分割模型ME-Net以提取红树林，采用控制变量法分别探究样本数据和分割模型的多尺度上下文信息、全局信息、边界信息对红树林提取结果的影响。同时，分析原因和模型的有效性。主要工作步骤如下。

（1）制作红树林语义分割的数据集：对Sentinel-2数据进行预处理后，通过波段运算得到5个多光谱指数，即归一化差异植被指数（Normalization Difference Vegetation Index，NDVI）、湿地森林指数（Wetland Forest Index，WFI）、修正的归一化差异水体指数（Modified Normalized Difference Water Index，MNDWI）、森林识别指数（Forest Discrimination Index，FDI）和红树林识别指数（Mangrove Discrimination Index，MDI）等，并通过ENVI 5.3结合谷歌地图的卫星影像瓦片数据对遥感图像进行解译；通过野外样方调查法对红树林进行野外调查，进行研究区域遥感成果的野外验核，并修正分类结果；使用ArcGIS软件对遥感解译验核后结果中的红树林区域进行矢量化，最终生成红树林栅格标签数据。通过数据增强，如旋转、拉伸、镜像变换和增加高斯噪声等方法处理图像扩充数据集，并生成训练集和测试集。

（2）搭建语义分割算法ME-Net模型：基于Python语言环境，将ME-Net模型搭建在PyCharm上，在Windows 10操作系统中训练并测试模型。在PyCharm中，通过编程实现基础网络ResNet-101、全局注意力模块（Global Attention Module，GAM）、多尺度上下文信息嵌入（Multi-scale Context Embedding，MCE）模块和边界拟合单元（Boundary Fitting Unit，BFU），设置训练的超参数，即优化算法随机梯度下降（Stochastic Gradient Descent，SDG）的参数，融合在训练集上训练模型，最后在测试集上验证模型提取红树林的性能。

（3）消融实验：采用控制变量法对样本数据中的各个波段和多光谱指数进行实验，研究样本数据对实验结果的影响；采用控制变量法对ME-Net模型中的各个模块进行实验，研究不同模块对实验结果的影响，并分析原因；将ME-Net模型与其他语义分割模型对比，探究模型提取红树林的性能。

本章研究红树林提取的技术路线图如图7.1和图7.2所示。

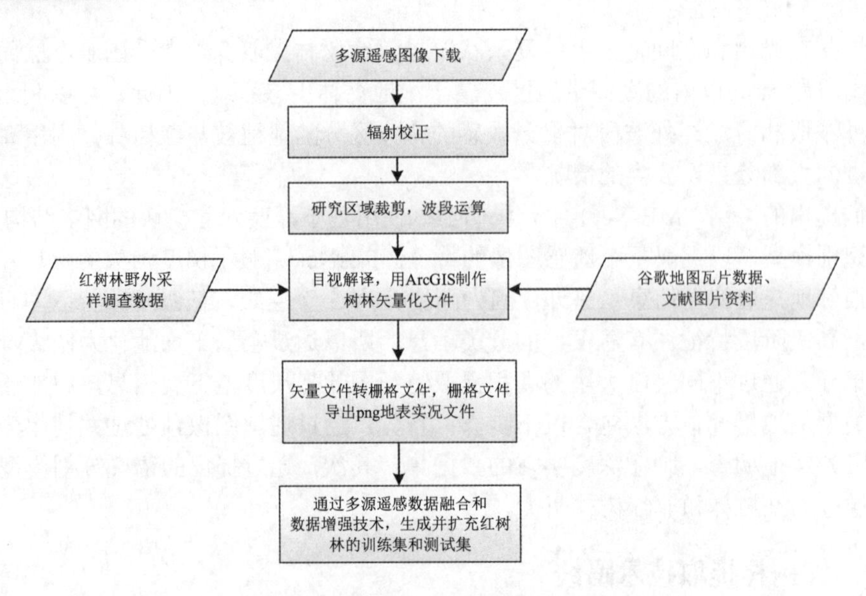

图 7.1　制作红树林语义分割数据集的技术路线图

在图 7.1 中，首先预处理 Sentinel-2 遥感数据，包括辐射校正和裁剪，通过选取原始波段和计算多光谱指数对遥感图像进行目视解译；其次利用多种资料，包括谷歌地图高精度的瓦片数据和野外采样数据对目视解译的结果进行检验；然后通过 ArcGIS 制作红树林矢量化文件，并将其输出为二值化灰度图 mangrove.png（在 mangrove.png 中，灰度值为 1 的属于红树林，灰度值为 0 的属于非红树林）；最后，对数据进行融合和增强，扩充为训练集和测试集。

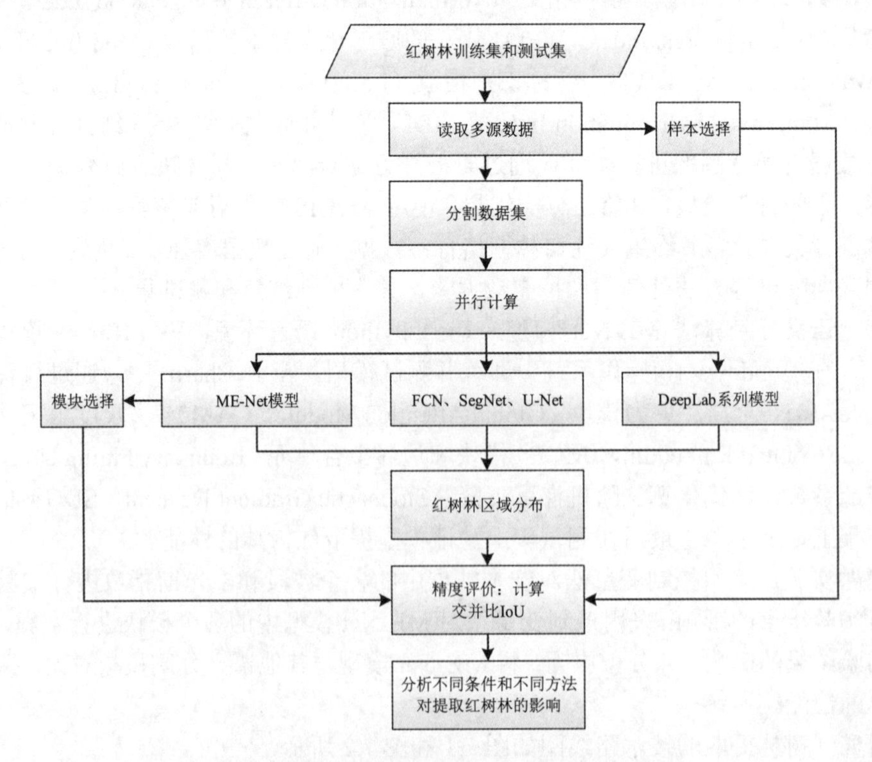

图 7.2　训练和验证模型提取红树林性能的技术路线图

在图 7.2 中，采用多个 GPU，使用并行计算的调度方法在训练集上训练语义分割模型，通过控制变量法探究不同的样本数据和模块对 ME-Net 模型提取红树林性能的影响。在相同情况下对比 FCN、SegNet、U-Net 和 DeepLab 系列模型与 ME-Net 模型的交并比，探究模型的性能。

7.2 红树林语义分割数据集

7.2.1 研究区域

研究区域位于海南省东北部，包括东寨港国家级自然保护区（East Harbour National Nature Reserve，EHNNR）及其周围约 5km 的地区，详细位置如图 7.3 所示。图 7.3 的右侧是由 Sentinel-2 遥感图像中的蓝色波段、绿色波段和短波红外波段组成的假彩色图像。东寨港国家级自然保护区是中国第一个红树林国家级自然保护区，由陆陷成海形成天然港湾，并有多条河流在此汇流入海，是我国面积最大的一片沿海滩涂森林，也是典型的中国红树林湿地，由中国南部的主要红树林物种组成。

图 7.3 研究区域假彩色遥感图像地图

7.2.2 遥感数据和预处理

Sentinel-2A MSI（S2）影像的数据特征呈现于表 7.1 中，包括 13 个波段的波长范围和空间分辨率等基本信息。S2 卫星（Level-1C）影像是从欧洲航天局（European Space Agency，ESA）的哨兵科学数据中心下载的，这些原始影像数据是已经做好了几何校正处理的。Sen2Cor 大气相关处理器软件（版本 2.8.0）是 SNAP（哨兵应用平台）版本 v6.0 的内置算法。这里使用 Sen2Cor 对获取的 Level-1C 影像进行大气校正，获得处理后的 Level-C 2A 产品。Sentinel-2 数据无法直接用 ENVI 5.3.1 打开，通过 SNAP 读取 Level-C 2A 影像，并对影像所需的波段重新采样到 10m 空间分辨率，最后将它转为 ENVI 可用的格式，以便于后续在 ENVI 中处理数据。

表 7.1　Sentinel-2 遥感数据的基本信息

波　段	波 段 名 称	中心波长/nm	波长宽度/nm	空间分辨率/m
B1	Aerosols	442.3	45	60
B2	Blue	492.1	98	10
B3	Green	559	46	10
B4	Red	665	39	10
B5	Vegetation red-edge	703.8	20	20
B6	Vegetation red-edge	739.1	18	20
B7	Vegetation red-edge	779.7	28	20
B8	Near infrared	833	133	10
B8a	Vegetation red-edge	864	32	20
B9	Water-vapor	943.2	27	60
B10	Cirrus	1376.9	76	60
B11	Shortwave-infrared reflectance (SWIR-1)	1610.4	141	20
B12	Shortwave-infrared reflectance（SWIR-2）	2185.7	238	20

7.2.3　制作红树林语义分割数据集

为了提高红树林提取的精度，通过实验选择红 R、绿 G、蓝 B、近红外 NIR 和第一个短波红外 SWIR-1 5 个原始波段。另外，通过波段计算获取 6 个多光谱指数。

（1）使用 NIR 波段和 R 波段计算归一化差异植被指数 NDVI，并将其用作植被的指标。

（2）通过 G 波段和 SWIR-1 波段计算修正的归一化差异水体指数 MNDWI，将其作为水体的指标。

（3）通过 R 波段和 NIR 波段计算森林识别指数 FDI，将其作为森林的指标。

（4）通过 R 波段、G 波段和 SWIR-2 波段（第二个短波红外波段）计算湿地森林指数 WFI，将其作为湿地森林的指标。

（5）通过 SWIR-2 波段和 NIR 波段计算红树林识别指数 MDI，将其作为红树林的指标。

（6）引入 PCA 变换以提取包含亮度的第一部分 PCA1，这将有助于对某些位于特殊区域的红树林进行分类。

上述用于红树林提取的 5 个多光谱指数及其详细的计算过程如表 7.2 所示。

表 7.2　多光谱指数及其详细的计算过程

多光谱指数	计 算 方 法	在 Sentinel-2 中的计算细节
NDVI	NDVI=(NIR−R)/(NIR+R)	(B8−B4)/(B8−B4)
MNDWI	MNDWI=(G−SWIR−1)/(G+SWIR−1)	(B3−B11)/(B3+B11)

续表

多光谱指数	计算方法	在 Sentinel-2 中的计算细节
FDI	FDI=NIR−(R+G)	B8−(B4+B3)
WFI	WFI=(NIR−R)/SWIR-2	(B8−B4)/B12
MDI	MDI=(NIR−SWIR-2)/SWIR-2	(B8−B12)/B12

这里结合野外采样和谷歌地球卫星影像的屏幕截图目视解译对原始遥感图像通过 ArcGIS 10.2 进行手动标记，制作地表实况标签。该遥感数据涵盖海滨郊区和农村地区的多种植被，红树林分布于近海岸地区的孤岛、海岸线和河口等多种地区，人工种植和自然生长的红树林都存在。大多数红树林分布地区位于复杂的近海岸区域，其边界不明显，由于生长环境不同，红树林的光谱、纹理和形状差异较大，使红树林提取任务非常具有挑战性。地表实况标签是一个二值化灰度图，具有两种像素：红树林像素（灰度值为 1）和非红树林像素（灰度值为 0）。这里将 5 个原始波段和 5 个多光谱指数融合成通道为 11 的影像数据，数据格式为 TIFF。将 TIFF 遥感图像和地表实况标签一一对应，以像素值大小为 256×256 的尺寸作为滑动窗口，同时以 32 像素为步长进行裁剪，裁剪后的 TIFF 遥感图像保存在文件夹 src 中，裁剪后的地表实况标签保存在文件夹 label 中（两个文件夹在同一级目录中）。为了增加数据集的大小并避免填充或空值，将裁剪的正方形样本随机旋转 90°、180°和 270°。同时，对部分数据集进行随机的左右翻转、上下翻转和增加椒盐噪声，并按{0.5,0.75,1,1.25,2}五种尺度随机缩放数据集中的样本数据。需要特别注意的是，地表实况标签要和 TIFF 遥感图像一一对应，且保证同时做相同的变换。将数据集分为两部分：80%为训练集、20%为测试集。在训练过程中，训练集中 85%的数据用于训练 ME-Net 模型，15%用于验证 ME-Net 模型。最后在测试集中检测训练完成的语义分割模型在提取红树林任务中的性能。

本节首先介绍研究区域的位置及概况，并将研究区域的假彩色遥感图像制作成地图展示出来；然后介绍用于制作数据集的遥感图像 Sentinel-2 数据的基本信息；最后详细描述制作红树林语义分割数据集的具体过程和多光谱指数的计算方法，以及数据增强以扩展数据集的步骤，为模型的训练、测试和对比提供数据支持。

7.3 基于深度学习的红树林提取模型

7.3.1 基于深度学习的红树林语义分割框架

本章基于深度学习提出了一种端到端语义分割模型，从 Sentinel-2 遥感图像中提取红树林分布的区域，如图 7.4 所示。首先，对原始遥感图像进行预处理，并制作数据集。

（1）对 Sentinel-2 光谱数据进行辐射校正。

（2）通过 ENVI 5.3 计算红树林提取所需的影像多光谱指数，包括归一化差异植被指数 NDVI、森林识别指数 FDI、修正的归一化差异水体指数 MNDWI、湿地森林指数 WFI 和红树林识别指数 MDI，以及主成分分析的第一个组成部分 PCA1；直接选取 R、G、B、NIR 和 SWIR-1 五个原始波段。

（3）为了准备用于训练红树林提取模型的数据集，将所有选取的遥感数据和相应的地表实况标签同时用固定大小的滑动窗口进行裁剪，并通过数据增强方法扩展数据集。

然后，提出用于像素分类的深度神经网络 ME-Net。

（1）在网络的训练过程中，深度神经网络的输入为包括 R、G、B 在内的 5 个原始波段、6 个红树林影像多光谱指数和地表实况标签（人工标记）。

（2）在测试阶段，只需输入除地表实况标签外的其他部分数据即可。

（3）深度神经网络的输出是二值化灰度图，灰度图中的 0 值代表预测为非红树林的像素；若值为 1，则代表预测为红树林的像素。

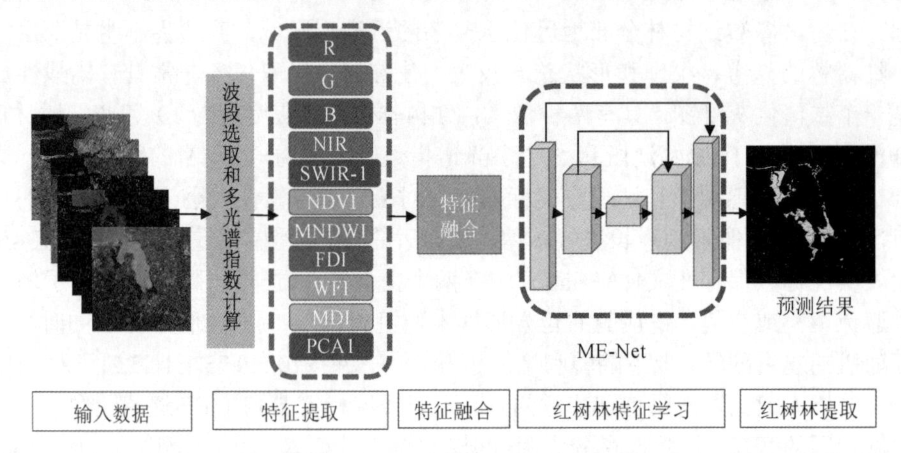

图 7.4 使用深度学习提取红树林的语义分割框架

7.3.2 深度卷积神经网络的结构

在计算机视觉领域中，卷积神经网络已经在图像分类、目标检测、语义分割、实例分割、场景分割等学术研究中取得了巨大的突破，并在工程实践中应用得越来越广泛。近年来，深度学习已成为遥感中像素分类及其他影像分割领域最先进的工具。全卷积网络和上采样（反卷积或上池化）被用作高分辨率遥感数据语义分割的有效方法。本章使用 FCN[50]的修改和扩展架构，因其用于遥感图像红树林提取，所以命名为 ME-Net，如图 7.5 所示。在图 7.5 中，箭头表示不同的计算操作，实线表示上采样运算，虚线表示卷积和池化操作；MCE 模块为多尺度上下文嵌入模块；GAM 是全局注意力模块；BFU 为边界拟合单元。

由于 ResNet 系列网络在图像分类、目标检测和实例分割中都表现出良好的性能，因此在提出的网络中使用 ResNet-101 作为基本识别模型。一般而言，网络的深度对学习表达能力更强的特征至关重要，越深的网络输出表示能力越强的特征。然而，深度神经网络随着层数的增多会产生两个问题。

（1）随着深度的增加，网络的性能会越来越差，即网络衰退。

（2）网络中反向传播的梯度会随着连乘变得不稳定，变得特别大或特别小，即梯度爆炸或梯度消失。

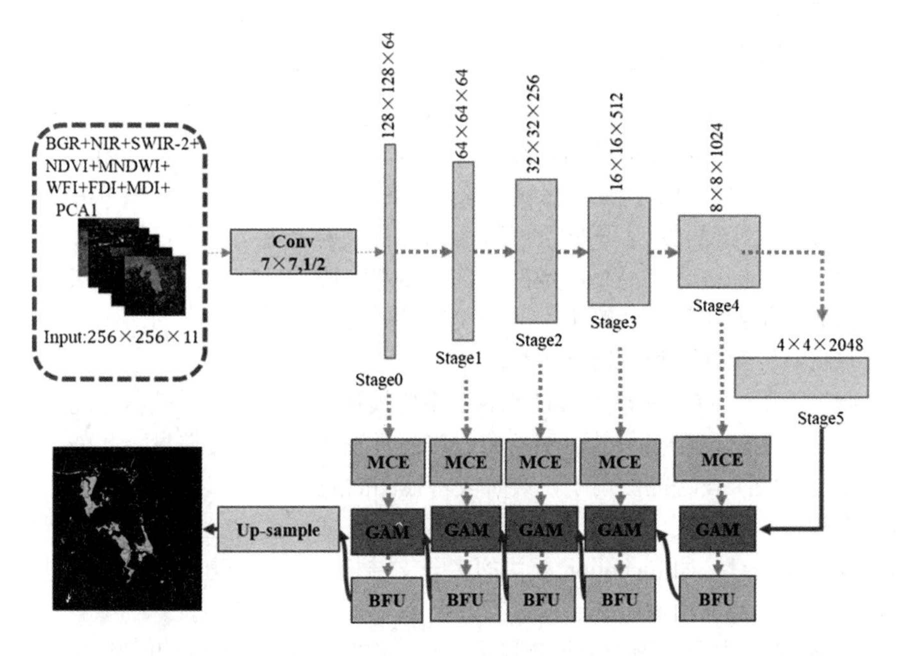

图 7.5　ME-Net 的结构

为了克服梯度问题，ResNet 使用批归一化，并将激活函数换为修正线性单元。为了同时解决这两个问题，ResNet 提出了恒等映射结构，一方面，通过快捷连接改变前向和后向信息传递的方式，从而在很大程度上促进了网络的优化；另一方面，重用特征以进行像素级分类或语义分割。同时，受 FCN 结构在语义分割中的表现的启发，ME-Net 被设计为两部分，如图 7.5 所示：第一部分（图 7.5 的顶部）是使用残差网络 ResNet-101 的基础结构，并除去了网络的全连接层；第二部分（图 7.5 的底部）旨在充分利用 ResNet-101 不同阶段提取的特征，包括挖掘不同阶段的多尺度信息和上下文信息等，通过边界拟合单元优化红树林边缘信息，以获得良好的红树林提取性能。

另外，根据特征图的大小，该模型可以将 ResNet-101 按卷积神经网络的深度从浅到深分为 6 个阶段，即{Stage0,Stage1,⋯,Stage5}。将接近数据输入且特征图尺寸较大的阶段称为低级阶段，将特征图尺寸较小的阶段称为高级阶段。观察发现，不同的阶段具有不同的识别能力，从而导致不同的一致性表现。在低级阶段，网络对精细的空间信息进行编码，因此，低级阶段特征图具有精确的位置信息。但是，由于其较小的感受野且没有足够的空间上下文信息指导，因此语义一致性较差。在高级阶段，由于具有较大的感受野，所以具有很强的语义一致性信息。然而，模型的预测结果因损失了大量的位置信息而变得不准确。简而言之，低级阶段的特征图有着丰富的位置信息以提供更准确的空间预测，而高级阶段的特征图具有更准确的语义信息。基于这种观察，结合其优势，提出了一个全局注意力模块（GAM），以利用高级阶段的上下文信息来指导低级阶段进行最佳预测。除此之外，还提出了多尺度信息学习模块（MCE）和边界拟合单元（BFU），前者提取遥感图像中红树林的多尺度信息，后者对特征图中的地物边界进行拟合并消除一些椒盐噪声和网格伪影。

1. 全局注意力模块

在语义分割任务的解码阶段，为了融合高级阶段特征图的分类信息与低级阶段的位置信息，通常采用对高级阶段特征图使用双线性上采样，使其与低级阶段特征图的尺寸相同后，直接按通道相连或经过通道变换后按像素位置相加的方法，如 FCN[55]、SegNet[63]和 U-Net[65]等。尽管这些方法很好地利用了不同尺度特征图的多尺度上下文信息，但是每个待分类的像素缺乏强一致性的全局信息。另外，当网络合并相邻阶段的功能时，这些方法只按通道汇总这些功能或按像素位置相加，忽略了不同阶段的目标可能位置不一致的问题。这些问题不利于空间定位并将特征图恢复到原始分辨率。

最近的研究表明，将 CNN 与精心设计的金字塔模块结合使用可以获得可观的性能来获取类别信息。我们认为解码器模块的主要功能是修复类别像素的位置信息。此外，可以将具有丰富类别信息的高级阶段特征图用于低级阶段特征图的通道加权，以选择精确的分辨率细节。另外，对于卷积操作，很大一部分工作是增大感受野，即在空间上融合更多的特征信息，或者提取多尺度空间信息，如 Inception 模块的多分支结构。对于通道维度的特征融合，卷积操作基本上默认对输入特征图的所有通道进行融合。

为了解决不同阶段特征图融合后地物目标语义一致性和位置一致性的问题，并自动学习不同通道特征的重要程度，提出了全局注意力模块（GAM），其详细结构如图 7.6 所示。在图 7.6 中，浅绿色的方块代表低阶段的特征，而黄色的方块代表高阶段的特征。通过全局平均池化计算高级阶段特征图的权值向量，按通道对低级阶段特征图进行加权。模块首先执行全局平均池化操作，以提供全局上下文信息，作为低级阶段特征图的指导。全局上下文信息为低级阶段的特征图提供强位置一致性约束，以修正地物位置的偏移和错位。同时，此结构融合了相邻阶段的特征图，高级阶段特征图提供了强位置一致性指导信息，而低级阶段特征图则提供了地物类型判别的详细信息。详细地说，全局注意力模块有两个分支：全局注意力信息加权分支和上采样分支。

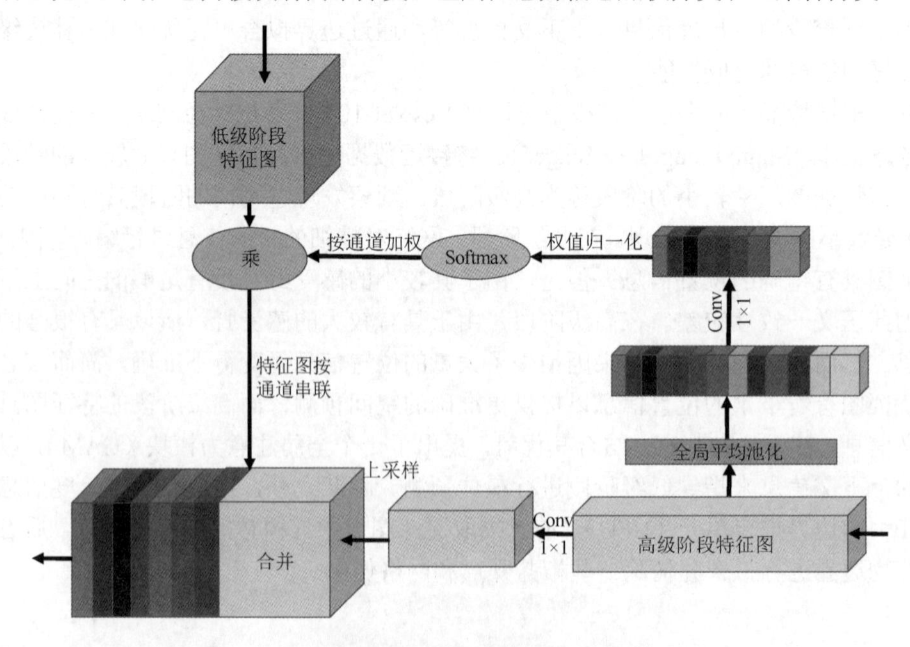

图 7.6　全局注意力模块的详细结构

由于卷积只在一个局部空间内进行，所以很难获得足够的信息来提取通道之间的关系。为了将一个通道的整个空间特征编码为一个全局特征，采用全局平均池化（Global Average Pooling，GAP）来实现，如式（7.1）所示：

$$y_k = \frac{1}{H \times W}\sum_{i=1}^{H}\sum_{j=1}^{W} x_{i,j}, \quad k \in C \tag{7.1}$$

其中，$x_{i,j}$ 是 k 通道中每个特征像素的值，且 $k \in \{1,2,\cdots,C\}$；H 是特征图的高度；W 是特征图的宽度；C 是通道数。

在全局注意力信息加权分支上，对高级阶段特征图进行全局平均池化以生成全局上下文信息，并经过一个非线性的 1×1 卷积和批量归一化。非线性的 1×1 卷积通过修正线性单元和 Softmax 函数激活，计算过程如式（7.2）所示：

$$w_k = \frac{\mathrm{e}^{z_k}}{\sum_{k=1}^{C}\mathrm{e}^{z_k}}, \quad k \in C \tag{7.2}$$

其中，w_k 是每个通道的预测概率；z_k 是每个通道的输出结果。

将 Softmax 计算后的结果按通道乘以低级阶段特征图中的每个像素，用学习到的高级阶段特征图信息给低级阶段特征图通道加权，即提供上下文信息。计算式如下：

$$\boldsymbol{S}_{\text{out}} = \boldsymbol{W} \cdot \boldsymbol{F} = \begin{bmatrix} w_1 \\ \cdots \\ w_c \end{bmatrix} \cdot \left[f_1(i,j), \cdots, f_c(i,j) \right], \ i \in H, \ j \in \boldsymbol{W} \tag{7.3}$$

其中，$\boldsymbol{S}_{\text{out}}$ 是通道加权后的结果，是 $H \times \boldsymbol{W} \times C$ 的矩阵；$\boldsymbol{W}$ 是一个 $1 \times C$ 的列向量；$\boldsymbol{F}$ 为特征图；w_c 为第 C 通道的权重；$f_c(i,j)$ 为位于第 C 通道上特征图中的第 i 行第 j 列的像素值。

在上采样分支中，高阶段特征图通常使用复杂的编码器块，这花费了大量的计算资源。因此，在高阶段特征图上采样到低阶段特征图尺寸大小的过程中，先执行 1×1 卷积以减少来自高阶段特征图的通道并整合通道信息，以增加解码层的非线性特征并减小模型的计算负荷。然后将上采样后的高级阶段特征图与加权后的低级阶段特征图按通道相连。该模块可以更有效地处理不同尺度的特征图，并使用简单的方式让高级阶段特征图为低级阶段特征图提供一致性约束信息。

2. 多尺度上下文嵌入模块

在对高级阶段特征图进行编码的过程中，由于原始特征图上下文信息会损失空间分辨率，所以会导致多种尺度上的物体分类困难。为了解决这个问题，PSPNet[62]或 DeepLab 系列[51,83]以不同的网络规模或扩张速率执行空间金字塔池化（ASPP）[84]，以提取多尺度上下文信息。在 ASPP 模块中，空洞卷积的计算结果直接按通道相连，这可能造成“网格伪影”和位置不一致等问题[85]。而且，PSPNet 中也会由于粗糙的上采样操作导致位置信息的大量失真和地物边界的错位等问题。PAN 通过一个特征金字塔注意力模块（Feature Pyramid Attention，FPA），将不同尺度的上下文特征信息融合到语义分割模型中，以增加特征信息并提高小目标物体的分类准确率。然而，这些模型虽然在几个基线数据集（如 ImageNet、PASCAL VOC 2012 和 MS COCO 等）上显示出了高质量的分割结果，却在计算资源上造成了很大的浪费。

受 ASPP 模块和 GoogLeNet 中 Inception 模块的启发[86,87]，本章提出了多尺度上下文嵌入模块，如图 7.7 所示。在图 7.7 中，绿色长方体为输入特征图，黄色长方体为输出特征图，长方形为卷积核尺寸不同的卷积操作，彩色长方体为多尺度特征图按通道串联。多尺度上下文嵌入模块使用 4 种不同尺寸的卷积核提取不同阶段特征图的多尺度上下文信息，并压缩通道数量以减小计算负荷。从分类的角度来看，由于分类模型的稠密连接结构，卷积结构的核应尽可能大。尤其在卷积核大小增大到特征图的空间大小时（称为全局卷积），网络将与纯分类模型共享相同的好处。基于这两个原理，使用 4 种不同尺寸的卷积核提取多尺度上下文信息，并将整合上下文信息后的特征图与全局注意力模块中的高级阶段特征图的全局信息融合。详细地说，为了更好地从不同阶段的特征图中提取上下文信息，分别在多尺度上下文嵌入模块中使用 1×1、3×3、5×5、7×7 的卷积核。模块通过 1×1 的卷积核对特征图进行降维，同时采用 $1\times k+k\times 1$ 和 $k\times 1+1\times k$ 的组合来代替 $k\times k$，而不直接使用较大的卷积核或全局卷积。可分离卷积不仅可以减少模型的参数，还可以增强模型的非线性特征，提高模型的特征学习和数据拟合能力。接下来，将多尺度信息按通道拼接，采用 3×3 的卷积粗略地整合多尺度信息，并调整通道数，如图 7.7 所示。与文献[66]使用的可分离卷积核不同，这里在卷积层之后不使用任何非线性映射。

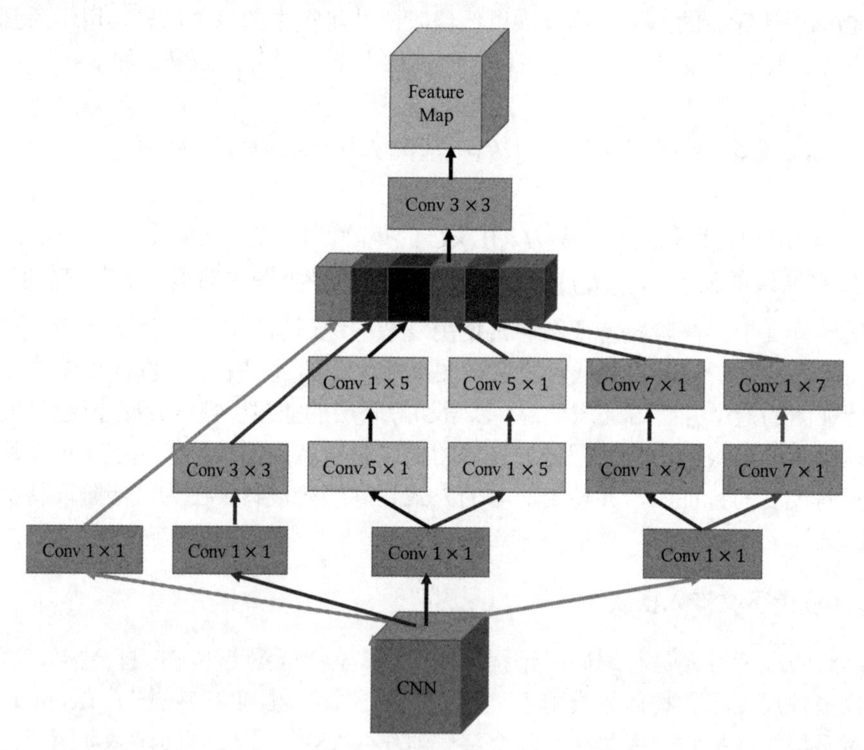

图 7.7　多尺度上下文嵌入模块示意图

3. 边界拟合单元

边界拟合是计算机视觉中的一项基本挑战，也是语义分割中的重要任务。现在，许多用于边界拟合的特定方法[19,74,88,89]被提出，这些方法大多数都直接将不同级别的特征连接起来以提取边界。在许多方法中，条件随机场（CRF）由于其良好的数学形式而被广泛使用在边界拟合中。DeepLab[51,83]直接采用 dense-CRF[74]。dense-CRF 是建立在全连接图上的 CRF 变量，作为卷积神经网络之后的一种后处理方法。CRFAsRNN[52]将 dense-CRF 建模为 RNN 样式的运算符，提出了一条端到端的语义分割模型。 DPN[61]对 dense-CRF 进行了不同的近似，并将整个流程完全放在图像处理单元 GPU 上。然而，这些方法的计算复杂度较高且经常导致一些错误的拟合结果。

因此，这里设计了一种简洁而又非常有效的拟合方法，称为边界拟合单元（BFU）。受 MaskRCNN 模型[53]和使用卷积平滑特征图方法的启发，使用两个连续的 3×3 的卷积核校正特征图中地物的边界位置，一方面消除不同阶段特征图上下文嵌入造成的网格伪影，另一方面消除卷积和池化操作后由于特征图相加造成的混叠效应。另外，受 ResNet 的启发，这里添加一个跳跃连接，对修正边界后的特征图进行语义监督，加快信息在网络中的流动，并优化边界拟合的性能。边界拟合单元的结构如图 7.8 所示。在图 7.8 中，绿色长方体是特征图，黄色矩形是卷积操作，赤色矩形为批归一化操作，橙色椭圆为激活函数修正线性单元，加号代表相同尺寸的特征图按像素位置相加，蓝色箭头代表跳跃连接，红色虚线框表示特征映射 $F\left(X_i\right)$。

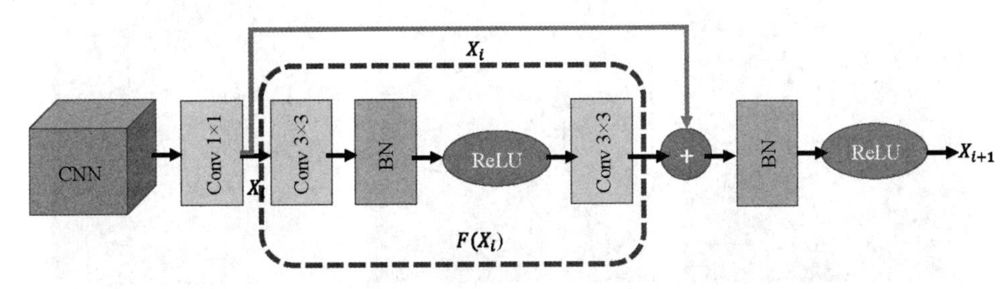

图 7.8　边界拟合单元的结构

简而言之，这里提出的边界拟合单元可以理解为一个 1×1 卷积加一个残差模块。在边界拟合单元中，1×1 卷积用于学习不同通道的信息，同时减少原始特征图的通道数以减少计算量；残差模块用于平滑特征图并消除网格伪影和混叠效应。残差模块可以很好地解决恒等函数的问题和梯度下降中的梯度消失问题。恒等映射的原理如下：

$$X_{i+1}=F\left(X_i\right)+X_i \tag{7.4}$$

其中，X_i 是残差模块的输入；$F\left(X_i\right)$为残差项；F 为特征映射函数；X_{i+1} 为残差模块的输出。

在残差模块中，修正线性单元（Rectified Linear Units，ReLU）能够将特征图中的负数激活为 0，过滤负数的线性变化，也能够更快地使得 $F\left(X_i\right)=0$；批归一化（Batch Normalization，BN）对每层输入数据做标准化处理，使其以较小的方差集中在均值附近。另外，ReLU 和 BN 还可以较好地解决梯度问题。

本节首先介绍了使用深度学习提取红树林的语义分割框架；然后详细介绍了深度卷积神经网络 ME-Net 模型，包括残差网络 ResNet-101、全局注意力模块、多尺度上下文嵌入模块和边界拟合单元，并对模型从原理到计算公式等方面进行了相关说明，这是本章的核心内容。

7.4 红树林提取实践

7.4.1 实验设置

1. 输入数据

将所有准备好的样本数据（包括 R、G、B、NIR 和 SWIR-1 5 个原始波段，NDVI、MNDWI、FDI、WFI、MDI 和 PCA1 6 个多光谱指数）及相应的地表实况标签作为 ME-Net 模型的输入。图 7.9 详细显示了深度卷积神经网络使用的输入数据，其中，（a）～（k）为样本数据，（l）为地表实况标签数据。

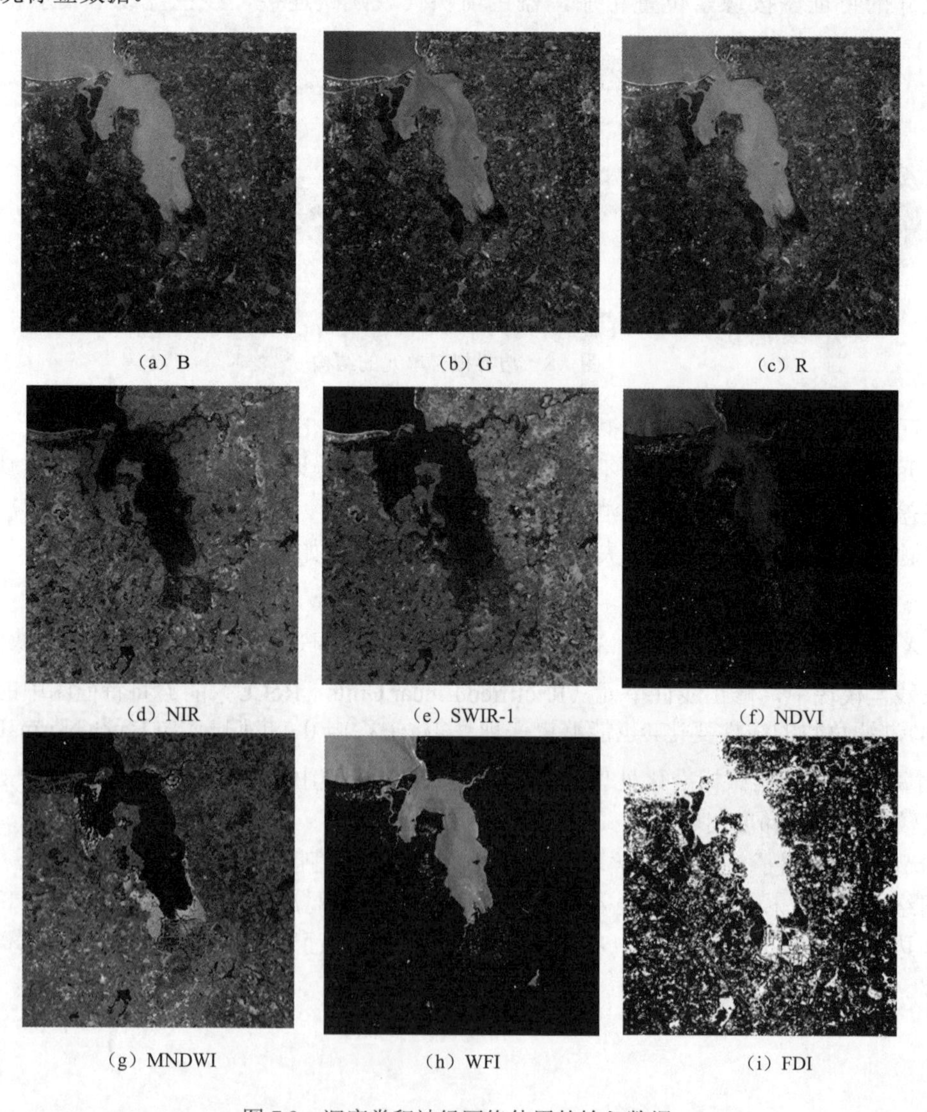

（a）B （b）G （c）R

（d）NIR （e）SWIR-1 （f）NDVI

（g）MNDWI （h）WFI （i）FDI

图 7.9 深度卷积神经网络使用的输入数据

（j）MDI　　（k）PCA1　　（l）Ground Truth

图 7.9　深度卷积神经网络使用的输入数据（续）

2. 批量数据归一化

深度卷积神经网络学习遥感图像特征信息的过程本质上就是为了学习样本数据的分布，如果训练样本、验证样本与测试样本的数据分布差异较大，那么网络会出现训练结果精度高而测试精度低的情况，即模型泛化能力差。另外，如果每个小批量的训练样本的数据分布差异大，那么网络在每次迭代计算时，会重新学习样本以适应不同的数据分布，这将造成网络模型收敛慢或目标函数值震荡甚至不收敛。因此，在模型输入样本数据之后，在每个隐藏层的激活函数之前添加一项批量数据归一化操作[90]，如图 7.10 所示。

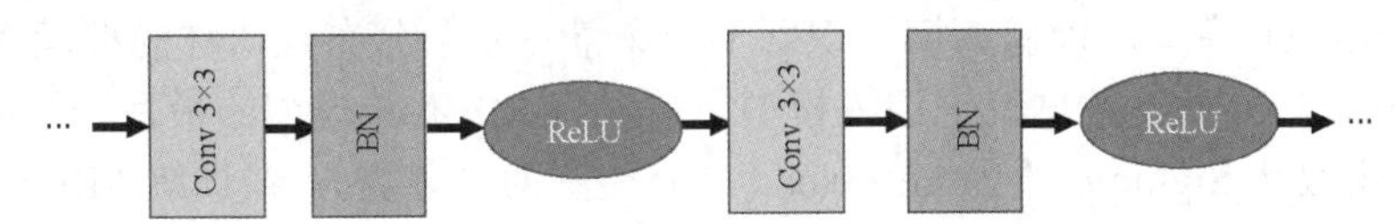

图 7.10　批量归一化设置示意图

归一化处理通常将数据变换为均值为 0 而标准差为 1 的数据分布，计算方法如下：

$$\hat{x}^{(k)} = \frac{x^{(k)} - E\left[x^{(k)}\right]}{\sqrt{\mathrm{Var}\left[x^{(k)}\right]}} \tag{7.5}$$

其中，$\hat{x}^{(k)}$ 表示每个批量中隐藏层参数（神经元）的 $x^{(k)}$ 经过标准化处理后的结果；$E\left[x^{(k)}\right]$ 表示每个批量中隐藏层参数 $x^{(k)}$ 的权值平均值；$\mathrm{Var}\left[x^{(k)}\right]$ 表示每个批量中隐藏层参数 $x^{(k)}$ 的权值方差。

然而，简单地将数据限制在标准差为 1 的分布中会破坏数据分布的原有特征。批量归一化处理提出了变换重构方法，引入了可学习参数 γ、β，这就是算法的关键之处，如下：

$$y^{(k)} = \gamma^{(k)}\hat{x}^{(k)} + \beta^{(k)} \tag{7.6}$$

其中，$\gamma^{(k)}$ 和 $\beta^{(k)}$ 为变换重构函数的系数，每个 $x^{(k)}$ 都会有两个这样的参数 γ、β；$y^{(k)}$ 为每一批训练数据神经元 $x^{(k)}$ 变换重构后的结果。

将式（7.5）变换后并结合式（7.6）发现，γ 和 β 这两个参数其实相当于

$$\gamma^{(k)} = \sqrt{\mathrm{Var}\left[x^{(k)}\right]} \tag{7.7}$$

$$\beta^{(k)} = E\left[x^{(k)}\right] \tag{7.8}$$

通过式（7.7）和式（7.8）可以发现，可以通过引入γ和β这两个可学习的变换参数解决隐藏层的特征恢复问题，让网络可以学习原始网络要学习的特征分布。批量归一化网络层的前向传导过程公式为

$$\mu_{\mathrm{B}} \leftarrow \frac{1}{m}\sum_{i=1}^{m} x_i \tag{7.9}$$

$$\sigma_{\mathrm{B}}^2 \leftarrow \frac{1}{m}\sum_{i=1}^{m}(x_i - \mu_{\mathrm{B}})^2 \tag{7.10}$$

$$\hat{x}_i \leftarrow \frac{x_i - \mu_{\mathrm{B}}}{\sqrt{\sigma_{\mathrm{B}}^2 + \varepsilon}} \tag{7.11}$$

$$y_i \leftarrow \gamma \hat{x}_i + \beta \equiv \mathrm{BN}_{\gamma,\beta(x_i)} \tag{7.12}$$

其中，m表示小批量（mini-batch）数据的大小，在本章设置为 8；μ_{B}表示小批量数据的均值；σ_{B}^2表示小批量数据的方差；$\hat{x}_i$为归一化的结果；y_i为变换重构后的结果。

3．超参数设置

为了使模型尽快收敛并保持较高精度，该工作调用了基于 ImageNet 数据集训练后的预训练模型 ResNet-101[54]。除此之外，受文献[51,52,61,73]的启发，这里采用 Microsoft COCO 数据集[57]训练 ME-Net 模型，以提高模型识别不同场景下复杂分布红树林的准确率。需要注意的是，在 Microsoft COCO 数据集上训练模型之前，将 ME-Net 模型的最后一层的通道数从 1 改到 81，激活函数从 Sigmoid 改为 Softmax（二分类变为多分类）。在训练 ME-Net 模型期间，使用小批量随机梯度下降（Mini-Batch Stochastic Gradient Descent，MBSGD）法以最小化损失函数，并更新模型中的权重参数。在实验中，SGD[47]的参数设置为：批量为 8，动量为 0.95，权重衰减为 0.001。由于随机梯度下降优化函数受初始学习率的影响较大，因此，为了获得更好的性能并加快处理速度，在训练过程中，将 ME-Net 模型的学习率设置为 0.001，这里使用“poly”学习速率策略，其中初始速率乘以$(1-\mathrm{iter}/\mathrm{max_iter})^{\mathrm{power}}$，使得学习率不断衰减。训练轮数为 100，每轮的迭代次数为 500 次，每个迭代过程中使用 32 个样本。

4．损失函数和评价指标

由于红树林提取为一个二分类问题，因此计算类别中每个像素处的二值交叉熵损失L_{BCE}和 Dice 损失函数的值L_{DC}，并按以下公式计算损失函数：

$$L_{\mathrm{BCE}} = \mathrm{BinaryCrossEntropy}\left(P_m; P_{\mathrm{gt}}\right) \tag{7.13}$$

$$L_{\mathrm{DC}} = \mathrm{DiceCoefficient}\left(P_m; P_{\mathrm{gt}}\right) \tag{7.14}$$

$$\mathrm{Loss1} = L_{\mathrm{BCE}} - \ln\left(1 - L_{\mathrm{DC}}\right) \tag{7.15}$$

其中，P_{gt}表示像素点地表实况标签的集合；P_m表示像素点预测结果的集合。为了结合两个损失函数，需要把两者缩放至相同的数量级，对L_{DC}取对数以放大 Dice 损失函数值。

为了定量评估 ME-Net 模型从遥感图像中提取红树林的性能，使用像素交并比（Intersection over Union，IoU）作为精度度量。IoU 定义为

$$\text{IoU}P_m, P_{\text{gt}} = \frac{|P_m \cap P_{\text{gt}}|}{|P_m \cup P_{\text{gt}}|} \tag{7.16}$$

其中，P_{gt} 代表像素点地表实况标签的集合；P_m 代表像素点预测结果的集合；“∩”和“∪”分别表示交和并操作；$|\cdot|$表示计算集合中像素的数量。

5．多 GPU 并行训练 ME-Net

这里提出的 ME-Net 模型是使用谷歌提供的开源 TensorFlow 和 Keras 框架实现的。该分割模型的代码在具有 4 块 NVIDIA GTX 1080Ti 显卡（每个 GPU 有 8GB 显存）的 Windows 10 平台上执行。为了保证深度卷积神经网络同步进行权重参数的更新，这里采用同步模式训练提出的 ME-Net 模型。在同步模式下，网络模型保存在第一个图形处理单元中，所有 GPU 设备同时读取当前的权值参数和一个小批量数据，并且当所有设备的前向传播和反向传播计算完成之后，对参数值进行更新。在所有的 GPU 设备都完成前向传播和反向传播梯度计算之后，对各个返回值求取平均值，这个平均值即待更新的参数。同步模式下参数更新的详细流程如图 7.11 所示。

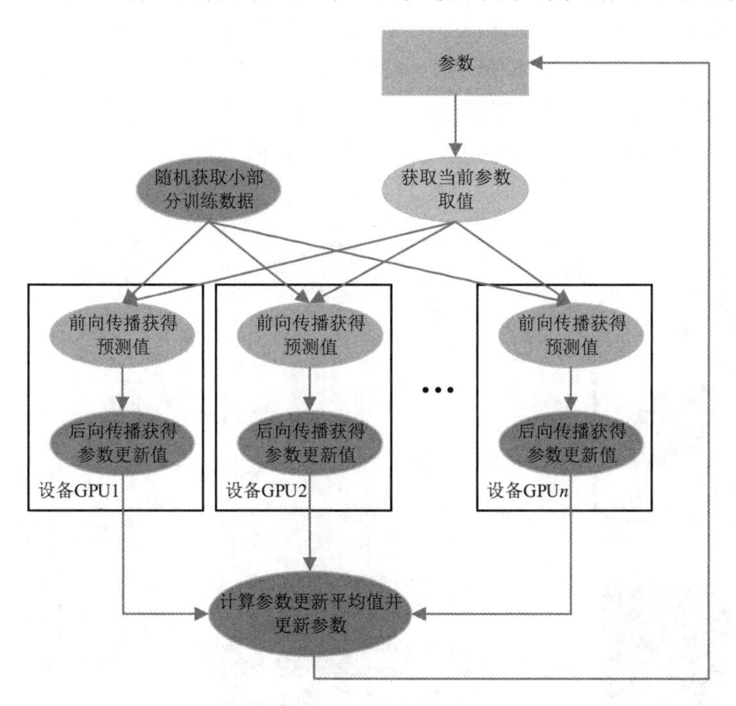

图 7.11　同步模式下参数更新的详细流程

在图 7.11 中，模型的网络结构和参数值定义在 GPU 上，在任意一次迭代计算中，每个图形处理单元首先统一读取当前网络模型的参数值，并随机从数据集中抽取一小部分训练数据，这一小部分训练数据在训练模型过程中为一个批量大小的数据，即 8 幅尺寸大小为 256×256（单位为像素）的遥感图像；然后在各个图形处理单元上进行前向传播运算，得到在各自训练数据上的损失函数值，在不同 GPU 设备上运行反向传播过程，计算在各自训练数据上参数的梯度，当所有 GPU 设备完成反向传播计算之后，CPU 对所有当前 GPU 设备计算后的相应各个参数的梯度值取平均值；最后根据平均值对各个参数进行权值更新。

6. 基于 ME-Net 的深度监督

深度学习在以往的研究中发现，深度更深，即卷积层数越多的卷积神经网络可能具有更好的特征学习性能[47,82,91,92]。然而，网络深度的增加可能会引入额外的优化困难，增大了深度学习模型的训练难度，如文献[91,93]中所示的图像分类。ResNet 通过在每个块中使用跳跃连接解决此问题，深层 ResNet 的后期层主要学习基于先前的残差。深度监督网络（Deep Supervision Networks，DSN）[93]为每个隐藏层引入伴随目标函数，与输出层的整体目标函数共同优化。深度监督网络的核心思想是为每个隐藏层添加一个目标函数作为监督，而不是仅在输出层提供损失函数作为监督，最后通过反向传播修正网络的参数。深度监督网络通过为每个隐藏层引入伴随目标函数来提供监督。

受 ResNet 和深度监督网络的启发，这里在 ME-Net 模型的训练过程中应用深度监督的策略，在隐藏层中加入一些额外的监督来抵消梯度消失的不利影响并增强模型分类的能力，同时加快模型收敛的速度。如图 7.12 所示，对 ME-Net 的第三阶段特征图经过 3 个模块处理后的输出结果进行上采样，将其还原为原始影像大小后，添加一个二值交叉熵损失函数 Loss2 作为中间隐藏层的监督，学习最终损失 Loss1。实际上，这相当于将深度监督网络的优化分解为两个问题。除使用加权损失函数训练最终分类器的主分支外，在第三阶段之后还使用了另一个分类器。让两个损失函数通过所有先前的层。中间隐藏层的损失函数有助于优化学习过程，而主分支的损失函数则负责最主要的模型优化任务。另外，这里增加权重 a 以平衡两个损失函数。在测试阶段，不再使用这个辅助分支，仅使用经过优化的主分支进行最终预测。

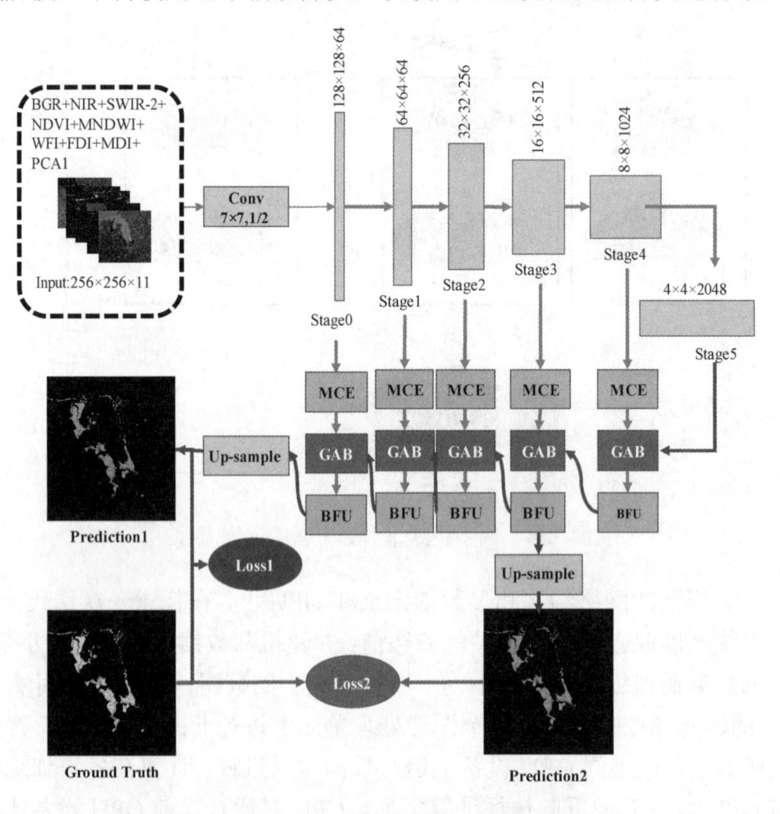

图 7.12 ME-Net 中两个损失函数的设置图

7.4.2　实验结果

采用同步模式经过迭代计算后，ME-Net 模型在数据集上取得了较好的结果。图 7.13 显示了在模型训练期间，随着迭代次数的增加，ME-Net 模型的精度和损失值分别在训练过程中与验证过程中的变化趋势。

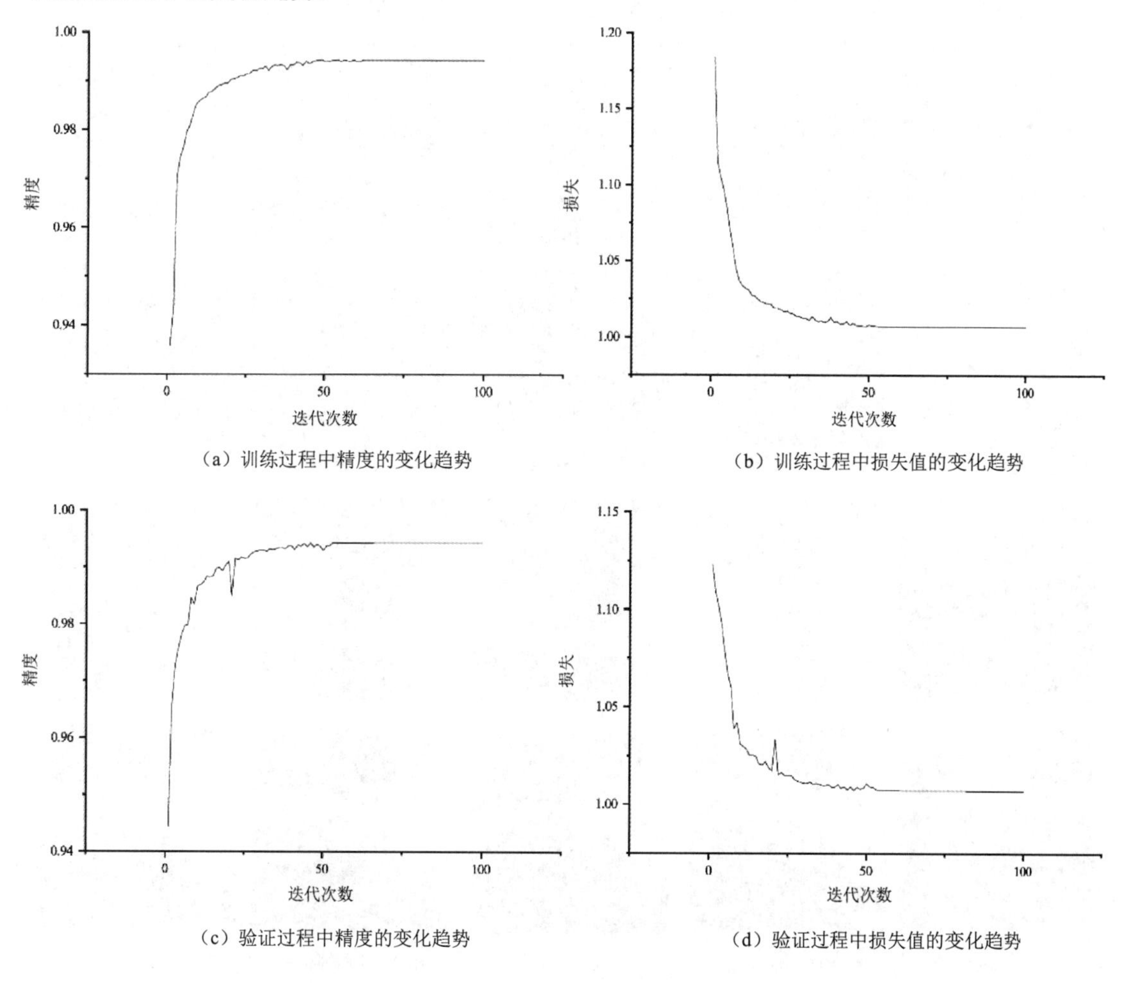

（a）训练过程中精度的变化趋势

（b）训练过程中损失值的变化趋势

（c）验证过程中精度的变化趋势

（d）验证过程中损失值的变化趋势

图 7.13　ME-Net 在训练过程与验证过程中的准确率和损失值的变化趋势

训练后的 ME-Net 达到了 97.48%的总体精度，证明了深度卷积神经网络在从遥感图像中提取红树林方面表现出色。为了证明该方法具有通用性，分别使用海滨区域的路边、河口、海湾、浅滩和岛屿等地区的一些数据来验证该方法，不同地区的红树林的分布特点（包括颜色和形状）各不相同。在消融研究中，依次添加全局注意力模块、多尺度上下文嵌入模块和边界拟合单元，以探究每个模块对实验结果的影响。如图 7.14 所示，有 5 行 5 列的子图：第 1 列代表原始影像，第 2 列代表相应的地表实况，第 3 列代表只添加全局注意力模块后模型的预测结果，第 4 列为添加多尺度上下文嵌入模块后模型的预测结果，第 5 列代表添加边界拟合单元后模型的预测结果。第 1～5 行分别用于说明深度卷积神经网络在陆地地区、海滨、岛屿、河口和河湾等不同环境下的预测结果。

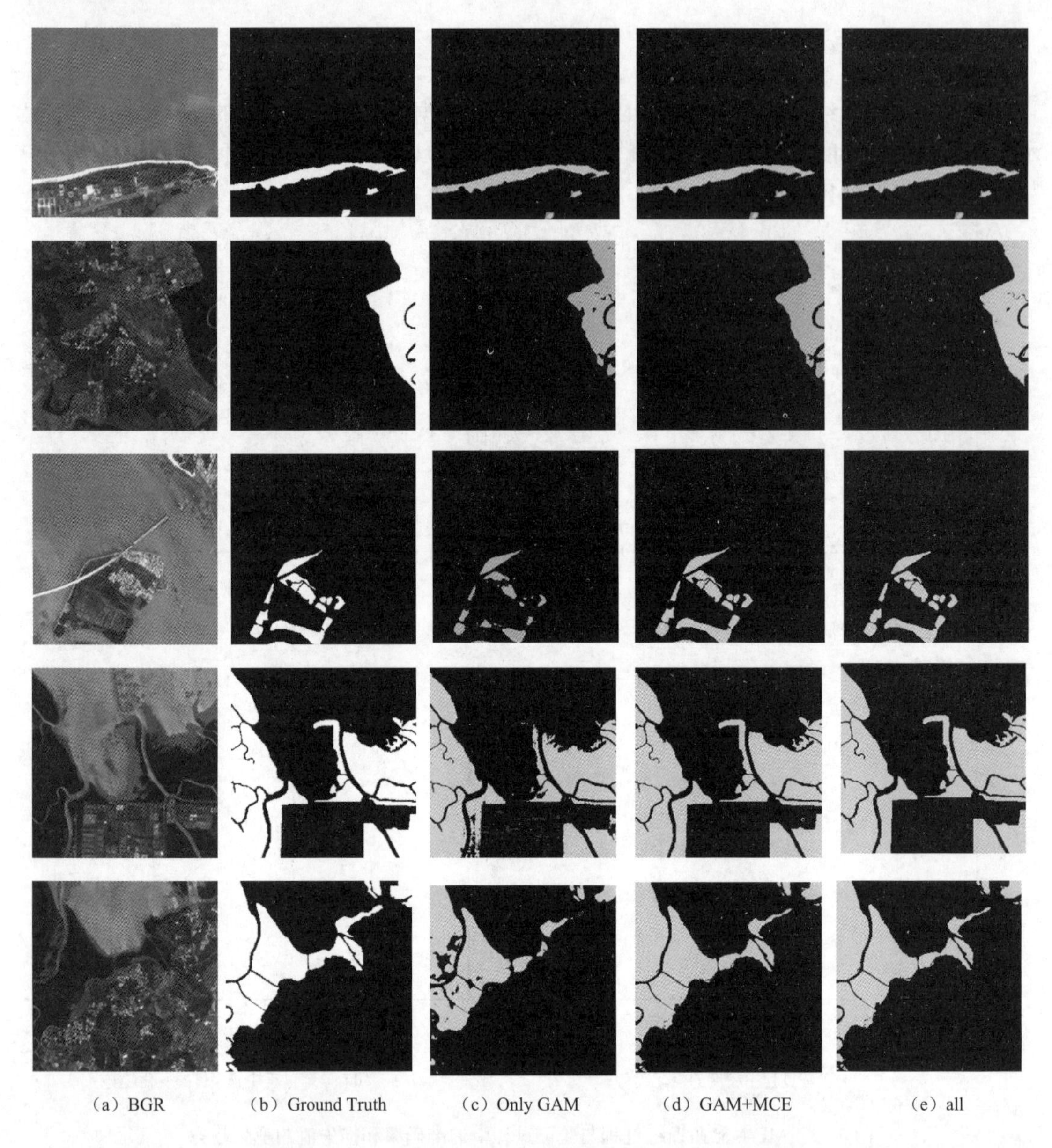

图 7.14　不同模块对 ME-Net 模型提取红树林性能的影响

在图 7.14 中，绿色代表真阳性（Truth Positive，TP）样本，即预测为红树林，实际上是红树林的像素；红色代表假阳性（False Positive，FP）样本，即预测为红树林，实际上不是红树林的像素；蓝色代表真阴性（True Negative，TN）样本，即预测不是红树林，实际上是红树林的像素；黑色代表假阴性（False Negative，FN）样本，即预测不是红树林，实际上也不是红树林的像素。

在各个实验场景下，对比图 7.14 显示的结果，探究 ME-Net 模型中的不同模块对提取红树林性能的影响。在实验中发现，尽管使用全局注意力模块已经可以较为精确地提取遥感图像中的大部分红树林，但添加多尺度上下文嵌入模块后，很容易发现蓝色区域大大减少。这很容易说明，多尺度信息对提高像素分类的准确性有利。然而，观察第 4 列红树林的预测结果可以发现，仍然存在许多问题，如椒盐噪声、模糊边界、某些像素被误分或漏分等。为了解决这些问题，在模型中添加边界拟合单元。从图 7.14 中可以看出，红色区域和蓝色区域都得到了不同尺度的减少，充分说明边界拟合单元对红树林的像素分类信息做了进一步的约束，使得预测结果得到了进一步的优化。

本节介绍了训练模型过程中的输入数据、批量数据归一化、超参数设置和多 GPU 并行训练模型，以及深度监督方法设置和训练模型的细节，并详细描述了损失函数 Loss 和评价指标 IoU 的原理与计算。另外，本节测试了 ME-Net 模型在数据集中的 IoU 值，并展示了部分实验结果，对比分析了多尺度上下文嵌入模块、全局注意力模块和边界拟合单元对红树林预测结果的影响，证明了 3 个模块对提高红树林提取的性能确实有效。

7.5 红树林提取模型分析

7.5.1 样本数据对红树林提取结果的影响

尽管 Sentinel-2 遥感图像通过短波红外、绿和蓝 3 波段组成的假彩色影像已经可以提取地面上的红树林区域，但是由于红树林的生活环境和分布状态各异，导致同物异谱、异物同谱，造成了红树林的漏分和错分，因此，很难通过少数波段对像素进行非常精确的分类。为了提高红树林分类的精度，需要充分利用遥感信息的多波段信息并挖掘有利于红树林提取的多光谱指数。通过研究，这项工作的样本数据选取了 5 个原始波段（B、G、R、NIR 和 SWIR-1），以及手工制作的 6 个多光谱指数，即 NDVI、MNDWI、FDI、WFI、MDI 和 PCA1，以挖掘红树林与非红树林地物之间的光谱、纹理和形状等信息，从而在红树林提取过程中获得更好的性能。我们使用在 ImageNet 数据集上预训练后的 ResNet-101 权重作为基础特征提取网络初始的权值，对输出结果按 FCN 的结构进行上采样并与特征图进行融合，将这个网络结构称为 ResNet-based FCN，将其作为实验中判断语义分割网络性能的基线。在 ResNet-based FCN 结构下，将 B、G 和 R 波段融合后的真彩色影像作为实验的基线，不断添加新的输入数据来进行实验，如表 7.3 所示。在表 7.3 中，BGR 表示 B 波段（Band2）、G 波段（Band3）和 R 波段（Band4）融合后的假彩色影像，SWIR-1 表示短波红外波段（Band11），NIR 代表近红外波段（Band8），NDVI 为归一化差异植被指数，FDI 表示森林识别指数，WFI 表示湿地森林指数，MNDWI 表示修正的归一化差异水体指数，MDI 表示红树林识别指数，PCA1 表示 PCA 变换后的第一部分。显然，增加一些原始波段信息和多光谱指数可以有效提高预测结果的精度，网络分类的性能从 86.64%增长到 91.57%。

表 7.3　在 ResNet-based FCN 结构下增加原始波段和多光谱指数信息对红树林分类结果的影响

样 本 数 据	IoU/%	增量/%
BGR	86.64	—
BGR+NIR	86.91	0.27
BGR+NIR+SWIR-1	87.33	0.69

续表

样 本 数 据	IoU/%	增量/%
BGR+NIR+SWIR-1+NDVI	88.25	0.92
BGR+NIR+SWIR-1+NDVI+MNDWI	89.49	1.24
BGR+NIR+SWIR-1+NDVI+MNDWI+FDI	89.94	0.35
BGR+NIR+SWIR-1+NDVI+MNDWI+FDI+WFI	90.52	0.68
BGR+NIR+SWIR-1+NDVI+MNDWI+FDI+WFI+MDI	91.57	1.05
BGR+NIR+SWIR-1+NDVI+MNDWI+FDI+WFI+MDI＋PCA1	92.13	0.56

通过表 7.3 可以看出，增加遥感图像的其他波段信息，IoU 升高了 0.69%；在添加了多波段遥感数据的基础上增加 6 个多光谱指数后，IoU 升高了 4.80%。而且，粗略得知 NDVI、MNDWI 和 MDI 对结果的影响较大，为了深入探究这 3 个手工制作的数据特征对红树林提取结果造成的性能影响，继续采用控制变量法分析各个元素的影响，如表 7.4 所示。

表 7.4　在 ResNet-based FCN 结构下探究 3 个手工制作的数据特征对红树林提取结果造成的性能影响

样 本 数 据	IoU/%
all	92.13
without NDVI	91.32
without MNDWI	90.93
without MDI	90.76
Only BGR	86.64

如表 7.4 所示，在分别排除 NDVI、MNDWI 或 MDI 的条件下，与将所有波段及多光谱指数视为输入的情况相比，它们的 IoU 指标分别降低了 0.81%、1.20%和 1.37%；当仅将 BGR 影像作为输入时，IoU 降低了 5.49%。实验数据证明，与没有这 3 个手工制作的数据特征的情况相比，特别是使用 MNDWI 与 MDI 作为输入通道，能使得红树林提取的性能得到显著提高。显而易见的是，MNDWI 与水体特征联系十分密切，而红树林恰恰分布于河口、海岸和岛屿等潮间带湿地地区。因此，融合水体特征与植被特征对区分陆地植被与红树林植被具有重要的指导意义。另外，我们通过光谱特征对比分析，发现红树林在 SWIR 波段的光谱反射率比陆地植被低，也证实了 MNDWI 与 MDI 能显著改善分类结果的潜在原因。如图 7.15 所示，在遥感图像中，对于一些分布在湖泊和湿地等陆地表浅水地区附近的陆地植被，可通过两个含有 SWIR 计算的指数来进一步与红树林进行区分。

在图 7.15 中，第 1 列给出了真彩色遥感图像，第 2 列给出了相应的地表实况，第 3 列为只加入 B、G、R 3 个波段后模型的预测结果，第 4 列为加入除了红树林识别指数 MDI 之后的预测结果，第 5 列为加入 5 个原始波段和 6 个多光谱指数之后的预测结果。绿色、红色、蓝色和黑色分别代表真阳性样本、假阳性样本、真阴性样本和假阴性样本。

在不同的实验场景下，对比图 7.15 的显示结果，探究在 ME-Net 模型中添加不同的样本数据对提取红树林性能的影响。在实验中发现，只添加 R、G、B 3 个波段后，模型的预测结果会出现一些假阳性像素点，观察真彩色遥感图像可以发现，这是由于异物同谱造成的。详细地看，这些假阳性像素点代表的地物大多为地表的湿地或浅水区域生长的茂密林地，正是由于这些区域和红树林分布区域有着相似的光谱特征而造成了大量的类别误判。通过一些研究[94,95]和我们的实验，继续添加一些波段和多光谱指数，为红树林的分类提供更加丰富的光谱、纹理和结构等信息。继续对比图 7.15 中的第 3 列和第 4 列，实验结果显示，红色区域和蓝色区域都有不同程度的减少，特征是红色区域减少得更加明显，这表明更加丰富的多波段数据和多光谱指数有利于更细致的红树林像素级分类。通过表 7.4 可以发现，MDI 对预测结果的影响最大。因此，我们在相同情况下不加 MDI 指数的预测结果和加 MDI 指数的分类结果分别展示在图 7.15 的第 4 列和第 5 列。通过对比这两列的结果，可以清晰地发现，添加 MDI 指数后，边缘地区的分类得到很大改进，如红树林区域的观光河道和林缘地带等，这些都表明 MDI 指数中包含了红树林分类所需的结构和纹理等信息。

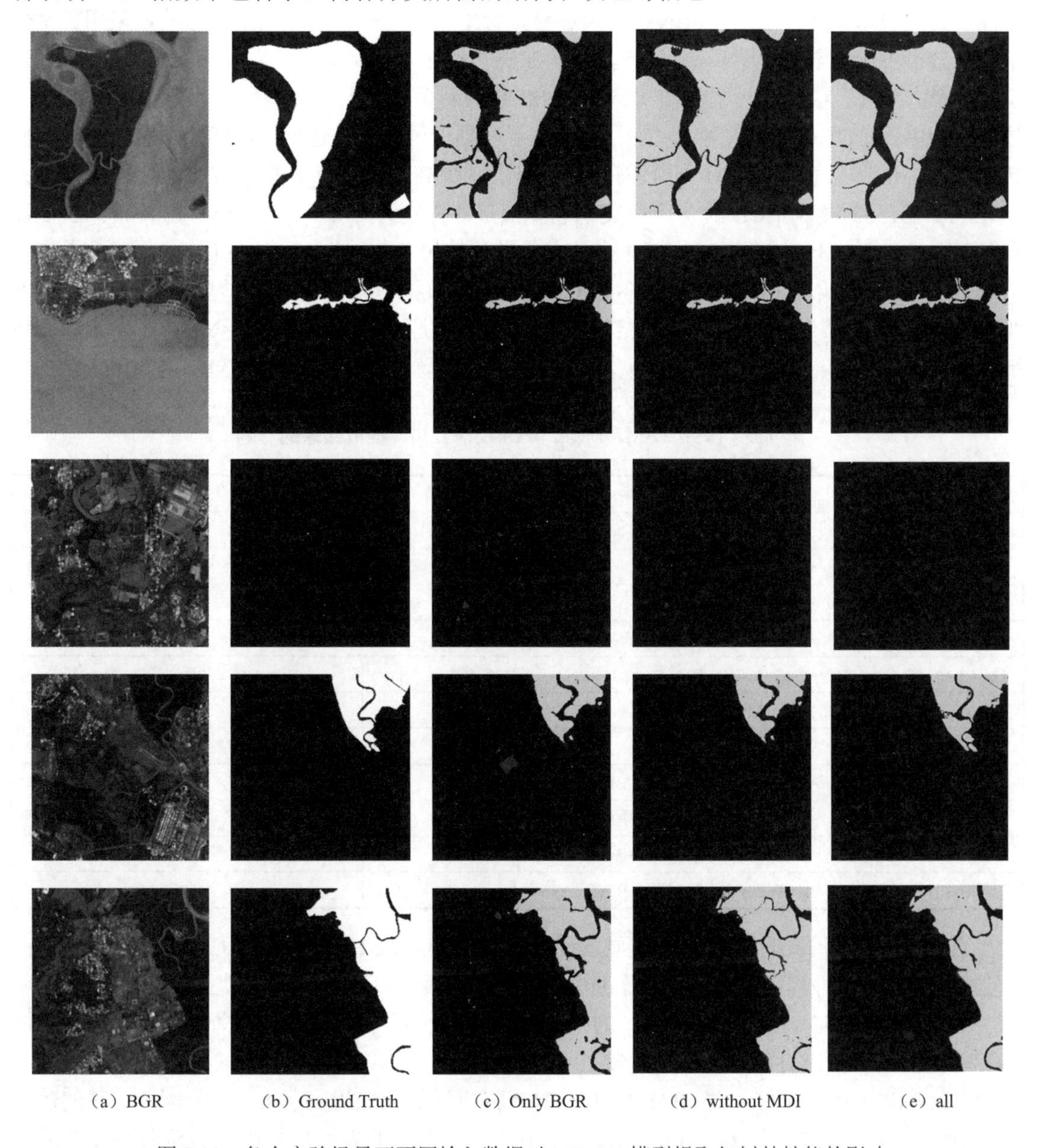

图 7.15　各个实验场景下不同输入数据对 ME-Net 模型提取红树林性能的影响

7.5.2 网络结构和训练技巧对模型预测结果的影响

在遥感图像语义分割任务中，需要同时完成红树林的分类和定位。然而，在深度学习算法中，分类与定位是矛盾的。卷积神经网络的高级阶段特征图十分善于解决分类问题，但由于卷积和下采样损失了大量的位置信息，导致重建原始分辨率二值化的预测结果非常困难。因此，我们提出了全局注意力模块（GAM），通过将高级阶段特征图学习到的分类信息作为权重指导低级阶段特征图的位置重建。在全局注意力模块位置重建之前，通过多尺度上下文嵌入（MCE）模块对低级阶段特征图进行特征提取，并融合多尺度信息。在全局注意力模块位置重建之后，通过边界拟合单元（BFU）消除卷积和池化操作过程中的混叠与网格伪影等问题。为了探究全局注意力模块、多尺度上下文嵌入模块和边界拟合单元对红树林提取结果的影响，采用控制变量方法分析各个元素的影响，如表 7.5 所示。在表 7.5 中，GAM 表示全局注意力模块；GMP 表示全局最大池化；GAP 表示全局平均池化；MCE 表示多尺度上下文信息嵌入模块；BFU 表示边界拟合单元；DS 表示深度监督方法；DA 表示数据增强方法，包括添加噪声、左右翻转和旋转变形等；C1/C3 表示 GAM 的解码分支上用于减少高级阶段特征图通道数的卷积核尺寸为 1×1/3×3；C1355 表示 MCE 的 4 个分支的卷积核尺寸分别为 1×1、1×1+3×3、1×1+1×5+5×1 和 1×1+5×1+1×5；C1357 表示 MCE 的 4 个分支的卷积核尺寸分别为 1×1、1×1+3×3、1×1+5×5 和 1×1+7×1+1×7。在实验中，我们加入了所有的遥感样本数据作为输入通道，以 ResNet-based FCN 结构作为实验的基线。与 ResNet-based FCN 结构不同的是，我们除了将 ResNet-101 作为基础特征提取网络，还提出了 GAM 重建原始分辨率二值化的预测结果，并添加 MCE 和 BFU。

表 7.5　探究 GAM、MCE 和 BFU 对红树林提取结果的影响

理　论	IoU/%
ResNet-based FCN	92.13
ResNet-101+GAM（C1）+GMP	95.55
ResNet-101+GAM（C1）+GAP	95.62
ResNet-101+GAM（C3）+GAP	95.71
ResNet-101+GAM（C3）+GAP+MCE（C1355）	96.16
ResNet-101+GAM（C3）+GAP+MCE（C1357）	96.24
ResNet-101+GAM（C3）+GAP+BFU	95.89
ResNet-101+GAM（C3）+GAP+MCE（C1357）+BFU	96.97
ResNet-101+GAM（C3）+GAP+MCE（C1357）+BFU+DS	97.22
ResNet-101+GAM（C3）+GAP+MCE（C1357）+BFU+DA	97.09
ResNet-101+GAM（C3）+GAP+MCE（C1357）+BFU+DS+DA	97.48

通过表 7.5 中的实验数据可以明显发现，与 ResNet-based FCN 相比，GAM 可以有效地提取全局上下文注意力信息，显著地提高红树林提取的性能，使红树林分类结果的评价指标从 92.13%提高到 95.55%。在 GAM 中，为了更好地提取遥感图像中的上下文特征，用于指导低级阶段特征图，我们对比了 GAP 和 GMP 两种全局池化方式对实验结果的影响。实验发现，GAP 比 GMP 工作得更好。与 GMP 相比，GAP 将模型的性能提高了 0.17%。因此，我们在最终模型中采用了 GAP。在 GAM 的解码分支中，与用 1×1 的卷积核减少高级阶段特征图通道

数相比，3×3 的卷积核将红树林提取的 IoU 从 95.62%提高到了 95.71%。因此，在后续实验中使用 3×3 的卷积核。

从复杂的遥感图像中提取红树林，不同尺度的红树林信息发挥着重要的作用。通过添加 MCE，可以发现网络提取红树林的性能得到了提高，红树林分类结果的 IoU 从 95.71%提高到了 96.16%。为了减小网络计算的负荷，使用 1×1 的卷积减小低级阶段特征图的通道数，并分解大尺度卷积以进一步降低计算复杂度。对比 C1355 与 C1357 两种不同的设置，实验显示，C1357 使网络性能提高了 0.08%。实验证明，不同尺寸的卷积核确实可以提取不同尺度的分类信息，而不同尺度的信息对提高红树林的分类有重要意义。

当在实验中不使用 MCE 而只使用 BFU 时，可以发现，IoU 在 ResNet-101、GAM（C3）和 GAP 的基础上从 95.71%提高到了 95.89%，提升了 0.18%。若在添加 MCE 的基础上加入 BFU，则可使红树林提取网络的性能提升了 0.73%。对比 4 组数据可以发现，BFU 不仅对红树林分类有利，联合 MCE 之后还可以使 GAM 获得更加准确而丰富的全局红树林信息，以作为更低级阶段特征图的通道权重，提高位置还原的精度。为了更加直观地展示 BFU 对红树林分类结果的影响，以 ResNet-101、GAM（C3）和 GAP 组成的网络结构为基线，对比添加 BFU 前后的红树林预测结果。可以清楚地观测到，BFU 能在一定程度上修正语义分割的边界，拟合红树林分布区域的边缘线，同时消除部分噪声，如图 7.14 所示。

除了网络结构，我们还采用了两种训练技巧来提高网络性能，即数据增强和深度监督。为探究这两种训练技巧对语义分割结果的影响，以 ResNet-101、GAM（C3）、GAP、MCE（C1357）和 BFU 为基线，此基线即 ME-Net 模型，采用对比实验分析问题。在训练 ME-Net 网络时，数据增强对输入网络的数据和标签同时添加噪声、左右翻转、旋转变形等以提高模型的泛化能力。在仅采用数据增强的条件下，语义分割的性能提高了 0.12%。另外，尽管深度预训练网络可以使影像分类、目标检测和语义分割等任务产生良好的性能[57,93,96,97]，但增加网络深度会使模型的优化难度变大[91,93]。为了解决深度神经网络优化困难的问题，除了在 ME-Net 的主分支末尾添加一个最终的损失函数，还要在 ResNet-101 的末尾添加第二个损失函数。第一个损失函数优化整个网络的语义分割性能，第二个损失函数优化 ResNet-101 学习提取特征的过程。这里需要给第二个损失函数添加一个平衡权重 a。为了粗略地确定 a 值的大小并进一步分析深度监督对网络性能提升的影响，使用在[0,1]区间的 5 个不同的数值，即{0,0.25,0.5,0.75,1}，如图 7.16 所示，在相同条件下，当平衡权重等于 0.25 时，优化模型的效果最好，精度达到 97.22%。最终，通过测试各种方法和技巧，将 ME-Net 模型的性能提高到了 97.48%。

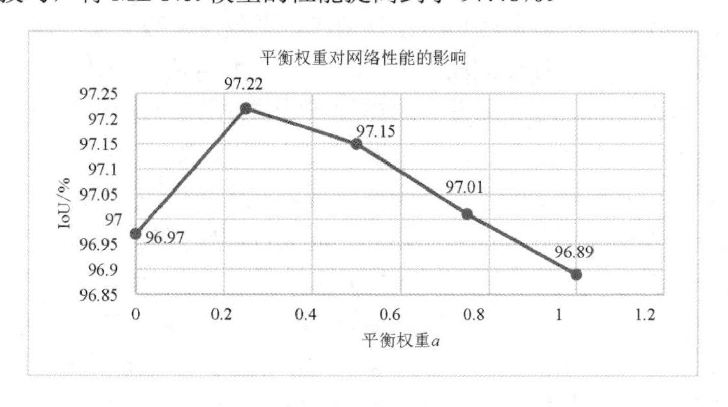

图 7.16　不同的 a 值对 ME-Net 模型性能的影响

7.5.3 不同的语义分割方法对红树林提取的影响

为了评估 ME-Net 模型在遥感图像红树林提取中的有效性，将其与一些最新方法进行了比较，包括 FCN[50]，SegNet[63]、DilatedNet[98]、U-Net[65]、PSPNet[62]和 DeepLab 系列[51,83,84]等深度学习方法。另外，还对应用多任务学习方法的实例分割模型 MaskRCNN[53]与提出的 ME-Net 模型进行比较。为了使比较客观、公正，所有提及的方法都在相同的数据集上进行训练、验证和测试。而且，为了降低实验的复杂性和减少一些不可控的干扰因素，所有模型不采用数据增强和深度监督等特殊的训练技巧，以及稠密条件随机场（dense-CRF）等后处理方法，比较测试的结果显示在表 7.6 中。

表 7.6　ME-Net 模型与其他语义分割方法提取红树林的实验结果

理　论	IoU/%
SegNet	81.39
FCN	84.62
DilatedNet	86.91
DeepLabv1	87.76
U-Net	88.24
DeepLabv2	90.06
PSPNet	91.82
MaskRCNN	93.16
DeepLabv3	94.53
ME-Net	96.97

表 7.6 中显示的数据证明，ME-Net 模型在语义分割任务中表现优异。在不采用数据增强和深度监督等方法的条件下，实现了 96.97%的 IoU，高于其他分割模型。为了更加直观地展示不同的语义分割方法对红树林提取性能的影响，选择较准确的分类样本来提升对比度，以 ResNet-based FCN 模型为基准，分别比较 ResNet-based FCN、DeepLab v3 和 ME-Net 的预测结果，如图 7.17 所示。

在图 7.17 中，第 1 列给出了真彩色遥感图像，第 2 列给出了相应的地表实况，第 3 列为 ResNet-based FCN 模型的预测结果，第 4 列为 DeepLabv3 模型的预测结果，第 5 列为 ME-Net 模型的预测结果。绿色、红色、蓝色和黑色分别代表真阳性、假阳性、真阴性和假阴性。

在实验中，我们加入 5 个原始波段和 6 个多光谱指数等所有的样本数据。同时，为了提升对比度，选择那些非块状、零星分散和海岸细条状边缘等较难分类的场景，以凸显语义分割模型的性能。通过对比不同方法的分类结果，可以发现，ResNet-based FCN 模型预测结果中的蓝色区域显著多于其他方法。大量真阴性像素点的存在说明一些本应属于红树林的像素未被模型检测出来，模型存在欠拟合的问题。一般而言，模型欠拟合表明大量的分类信息未被模型学习到。通过观察第 3 列和第 4 列的数据可以发现，DeepLab v3 模型的预测结果中蓝色区域减少了许多，说明 DeepLab v3 模型的数据拟合能力更强。通过分析 DeepLab v3 模型的网络结构，可以知道该模型采用空洞卷积和空洞空间金字塔池化（ASPP），可以有效捕获多尺度信息，可以提高红树林提取的性能。最后对比 ME-Net 模型，发现蓝色区域大大减少，但红色区域部分增加，这说明 ME-Net 模型具有很强的数据拟合能力，能很好地胜任语义分割的任务；然而，由于边界拟合单元的作用使部分边界过拟合而被过度补偿给预测结果，将一些属于非红树林的像素误判为红树林。尽管存在一些过拟合的问题，但 ME-Net 模型在红树林提取的整体性能上仍远远优于其他语义分割模型。

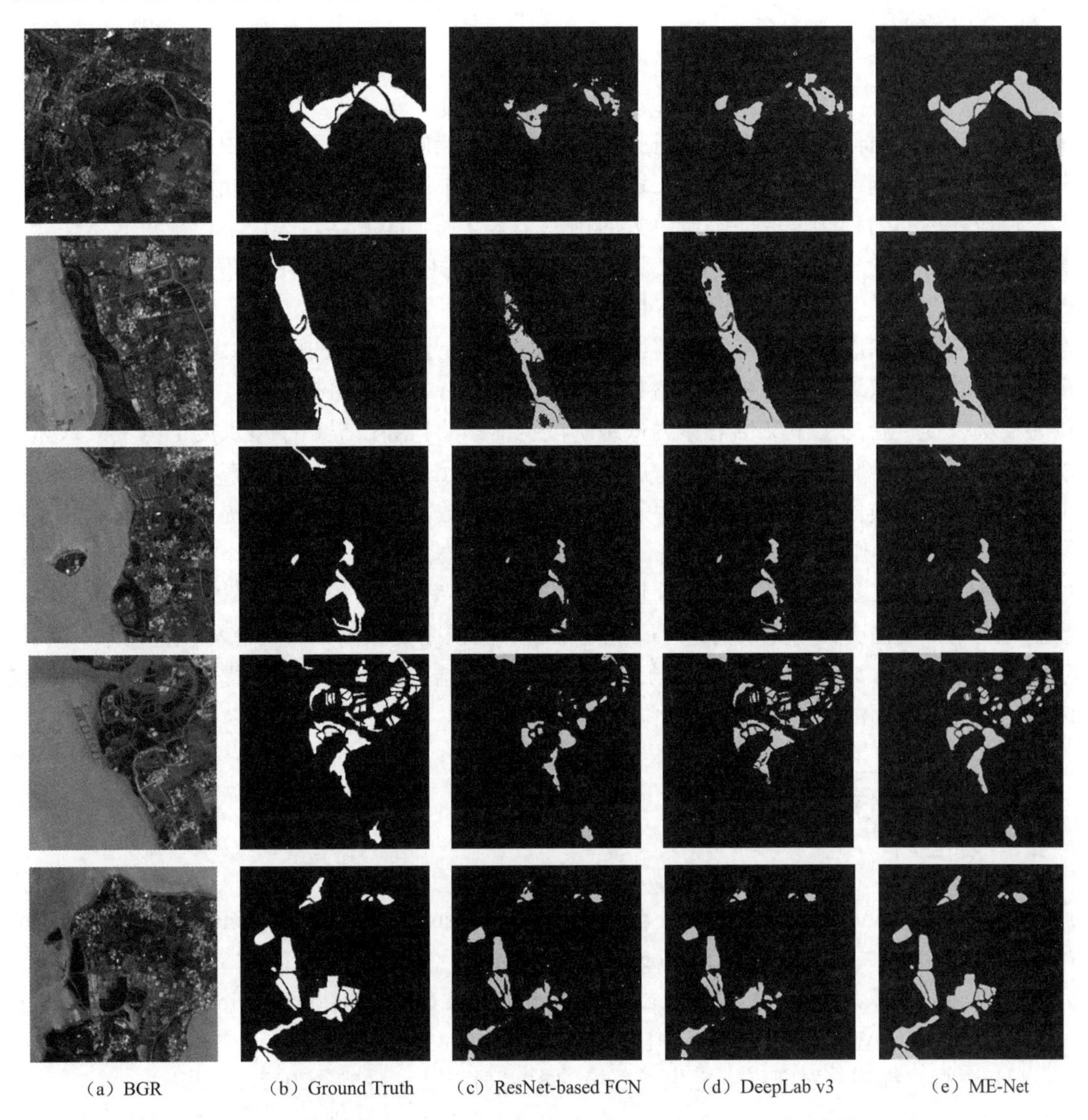

图 7.17　各个实验场景下不同的语义分割模型在提取红树林任务中的表现

本节通过输入不同的样本数据训练和测试模型，分析各个因素对实验结果的影响，发现数据集中的各个原始波段和多光谱指数对红树林的分类有利，特别是归一化差异植被指数 NDVI、修正的归一化差异水体指数 MNDWI 和红树林识别指数 MDI，结果证明，增加水体相关的数据，能有效提高红树林的分类精度。本节通过添加 3 个不同深度的学习模块：通过全局注意力模块提取全局信息指导红树林位置信息恢复；通过多尺度上下文信息嵌入模块学习不同尺度的上下文信息，提高特殊地区的红树林分类；添加边界拟合单元以微调红树林提取的边界等区域。在训练和测试模型之后，发现 3 个模块能高效提取遥感图像中的红树林区域。最后，本节比较了 ME-Net 模型和其他语义分割模型在提取红树林中的性能，发现 ME-Net 模型在红树林分割任务中取得了显著的进步。

7.6 本章小结

为了动态地对红树林分布区域进行制图和监测，准确提取遥感图像中的红树林是一个非常重要的研究课题。然而，红树林在遥感图像中具有不同的几何外观、光谱特征及纹理特征等，使得红树林的精确提取面临着巨大的挑战。本章基于深度学习提出了一种新的语义分割框架 ME-Net，以提取遥感图像中的红树林。我们训练并测试了 ME-Net 模型，探究了不同的样本数据和特征学习模块对提取红树林结果的影响。

本章应用了深度学习技术的基本原理和方法，设计了一种新的语义分割方法 ME-Net，为精确和智能地提取遥感图像中的红树林提供了技术支持。在网络模型中，我们提出了全局注意力模块以提供全局上下文信息作为低级阶段特征图的指导；提出了多尺度上下文嵌入模块以提取特征图中地物的多尺度信息；应用边界拟合单元优化分类结果。在数据的预处理过程中，我们使用多波段的遥感图像并手工制作多光谱指数，它们都有助于提高遥感图像红树林的语义分割性能。作为深度神经网络，ME-Net 在识别海岸地区不同场景下的红树林方面做得很好。我们通过在多幅遥感图像数据上进行实验发现，ME-Net 模型能有效地融合大量的样本数据，既能有效解决数据冗余问题，又能挖掘遥感图像中抽象的语义信息和位置信息。同时，我们利用 ME-Net 成功提取了各个场景下的红树林，结果表明该框架在提高不同海岸地区红树林分类性能方面的有效性和可行性。

本章参考文献

[1] Anon. Status and Distribution of Mangrove Forests of the World Using Earth Observation Satellite Data[J]. Global Ecology & Biogeography, 2011, 20(1):154-159.

[2] Liao B W, Zhang Q M. Area, Distribution and Species Composition of Mangroves in China[J]. Wetland Science, 2014, 12(4):435-440.

[3] 黄良．红树林对海洋湿地生态环境的影响[J]．绿色科技，2017(10):35-36．

[4] Duke N C, Meynecke J, Dittmann S, et al. A World Without Mangroves?[J]. Science, 2007, 317(5834):41-42.

[5] 木木．海岸卫士——红树林[J]．天天爱科学，2016(4):8-9．

[6] 韩维栋，高秀梅，卢昌义，等．中国红树林生态系统生态价值评估[J]．生态科学，2000(1):40-46．

[7] 吴培强，马毅，李晓敏，等．广东省红树林资源变化遥感监测[J]．海洋学研究，2011, 29(4):16-24．

[8] 傅勤．中国红树林及其经济利用的研究[D]．厦门：厦门大学，1993．

[9] 范航清．红树林：海岸环保卫士[M]．南宁：广西科学技术出版社，2000.
[10] 汪晖，章金鸿．我国红树林生态系统健康评价研究现状及展望[J]．生物技术世界，2013，10：22-23.
[11] 但新球，廖宝文，吴照柏，等．中国红树林湿地资源、保护现状和主要威胁[J]．生态环境学报，2016，25(7):1237-1243.
[12] 黄星，辛琨，李秀珍，等．基于斑块的东寨港红树林湿地景观格局变化及其驱动力[J]．应用生态学报，2015，26(5):1510-1518.
[13] 周振超，李贺，黄翀，等．红树林遥感动态监测研究进展[J]．地球信息科学学报，2018，20(11):1631-1643.
[14] 孙永光，赵冬至，郭文永，等．红树林生态系统遥感监测研究进展[J]．生态学报，2013，33(15):4523-4538.
[15] Li W H, Zhang B, Xie G D. Research on Ecosystem Services in China:progress and Perspectives[J]. Journal of Natural Resources, 2009, 24(1):1-10.
[16] Xiu S U, Zhao D Z, Huang F R, et al. Development of Mangrove Monitoring Technology Using High Spatial-resolution Satellite Images[J]. Journal of Tropical Oceanography, 2011, 30(3):38-45.
[17] 胡健波，张健．无人机遥感在生态学中的应用进展[J]．生态学报，2018，38(1):20-30.
[18] Thakur S, Mondal I, Ghosh P B, et al. A Review of the Application of Multispectral Remote Sensing in the Study of Mangrove Ecosystems with Special Emphasis on Image Processing Techniques[J]. Spatial Information Research, 2020, 28(3):39-51.
[19] Dech S, Gebhardt S, Kuenzer C, et al. Remote Sensing of Mangrove Ecosystems:a Review[J]. Remote Sensing, 2011, 29(5):1016-1028.
[20] Giri C, Pengra B, Long J, et al. Next Generation of Global Land Cover Characterization, Mapping, and Monitoring[J]. International Journal of Applied Earth Observation & Geoinformation, 2013, 25:30-37.
[21] Giri C, Long J, Abbas S, et al. Distribution and Dynamics of Mangrove Forests of South Asia[J]. Journal of Environmental Management, 2015, 148(15):101-111.
[22] Potapov P, Hansen M, Kommareddy I, et al. Landsat Analysis Ready Data for Global Land Cover and Land Cover Change Mapping[J]. Remote Sensing, 2020, 12(3):426.
[23] Tian S, Zhang X, Tian J, et al. Random Forest Classification of Wetland Landcovers From Multi-sensor Data in the Arid Region of Xinjiang, China[J]. Remote Sensing, 2016, 8(11):954.
[24] Yu Q, Gong P, Clinton N, et al. Object-based Detailed Vegetation Classification with Airborne High Spatial Resolution Remote Sensing Imagery[J]. Photogrammetric Engineering & Remote Sensing, 2006, 72(7):799-811.
[25] D'iorio M, Jupiter S D, Cochran S A, et al. Optimizing Remote Sensing and Gis Tools for Mapping and Managing the Distribution of an Invasive Mangrove (rhizophora Mangle) on South Molokai, Hawaii[J]. Marine Geodesy, 2007, 30(1):125-144.

[26] Yang C, Everitt J H, Fletcher R S, et al. Evaluating Aisa + Hyperspectral Imagery for Mapping Black Mangrove Along the South Texas Gulf Coast[J]. Photogrammetric Engineering & Remote Sensing, 2009, 75(4):425-435.

[27] Held A, Ticehurst C, Lymburner L, et al. High Resolution Mapping of Tropical Mangrove Ecosystems Using Hyperspectral and Radar Remote Sensing[J]. International Journal of Remote Sensing, 2003, 24(13):2739-2759.

[28] Giri S, Mukhopadhyay A, Hazra S, et al. A Study on Abundance and Distribution of Mangrove Species in Indian Sundarban Using Remote Sensing Technique[J]. Journal of Coastal Conservation, 2018(4):359-367.

[29] Chakravortty S. Analysis of end member detection and subpixel classification algorithms on hyperspectral imagery for tropical mangrove species discrimination in the Sunderbans Delta, India[J]. Journal of Applied Remote Sensing, 2013, 7(1):602-609.

[30] Chakravortty S, Shah E, Chowdhury A S. Application of Spectral Unmixing Algorithm on Hyperspectral Data for Mangrove Species Classification[C]//International Conference on Applied Algorithms, 2014.

[31] Chakravortty S, Sinha D. Analysis of Multiple Scattering of Radiation Amongst End Members in a Mixed Pixel of Hyperspectral Data for Identification of Mangrove Species in a Mixed Stand[J]. Journal of the Indian Society of Remote Sensing, 2015, 43(3):559-569.

[32] Wang C, Chen J, Wu J, et al. A Snow-free Vegetation Index for Improved Monitoring of Vegetation Spring Green-up Date in Deciduous Ecosystems[J]. Remote Sensing of Environment, 2017, 196:1-12.

[33] Fei S X, Shan C H, Hua G Z. Remote Sensing of Mangrove Wetlands Identification[J]. Procedia Environmental Sciences, 2011, 10:2287-2293.

[34] Ibrahim N, Mustapha M A, Lihan T, et al. Determination of Mangrove Change in Matang Mangrove Forest Using Multi Temporal Satellite Imageries[C]//Aip Conference Proceedings, [S.l.]:American Institute of Physics, 2013.

[35] Zhang Y. Optimisation of Building Detection in Satellite Images By Combining Multispectral Classification and Texture Filtering[J]. Isprs Journal of Photogrammetry and Remote Sensing, 1999, 54(1):50-60.

[36] Jia M, Wang Z, Zhang Y, et al. Landsat-based Estimation of Mangrove Forest Loss and Restoration in Guangxi Province, China, Influenced By Human and Natural Factors[J]. IEEE Journal of Selected Topics in Applied Earth Observations and Remote Sensing, 2014, 8(1):311-323.

[37] Jia M, Zhang Y, Wang Z, et al. Mapping the Distribution of Mangrove Species in the Core Zone of Mai Po Marshes Nature Reserve, Hong Kong, Using Hyperspectral Data and High-resolution Data[J]. International Journal of Applied Earth Observation and Geoinformation, 2014, 33:226-231.

[38] Kamal M, Phinn S. Hyperspectral Data for Mangrove Species Mapping:a Comparison of Pixel-based and Object-based Approach[J]. Remote Sensing, 2011, 3(10):2222-2242.

[39] Zhang Z, Kazakova A, Moskal L M, et al. Object-based Tree Species Classification in Urban Ecosystems Using Lidar and Hyperspectral Data[J]. Forests, 2016, 7(6):122.

[40] Tang H, Liu K, Zhu Y, et al. Mangrove Community Classification Based on Worldview-2 Image and SVM Method[J]. Acta Scientiarum Naturalium Universitatis Sunyatseni, 2015, 54(4):102.

[41] Kumar T, Panigrahy S, Kumar P, et al. Classification of Floristic Composition of Mangrove Forests Using Hyperspectral Data:Case Study of Bhitarkanika National Park, India[J]. Journal of Coastal Conservation, 2013, 17(1):121-132.

[42] Wong F K, Fung T. Combining Eo-1 Hyperion and Envisat Asar Data for Mangrove Species Classification in Mai Po Ramsar Site, Hong Kong[J]. International Journal of Remote Sensing, 2014, 35(23):7828-7856.

[43] Li S, Tian Q. Mangrove Canopy Species Discrimination Based on Spectral Features of Geoeye-1 Imagery[J]. Spectroscopy & Spectral Analysis, 2013, 33(1):136-141.

[44] Duro D C, Franklin S E, Dubé M G. A Comparison of Pixel-based and Object-based Image Analysis with Selected Machine Learning Algorithms for the Classification of Agricultural Landscapes Using Spot-5 HRG Imagery[J]. Remote Sensing of Environment, 2012, 118:259-272.

[45] Chao Y, Li M, Zhang M. Classification of Dominant Tree Species in an Urban Forest Park Using the Remote Sensing Image of Worldview-2[C]//the 8th International Congress on Image and Signal Processing (CISP), 2015.

[46] Xiao H Y, Zeng H, Zan Q J, et al. Decision Tree Model in Extraction of Mangrove Community Information Using Hyperspectral Image Data[J]. Journal of Remote Sensing, 2007, 11(4):531-537.

[47] Krizhevsky A, Sutskever I, Hinton G E. ImageNet Classification with Deep Convolutional Neural Networks[J]. Communications of the ACM，2017,60(6)：84-90.

[48] Razavian A S , Azizpour H , Sullivan J , et al. CNN Features off-the-shelf: an Astounding Baseline for Recognition[C]//the IEEE conference on computer vision and pattern recognition workshops, 2014.

[49] Girshick R, Donahue J, Darrell T, et al. Rich Feature Hierarchies for Accurate Object Detection and Semantic Segmentation[C]//Proceedings of the IEEE Conference on Computer Vision and Pattern Recognition, 2014.

[50] Long J, Shelhamer E, Darrell T. Fully Convolutional Networks for Semantic Segmentation[C]// Proceedings of the IEEE Conference on Computer Vision and Pattern Recognition, 2015.

[51] Chen L C, Papandreou G, Kokkinos I, et al. Deeplab:Semantic Image Segmentation with Deep Convolutional Nets, Atrous Convolution, and Fully Connected Crfs[J]. IEEE Transactions on Pattern Analysis and Machine Intelligence, 2017, 40(4):834-848.

[52] Zheng S, Jayasumana S, Romera-paredes B, et al. Conditional Random Fields as Recurrent Neural Networks[C]//Proceedings of the IEEE International Conference on Computer Vision, 2015.

[53] He K, Gkioxari G, Dollár P, et al. Mask R-CNN[C]//Proceedings of the IEEE International Conference on Computer Vision, 2017.

[54] Zhu X X, Tuia D, Mou L, et al. Deep Learning in Remote Sensing:a Comprehensive Review and List of Resources[J]. IEEE Geoscience and Remote Sensing Magazine, 2017, 5(4):8-36.

[55] Kampffmeyer M, Salberg A, Jenssen R. Semantic Segmentation of Small Objects and Modeling of Uncertainty in Urban Remote Sensing Images Using Deep Convolutional Neural Networks[C] //Proceedings of the IEEE Conference on Computer Vision and Pattern Recognition Workshops, 2016.

[56] Fu G, Liu C, Zhou R, et al. Classification for High Resolution Remote Sensing Imagery Using a Fully Convolutional Network[J]. Remote Sensing, 2017, 9(5):498.

[57] Lin T Y , Maire M , Belongie S , et al. Microsoft COCO: Common Objects in Context[C]// European Conference on Computer Vision,2014.

[58] Hu J, Shen L, Sun G. Squeeze-and-excitation Networks[C]//Proceedings of the IEEE Conference on Computer Vision and Pattern Recognition, 2018.

[59] Zhong Z, Li J, Cui W, et al. Fully Convolutional Networks for Building and Road Extraction: Preliminary Results[C]//2016 IEEE International Geoscience and Remote Sensing Symposium (IGRSS), 2016.

[60] Maggiori E, Tarabalka Y, Charpiat G, et al. Convolutional Neural Networks for Large-scale Remote-sensing Image Classification[J]. IEEE Transactions on Geoscience and Remote Sensing, 2016, 55(2):645-657.

[61] Liu Z, Li X, Luo P, et al. Semantic Image Segmentation Via Deep Parsing Network[C]// Proceedings of the IEEE International Conference on Computer Vision, 2015.

[62] Zhao H, Shi J, Qi X, et al. Pyramid Scene Parsing Network[C]//Proceedings of the IEEE Conference on Computer Vision and Pattern Recognition, 2017.

[63] Badrinarayanan V, Kendall A, Cipolla R. Segnet:a Deep Convolutional Encoder-decoder Architecture for Image Segmentation[J]. IEEE Transactions on Pattern Analysis and Machine Intelligence, 2017, 39(12):2481-2495.

[64] Lin T, Dollár P, Girshick R, et al. Feature Pyramid Networks for Object Detection[C]// Proceedings of the IEEE Conference on Computer Vision and Pattern Recognition, 2017.

[65] Ronneberger O, Fischer P, Brox T. U-net:Convolutional Networks for Biomedical Image Segmentation[C]//International Conference on Medical Image Computing and Computer-assisted Intervention, 2015.

[66] Szegedy C, Vanhoucke V, Ioffe S, et al. Rethinking the Inception Architecture for Computer Vision[C]//Proceedings of the IEEE Conference on Computer Vision and Pattern Recognition, 2016.

[67] Long C, Zhang H, Xiao J, et al. SCA-CNN:Spatial and Channel-wise Attention in Convolutional Networks for Image Captioning[C]//2017 IEEE Conference on Computer Vision and Pattern Recognition (CVPR), 2017.

[68] Mnih V, Heess N, Graves A. Recurrent Models of Visual Attention[C]//Advances in Neural Information Processing Systems, 2014.

[69] Russakovsky O, Deng J, Su H, et al. ImageNet Large Scale Visual Recognition Challenge[J]. International Journal of Computer Vision, 2015, 115(3):211-252.

[70] Cao Y, Xu J, Lin S, et al. Gcnet:Non-local Networks Meet Squeeze-excitation Networks and Beyond[C]//Proceedings of the IEEE International Conference on Computer Vision Workshops, 2019.

[71] Li H, Xiong P, An J, et al. Pyramid Attention Network for Semantic Segmentation[J]. Arxiv Preprint Arxiv:1805.10180, 2018.

[72] Peng C, Zhang X, Yu G, et al. Large Kernel Matters--improve Semantic Segmentation By Global Convolutional Network[C]//Proceedings of the IEEE Conference on Computer Vision and Pattern Recognition, 2017.

[73] Chen L C , Papandreou G , Kokkinos I , et al. Semantic Image Segmentation with Deep Convolutional Nets and Fully Connected CRFs[J]. Computer Science, 2014(4):357-361.

[74] Krähenbühl P, Koltun V. Efficient Inference in Fully Connected Crfs with Gaussian Edge Potentials[C]//Advances in Neural Information Processing Systems, 2011.

[75] Jampani V, Kiefel M, Gehler PV. Learning Sparse High Dimensional Filters:Image Filtering, Dense Crfs and Bilateral Neural Networks[C]//Proceedings of the IEEE Conference on Computer Vision and Pattern Recognition, 2016.

[76] 苏岫，赵冬至，黄凤荣，等. 基于高空间分辨率的红树林卫星遥感监测技术进展[J]. 热带海洋学报，2011，30(3):38-45.

[77] 李伟，崔丽娟，张曼胤，等. 遥感技术在红树林湿地研究中的应用述评[J]. 林业调查规划，2008(5):1-7.

[78] 毛丽君. 基于遥感的广东湛江红树林湿地动态变化研究[D]. 南京：南京林业大学，2011.

[79] 滕骏华，刘宇，顾德宇. 红树林遥感智能分类方法研究[J]. 台湾海峡，1997，16(3):8.

[80] 张伟，兰樟仁，李峥，等. 红树林卫星遥感图像快鸟数据预处理方法[J]. 福建林业科技，2006，33(4):77-81.

[81] 刘凯，黎夏，王树功，等. 珠江口近 20 年红树林湿地的遥感动态监测[J]. 热带地理，2005(2):111-116.

[82] He K, Zhang X, Ren S, et al. Deep Residual Learning for Image Recognition[C]// Proceedings of the IEEE Conference on Computer Vision and Pattern Recognition, 2016.

[83] 司海飞，史震，胡兴柳，等. 基于 DeepLab V3 模型的图像语义分割速度优化研究[J]. 计算机工程与应用，2020，56(24):137-143.

[84] Chen L C, Papandreou G, Schroff F, et al. Rethinking Atrous Convolution for Semantic Image Segmentation[J]. Arxiv Preprint Arxiv:1706.05587, 2017.

[85] Wang P, Chen P, Yuan Y, et al. Understanding Convolution for Semantic Segmentation[C]// the IEEE Winter Conference on Applications of Computer Vision (WACV), 2018.

[86] Ballester P L, Araujo R M. On the Performance of Googlenet and Alexnet Applied to Sketches[C]//AAAI, 2016.

[87] Tang P, Wang H, Kwong S. G-ms2f:GoogLeNet Based Multi-stage Feature Fusion of Deep CNN for Scene Recognition[J]. Neurocomputing, 2017, 225(15):188-197.

[88] Xie S, Tu Z. Holistically-nested Edge Detection[C]//Proceedings of the IEEE International Conference on Computer Vision, 2015.

[89] Yu Z, Feng C, Liu M, et al. CaSEnet: Deep Category-aware Semantic Edge Detection[C]// Proceedings of the IEEE Conference on Computer Vision and Pattern Recognition, 2017.

[90] Ioffe S, Szegedy C. Batch Normalization: Accelerating Deep Network Training By Reducing Internal Covariate Shift[C]//International Conference on International Conference on Machine Learning, 2015.

[91] Shen L, Lin Z, Huang Q. Relay Backpropagation for Effective Learning of Deep Convolutional Neural Networks[C]//European Conference on Computer Vision, 2016.

[92] Simonyan K, Zisserman A. Very Deep Convolutional Networks for Large-scale Image Recognition[J]. Arxiv Preprint Arxiv:1409.1556, 2014.

[93] Lee C, Xie S, Gallagher P, et al. Deeply-supervised Nets[C]//Artificial Intelligence and Statistics, 2015.

[94] Wang D, Wan B, Qiu P, et al. Artificial Mangrove Species Mapping Using Pléiades-1:an Evaluation of Pixel-based and Object-based Classifications with Selected Machine Learning Algorithms[J]. Remote Sensing, 2018, 10(2):1-294.

[95] Wang D, Wan B, Qiu P, et al. Evaluating the Performance of Sentinel-2, Landsat 8 and Pléiades-1 in Mapping Mangrove Extent and Species[J]. Remote Sensing, 10(9):1468 - 1468.

[96] Karen S, Andrew Z. Very Deep Convolutional Networks for Large-scale Image Recognition[J]. Computer Science,arXiv:1409.1556.

[97] 王晨.基于深度学习的红外图像语义分割技术研究[D].上海：中国科学院大学，2017.

[98] Yu F, Koltun V. Multi-scale Context Aggregation By Dilated Convolutions[J]. Arxiv Preprint Arxiv:1511.07122, 2015.

第8章

基于深度学习的屋顶提取与绿化评价

在全球的城市化进程中，城市区域气候发生变化，产生了城市热岛效应、空气污染、洪涝灾害等一系列环境问题，城市生态环境受损严重，面临巨大的生态环境挑战。近年来，城市生态环境越发受到国家和政府的关注，城市生态环境的改善自然需要增加城市的绿化面积，由于城市土地资源紧缺、土地价格昂贵等问题，往往实施较为困难，然而城市闲置空间资源浪费巨大，具有极大的潜力，国内外兴起了屋顶绿化。屋顶绿化技术就是针对目前城市生态环境问题提出的有效方法之一。对城市既有建筑的屋顶绿化潜力和优先级分别进行评价是屋顶绿化规划与发展的重要问题，国内外纷纷开展了与屋顶绿化相关的研究，但研究中仍然存在一定的问题。

本章提出一种可复制的屋顶绿化评价方法，对城市既有建筑屋顶绿化的实施进行定量评价分析，为屋顶绿化的进一步规划提供科学合理的方法支持和定量依据。本章主要内容如下：首先根据已有研究中的屋顶绿化评价指标，从建筑本身特征和城市生态环境改善需求两方面总结影响屋顶绿化实施的关键评价指标；然后针对屋顶绿化评价指标相关的多源数据，包括遥感图像、气象数据、交通数据等，基于深度学习和 GIS 等方法实现屋顶绿化评价指标的定量计算，并进一步根据指标给出屋顶绿化的评价方法；最后使用本章提出的屋顶绿化评价方法对厦门岛进行评价分析，得到屋顶绿化潜力评价与实施优先级的结果，进一步对屋顶绿化评价指标和屋顶绿化评价中权重的选取进行讨论分析，并在其他区域应用本章介绍的方法进行验证，证明屋顶绿化评价方法的可复制性和适用性。

8.1 屋顶绿化的背景意义与现状分析

8.1.1 屋顶绿化的背景和意义

城市化是城市在生产力不断发展、科学技术不断进步的情况下，产业结构由农业向工业和服务业逐渐转变的社会经济变化过程，从世界各国的城市化进程来看，有以下相似的特点：城市人口一直在增加，相应地，建成区也不断地向郊区扩大面积，乡村的社会经济、科学技术也在城市扩张的过程中不断进步。城市化是世界各国发展中面临的一个过程，与世界其他发达国家的城市化进程相比较，我国城市化起步较晚，特点是速度快、规模大且资源能耗高[1]。我国的城市化进程的主要特点是城市建筑用地面积的增加及城市人口数量的剧增，根据我国住房和城乡建设部发布的统计数据来看，从《2019 年城市建设统计年鉴》[2]可以知道：1981年，城市建成区面积仅 7438 km^2，城市人口为 1.4 亿人，截止到 2019 年，建成区面积已经增加到 60313 km^2，城市人口增长到 4.4 亿人。城市化进程带来了经济和技术的高速发展，然而，随之而来的是城区人口过度密集，建筑和各类基础设施不断增加，大量这些人造建筑物和不透水表面代替了农田、草地等天然表面，城市生态环境随之发生了巨大的改变，虽然城市化给人们带来了完善的设施，极大地方便了人们的日常生活和工作，但是城市化中各类设施的增加使得城市绿地等自然生态环境大面积减少，城市生态环境的变化让城市生态、气候均发生了明显变化，自然生态面积减少，空气污染和噪声等问题越来越明显，引发了许多环境问题，如热岛效应。城市热岛效应是指城市由于密集的建筑物、交通设施，以及各类不透水表面导致城市绿色空间减少，从而使城市出现高温的现象，特别是市中心，市中心的温度与其周围偏远地区和郊区的温度相比明显要高很多。城市建筑物密集且交通设施便利，而这些建筑物和设施往往要消耗大量能源，如化石资源、太阳能、水能等，在工业生产中容易向大气排放各类有害气体，城市雾霾的出现更是威胁到了人们的生存，空气污染问题十分严峻。

城市面临紧迫的生态环境问题，国家和政府对城市环境问题越发重视和关注，中央、地方政府为解决城市环境问题出台了大量建造绿色生态城市相关的政策，并开展试点工作，相继提出了园林城市、绿色城市、生态城市、低碳城市、海绵城市等概念，建设绿色低碳、环保节能、可持续的生态城市成为今后城市发展的重点。生态城市的构建需要增加绿化，目前，城市面临土地资源紧缺、土地价格昂贵等问题，城市闲置建筑屋顶资源浪费巨大，具有极大的潜力，屋顶占据建成区较大的面积，在高密度城市中心区尤甚，屋顶绿化能够解决绿化与土地之间的矛盾，促使城市绿化向立体城市绿化发展。在我国，一些人口密集的城市已经率先开展屋顶绿化工作，并出台了一系列实施规范。例如，北京市政府提倡城市立体绿化，发布了《关于推进城市空间立体绿化建设工作的意见》[3]；上海市绿化管理局响应国家政策的号召，推出了《上海市屋顶绿化技术规范（试行）》[4]；广州市规划局、广州市林业和园林局联合制定了《关于推进广州市城市空间立体绿化的意见》[5]，这些技术规范措施有效地推动了我国城市的屋顶绿化建设工作。

在我国城市化发展面临生态环境挑战和可持续发展政策要求的背景下，城市大量的闲置屋顶资源为城市绿化提供了新的契机，许多国家和城市都分别根据当地环境发布了屋顶绿化技术规范，大力开展屋顶绿化工作，从而增加城市绿化，打造宜居城市。屋顶绿化实施技术规范对建筑物屋顶提出了明确的要求，促进了当前的屋顶绿化的发展，但是建筑物在不同空间位置的生态环境存在较大差异，具体实施也存在一定的差异，因此，需要基于我国城市现状，为城市规划工作者、政策制定者提供一种科学、合理的屋顶绿化评价方法。

8.1.2 屋顶绿化现状分析

1. 屋顶绿化的相关概念与发展历史

屋顶绿化可以有多种不同的定义和理解，简单来说，人们往往认为屋顶绿化就是在屋顶上做绿化，建造草坪或花园。而从更大的方面来说，屋顶绿化是基于建筑物的绿化，特点是不和地面直接接触，不局限于建筑屋顶，还可以涵盖建筑阳台和侧面。屋顶绿化是城市立体绿化中最主要、最具代表性的绿化形式[6]。我国许多城市在推出屋顶绿化实施规范的同时对屋顶绿化进行了不同的定义：上海市发布的《上海市屋顶绿化技术规范（试行）》认为，屋顶绿化是一种在建筑物的屋顶种植绿色植物的一种绿化模式。《成都市屋顶绿化及垂直绿化技术导则（试行）》[7]进行了以下定义：屋顶绿化是将植物种植在建筑物的屋顶，垂直绿化是将植物固定在建筑物的侧面或阳台。

屋顶绿化植物的种植离不开土壤，屋顶不同于地面自然土壤，无法直接种植绿色植物，在屋顶绿化的实施中，各个城市和地区经常采用的结构从上到下主要包括 6 部分。第一层是植被层，是整个屋顶绿化的顶层和外观部分的呈现，考虑到与地面结构的差别，屋顶环境并不是植物生长最有利的环境，目前，屋顶绿化植被的研究表明，多肉植物是研究较多、较为深入的植物种类之一。在不同的多肉植物中，景天科因具备能够限制蒸腾作用并储存多余的水分，在干旱条件下也能生存的特点而成为最受欢迎、使用最广泛的屋顶绿化植物[8-10]。有的研究表明，景天科植物在没有水的情况下具有延长生存期的潜力，即使在 4 个月不浇水的情况下，仍然能够进行光合作用，有的甚至可以在没有水的情况下存活两年[11, 12]。第二层是土壤基质层，紧连植被层，直接影响屋顶绿化植物的生长和性能，是屋顶植物赖以生存的有机环境。土壤基质层的选择与屋顶绿化的成功密切相关，由于屋顶绿化可以改善水质、减少雨水径流等，因此，一种材料往往难以满足屋顶绿化的需求，通常的做法是将几种不同特性的土壤成分按照一定的比例混合在一起组成生长培养基质。第三层是透水过滤层，能够分隔土壤基质层和排水层，过滤从土壤基质层冲刷而来的杂质，顺利让水到达排水层，从而防止植物根茎、植物残体、土壤微粒等小颗粒进入并堵塞破坏下面的排水层。第四层是排水层，在屋顶绿化系统中，用来维持空气和水的平衡，由于大多数屋顶绿化的植被生长需要不含水的基质，而排水层可以有助于去除土壤基质层中的多余水分，改善土壤基质层的空气质量，在保持土壤湿度的同时可以防止水分过多而产生烂根的现象。第五层是防水层，在防水层的设计中，防止渗漏是首要条件，由于屋顶土壤和排水层的存在，屋顶含水较多，若屋顶的土壤产生了水分的渗漏，则位于防水层下面的屋面结构层就会遭到破坏，存在重要的安全隐患，因此，防水层也是至关重要的一层。第六层是屋面结构层，屋面以上的所有屋顶绿化结构的质量都取决于屋顶的荷载能力，屋顶荷载除了包括屋顶绿色植被设施、一些其他的基础设施等固定的荷载，还需要考虑人在屋顶游览观赏和走动时对屋顶的荷载，因此，在建筑建造的时候，需要考虑屋顶绿化的荷载。

在以往的研究中，屋顶绿化可以根据屋顶绿色植物种植的特点进行分类，可以分为如下 3 种类型。

（1）密集型屋顶绿化，是在屋顶种植各类植被、花卉、灌木、乔木等建设的花园，即常说的屋顶花园。这类绿色屋顶的设计与地面的花园绿地的设计十分接近，可以供人们游览、休憩，因此，与地面花园设计类似。密集型屋顶绿化除了需要草地、灌木、乔木等各类景观植被，往往还需要建造喷泉、流水造景、假山、小道、桌椅、游乐设施等，甚至可能需要设计消防工程，即在强调绿色屋顶美观性的同时，需要考虑屋顶花园的安全性。由于密集型屋顶绿化并不局限于种植绿色的植物，还需要安装各类设施，因此，对屋顶的承载力具有较高的要求。具体而言，屋顶承载力最大甚至可以达到每立方米几千千克，景观植被中最高的乔木的选取不应该超过 120cm，而且这类绿色屋顶对屋顶坡度的要求也更高，不能大于 10%，否则容易造成屋顶景观植被与设施的构造层位移[13]。密集型屋顶的承载力高，因此实施成本较高，而一旦建成，随着游览人群的增加，屋顶的后期维护成本也较高，但是能够带来的各方面的效益也是最大的，可以作为屋顶绿化建设工作试点区，政府或大型企业往往会考虑这种类型的屋顶绿化。

（2）半密集型屋顶绿化，介于密集型屋顶绿化和粗放型屋顶绿化之间，通常由住宅居民自行建造。与密集型屋顶绿化相比，它虽然没有密集型屋顶绿化的基础设施的完善和景观植被的丰富，但是也足够满足人们基本的游览和观赏需求。这类绿色屋顶通常为私人的建设，因此极具个人风格，景观植被常常由各种各类的花卉、灌木及草地构成，少有种植乔木类的高大植被。半密集型屋顶绿化要求较低，这类绿色屋顶构造层一般为15～25cm，屋顶可承载的质量通常为20～90kg/m^2[14]。总体而言，半密集型屋顶绿化与密集型屋顶绿化相比，实施的成本与后期的维护成本都相对较低，比较适合房地产商及对生态环境有更高追求的私人业主。

（3）粗放型屋顶绿化，相比之下比较简单，仅仅采用草坪进行绿化。这种屋顶绿化形式由于简单易实施，因此，也是在各个城市的屋顶绿化实施中使用最多的一种绿化模式。这类绿色屋顶一般情况下不允许人们进入，主要是为了缓解城市生态环境破坏问题而增加的屋顶绿地面积。因此，屋顶植物需要具有抗干旱、抗高温、抗寒冷、生命力强等特点，往往使用景天等植物。粗放型屋顶绿化建造速度更快、实施成本和后期维护成本低、对承载要求低，可以在任何符合承载力条件的屋顶建造，是目前大面积屋顶绿化中最合适的方法，很多国家和城市采取的主要屋顶绿化类型就是粗放型屋顶绿化。

在建筑物屋顶种植植被是一项古老的技术，早在几千年前，苏美尔人建造了亚述古庙塔，是目前发现的最早的屋顶花园。在亚述古庙塔后出现的巴比伦空中花园也是古代屋顶绿化的代表，是历史上最著名的屋顶花园。随着科学技术的进步，现代的绿色屋顶已经比古代的绿色屋顶更加高效，也更符合现代建筑的需求。现代屋顶绿化起源于德国，德国最先研究现代屋顶绿化，在20世纪60年代初，德国爆发了能源危机，于是开始建造绿色屋顶以降低建筑的能源消耗，并成立了屋顶绿化相关机构，研究屋顶绿化，建立了一系列屋顶绿化的技术准则和规范，近几年，德国屋顶绿化的覆盖率以每年约$1350\times10^4m^2$的速度增长[15]。随后，世界其他国家陆续开展了屋顶绿化的研究和实施，美国建立了绿色建筑物评估体系，并对屋顶绿化建筑实施给予联邦基金和政府财政补贴。加拿大建立了屋顶绿化研究机构，并基于加拿大城市建筑特点，发布了适合加拿大城市建筑的屋顶绿化技术导则，推进了屋顶绿化的发展。韩国将屋顶绿化写在国家法规中，对建筑物必须实施屋顶绿化的义务，以及具体的屋顶绿化面积做出了明确的规定，推进了屋顶绿化的工作。日本政府对屋顶绿化实施政策鼓励，对实施屋顶绿化的住宅用户给予低息贷款，并根据建筑屋顶面积对屋顶绿化的实施做出了强制要求，否则政府将对其进行罚款[16-19]。目前，我国成都、上海等许多城市也早已陆续开展了屋顶绿化工作，但与国外相比，相关的政策、地方性法规和技术规范等仍需要进一步完善，而且城市屋顶已实施绿化的面积较少，总体而言具有较大的潜力。

2．屋顶绿化的研究现状

在快速城市化的过程中，人口越发密集，建筑用地资源逐渐紧缺，由此带来的城市生态环境问题促使人们必须更高效地利用城市资源，对闲置屋顶实施绿化就是现代生态城市发展的新方向。屋顶绿化具有极大的优势，在增加城市绿化量的同时不占用地面土壤，而且，屋顶绿化的绿色植被的种植必然会给城市带来极大的效益，具体而言，可以分为生态方面、社会方面、经济方面和人文方面的效益。第一，生态效益方面，在城市的中心城区，空气污染一直威胁着人类的健康，高密度城市尤甚，绿色植物可以起到过滤空气的作用，可以吸收空气中的二氧化碳和可吸入颗粒物，从而增加空气中的含氧量并改善城市空气质量。第二，经济效益方面，相关研究表明，绿色屋顶与普通屋顶相比，能够降低约 6℃的温度[20]。建筑物实施屋顶绿化可以有效降低其温度，从而直接降低建筑能耗，特别是减少建筑在高温和低温天气中对空调的使用[21, 22]。第三，社会效益方面，在高楼林立的市中心，地面绿化空间极为有限，公园、花园的数量和面积难以满足人们的需求，屋顶绿化可以促进高楼的邻里关系，方便邻里间的休闲娱乐活动。第四，人文效益方面，人们在生活水平提高的同时，对精神生活和生态环境提出了要求，屋顶的绿色植被环境就能提供一个具有人文气息的生态环境，屋顶绿化空间的环境和氛围满足了人们的精神生活，能够缓解生活和工作上的紧张与疲劳。

对于屋顶绿化的研究，学者从生态空间、景观格局、屋顶绿化效益和政策等方面，在总体宏观规划层面和中微观规划层面提出了屋顶绿化策略与措施[23-25]。在屋顶绿化评价方法的研究中，邵天然等[26]选取了建筑年代、建筑结构、屋顶坡度、建筑高度等 8 个指标进行屋顶绿化潜力评估，王新军等[27]从建筑物属性、屋顶属性和位置属性 3 方面构建了屋顶绿化适建性评估指标体系。Shao 等[28]借助无人机超高分辨率影像，根据建筑功能类型、屋顶坡度、承载力、建筑权属、绿色屋顶类型和政府政策制作了一个决策流程图，评价了屋顶绿化潜力，基于影像采用人工解译的方式判断建筑物屋顶是平屋顶或坡屋顶，以及识别建筑类型，工作量较大，需要耗费大量时间。然而，在屋顶绿化的实施中，除了适建性指标的选取，对屋顶绿化的需求也需要重视，建筑物在不同空间位置的生态环境存在差异，对屋顶绿化的需求存在差异。学者研究了屋顶绿化的生态效益，结果表明，屋顶绿化提供了不同的生态系统服务，具有减少雨水径流、降低建筑物能耗、增加生态多样性和栖息地面积、减缓热岛效应及改善空气质量等方面的效益[29-36]。Grunwald 等[37]根据屋顶坡度和面积评价了适宜绿化的建筑物，并考虑了屋顶绿化在城市热气候、雨水径流、空气质量、生物多样性方面的生态环境效益。然而总体评价单元的分辨率为 500m，是一个比较粗略的评价尺度。Hong 等[38]使用建筑年龄、结构、坡度、高度等建筑属性指标定量评价了现有建筑的屋顶绿化潜力，通过区分现有建筑和规划建筑，从规划的角度分别给出了屋顶绿化实施的优先级策略。他们虽然考虑了适宜屋顶绿化建筑物的优先级顺序，但是存在主观定性分析，缺乏对屋顶绿化评价的定量计算。Velázquez 等[39]和 Silva 等[40]皆以社区为评价单位，不仅从建筑属性层面考虑了屋顶绿化的安装适宜性，还从城市环境层面确定了屋顶绿化的优先级，综合选取最适宜绿化的社区，然而社区的评价尺度较为粗略，未能精确到建筑物尺度。

在上述研究中，遥感图像的使用非常广泛，遥感能够快速地从空中对大范围地区进行对地观测获取遥感图像，是重要的数据来源，在城市规划、变化监测等方面具有重要的应用，可以帮助决策者和城市规划者进行调查与评估[41]。高分辨率遥感图像可以识别出地物丰富的特征，包括几何和纹理特征等，在高分辨率遥感图像中，建筑物屋顶的形状、颜色等特征皆十分清晰。近年来，计算机视觉发展迅速，大量学者关注如何使用遥感图像实现大面积地提取各类地物。深度学习是一种具有多层隐含层的神经网络，其中，卷积神经网络将光谱、纹理等低级特征表示逐步转化为高级特征表示，可以完成复杂图像的分类等学习任务。深度学习中的目标检测能够检测出目标物体在图像中的具体的位置，通过长方形检测框标注出来，并且可以标注物体属于目标物体中的哪一类。目前，目标检测方法可以分为两种，一种基于候选区域，首先获取候选区域，然后根据候选区域进行分类，包括 R-CNN、Fast R-CNN、Faster R-CNN[42-44]等；另一种是 YOLO[45-47]、SSD[48]等方法，无须先获取候选区域，可以同时预测目标物体所在的位置及目标物体的类别。

3. 存在的问题分析

目前，屋顶绿化评价的研究中仍然存在一些问题，有的学者从宏观规划角度提出屋顶绿化策略，在屋顶绿化评价的研究中，不同学者从建筑物、屋顶层面给出了屋顶绿化适建性指标，以评价屋顶绿化实施潜力；还有学者在屋顶绿化潜力评价的基础上或从规划角度定性分析、定量计算，进一步对适宜绿化的建筑物给出屋顶绿化实施的优先级顺序，但是仍然为一个较为粗略的评价尺度，缺乏对更精细的建筑物尺度的定量分析。因此，在屋顶绿化评价中实现定量计算是当前研究的一个重要问题。本章采用遥感图像、规划数据、土地利用数据、气象数据等多源数据定量计算指标，实现屋顶绿化指标的定量计算。另外，在上述研究的屋顶绿化评价中，还使用了多种类型的数据获取评价指标值，其中建筑屋顶的指标或来源于既有的资料数据，或根据遥感图像进行目视解译，而且有些建筑属性指标会随着时间发生变化，随着建筑年龄的变化，屋顶结构和承载力也会发生变化，如果使用既有资料，则需要考虑数据的时效性，这也是屋顶绿化评价中的一个重要问题。针对这个问题，目前深度学习的快速发展使得我们可以从遥感图像中识别出建筑物特征，获取所需的建筑物，因此，可以使用遥感图像实现快速、智能地提取适宜绿化的建筑物。

城市正面临热岛效应、空气污染、水污染等一系列生态环境被破坏的问题，对于城市生态环境破坏严重，以及在城市中心城区土地资源极其昂贵和紧缺的状况下，许多国家和地区相继开展屋顶绿化工作以缓解城市环境问题。学者提出了一些屋顶绿化评价方法，但是在评价单元尺度和多源数据指标处理计算上仍然存在一定的局限性，因此，本章的研究内容是提出一种基于多源数据的屋顶绿化评价方法，以建筑物为评价单位，针对多种来源的数据，定量计算每个建筑物的屋顶绿化评价指标，给出屋顶绿化评价实施的决策方法。

8.2 国内外城市屋顶绿化评价方法

自现代屋顶绿化发展以来，屋顶绿化在各个国家和地区开始逐渐流行起来，关于屋顶绿化的技术规范和相关研究越来越多，学者从屋顶绿化的发展历史、组成部分、植物的选择、实施产生的效益、评价等多方面展开了研究。本节对既有研究中的屋顶绿化评价方法进行了深入研究，选取了国内外的 4 个城市的屋顶绿化评价方法进行介绍。

8.2.1 德国不伦瑞克市

不伦瑞克市（Braunschweig）在德国中部靠北的位置，属于德国下萨克森州，是该州的第二大城市，总人口为 25.3 万，城市总面积为 192km^2，其中建筑面积大约占据城市总面积的 7%，为 12.8km^2。Grunwald 等[37]以不伦瑞克市为研究区，使用 GIS 和制图等方法，对屋顶绿化进行了评估，随后分析了建筑物在城市热气候、空气质量、雨水滞留和生物多样性 4 方面的综合效益。具体评价方法如下。

第一步，获取建筑物屋顶坡度。首先基于 0.15m 分辨率的高精度数字高程模型（DEM）数据，使用 ArcEsri 的 3D 分析工具生成不规则三角网（TIN）来计算屋顶坡度；然后根据德国 FLL 机构发布的绿色屋顶建设和技术措施将屋顶坡度分为 A（<1°）、B（1°～5°）、C（>5°）3 类。

第二步，目视解译判断并计算屋顶有效面积。从遥感图像上判断建筑物是否适宜实施屋顶绿化，识别出屋顶含有大面积的烟囱、楼梯和电梯井等障碍物的建筑物，并计算不含障碍物部分的屋顶面积（可以种植绿色植物）占据屋顶总面积的比例，即屋顶有效面积比例。

第三步，绘制屋顶绿化潜力空间分布图。根据第一步的建筑物屋顶坡度等级和第二步的建筑物屋顶有效面积比例综合评估屋顶绿化潜力，将有效面积比例大于或等于 75%的 A 类或 B 类建筑物归类为适宜绿化建筑物，将有效面积比例小于 75%的 A 类或 B 类建筑物归类为一般适宜建筑物，其他建筑物均为不适宜绿化建筑物。

第四步，绘制生态效益图，对于第三步中的适宜绿化建筑物，评估其在城市热气候、空气质量、雨水滞留和生物多样性 4 方面的效益。根据不伦瑞克市提供的气候功能图、年平均日交通量图和土地利用图（含不同类型对应的表面密封度）进行评估，首先将城市气候类型分为城市内部气候、城市气候和住宅气候 3 种，划分为高效益、中效益和低效益区域；其次划分年平均日交通量和土地利用类型的密封度，均按照从高到低划分为高效益、中效益和低效益 3 类，分别反映空气质量和雨水滞留效益；然后根据建筑屋顶面积和到绿地的距离评估生物多样性效益，同样划分为高效益、中效益和低效益 3 类；最后将 3 类效益进行综合叠加，重新划分为高、中、低 3 个类别，得到总体效益分布图。

8.2.2 葡萄牙里斯本市

里斯本（Lisbon）是葡萄牙的首都，位于葡萄牙的西边。辛特拉山环绕在里斯本市的北部区域，塔古斯河坐落在里斯本市的南部区域，与大西洋的距离不超过 12km。里斯本市是欧洲陆地最靠近西边的城市，也是欧洲有名的城市之一。里斯本市分为 24 个教区，总面积为 85km^2，人口数量约 280 万，占葡萄牙全国人口的 27%。Silva 和 Flores-Colen[40]以社区为评价单元，结合建筑特点和城市生态环境信息进行了屋顶绿化评价。具体步骤如下。

首先，根据里斯本市行政规划，以 24 个教区作为评价单元，梳理既有文献中的屋顶绿化评价指标，确定使用建筑年代、屋顶坡度、容积率、绿地覆盖率、树木量 5 个指标作为屋顶绿化评价指标体系。

其次，确定指标值，在每一个教区内，选取最具代表性的一些建筑物作为该教区建筑物的代表来计算容积率，并使用这些建筑物的建筑年代和屋顶坡度代表该教区的建筑年代和屋顶坡度，绿地覆盖率是该教区的绿地占教区总面积的比例，树木量是该教区的树木的数量，单位是棵/平方千米。

然后，划分指标等级，在获取教区的指标值后，将每个指标按照指标的数值范围等间距地划分为 1～5 的 5 个等级，1 级是建筑年代最早或屋顶坡度最大的教区，这些教区的建筑物不适宜实施屋顶绿化，级别最低。1 级也是容积率最小、绿地覆盖率最大或树木量最大的教区，说明该教区建筑不够密集，而教区的生态环境又较好，因此对屋顶绿化的需求较低，级别也最低；而 5 级则代表建筑特征适宜绿化、对屋顶绿化需求大的教区。

最后，评价最适宜的区域，分为两步：第一步，根据建筑年代和屋顶坡度两个指标，采用 3 种权重组合(0.50,0.50)、(0.25,0.75)、(0.75,0.25)，加权计算得到 3 种权重结果，在每种权重组合中，将等级皆大于 2 的教区作为屋顶绿化候选教区；第二步，对在第一步中获得的具备屋顶绿化条件的教区进一步采用容积率、绿地覆盖率、树木量 3 个指标确定最终的适宜绿化的教区，仍然采用不同的权重组合得到多种计算结果，权重组合为(0.33,0.33,0.33)、(0.60,0.20,0.20)、(0.20,0.60,0.20)、(0.20,0.20,0.60)、(0.40,0.40,0.20)、(0.40,0.20,0.40)、(0.20,0.40,0.40)。对于每一个教区，如果在超过 50%的结果中等级都大于 2，则该社区是适宜绿化的教区，由此得到最具备屋顶绿化条件且最适宜屋顶绿化的教区，即最终结果。

8.2.3 中国漯河市

漯河市位于中国北方，人口约 264 万。漯河地处华北平原，靠近平原的西南区域，其西部是山脉，东部是广阔的平原。从地形上而言，漯河市位于我国第二阶梯和第三阶梯划分的位置；从气候特点来说，漯河市的气候四季分明且宜居。然而在城市的快速发展过程中，生态环境破坏问题随之而来，漯河市已经发布的《漯河市绿地系统规划（2013-2030 年）》提出了生态绿色城市政策。因此，Shao 等[28]以漯河市作为研究区，根据承载力、屋顶形式、建筑产权、经济和政策 5 项指标提出了一种屋顶绿化评价方法。具体步骤如下。

第一步，获取建筑类型和屋顶坡度。基于高分辨率无人机影像，通过人工绘制的方式描绘建筑物，并对照漯河市的土地利用规划图，为建筑物添加建筑功能类型的属性，并通过高分辨率无人机影像进行目视解译，判断建筑物是平屋顶还是非平屋顶，为建筑物添加屋顶坡度属性。

第二步，屋顶绿化适宜性决策。首先判断建筑物的承载力是否大于 $2kN/m^2$，然后判断建筑物是否为平屋顶，最后判断建筑物产权是否为共有产权。若建筑物同时满足承载力大于 $2kN/m^2$、屋顶为平屋顶，以及建筑物所有权非共有这 3 个条件，且建筑功能类型为公共建筑或商业建筑，则适宜绿化，其余均为不适宜绿化的建筑物。其中，建筑物产权主要针对住宅建筑，住宅屋顶不适合绿化，因为它们的所有权是共有的，需要通过住宅建筑所有业主的许可。

第三步，确定具体实施采用的屋顶绿化类型。基于第二步结果中的适宜绿化建筑物，进一步确定其具体实施采用的屋顶绿化类型。若缺乏经济支持，则当建筑物的建筑功能类型为公共建筑时，屋顶绿化类型为粗放型；当建筑功能类型为商业建筑时，屋顶绿化类型优先等级为密集型或半密集型>粗放型。若建筑物有实施屋顶绿化的经济支持，且有政策支持，则屋顶绿化类型优先等级为密集型>半密集型>粗放型。若建筑物仅有实施屋顶绿化的经济支持，但是无政策支持，则当建筑功能类型为公共建筑时，屋顶绿化类型优先等级为半密集型>粗放型；当建筑功能类型为商业建筑时，屋顶绿化类型优先等级为密集型>半密集型>粗放型。

8.2.4 中国深圳

深圳位于中国广东省，是中国的经济特区之一、全国经济排名十分靠前，是著名的国际化城市。深圳是中国改革开放的典范，自改革开放以来，经历了大规模的人口迁移，城市化率已经达到100%。针对深圳城市化后面临的生态环境问题，Hong等[38]发现深圳的屋顶资源的可利用潜力极大，因此，提出了一种屋顶绿化评价方法，首先通过将建筑物划分为既有建筑与规划建筑，分开进行屋顶绿化潜力的评价，然后根据屋顶绿化潜力评价结果，从空间划分和时间顺序两方面给出屋顶绿化安装策略。具体步骤如下。

第一步，建筑类型划分，由于深圳经常进行旧城改造、工业区改造等建筑更新工作，若建筑物被列入更新计划，则会被拆除，因此，从时效性方面考虑，结合最新的城市规划、城市更新计划、土地利用规划等相关官方公告和文档，将建筑物划分为既有建筑和规划建筑两个类别，分别评价既有建筑的改造潜力和规划建筑的增量潜力两部分。

第二步，确定建筑屋顶绿化潜力评价指标及指标评价标准，选取建筑年龄、结构、质量、高度、楼层、可用屋顶面积、承载能力、屋顶坡度8项指标作为评价指标，相应的标准如下：建筑年龄超过20年的建筑物，以及历史建筑物被认为不适宜实施屋顶绿化；若建筑物为钢筋混凝土结构，则适宜实施屋顶绿化，而建筑物为砖结构则不宜实施屋顶绿化，因此，仅考虑钢筋混凝土结构的建筑物；建筑物高度不能超过40m；建筑楼层应当小于12层；屋顶的有效面积应该大于200m^2；屋顶承载力应该大于0.7kN/m^2；屋顶坡度应当小于15°。

第三步，评价屋顶绿化潜力。首先是既有建筑，根据第二步确定的屋顶绿化潜力评价标准，符合8项指标要求的建筑被判断为适宜实施屋顶绿化，得到既有建筑屋顶绿化潜力结果；然后是规划建筑，根据既有建筑的土地类型，选取住宅用地、商业用地、公共用地、工业用地、物流仓储用地，分别计算每种用地类型适宜实施屋顶绿化面积占整个用地面积的比例，根据城市更新计划和规划，将规划建筑区域按照土地利用类型划分，分别乘以对应土地利用类型的屋顶绿化比例，得到规划建筑的屋顶绿化潜力。

第四步，评价结果验证，使用遥感图像进行对比验证，通过目视解译的方式进行判断，在适宜绿化的建筑物中，若屋顶明显已经被用作其他用途，则不能再进行屋顶绿化工作，应进一步去除该建筑物，即潜力评价结果。

第五步，屋顶绿化安装策略。结合城市屋顶潜力分布与政策等因素，可以选取一些关键区域，优先实施屋顶绿化。从空间划分上，当区域建筑物为规划建筑物时，采用花园式屋顶绿化；若区域建筑物主要为既有建筑物，则建议采用草坪式屋顶绿化；当区域建筑物的规划建筑与既有建筑数量相对平衡时，采用混合式屋顶绿化。从时间顺序上，对于规划建筑，优先考虑关键区域建筑物的屋顶绿化，在建筑施工期间，采取政策要求和鼓励措施等，要求必须实施屋顶绿化；对于既有建筑，优先考虑公共或市政用地的建筑物，其次是新兴行业、企业所在的建筑物，最后考虑住宅和其他类型的建筑物。

本节对屋顶绿化既有研究中的屋顶绿化评价方法进行了梳理，选取了国内外的4个城市，首先介绍了这些城市的特点，然后对其屋顶绿化评价方法进行了具体介绍。以上这些屋顶绿化评价方法分别具备各自的优势，然而，国外的建筑物特点、城市自然环境、屋顶绿化实施规范与我国存在较大差异，难以直接在我国应用。国内的屋顶评价方法侧重于屋顶绿化潜力的评价，在城市生态环境、屋顶绿化的需求方面较少考虑，因此，仍然需要一个更为全面的、定量的建筑物屋顶绿化评价方法。

8.3 屋顶绿化试验数据

8.3.1 试验区介绍

厦门岛的位置，即研究区范围如图 8.1 所示，位于中国福建省，是福建省第四大岛屿，行政区以仙岳路为界划分为思明区和湖里区，下辖 14 个街道。厦门是沿海城市，是我国的经济特区。厦门进入快速城市化时期的特点体现在厦门岛建成区的不断增加，绿地景观随之发生巨大变化，受城区的扩张和沿岸围垦造地的影响，厦门岛的绿地面积和沿岸红树林面积急剧减小。城市化使得经济得到了迅速发展，然而随着自然资源被大量开发和利用，资源短缺的状况越来越严重。首先是土地资源紧缺，随着厦门人口数量的急剧增加，建成区不断向郊区扩展，城市中心的土地资源紧缺导致了一系列的问题；其次，由于自然资源的减少，工业和交通业等的发展对能源的需求越来越大，过于依赖外部能源，难以实现能源自给自足，目前，城市在日常的生产和生活中使用的能源以化石燃料为主，由其他城市提供；最后，土地资源紧缺与城市绿化增加的矛盾难以调和，城市面临生态环境破坏问题。

根据厦门生态文明建设“十四五”规划，为积极响应国家生态文明建设的政策和要求，厦门积极推进城市生态文明建设，坚持生态立市理念，发布了包括《厦门市“十四五”生态文明建设规划》《厦门生态市建设规划实施纲要》等规划。根据规划，在城市的发展中追求绿色、环保、节能和低碳，进行深入改革，大力开展环境治理工作，打造宜居生态城市。另外，厦门作为国家园林城市、海绵城市和生态修复城市，对生态环境具有极高的要求。

城市生态环境的改善及建造生态环保城市自然离不开城市绿地的增加，面对城市社会经济发展与城市绿地的冲突，屋顶绿化可以解决这一问题，改善城市生态环境。屋顶绿化不仅增加了城市绿地，还具有改善城市小气候、降低能源消耗、改善空气质量等多方面的效益。

图 8.1 研究区范围

8.3.2　试验数据介绍

本节使用的数据如下。

（1）遥感图像，如图8.1所示（来自谷歌地图），分辨率为0.5m，拍摄时间为2018年10月。

（2）气象数据，如图8.2（a）和（b）所示，来自中国科学院资源环境科学数据中心，包括年降水量数据和年均温度数据，该数据集是整理和计算全国大量的气象站点的日观测数据得到的栅格数据。其中，年均温度的单位为0.1℃，年降水量的单位为0.1mm，数据分辨率为1km。

（3）建筑物和绿地矢量图例数据，如图8.2（c）所示，来自厦门市自然资源和规划局，于2018年生成，数据类型为多边形矢量数据。建筑物图例包含建筑楼层信息，绿地仅选取了城市绿地中的公园绿地作为研究数据。

（4）交通数据，由交通路网和交通拥堵数据构成，交通路网包括国道、省道、县道、高速公路、市区道路和其他道路。其中，市区道路根据道路在城市道路中的重要性、交通量等划分为多个等级，如图8.2（d）所示。交通路网和交通拥堵数据来自官方年度道路交通运行的综合分析报告与互联网地图提供的厦门智能交通拥堵数据。

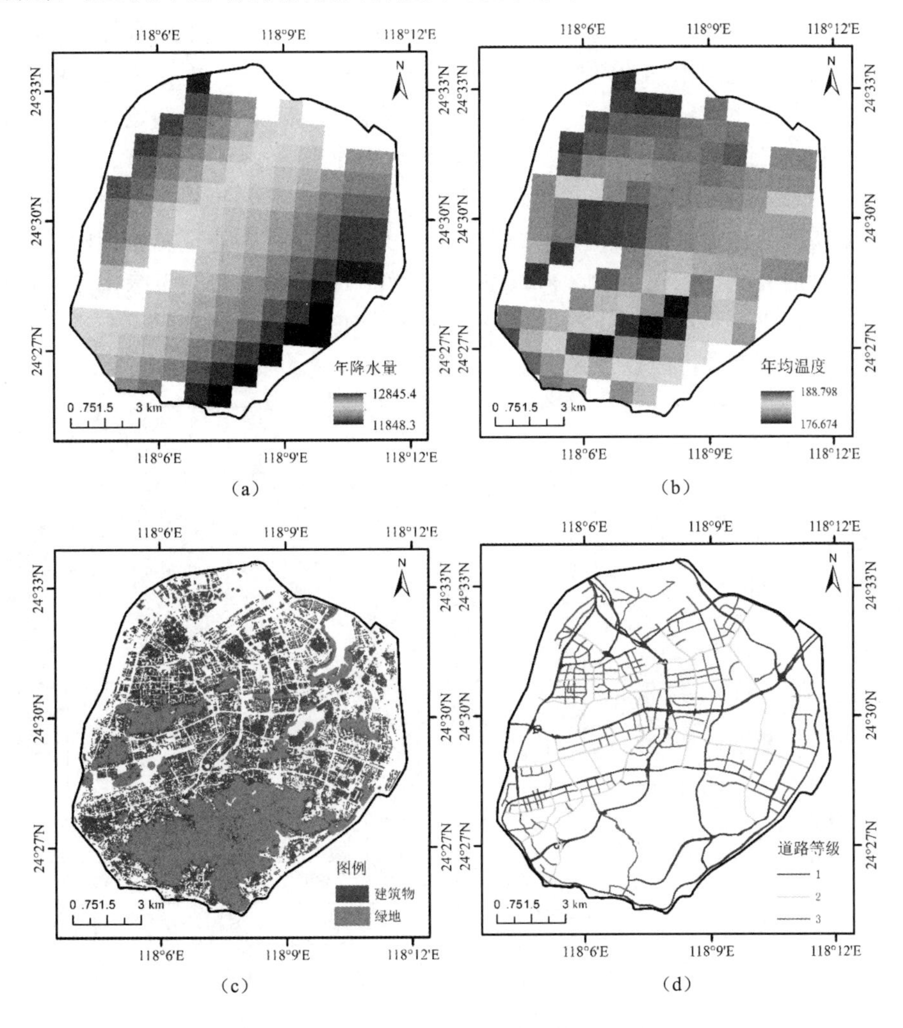

图8.2　研究区数据

本节对厦门岛研究区和使用的数据进行了介绍，首先介绍了厦门面临的生态环境问题，以及厦门市政府对厦门生态城市的建设提出了较高要求的现状，提出了以厦门作为研究区实施屋顶绿化具有很大的意义；然后介绍了使用的数据，包括遥感图像、气象数据、建筑物与绿地数据，以及交通数据。

8.4 屋顶绿化评价方法

本章提出的屋顶绿化评价方法的总体流程如图 8.3 所示，根据多源数据进行处理计算，获得屋顶绿化评价指标，以建筑物为评价单元进行屋顶绿化评价。具体而言，可以分为指标计算和评价方法两部分。第一部分是指标计算，屋顶绿化评价指标可以分为两类，一类是建筑属性指标，包括建筑高度、屋顶坡度和建筑年龄，北京、上海、广州、成都等地发布的屋顶绿化实施规范对建筑物均提出了明确的要求，其中，本章选取的屋顶坡度、建筑年龄和建筑高度是建筑物可实施屋顶绿化的重要指标；另一类是绿化需求指标，包括年降水量、年均温度、公园绿地距离和交通拥堵程度。由于建筑物实施屋顶绿化能提供减少雨水径流、减缓城市热岛效应、增加城市绿地面积、改善城市空气质量等生态系统服务，而位于城市中不同空间位置的建筑物，其周围生态环境存在一定的差异，生态环境较差的区域的建筑物对屋顶绿化的需求也更大，更适宜优先实施屋顶绿化，因此，选取年降水量、年均温度、公园绿地距离和交通拥堵程度 4 项指标反映建筑物的屋顶绿化需求。第二部分是根据以上指标，以建筑物为评价单元，建立屋顶绿化评价方法，可以分为两步：第一步是根据建筑属性指标及屋顶绿化实施规范要求评价适宜绿化的建筑物，得到屋顶绿化潜力；第二步是根据绿化需求指标对适宜绿化的建筑物进行进一步评价，定量计算建筑物对屋顶绿化需求的程度，适宜性更高的建筑物对屋顶绿化的需求更大，应该优先实施屋顶绿化。

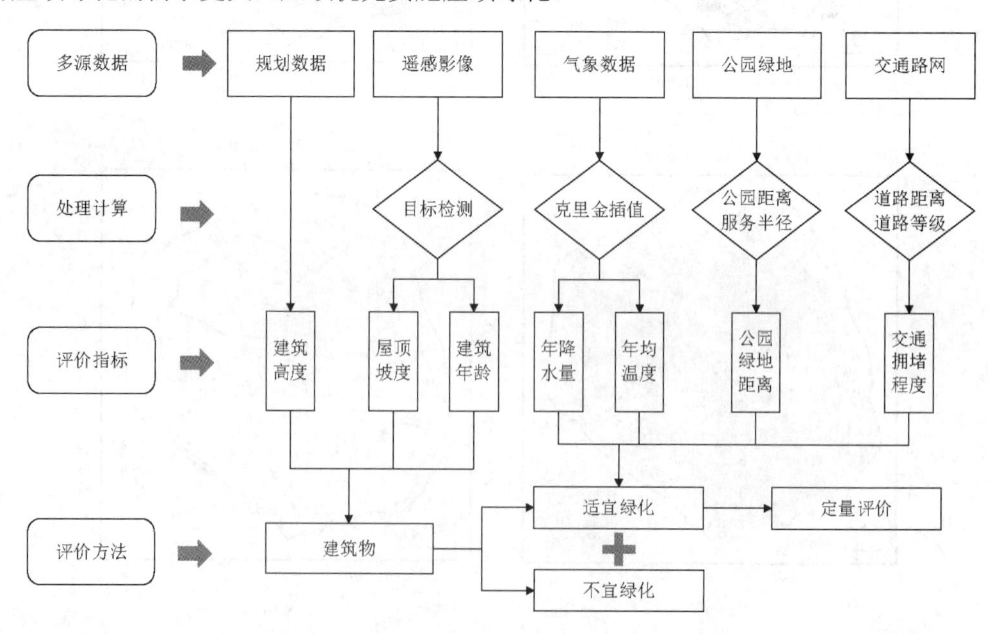

图 8.3 本章提出的屋顶绿化评价方法的总体流程

8.4.1　基于深度学习的可绿化屋顶目标检测

建筑物屋顶绿化的可实施性取决于建筑本身的特点，以往的研究给出了不同的指标来描述建筑屋顶特征，如屋顶承载力、屋顶结构、建筑年代、楼层、屋顶坡度、屋顶面积等。深圳、北京、上海、广州、成都、重庆等早已经开展了屋顶绿化工作并取得了一定的效果，根据这些城市发布的屋顶绿化实施技术规范，建筑物实施屋顶绿化需要满足以下 3 个要求：屋顶坡度小于 15°，建筑层数小于 12 层或高度低于 40m，建筑年龄小于 20 年（优先）。

屋顶坡度、建筑年龄这一类指标在遥感图像上特征明显，从遥感图像中可以识别出建筑物是平屋顶或坡屋顶，以及判断新旧建筑物，本章使用的遥感图像尚且不能获取具体的屋顶坡度值，但是可以明显地区分出平屋顶建筑物。本章通过建筑物的细节图来进一步进行说明，如图 8.4 所示。首先是屋顶坡度，图 8.4（a）是平屋顶建筑物，与图 8.4（a）相比，图 8.4（b）的屋顶中间有明显的屋脊线，具有一定的坡度，被判断为不适宜实施屋顶绿化；然后是建筑年龄，图 8.4（c）是建造较新的建筑物，图 8.4（d）是厦门岛的城中村建筑群，该类建筑年代较久，特点是房屋密集且楼层较低，在影像上，和图 8.4（c）相比具有明显的差异。随着遥感图像分辨率的提高，以及深度学习在计算机视觉中的突破，从遥感图像获取信息是一种更为快速的方法，在遥感图像的大面积信息提取上，更是如此。深度学习中的目标检测方法能够检测出图像中的目标，并标记出具体位置，同时确定物体的类别和位置，可以用于识别符合屋顶绿化要求的建筑物。YOLO 是目前目标检测算法中的一类典型算法，在准确度及速度上同时取得了较好的结果，本章采用 YOLO v3 方法实现可实施屋顶绿化建筑物的检测。

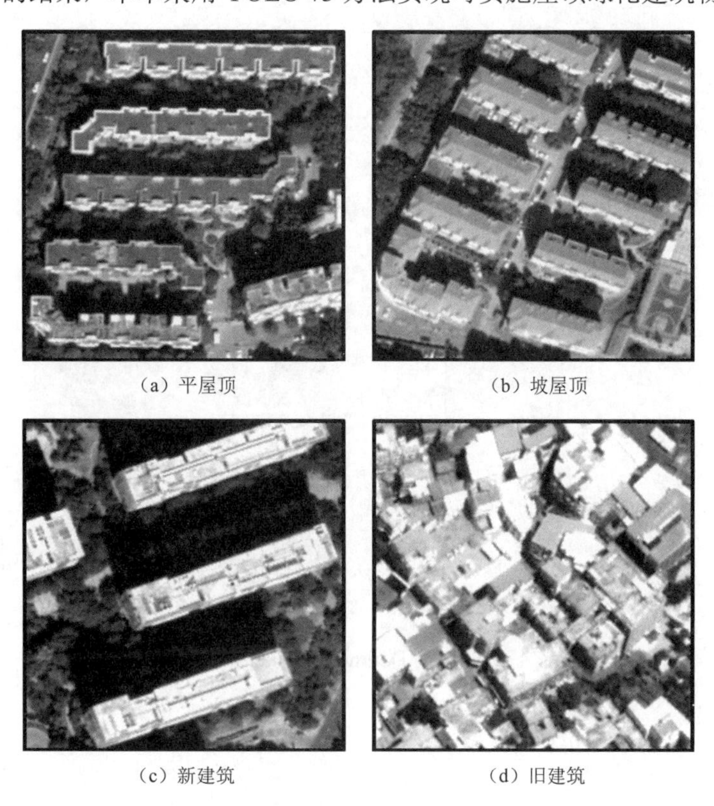

（a）平屋顶　　（b）坡屋顶

（c）新建筑　　（d）旧建筑

图 8.4　建筑类型图

YOLO v3 是基于端到端的检测算法，其中，Darknet-53 的结构如图 8.5 所示。Darknet-53 包括 52 个卷积层和 1 个全连接层，整体构成了一个 53 层的卷积神经网络（CNN），并输出 16×16（单位为像素）、32×32、64×64 3 种尺度的特征。对于 Darknet-53 的输出结果，检测网络根据 16×16、32×32、64×64 这 3 种尺度的结果得到多个预测框，使用非极大值抑制（NMS）算法[50-52]筛选置信得分相对较高的预测框，并将其作为检测框，整体流程如图 8.6 所示，具体如下。

首先对输入图像进行网格划分，设网格大小为 $S \times S$，若目标物体位于这些网格中的一个网格，则由这个网格对目标物体进行检测。每个网格会产生 b 个预测框，这些预测框均包含 $(c+5)$ 个值，其中，c 代表检测的目标物体有几类，5 包括 (x, y, w, h) 和 $P\left(O_{\text{object}}\right)$。预测框的置信得分 S_{confi} 的计算公式如下：

$$S_{\text{confi}} = P\left(C_i O_{\text{object}}\right) \times P\left(O_{\text{object}}\right) \times I\left(\text{truth}, \text{pred}\right) \tag{8.1}$$

其中，若目标物体位于预测框中，则 $P\left(O_{\text{object}}\right)=1$，反之则为 0；$P\left(C_i O_{\text{object}}\right)$ 是预测网格中第 i 类目标物体的置信得分；$I\left(\text{truth}, \text{pred}\right)$ 为真实框和预测框的 IoU。

然后用 NMS 算法进行判断，将置信得分 S_{confi} 较高的预测框作为检测框，公式如下：

$$S_{\text{confi}} = \begin{cases} S_{\text{confi}}, & I\left(M, b_i\right) < N_t \\ 0, & I\left(M, b_i\right) \geqslant N_t \end{cases} \tag{8.2}$$

其中，M 是置信得分较高的候选框；b_i 是被比较的物体预测框；$I\left(M, b_i\right)$ 是 M 与 b_i 的 IoU；N_t 是阈值。

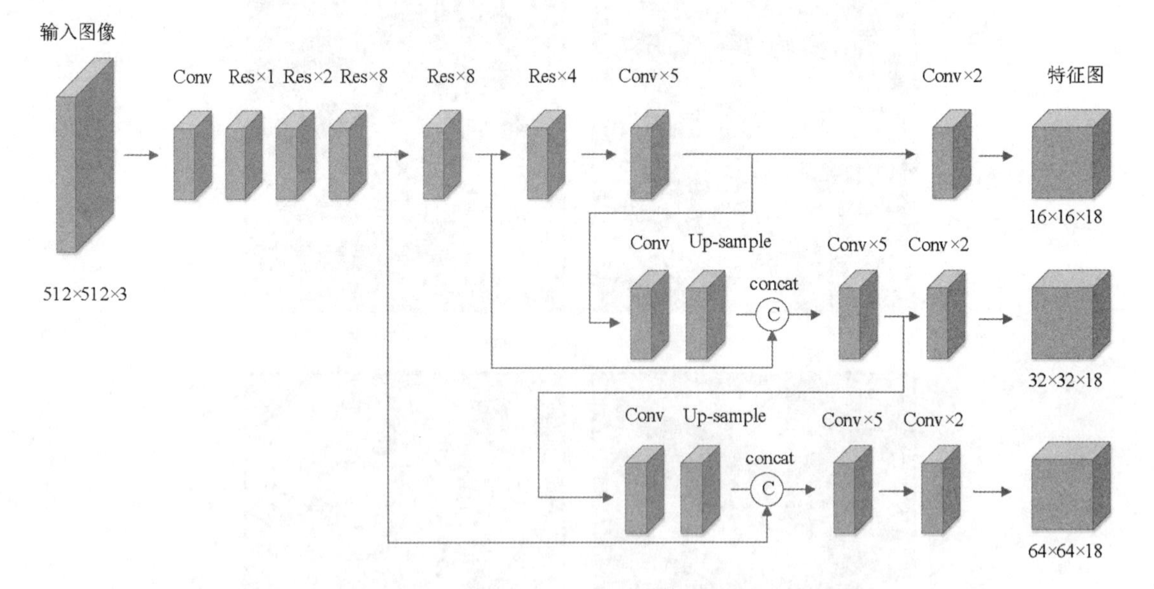

图 8.5　Darknet-53 的结构

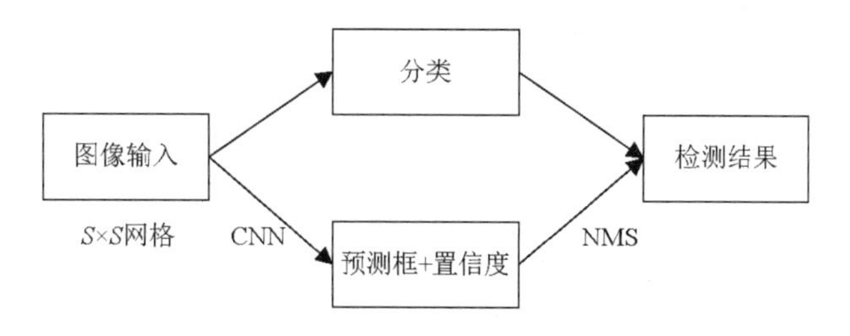

图 8.6 YOLO v3 检测流程

8.4.2 气象数据指标计算

气象数据集是基于全国的气象站点日观测数据进行整理和计算的结果。由于技术发展的局限性，目前我国气象站点数量不足以提供高精度的气象数据产品，针对低分辨率的气象数据产品，在缺乏更多的站点数据的情况下，插值是一种有效地提高气象数据分辨率的方法。为了获得更精细的气象数据，采用普通克里金插值的方法进行空间插值。克里金方法基于地统计学，最早是由法国统计学家 Matheron 和南非金矿工程师 Krige 提出的，并应用在矿山勘探中[53]。克里金方法体现了地统计学中的地理统计的概念，原理是假设某种数值在空间上的变化趋势不是完全随机的，也不是完全确定的，而是受到 3 个影响因素的影响，第一个是空间相关因素，代表着区域变量的变化；第二个是偏移；第三个是随机误差。普通克里金插值方法具体如下。

设研究区域为 A，变量为 $\{Z(x)\in A\}$，$Z(x)$ 在采样点 x_i（$i=1,2,\cdots,n$）处的值为 $Z(x_i)$（$i=1,2,\cdots,n$），未采样点 x_0 处的估计值 $Z(x_0)$ 是 n 个采样点属性值的加权和，即

$$Z(x_0)=\sum_{i=1}^{n}\lambda_i Z(x_i) \tag{8.3}$$

其中，λ_i 为待求权系数。

假设变量满足二阶平稳假设，即 $Z(x)$ 存在数学期望，且数学期望等于一个常数，$E[Z(x)]=m$，$Z(x)$ 的协方差 $\mathrm{Cov}(x_i,x_j)$ 存在，且协方差只与两点的相对位置有关；或者满足本征假设，即 $E\left[Z(x_i)-Z(x_j)\right]=0$；增量的方差存在且平稳，$\mathrm{Var}\left[Z(x_1)-Z(x_j)\right]=E\left[Z(x_i)-Z(x_j)\right]^2$。

依据无偏性要求，即 $E\left[Z^*(x_0)\right]=E\left[Z(x_0)\right]$，推导可得

$$\sum_{i=1}^{n}\lambda_i=1 \tag{8.4}$$

在无偏估计下，使估计方差最小，即

$$\mathrm{Min}\left\{\mathrm{Var}\left[Z^*(x_0)-Z(x_0)\right]-2\mu\sum_{i=1}^{n}(\lambda_i-1)\right\} \tag{8.5}$$

其中，μ 为拉格朗日乘子。

由此可得求解权系数 λ_i（$i=1,2,\cdots,n$）的方程组：

$$\begin{cases}\sum_{i=1}^{n}\lambda_i \operatorname{Cov}\left(x_i,x_j\right)-\mu=\operatorname{Cov}\left(x_0,x_i\right)\\ \sum_{i=1}^{n}\lambda_i=1\end{cases} \tag{8.6}$$

求出权系数 λ_i 后，可以求出未采样点 x_0 处的值 $Z^*\left(x_0\right)$。

8.4.3 公园绿地距离指标计算

土地利用数据中的绿地包含防护绿地、公园绿地及农林用地。其中，公园绿地与其他绿地相比，规模较大，占有一定的面积，整体生态环境较好，本章仅考虑绿地中的公园绿地。建筑物与公园绿地的距离直观地反映了建筑周围的生态环境，距离公园绿地较远的建筑物对环境绿化的需求相对较大。根据《厦门市绿地系统规划修编和绿线划定（2017-2020）》，公园绿地可按照面积的大小分为 3 类，即综合公园、社区公园和游园。其中，综合公园面积最大，服务人口规模与服务半径相应较大；社区公园次之；游园规模最小。因此，当建筑物位于附近公园服务半径内时，生态环境较好，结合公园服务半径，以建筑物为中心建立缓冲区，计算位于缓冲区内公园的数量，以及建筑物与公园绿地的距离，得到建筑物的公园绿地距离，代表建筑物周围的生态环境与屋顶绿化需求。具体计算方法如下。

如图 8.7 所示，假设在建筑物周围一定的缓冲区半径范围内有 3 个公园，分别是 a 、b 和 c ，建筑物到每个公园的距离分别是 d_a 、d_b 和 d_c ，则公园绿地距离由 d_a 、d_b 和 d_c 综合决定。

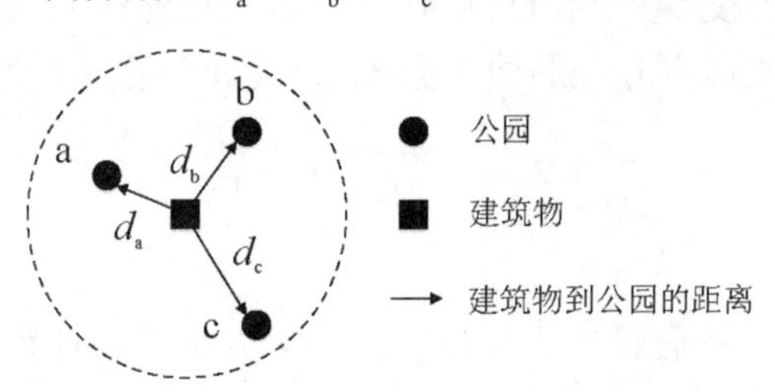

图 8.7 建筑物与公园绿地的距离示意图

设研究区为 A ，建筑物为 x_i（$i=1,2,\cdots,n$），$x_i\in A$ ，当建筑物附近公园数量越少且距离公园越远时，建筑物周围生态环境越差，对屋顶绿化需求越大，若建筑物 x_i 在半径 R 内有 m 个公园，则公园绿地距离 G_i 的计算公式如下：

$$G_i=\prod_{j}^{m}\frac{d_{ij}}{R}\ （i=1,2,\cdots,n;\ j=1,2,\cdots,m） \tag{8.7}$$

其中，d_{ij} 为建筑物 x_i 到周围缓冲区 R 内的公园绿地 j 的距离；j 为缓冲区内的公园绿地编号；R 为建筑物的缓冲区半径。

8.4.4 交通拥堵程度指标计算

城市空气质量与人为活动排放的气体和颗粒物污染物密切相关。城市空气污染物主要包括道路交通的车辆尾气排放及工业生产中的化石燃料燃烧产生的废气等。道路交通活动频繁的地区会经历高水平的颗粒物和气态空气污染。然而，绿色屋顶可以通过沉积在植被上作为污染物的水槽，改善空气质量。Grunwald 等[37]通过建立覆盖整个研究区范围的水平单元网格，采用空间划分的网格统计每个网格内的年均日交通量（AADT），通过交通路网的年均日交通量反映建筑物附近的空气质量。因此，这里也采用建筑物周围的交通道路路况反映城市空气质量。根据《城市道路工程技术规范》（GB 51286—2018），城市道路根据道路在城市道路系统中的地位、交通量等可以划分为多个等级，高等级的道路在路宽、车速的设计上优于低等级道路，从而能容纳更大的交通量。另外，交通道路路况还包括道路的拥堵程度，根据厦门市交通运输局发布的厦门年度道路交通运行报告及高德地图官网数据，可以获得道路的拥堵等级。因此，当建筑物附近道路密集且道路等级高或道路拥堵时，交通污染物排放更严重，适宜优先实施屋顶绿化以改善空气质量。交通拥堵程度的计算如下。

如图 8.8 所示，假设在建筑物周围一定的缓冲区半径范围内有 3 条道路，分别是 a 、b 和 c ，且道路分别具有不同的等级，则交通拥堵程度由距离 d_a 、d_b 和 d_c ，以及道路的等级等综合决定。

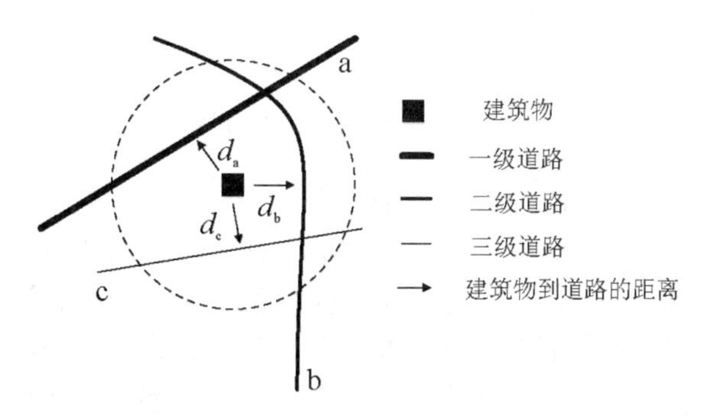

图 8.8　建筑物与道路的距离示意图

设研究区为 A ，建筑物为 x_i（$i=1,2,\cdots,n$），$x_i \in A$ ，若建筑物 x_i 在缓冲区内有 m 条道路，则交通拥堵程度 R_i 由建筑物周围一定缓冲区半径 R 内的道路对其产生的影响综合决定，道路数量越多，道路等级越高，道路拥堵程度越高，建筑物距离道路越近，建筑物周围空气质量越差，屋顶绿化需求越大。具体的计算公式如下：

$$R_i = \sum_{j=1}^{m} \frac{1}{d_{ij}} k_j c_j \quad (i=1,2,\cdots,n;\ j=1,2,\cdots,m) \tag{8.8}$$

其中，d_{ij} 为建筑物 x_i 到缓冲区内道路 j 的距离；j 为缓冲区内道路的编号；k_j 为缓冲区内道路 j 的等级；c_j 为缓冲区内道路 j 的拥堵程度。

8.4.5　屋顶绿化评价

本节以建筑物为屋顶绿化评价的单位，根据屋顶绿化指标、屋顶绿化实施规范，从建筑属性和绿化需求两方面建立屋顶绿化评价方法，整体流程如图 8.9 所示。

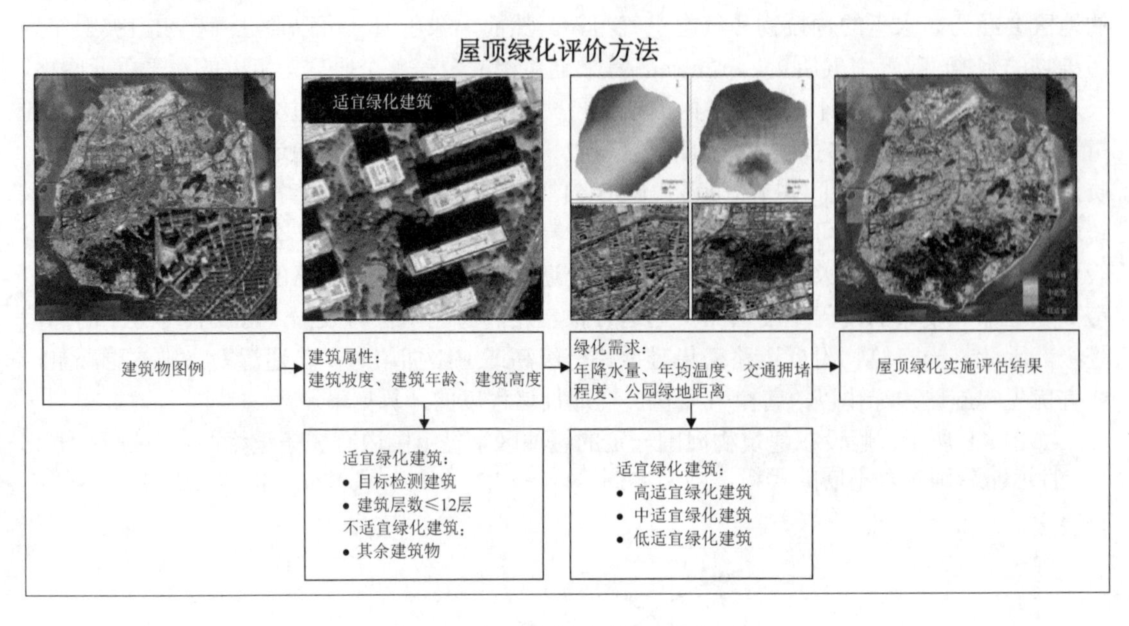

图 8.9　屋顶绿化评价的整体流程

首先，根据建筑属性指标和屋顶绿化实施规范，通过目标检测方法检测出建筑物后，获取屋顶坡度和建筑年龄均符合可绿化要求的建筑物，进一步判断建筑物是否符合建筑层数小于或等于 12 层的要求，即可获得适宜绿化的建筑物；然后，根据绿化需求指标，即年降水量、年均温度、公园绿地距离和交通拥堵程度的指标计算结果，采用最大最小值归一化方法对数据进行标准化处理，使指标值均归一化到 0 和 1 之间，进一步使用等权法赋予每项指标相等的权重，即(0.25,0.25,0.25,0.25)进行计算，得到建筑物在 4 项绿化需求指标上的综合计算结果，从而得到建筑物的屋顶绿化适宜性程度，为判断屋顶绿化实施优先级提供决策依据。

本节介绍了屋顶绿化评价方法，首先根据以往研究和我国屋顶绿化实施规范，从建筑属性和绿化需求两方面选取了屋顶绿化评价指标；其次提出了基于遥感图像的可绿化屋顶目标检测方法，以识别出符合屋顶绿化实施规范要求的建筑物；然后给出了绿化需求指标的具体计算方法，包括气象数据指标、公园绿地距离指标和交通拥堵程度指标；最后以建筑物为评价单元，根据建筑属性指标获得屋顶绿化潜力，针对适宜绿化的建筑物使用绿化需求指标进行定量评价，得到屋顶绿化实施的优先级，为规划人员决策提供依据。

8.5　厦门岛屋顶绿化评价结果与讨论

8.5.1　屋顶绿化评价结果分析

1．可绿化屋顶目标检测结果

在厦门岛研究区范围内制作样本集，首先是样本选取，根据各类建筑的特征，选择样本点，以样本点为中心将影像裁剪将成大小为 512×512（单位为像素）的样本影像（样本集要尽量包含厦门岛的各类特征的建筑物），总共选取了 611 个样本；然后是样本标注，使用目标检测标注工具 labeling 进行标注工作，在每个样本中勾画出符合屋顶绿化实施要求的建筑物，包括屋顶为平屋顶的建筑物和建造年代新的建筑物，具体的样本标注方式如图 8.10 所示。在图 8.10（b）中，标注了符合要求的建筑物，其中，红色建筑屋顶中间有明显的屋脊线，而坡屋顶不符合屋顶绿化实施要求，因此未进行标记。

（a）原图

（b）标注图

图 8.10　样本标注图

然而，厦门岛研究区范围有限，即使样本集已经尽可能地覆盖全部类型的建筑物，但样本集数据量仍然很小，并且样本集数据量越大，人工标注样本耗费的时间越长，因此，样本集数据量难以达到深度学习对数据量的要求，而深度学习虽然在各类计算机视觉任务中取得了较好的效果，但是需要大量的数据作为训练集，否则容易出现过拟合现象，因为数据集过少往往难以学习到效果较好的模型。在数据集较少的情况下，数据增强是一种针对深度学习数据量不足的解决方案，通过对现有数据集图像进行转换，从而保留图像的标签。几何变换是数据增强技术中的一种更为容易实现的方法，具体如下：翻转，包括水平翻转和垂直翻转；色彩空间，包括调节亮度、提升对比度等；裁剪，改变图像的大小；旋转，按照顺时针或逆时针方向将图像进行不同角度的旋转；平移，包括上、下、左、右 4 个方向的移动；噪声及色彩空间转换[54-56]。这里采用数据增强中的旋转方法，使用 5°、90°、180°、270°、355° 5 种旋转角度进行样本旋转以扩大数据集，图 8.11 展示了对样本的原图进行上述 5 种角度的旋转结果。最后，将旋转后的样本集划分为训练集、验证集和测试集，并将测试集用于后续目标检测方法的精度评估。

目标检测结果如图 8.12 所示，可以看到，屋顶为平屋顶的建筑均被正确地检测出来，而密集的建筑群则没有被检测出来，符合屋顶绿化实施要求。从整体分布结果来看，未被检测出来的建筑物中有大量密集建筑群，主要包括位于西北部的机场附近的红色建筑群、东部的五缘湾湿地公园和湖边水库附近的大量白色建筑群，以及西南方向的旧城区建筑群，这些建筑群的特点是建造年代较为久远，屋顶结构和质量相对较差，屋顶绿化实施成本更高，不适宜实施屋顶绿化。

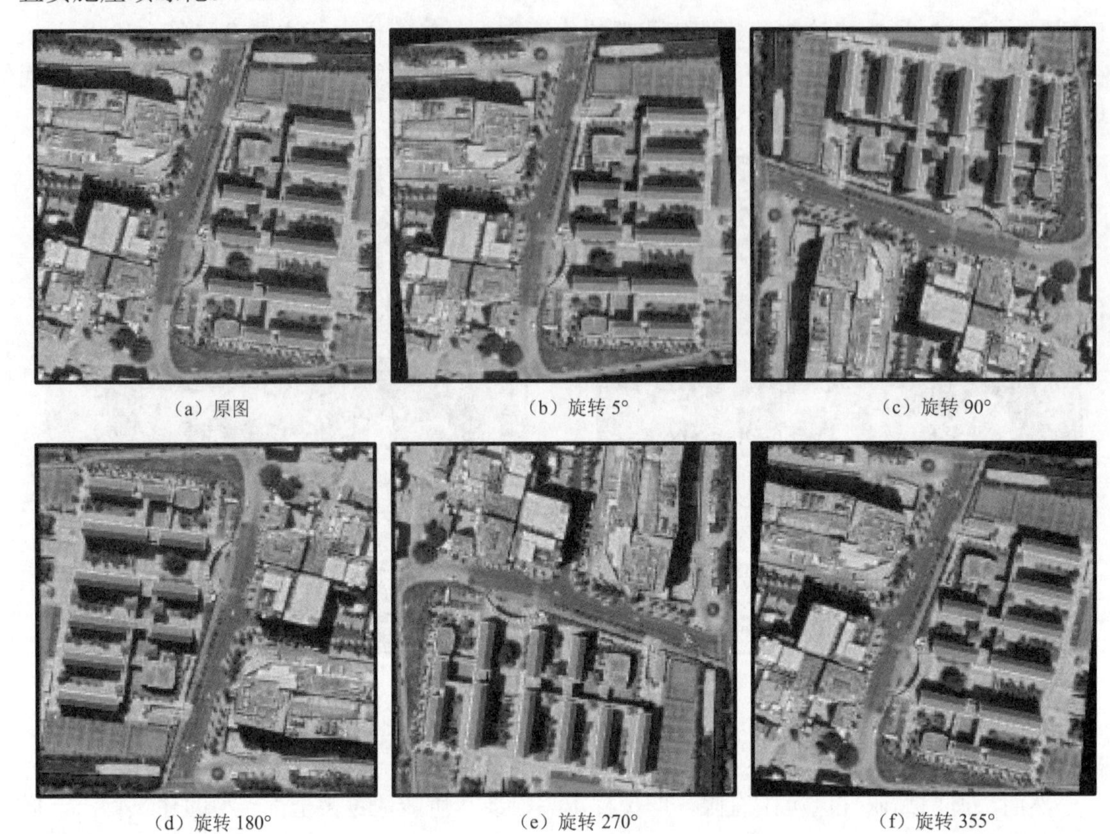

（a）原图　（b）旋转 5°　（c）旋转 90°

（d）旋转 180°　（e）旋转 270°　（f）旋转 355°

图 8.11　样本旋转图

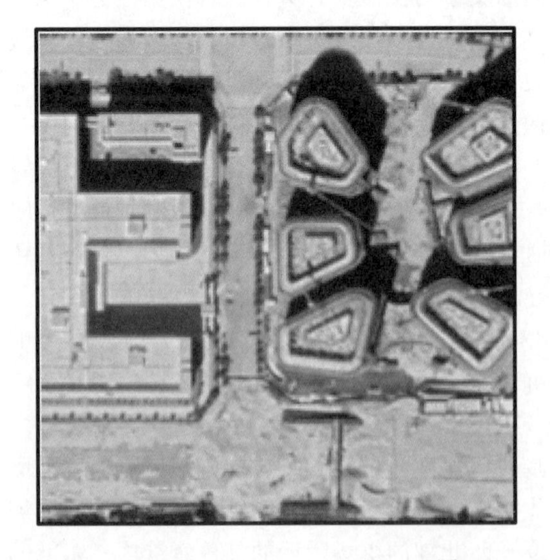

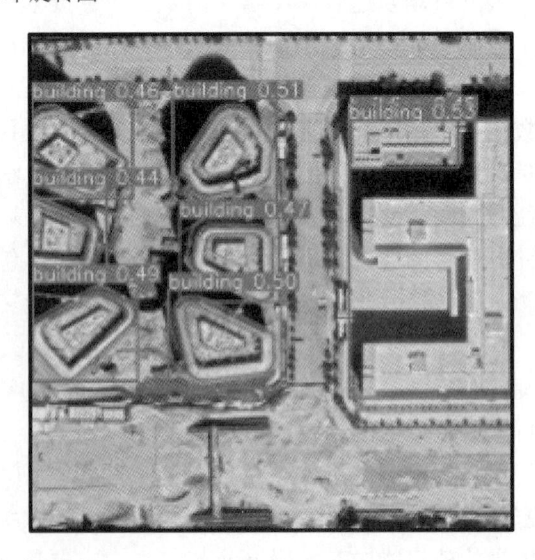

图 8.12　目标检测结果

图 8.12　目标检测结果（续）

对于可绿化屋顶目标检测结果，本章使用数据集中的测试集对检测精度进行验证，为了具体评价可绿化屋顶目标检测方法的精度，本章采用目标检测中常用的 4 个指标进行评价，包括精度（Precision）、召回率（Recall）、mAP（mean Average Precision）和 F1 分数（F1 score）。当一幅图像通过模型预测得到预测标签时，可以被用来计算精度和召回率。对本章研究的二分类而言，混淆矩阵可以得到 4 种不同的结果，如表 8.1 所示。

表 8.1　混淆矩阵

	真 实 正 例	真 实 反 例
预测正例	真正例（TP）	假正例（FP）
预测反例	假反例（FN）	真反例（TN）

精度是从测试集中检测出的建筑物中为真的建筑物所占的比例，即识别正确的正例占识别出来的正例的比例，如式（8.9）所示。而召回率则是测试集中被检测出的建筑物占全部真建筑物的比例，即识别正确的正例占实际总正例的比例，如式（8.10）所示。AP 是针对每一个不同的召回率值，选取其大于或等于这些召回率值时的精度最大值，计算精度-召回率曲线下的面积，而 mAP 则是多个 AP 的平均值。F1 分数是精度和召回率两项评价指标的综合计算结果。首先需要针对每个类别分别计算 F1 分数，如式（8.11）所示；然后对每个类别的 F1 分数取平均值，即得到最终的 F1 分数。本章使用数据集中的测试集计算的精度评价结果如图 8.13 所示：精度为 88.5%，召回率为 85.3%，mAP 为 88.7%，F1 为 86.9%。实验证明，使用目标检测的方法能够准确获取屋顶绿化实施所需的建筑物。

$$\text{Precision} = \frac{\text{TP}}{\text{TP+FP}} \tag{8.9}$$

$$\text{Recall} = \frac{\text{TP}}{\text{TP+FN}} \tag{8.10}$$

$$\text{F1} = 2\frac{\text{Precision}\times\text{Recall}}{\text{Precision+Recall}} \tag{8.11}$$

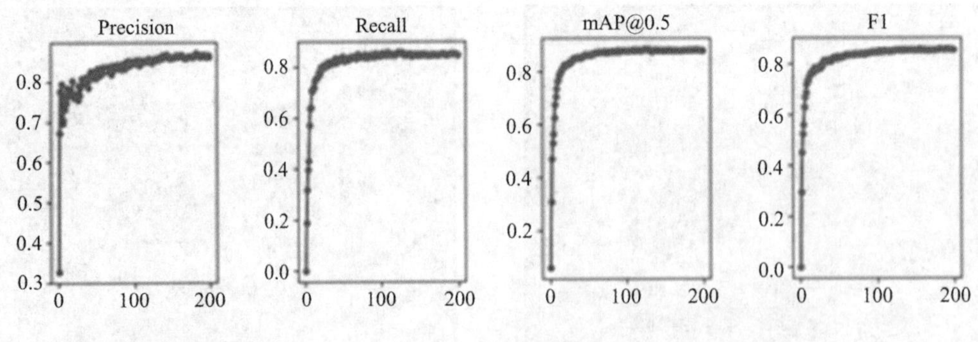

图 8.13　精度评价图

2. 绿化需求指标计算结果

（1）气象数据指标。厦门岛的年降水量如图 8.14（a）所示，自西北向东南方向呈现逐渐减少的趋势；年均温度如图 8.14（b）所示，自北向南呈现逐渐降低的趋势。从整体分布上来看，年降水量和年均温度都呈现出自北向南减少/降低的趋势，因此，厦门岛西北方向的降水量更多，且温度也更高，热岛效应更严重。这种情况与厦门岛的绿地和建筑物的分布相关联，具体而言，首先，厦门岛南部有占地面积较大的东坪山、东山及厦门园林植物园，生态环境相对较好，而北部虽然有社区公园，但与南部相比，公园绿地面积很小；其次，厦门岛北部有大型建筑物，如高崎机场和高崎火车站，以及大面积的老工业区和高新技术产业园，建筑能源消耗更高，导致北部比南部的热岛效应更加严重。因此，从气象数据的年降水量和年均温度指标来看，北部对屋顶绿化的需求最大，应该优先实施屋顶绿化。

（2）公园绿地距离。厦门岛的思明区和湖里区的公园绿地面积共计 2475.87 公顷（1 公顷=10^4m^2），而公园绿地主要分布在思明区，有面积最大的厦门园林植物园和东坪山，北部公园绿地总体占地面积较小。公园绿地按类型可以分为综合公园、社区公园和游园，厦门岛的公园类型以综合公园和社区公园为主，社区公园最多，综合公园较少，其中，综合公园占地面积大，服务半径大于 1000m；社区公园占地面积小，分布较为分散，服务半径根据公园面积的大小也有所不同，但通常大于 500m 且小于 1000m。综合考虑两种类型的公园数量和服务半径，在公园绿地距离的计算中，选取建筑物周围半径为 1000m，结果如图 8.14（c）所示，从图中可以看到，北部到公园绿地的距离最远，公园绿地距离较近的区域位于公园附近，厦门岛面积较大的绿地主要包括厦门园林植物园、东坪山、白鹭洲公园、仙岳公园、狐尾山公园、五缘湾湿地公园、忠仑公园等，这些公园绿地占地面积相对较大，附近建筑物周围的生态环境也更好，对屋顶绿化的需求也更小。

（3）交通拥堵程度。厦门岛交通拥堵程度的计算主要由道路等级、拥堵程度决定，交通路网中拥堵较为严重的路段主要是位于湖里区与思明区边界的仙岳路、西南方向的湖滨西路、北部的成功大道，这与岛内岛外连接的路网相关，仙岳路自西向东，西连海沧大桥通往海沧区，东连翔安隧道通往翔安区；而成功大道则与岛北部通往岛内的道路相连，早晚高峰期，岛内入口人流量大，因此路段较为拥堵，空气污染更加严重。另外，交通道路上车辆排放的尾气污染物主要扩散在道路周围一定的范围内，文献[57]对此进行研究，发现道路两侧横向排放范围约 200m，因此，在计算交通拥堵程度时，借鉴该文献的研究结果，本章选取 100m 作为建筑物范围半径，计算结果如图 8.14（d）所示。根据交通拥堵程度指标计算结果，交通路网附近建筑物指标值更高，与远离交通路网的建筑物相比较，道路交通污染物排放更为严重，空气污染程度更高，对于屋顶绿化的需求也更大。

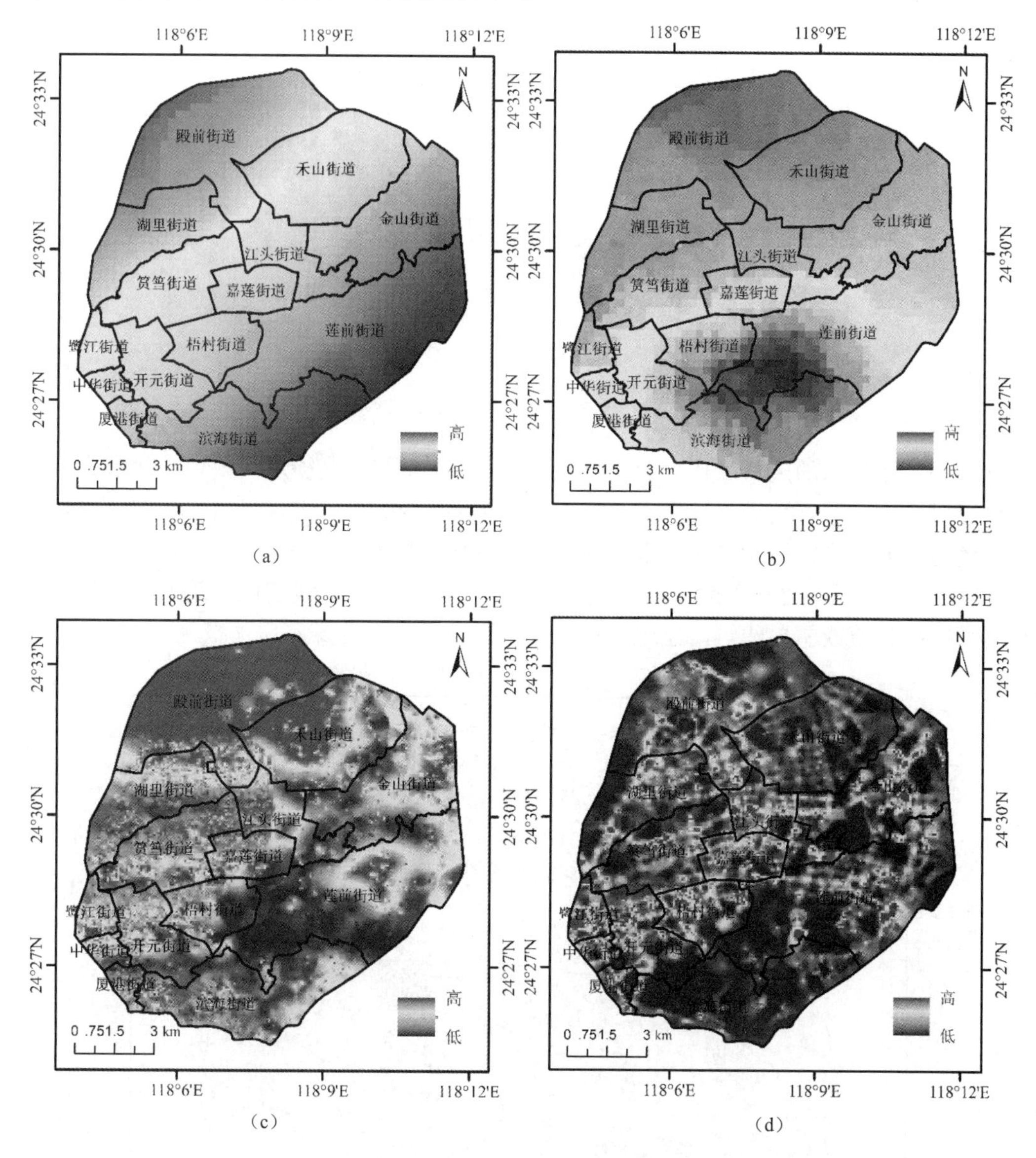

图 8.14　绿化需求指标计算结果图

3．屋顶绿化评价结果

厦门岛总建筑物面积为 1883.63 公顷，根据屋顶绿化实施规范的要求，适宜进行屋顶绿化的建筑物面积为 956.05 公顷，约占总建筑面积的 51%。厦门岛街道的屋顶绿化潜力统计结果如图 8.15 所示，各个街道由于划分的大小的原因，建筑总面积差异较大（殿前街道、莲前街道和禾山街道的建筑总面积较大）。适宜进行屋顶绿化的面积较大的街道主要位于几个建筑面积较大的街道，依次是殿前街道、莲前街道和湖里街道。

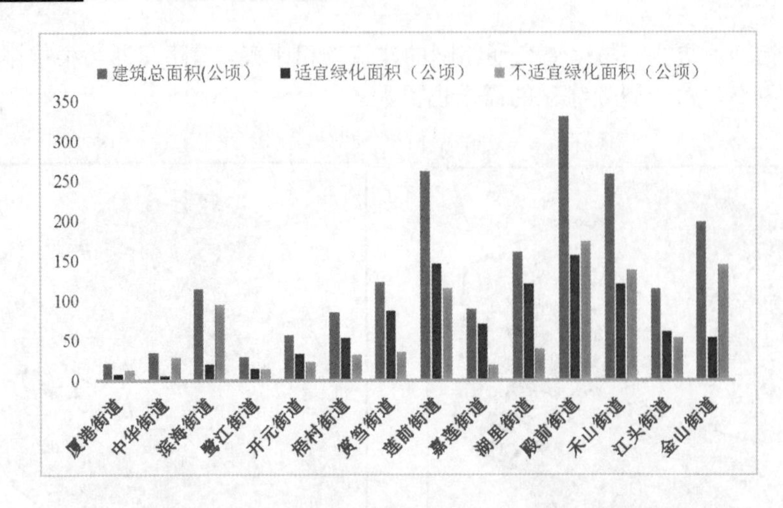

图 8.15 厦门岛街道的屋顶绿化潜力统计结果

从厦门各个街道的屋顶绿化潜力比例来看，图 8.16 是厦门岛街道的屋顶绿化潜力分布图，从图中可以看到，嘉莲街道、湖里街道和筼筜街道的比例均大于 70%，建筑物具有极大的屋顶绿化潜力；而中华街道、滨海街道和金山街道的比例则都小于 30%，建筑物屋顶绿化潜力较小。屋顶绿化潜力较小的街道的建筑物分布存在如下特点：建筑物以建筑群方式密集分布，主要为城中村建筑或骑楼建筑，建造年代较久，因而不太适宜实施屋顶绿化。

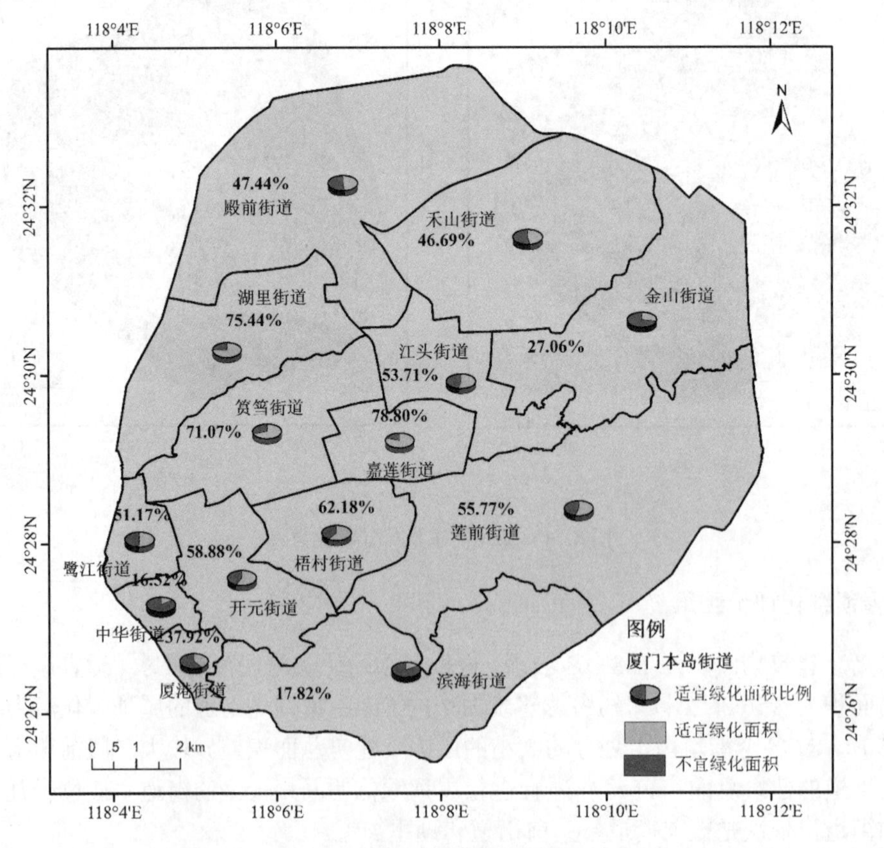

图 8.16 厦门岛街道的屋顶绿化潜力分布图

如图 8.17 所示，厦门岛存在大量城中村，城中村主要分布在东部的五缘湾湿地公园、湖边水库、会展中心区域，北部的机场区域，以及南部的环岛路区域附近；骑楼位于西南区域的旧城区，骑楼区域保存了独特的骑楼街区风貌，表现为街道与建筑纵横交错，骑楼沿街——“山、海、城”相依的城市形态[58]。由开元路、大同路、升平路、中山路、镇海路、思明（东、西、南、北）路、厦禾路、鹭江道等构成横纵路网，构成统一的骑楼建筑形式，形成了厦门旧城独特的围廊城市。

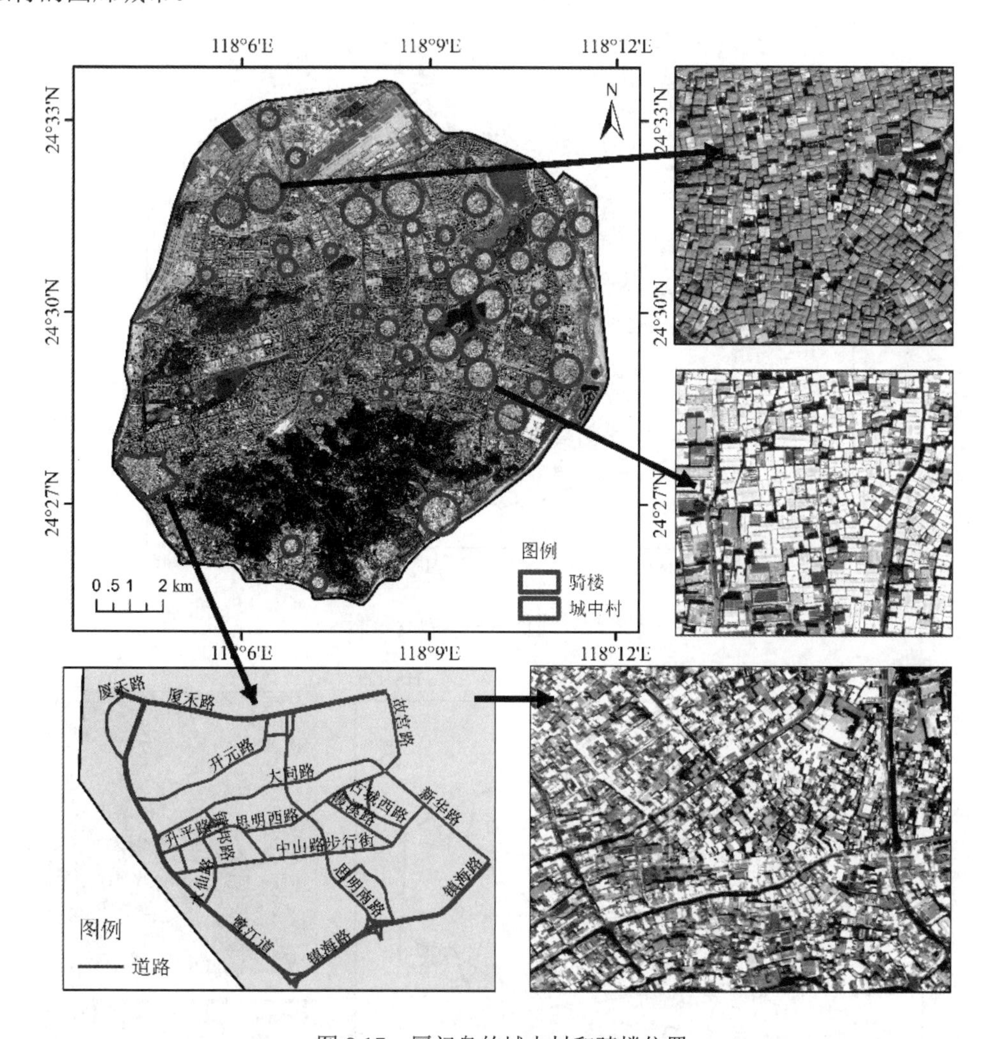

图 8.17　厦门岛的城中村和骑楼位置

屋顶绿化评价最终结果如图 8.18、图 8.19 所示。图 8.18 是使用建筑属性指标获得的厦门岛整个研究区的屋顶绿化潜力分布图，图 8.19 是使用绿化需求指标对图 8.18 中适宜绿化的建筑物进行定量评价的结果。

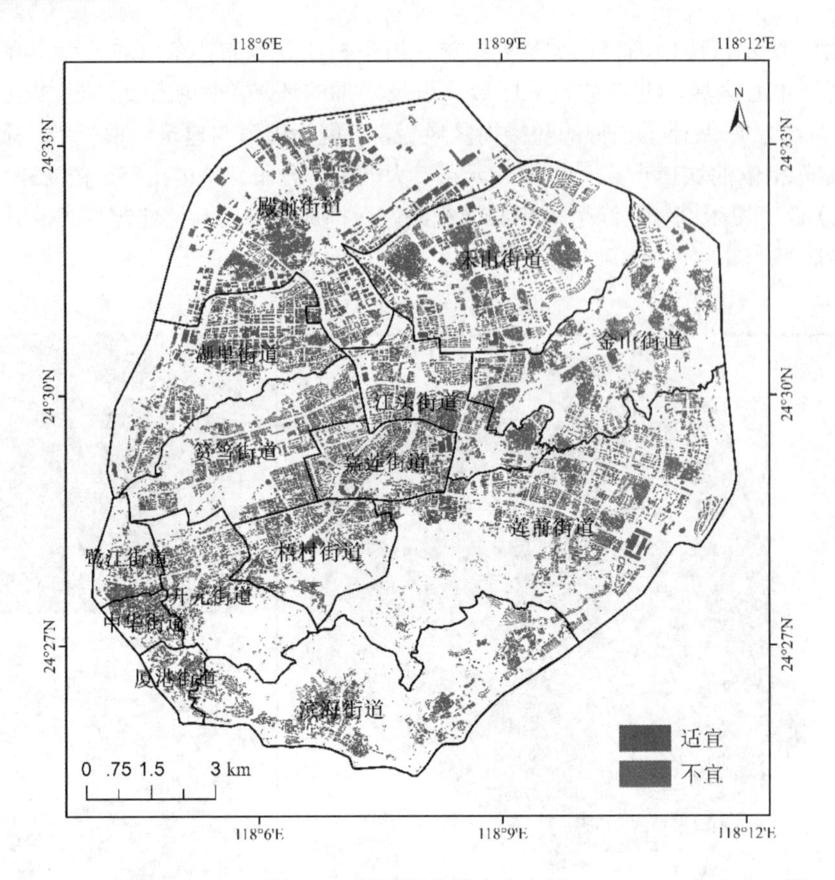

图 8.18　屋顶绿化潜力分布图

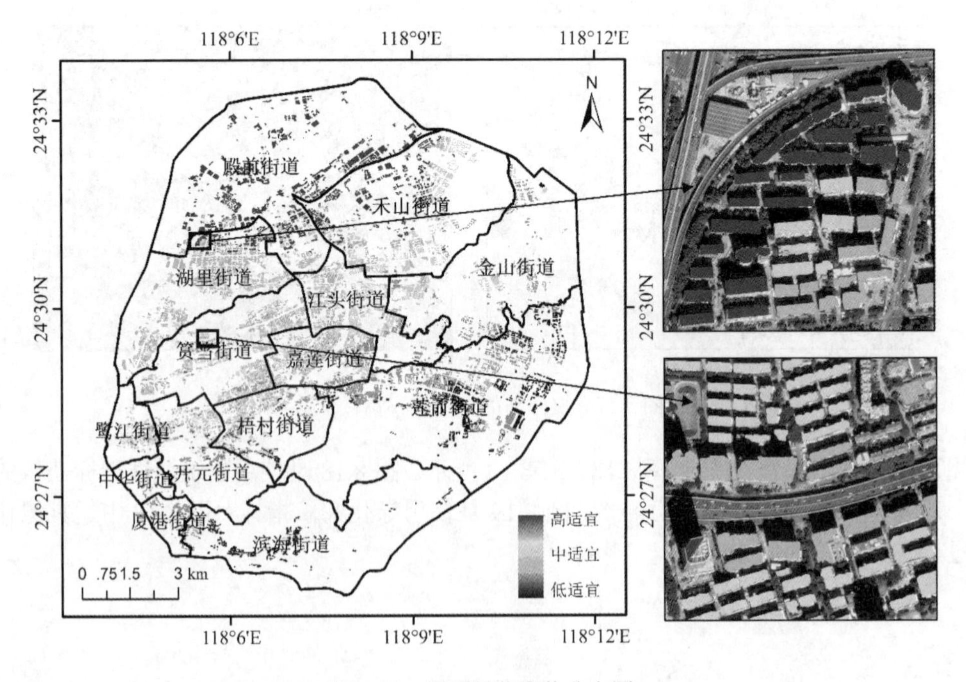

图 8.19　屋顶绿化评价分布图

总体而言，不适宜进行屋顶绿化的建筑物中的密集建筑群主要为城中村和骑楼，除了密集建筑群，从屋顶绿化潜力分布图中还可以看到，一些单体建筑分散在岛上各处，这些单体建筑是不满足屋顶绿化实施规范的建筑物，主要是屋顶不是平屋顶的建筑物和建筑楼层大于 12 层的建筑物。而适宜进行屋顶绿化建筑的适宜性大体上呈现从北向南逐渐降低的趋势。首先，本岛的年降水量以从西北向东南的方向减少，年均温度呈现从北向南降低的趋势，北部年降水量更大、年均温度也更高，因此评价得分也较高；其次，南部有厦门岛面积最大的绿地，即厦门园林植物园和东坪山等区域，生态环境较好，对屋顶绿化的需求较小，从而得分较低。而从细节来看，适宜进行屋顶绿化的建筑受交通拥堵程度指标的影响，在局部区域得分较高，在图 8.19 中，交通拥堵程度指标值较大的两处细节图分别位于高适宜区域和中适宜区域，可以看到，在细节上，与远离道路的建筑物相比，靠近道路的建筑物的适宜性更高，应该优先实施屋顶绿化。

8.5.2　可绿化屋顶目标检测方法的优势

屋顶坡度、建筑年龄这一类指标数据采用传统的人工采集调查的方法获取，需要耗费大量的人力和时间，并且存在如何获取进入建筑的许可进行调查的问题，从而难以保证研究区内的建筑数据调查的全面性。目标检测方法不受以上条件的制约，能够快速、准确、全面地检测出符合屋顶坡度和建筑年龄要求的建筑物。本章采用的 YOLO v3 是 YOLO 系列算法的一种，属于单次目标检测器，与基于候选区域的目标检测器 Faster RCNN 相比，YOLO v3 在本章制作的样本集中精度更高，其中，YOLO v3 的 mAP 为 88.7%，Faster RCNN 的 mAP 为 78.1%。建筑物检测结果对比图如图 8.20 所示，选取厦门岛研究区制作的数据集中的 3 处建筑物，通过将原图、标注图与检测图进行对比，可以清楚地看到，在 Faster RCNN（第 3 列）中存在几处明显漏检的建筑物，而 YOLO v3（第 4 列）相对检测更为准确。

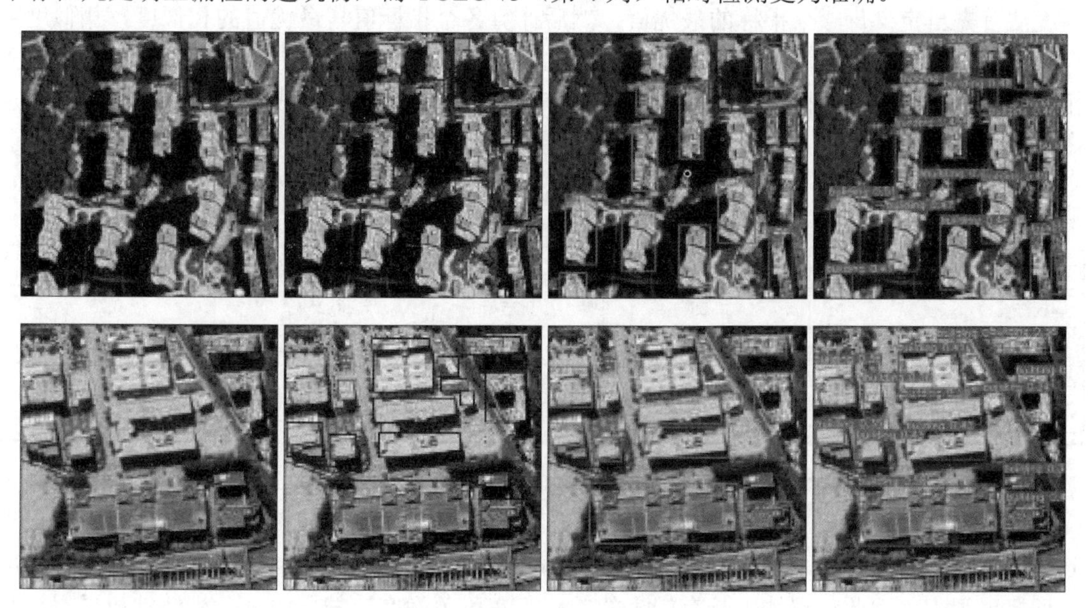

图 8.20　建筑物检测结果对比图

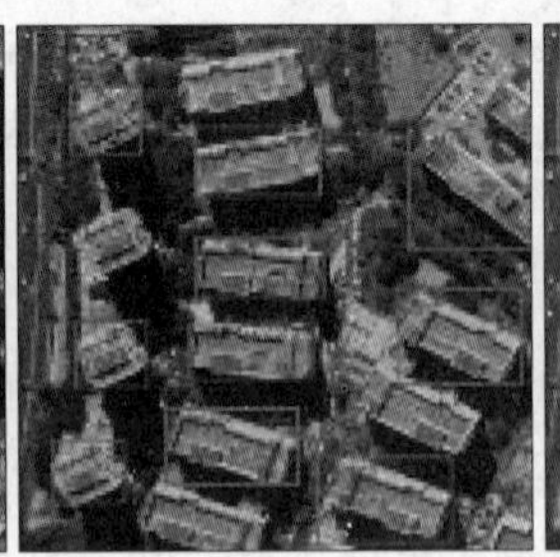

图 8.20　建筑物检测结果对比图（续）

在机器学习和深度学习中，当数据集较小时，通常将训练集和测试集划为 7∶3 的比例，当存在验证集时，将训练集、验证集和测试集划分为 6∶2∶2 的比例；若数据量较大，则训练集、验证集、测试集的比例可以调整为 8∶1∶1[59]。本章按照 6∶2∶2 的比例划分数据集。

8.5.3　屋顶绿化评价权重选取

在屋顶绿化适宜性评估中，各项指标权重的确定直接影响评价结果。本章在计算屋顶绿化潜力的基础上，针对适宜进行屋顶绿化的建筑物，根据建筑物屋顶绿化效益的 4 个方面，鉴于指标对城市建筑屋顶绿化不存在明显的关联性，将指标均视为屋顶绿化适宜性评估的关键性影响因子，采用等权法赋予相同的权重。客观赋权法基于数据本身的特征来赋予不同的权重。为了与等权法对比，本章采用客观赋权法中的常见方法，即熵权法、灰色关联度法和主成分分析法[60, 61]来分别计算指标权重，分析不同的权重对屋顶绿化适宜性评估结果的影响。

不同赋权方法的权重组合结果如表 8.2 所示。其中，熵权法关注数据的局部差异，根据原始数据之间的局部差异，结果显示交通拥堵程度的差异程度最大，赋予更大的权重；灰色关联度法首先自定义每一个指标的最优值，然后计算各个指标值与最优值的相似度，相似度越高，关联度就越高，权重也相应越大，年均温度指标的权重相对较大，交通拥堵程度的权重相对较小；在主成分分析法中，年均温度与年降水量分别为第一主成分和第二主成分，权重占比相对较大。

表 8.2　不同赋权方法的权重组合结果

赋 权 方 法	年 降 水 量	年 均 温 度	公园绿地距离	交通拥堵程度
等权法	0.25	0.25	0.25	0.25
熵权法	0.08	0.02	0.20	0.70
灰色关联度法	0.25	0.32	0.27	0.16
主成分分析法	0.28	0.29	0.21	0.22

根据指标权重，针对适宜进行屋顶绿化的建筑物，计算屋顶绿化适宜性程度，如图 8.21（a）～（d）所示，分别是采用等权法、熵权法、灰色关联度法和主成分分析法的计算结果。可以看到，图 8.21（a）和（b）在蓝色圆圈区域的差异较为明显，这是由于熵权法中的交通拥堵程度指标权重很大，因此在整体上具有较大的差别。灰色关联度法与主成分分析法的权重组合与等权法较为相似，整体分布趋势基本一致，在细节上，图 8.21（c）在红色圆圈区域的低适宜性建筑比图 8.21（a）更少，因为该处是交通拥堵程度指标的高值到低值的过渡区域，而其他

指标分布差异较小；图 8.21（c）在交通拥堵程度指标上的权重比图 8.21（a）要小一些，因此，图 8.21（c）的适宜性低的建筑物更少；图 8.21（d）在绿色圆圈区域的高适宜性建筑与图 8.21（a）相比较多，并分布在绿色圆圈区域的右侧及下侧，这与年降水量和年均温度的分布相似，且图 8.21（d）在这两项指标上的权重略大于图 8.21（a），从而适宜性高的建筑物更多。综上所述，客观赋权法虽然能客观地从数据本身的属性给出权重，但是不同的计算方法反映的数据特征存在差异，导致权重计算结果具有一定的差别，且客观赋权法获得的权重与数据在评估中的真实重要性程度仍存在差异，一些指标在评估中较为重要，但是由于指标数据的特征，在客观赋权法中不一定能获得较大的权重。

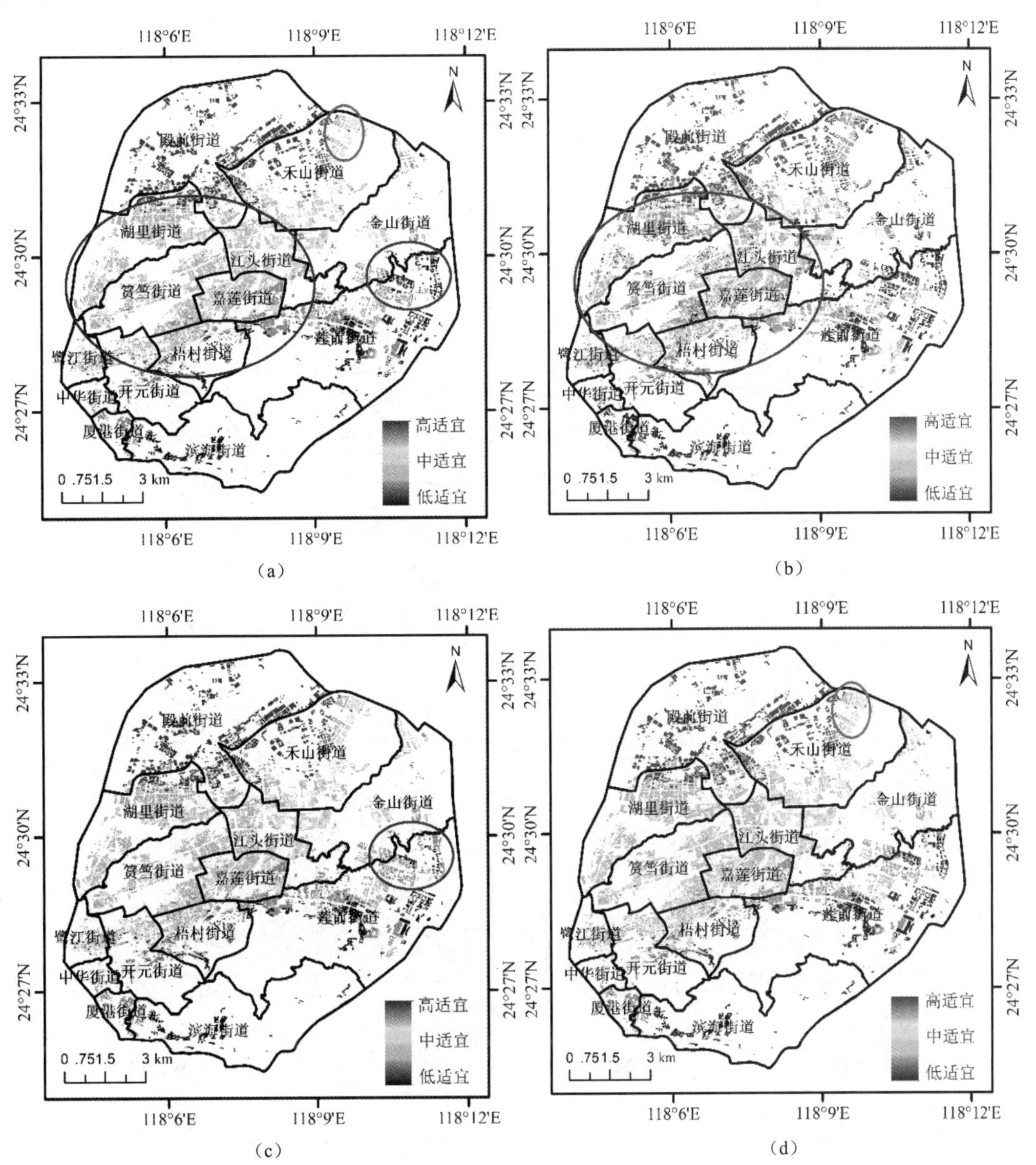

（a）　　（b）

（c）　　（d）

图 8.21　不同权重组合的屋顶绿化评价结果

8.5.4 屋顶绿化评价指标选取

本章选取的屋顶绿化评价指标包括建筑属性和绿化需求两类，其中，建筑属性指标包括建筑楼层、屋顶坡度和建筑年龄；绿化需求指标包括年降水量、年均温度、公园绿地距离和交通拥堵程度。屋顶绿化涉及的指标全面而广泛，本章采用的只是其中的部分指标，但是选取的指标均具有一定的代表性，且数据的获取较为容易，能够快速有效地将此方法应用于其他区域的规划中。

首先是建筑属性指标，这类指标从建筑屋顶特性方面选取，屋顶绿化相关实施规范对本章选取的 3 项指标均有明确的要求，说明它们是实施中的必要指标；其次是绿化需求指标，涵盖了屋顶绿化效益的 4 个主要方面，较为全面地反映了屋顶绿化效益需求。针对绿化需求指标，本章选取 4 项指标中的部分指标进行不同的组合，分析部分指标评估结果的差异，指标分别是年降水量（P）、年均温度（T）、公园绿地距离（G）和交通拥堵程度（R），选取其中任意 2 项或 3 项指标，可以得到 10 种指标组合，采用等权法得到屋顶绿化评价结果。图 8.22 是不同指标组合的评价结果。

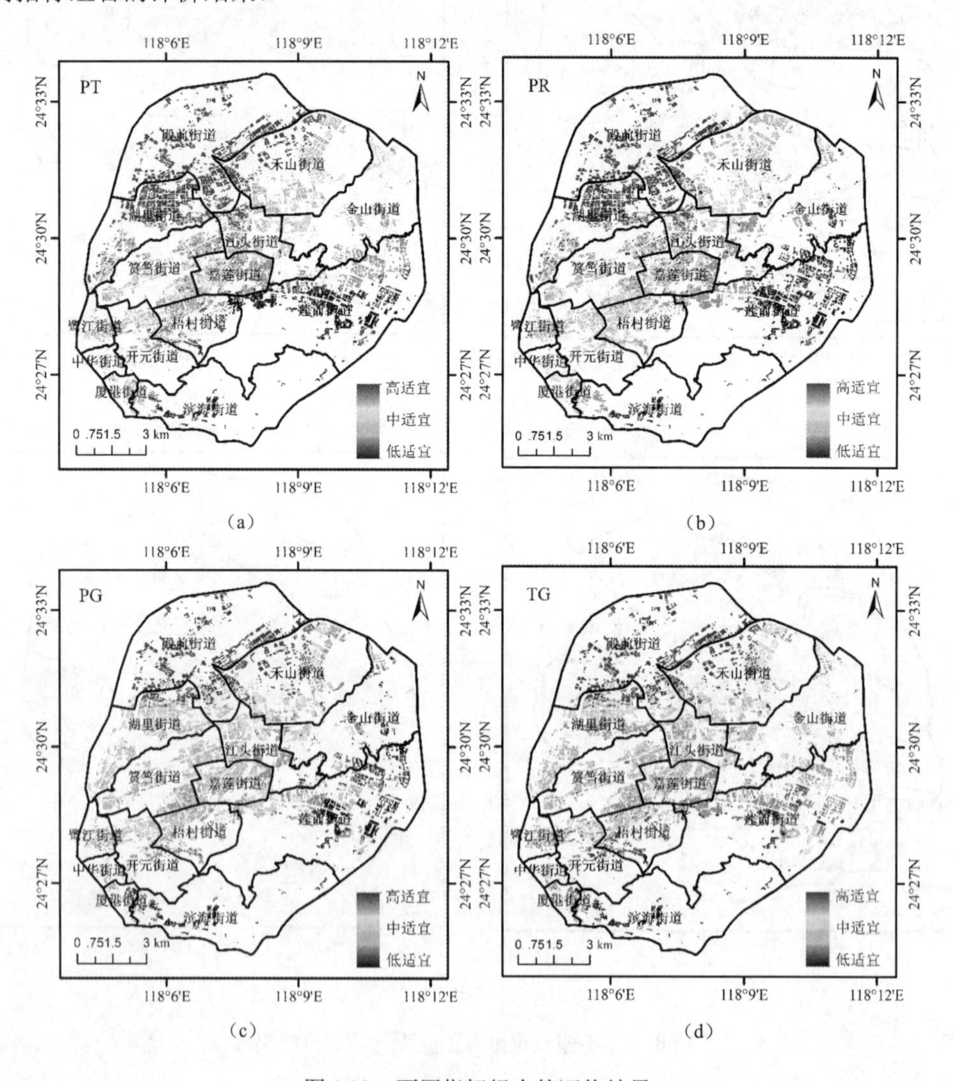

图 8.22 不同指标组合的评价结果

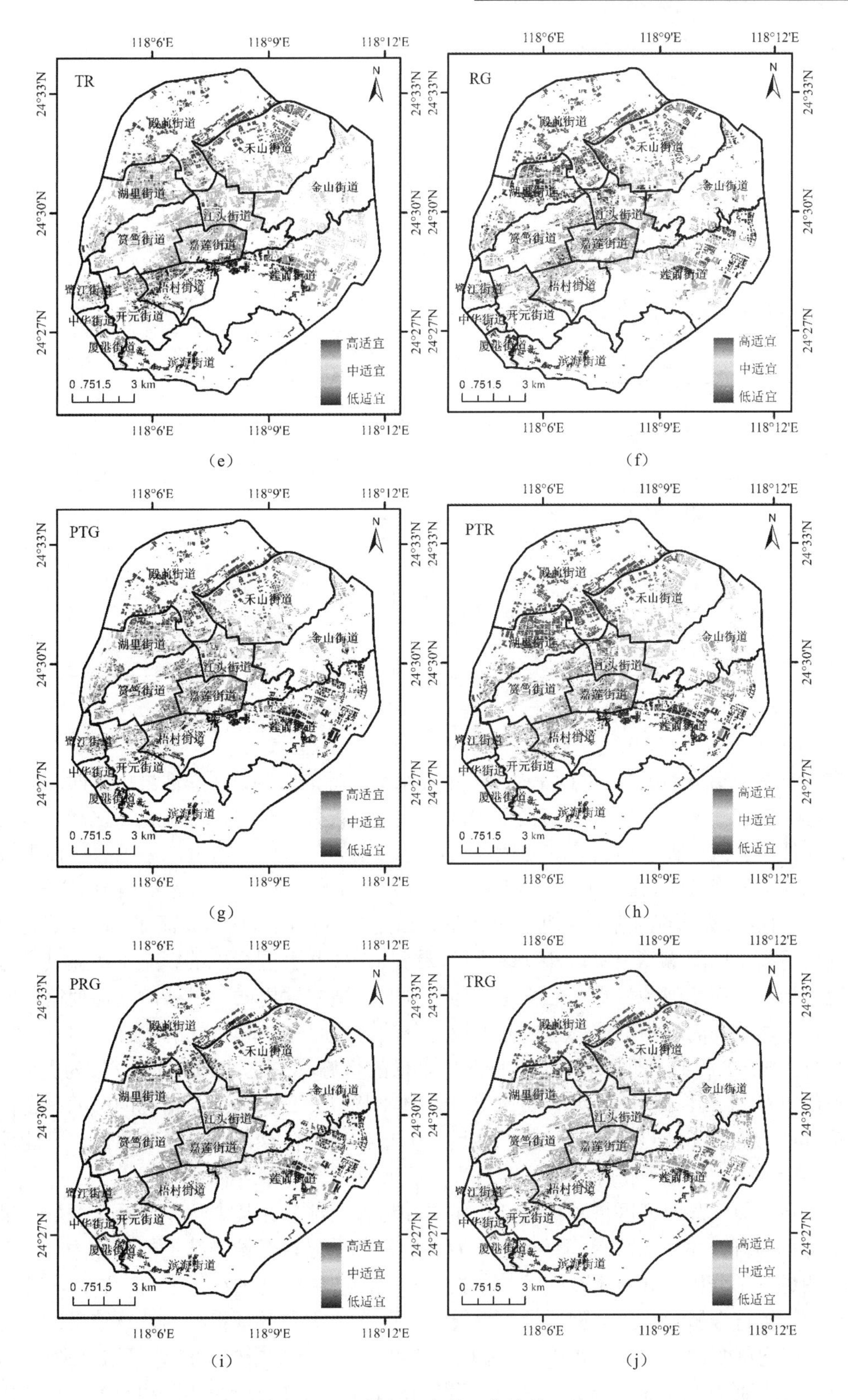

图 8.22　不同指标组合的评价结果（续）

图 8.23 是全部指标（PTGR）与不同指标组合的细节图，下面具体说明屋顶绿化评价结果在不同指标组合下的差异。

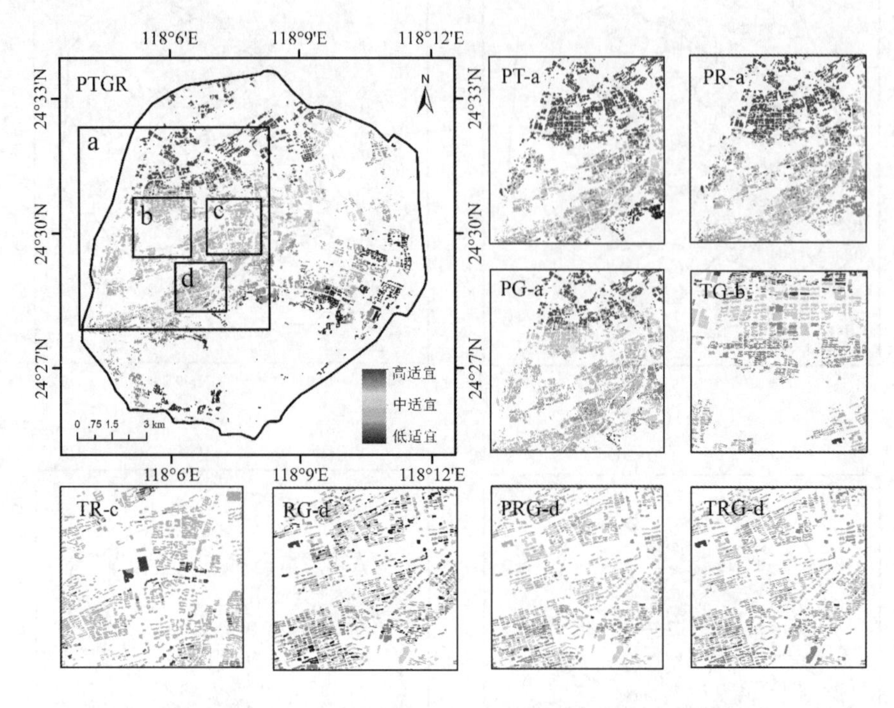

图 8.23　全部指标（PTGR）与不同指标组合的细节图

首先是两项指标的组合，PT、PR 由于年降水量指标的影响，适宜性呈现从西北向东南降低的趋势，与 PT、PR 相比，PG 在西部中间部分差异较大，即图 8.23 中的 a 区域，该处由于厦门岛的仙岳公园、狐尾山公园和白鹭洲公园等较大的公园位于附近，屋顶绿化需求较小，因此适宜性有所降低。TG、TR 由于年均温度指标的影响，适宜性呈现从北向南降低的趋势，在细节上，TG 在公园绿地附近，适宜性更低，如图 8.23 中的 b 区域；而 TR 在细节处道路附近适宜性更高，如图 8.23 中的 c 区域。可以看到，RG 在公园绿地的影响下明显具有与公园绿地距离指标分布相似的特点，在靠近公园绿地时，适宜性更低。另外，交通拥堵程度指标对道路附近建筑物的影响也使得整体分布较为分散。然后是 3 项指标的组合，PTG、PTR 在整体分布上与 PT 相似，即呈现从西北向东南降低的趋势，PRG、TRG 与 RG 较为类似，如图 8.23 中的 d 区域，细节分布上均较为分散，总体上均只受到一项气象指标的影响，整体分布随该项气象指标分布特点变化。综上，使用部分指标的组合存在一定的局限性，只能反映部分指标的特性，综合 4 项指标评估能够更为全面地反映建筑屋顶的绿化需求。

本节包括厦门岛研究区屋顶绿化评价结果和讨论两部分。其中，屋顶绿化评价结果部分围绕 3 方面展开，第 1 方面是可绿化屋顶目标检测的结果，对检测结果的总体分布特点和检测细节图进行了分析，并对本章使用的数据集和检测结果精度进行了说明，验证了该方法能够精准地检测符合屋顶绿化实施要求的建筑物；第 2 方面是各项指标的计算结果，分别对年降水量、年均温度、公园绿地距离和交通拥堵程度 4 项绿化需求指标的计算结果进行了分析；第 3 方面是屋顶绿化评价结果，首先是屋顶绿化潜力，通过街道统计图和街道屋顶绿化潜力分布图进行了潜力分析，然后对适宜进行屋顶绿化的建筑物的实施优先级的定量评价结果进行了分析，给出了最适宜绿化的屋顶绿化区域。

讨论由 3 部分构成，第 1 部分是可绿化屋顶绿化检测方法的优势，通过将 YOLO v3 方法与 Faster RCNN 方法进行对比，从检测结果的对比及目标检测评价精度方面验证了 YOLO v3 方法的准确性，以及在检测可绿化屋顶上更具优势；第 2 部分是屋顶绿化评价权重选取，将客观赋权法中的熵权法、灰色关联度法和主成分分析法与本章使用的等权法进行对比分析，验证使用等权法的合理性；第 3 部分是屋顶绿化评价指标选取，通过选取 4 项绿化需求指标的部分指标进行组合，共得到 10 种权重组合，并对 10 种指标权重组合进行分析，通过结果的整体分布特点和细节分布特点的分析发现，使用全部指标更能全面反映建筑物的屋顶绿化需求。

8.6　本章小结

在当前城市化进程的背景下，本章对国内外屋顶绿化的现状和存在的问题进行了研究，以厦门岛作为研究区，提出了一种基于多源数据的屋顶绿化评价方法，通过对遥感图像、气象数据、建筑物与绿地数据、交通数据进行处理计算，得到屋顶绿化评价指标，对厦门岛研究区进行定量评价与定性分析。通过对厦门岛的屋顶绿化进行评价与讨论，说明了本章提出的基于多源数据的屋顶绿化评价方法具有易实现、可复制的特点，能够快速地应用于其他城市的屋顶绿化评价，为规划人员和决策者提供科学合理的依据。

本章参考文献

[1] 邱国玉，张晓楠．21 世纪中国的城市化特点及其生态环境挑战[J]．地球科学进展，2019，34(06):640-649．

[2] 住房和城乡建设部．2019 年城市建设统计年鉴[R]．2020．

[3] 北京市人民政府．关于推进城市空间立体绿化建设工作的意见[Z]．2011．

[4] 上海市绿化管理局．上海市屋顶绿化技术规范（试行）[Z]．2008．

[5] 广州市规划局，广州市林业和园林局．关于推进广州市城市空间立体绿化的意见[Z]．2015．

[6] 王仙民．屋顶绿化[M]．武汉：华中科技大学出版社，2007．

[7] 成都市林业和园林局．成都市屋顶绿化及垂直绿化技术导则（试行）[Z]．2005．

[8] Bruce D, Astrid V. Green roof vegetation for North American ecoregions:A literature review[J]. Landscape and Urban Planning, 2010, 96(4):197-213.

[9] Farrell C , Mitchell R E , Szota C , et al. Green roofs for hot and dry climates: Interacting effects of plant water use, succulence and substrate[J]. Ecological Engineering, 2012, 49(Complete):270-276.

[10] Susan C C, Taryn L B. Potential benefits of plant diversity on vegetated roofs:A literature review[J]. Journal of Environmental Management, 2012, 106:85-92.

[11] Rowe D, Getter K, Durhman A et al. Effect of green roof media depth on Crassulacean plant succession over seven years[J]. Landscape Urban Plan, 2012,104(3-4):310-319.

[12] James A T, Matthew T, Jessica G. The Response of Leaf Water Potential and Crassulacean Acid Metabolism to Prolonged Drought in Sedum rubrotinctum[J]. Plant Physiology, 1986, 81(2):678-680.

[13] 和晓艳．屋顶绿化的相关技术研究[D]．南京：南京林业大学，2013.

[14] 陆芸．绿色屋顶的生态效益研究[D]．北京：北京林业大学，2016.

[15] Shafique M, Kim R, Rafiq M. Green roof benefits, opportunities and challenges – A review[J]. Renewable and Sustainable Energy Reviews, 2018,90:757-773.

[16] 谭一凡．国内外屋顶绿化公共政策研究[J]．中国园林，2015，31(11):5-8.

[17] 赵晓英，金晓玲，胡希军．国外屋顶绿化政策对我国的启示[J]．西北林学院学报，2008（03）：204-207.

[18] 李岳岩，周若祁．日本的屋顶绿化设计与技术[J]．建筑学报，2006(02):37-39.

[19] 赵晓英，胡希军，马永俊．屋顶绿化的优点及国外政策借鉴[J]．北方园艺，2008(02):109-112.

[20] 殷丽峰，李树华．北京地区绿化屋面对屋顶温度变化影响的研究[J]．中国园林，2006(04):73-76.

[21] 桂智刚，闫增峰．建筑绿化与建筑节能[J]．山西建筑，2007(32):250-251.

[22] 钱鹏．建筑屋面节能技术[J]．住宅科技，2006(10):31-35.

[23] 廖远涛，肖荣波．城市绿地系统规划层级体系构建[J]．规划师，2012，28(03):46-49.

[24] 韩林飞，柳振勇．城市屋顶绿化规划研究——以北京市为例[J]．中国园林，2015，31(11):22-26.

[25] 陈柳新，唐豪，刘德荣．对高密度特大城市绿地系统规划中立体绿化建设发展的思考——以深圳为例[J]．广东园林，2017，39(06):86-90.

[26] 邵天然，李超骕，曾辉．城市屋顶绿化资源潜力评估及绿化策略分析——以深圳市福田中心区为例[J]．生态学报，2012，32(15):4852-4860.

[27] 王新军，席国安，陈聃，等．屋顶绿化适建性评估指标体系的构建[J]．北方园艺，2016(02):85-88.

[28] Shao H, Song P, Mu B, et al. Assessing city-scale green roof development potential using Unmanned Aerial Vehicle (UAV) imagery[J]. Urban Forestry & Urban Greening, 2021,57:126954.

[29] Dwivedi A, Mohan B K. Impact of green roof on micro climate to reduce Urban Heat Island[J]. Remote Sensing Applications:Society and Environment, 2018,10:56-69.

[30] Zhou D, Liu Y, Hu S, et al. Assessing the hydrological behaviour of large-scale potential green roofs retrofitting scenarios in Beijing[J]. Urban Forestry & Urban Greening, 2019,40:105-113.

[31] Francis L F M, Jensen M B. Benefits of green roofs:A systematic review of the evidence for three ecosystem services[J]. Urban Forestry & Urban Greening, 2017,28:167-176.

[32] Williams N S G, Lundholm J, MacIvor J. FORUM:Do green roofs help urban biodiversity conservation?[J]. Journal of Applied Ecology, 2014,51(6):1643-1649.

[33] Lundholm J T. Green roof plant species diversity improves ecosystem multifunctionality[J]. Journal of Applied Ecology, 2015,52(3):726-734.

[34] Norton B A, Coutts A M, Livesley S J, et al. Planning for cooler cities:A framework to prioritise green infrastructure to mitigate high temperatures in urban landscapes[J]. Landscape and Urban Planning, 2015,134:127-138.

[35] Whittinghill L J, Rowe D B, Schutzki R, et al. Quantifying carbon sequestration of various green roof and ornamental landscape systems[J]. Landscape and Urban Planning, 2014,123:41-48.

[36] He Y, Yu H, Dong N, et al. Thermal and energy performance assessment of extensive green roof in summer:A case study of a lightweight building in Shanghai[J]. Energy and Buildings, 2016,127:762-773.

[37] Grunwald L, Heusinger J, Weber S. A GIS-based mapping methodology of urban green roof ecosystem services applied to a Central European city[J]. Urban Forestry & Urban Greening, 2017,22:54-63.

[38] Hong W, Guo R, Tang H. Potential assessment and implementation strategy for roof greening in highly urbanized areas:A case study in Shenzhen, China[J]. Cities, 2019, 95(Dec.):102468.1-102468.10.

[39] Velázquez J, Anza P, Gutiérrez J, et al. Planning and selection of green roofs in large urban areas. application to madrid metropolitan area[J]. Urban Forestry & Urban Greening, 2018,40:323-334.

[40] Silva C M, Flores-Colen I. Step-by-step approach to ranking green roof retrofit potential in urban areas:A case study of Lisbon, Portugal[J]. Urban Forestry & Urban Greening, 2017,25:120-129.

[41] Patino J E, Duque J C. A review of regional science applications of satellite remote sensing in urban settings[J]. Computers, Environment and Urban Systems, 2013,37:1-17.

[42] Girshick R, Donahue J, Darrell T, et al. Rich feature hierarchies for accurate object detection and semantic segmentation[C]//the IEEE Conference on Computer Vision and Pattern Recognition, 2014.

[43] Girshick R. Fast R-CNN[C]//International Conference on Computer Vision (ICCV), 2015.

[44] Ren S, He K, Girshick R, et al. Faster R-CNN:Towards Real-Time Object Detection with Region Proposal Networks[J]. IEEE Trans Pattern Anal Mach Intell, 2017,39(6):1137-1149.

[45] Redmon J, Divvala S, Girshick R, et al. You Only Look Once:Unified, Real-Time Object Detection[C]//CVPR, 2016.

[46] Joseph Redmon Y A F Y. YOLO9000:Better, Faster, Stronger[C]//the IEEE Conference on Computer Vision and Pattern Recognition (CVPR), 2017.

[47] Redmon J, Farhadi A. YOLOv3:An Incremental Improvement[J]. arXiv.org, 2018:1-6.

[48] Liu W, Anguelov D, Erhan D, et al. SSD: Single Shot MultiBox Detector[C]//European Conference on Computer Vision, 2016.

[49] 董菁，左进，李晨，等．城市再生视野下高密度城区生态空间规划方法——以厦门本岛立体绿化专项规划为例[J]．生态学报，2018，38(12):4412-4423.

[50] Bodla N, Singh B, Chellappa R, et al. Improving Object Detection With One Line of Code[C]//the IEEE International Conference on Computer Vision (ICCV),2017.

[51] 王照国，张红云，苗夺谦．基于 F1 值的非极大值抑制阈值自动选取方法[J]．智能系统学报，2020，15(05):1006-1012.

[52] 李景琳，姜晶菲，窦勇，等．基于 Soft-NMS 的候选框去冗余加速器设计[J]．计算机工程与科学，2020，43(4):1-10.

[53] 侯景儒，黄竞先．地质统计学的理论与方法[M]．北京：地质出版社，1990.

[54] Connor S, Taghi M K. A survey on Image Data Augmentation for Deep Learning[J]. Journal of Big Data, 2019,6(1):60.

[55] Wong S C, Gatt A, Stamatescu V, et al. Understanding data augmentation for classification:when to warp[C]//Proc of International Con-ference on Digital Image Computing:Techniques and Applications, 2016.

[56] 卢依宏，蔡坚勇，郑华，等．基于深度学习的少样本研究综述[J]．电讯技术，2021，61(01):125-130.

[57] 胥耀方，龚华凤．基于污染物扩散的道路限界确定方法[J]．交通运输系统工程与信息，2019，19（04）：218-226.

[58] 兰贵盛．厦门旧城街巷空间特色及其保护对策[J]．规划师，2004(06):28-31.

[59] 周志华．机器学习[M]．北京：清华大学出版社，2016.

[60] Jolliffe I T. Principal Component Analysis[M]. Berlin：Springer，2010.

[61] Zavadskas E K, Turskis Z, Kildienė S. State of art surveys of overviews on MCDM/MADM methods[J]. Technological & Economic Development of Economy, 2014, 20(1):165-179.

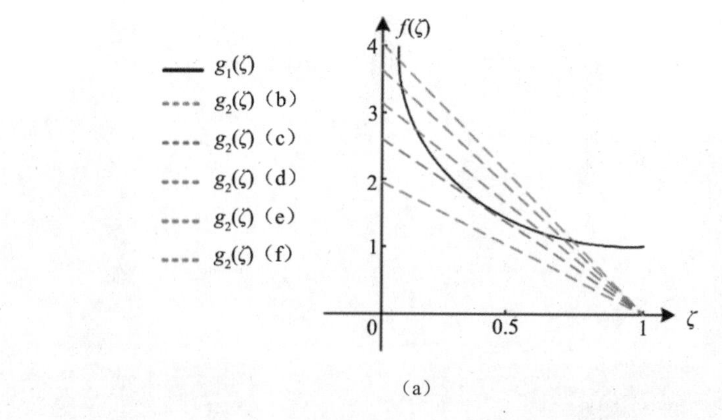

（a）

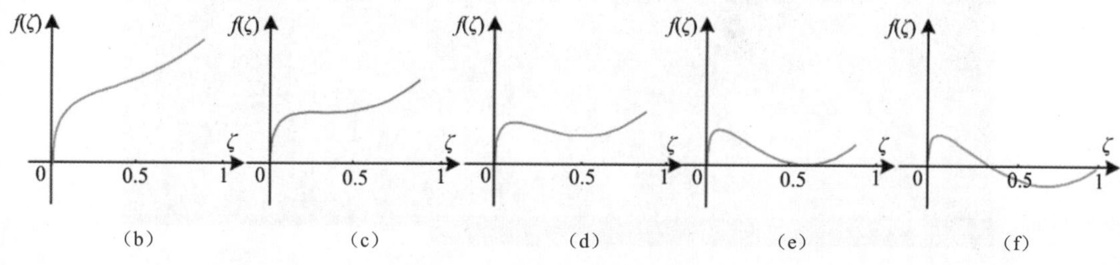

（b） （c） （d） （e） （f）

图 4.8 式（4.51）的函数图像分析

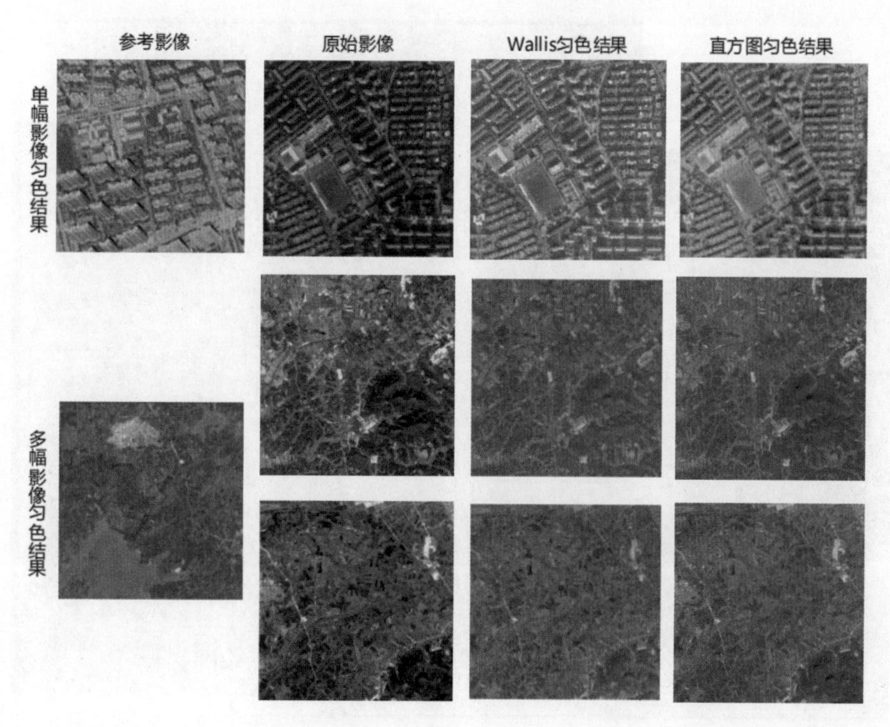

图 5.20 匀色结果图

图 5.21　原始影像拼接

图 5.22　Wallis 算法影像拼接

图 5.23　直方图匹配算法影像拼接

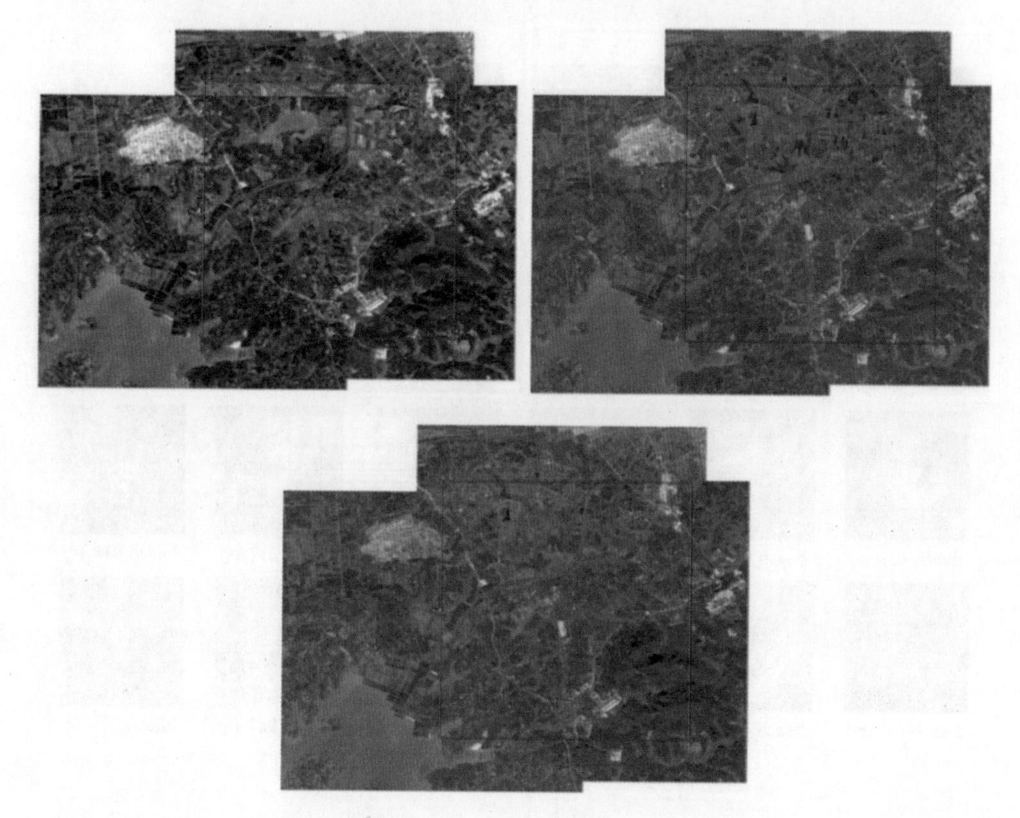

图 5.26　拼接影像截取内容

图 6.16　机场部分影像截图

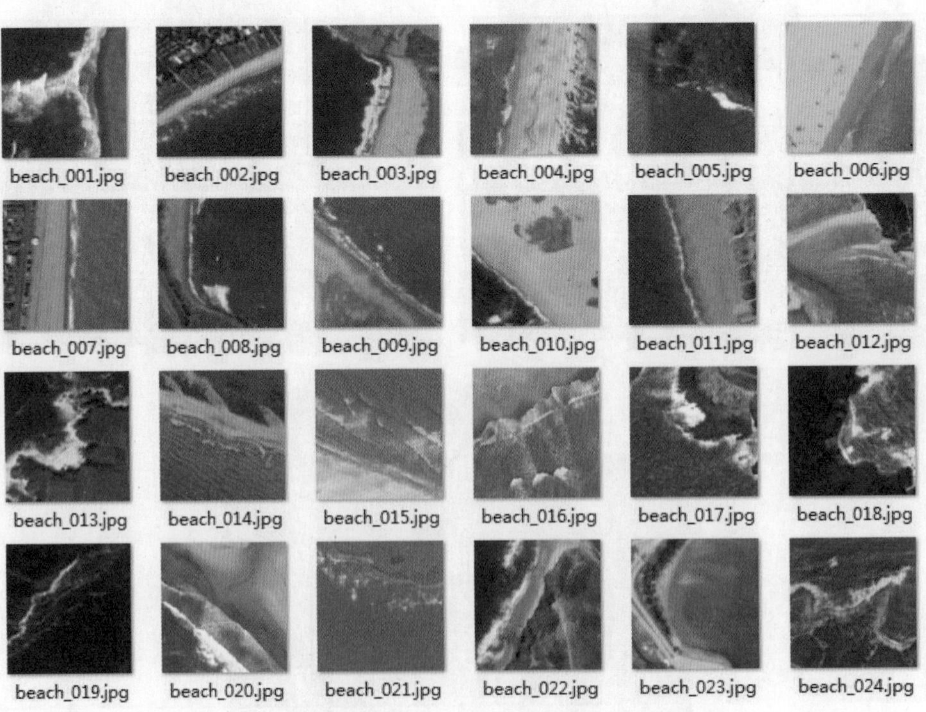

图 6.17　沙滩部分影像截图

图 6.18　停车场部分影像截图

图 6.27　NWPU-RESISC45 数据集中用于实验的遥感图像

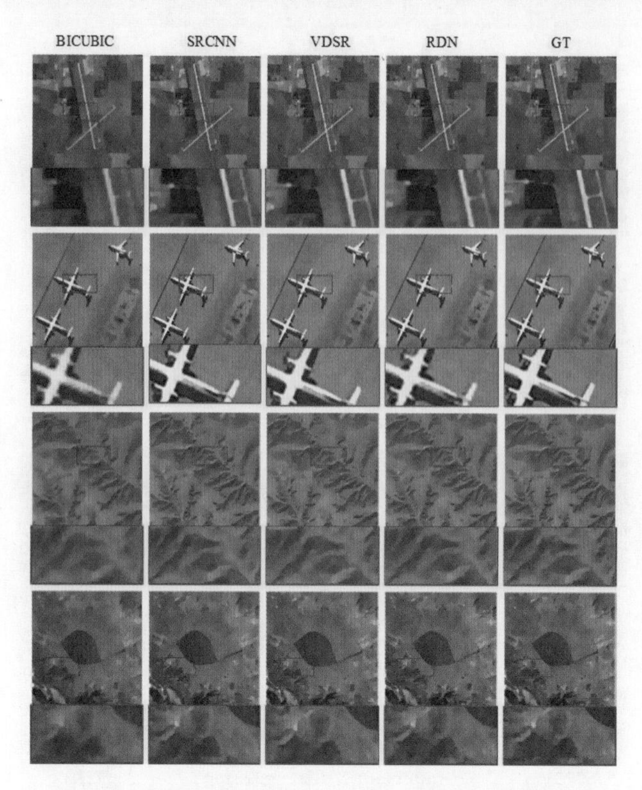

图 6.28　NWPU-RESISC45 数据集在 2 倍采样因子下的重建结果对比分析一

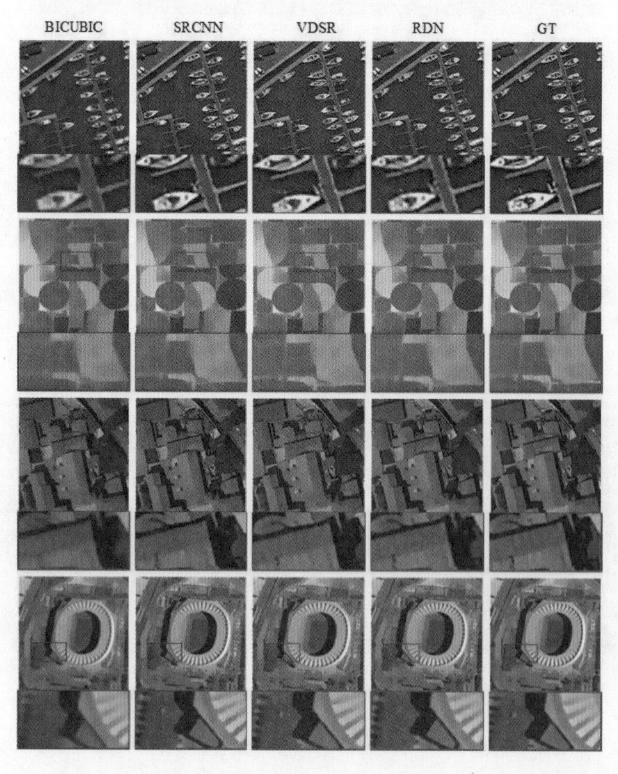

图 6.29　NWPU-RESISC45 数据集在 2 倍采样因子下的重建结果对比分析二

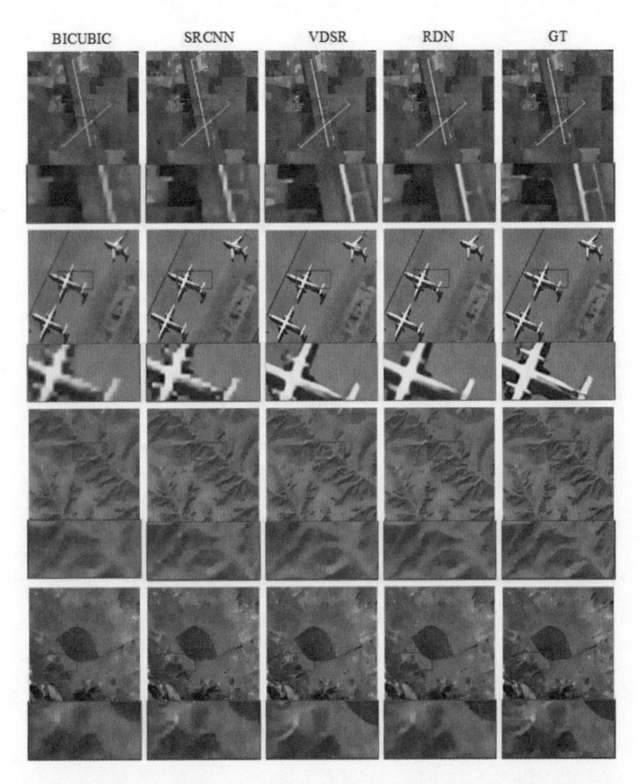

图 6.30　NWPU-RESISC45 数据集在 3 倍采样因子下的重建结果对比分析一

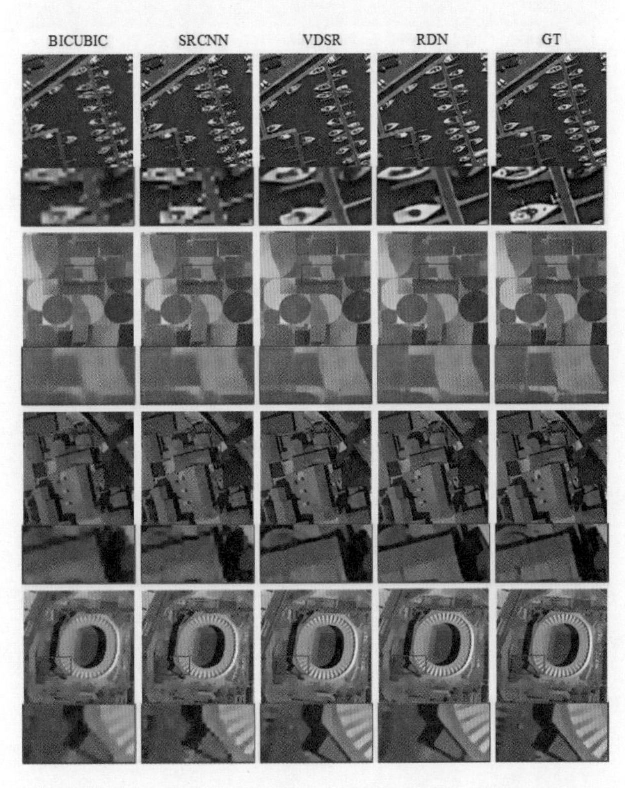

图 6.31　NWPU-RESISC45 数据集在 3 倍采样因子下的重建结果对比分析二

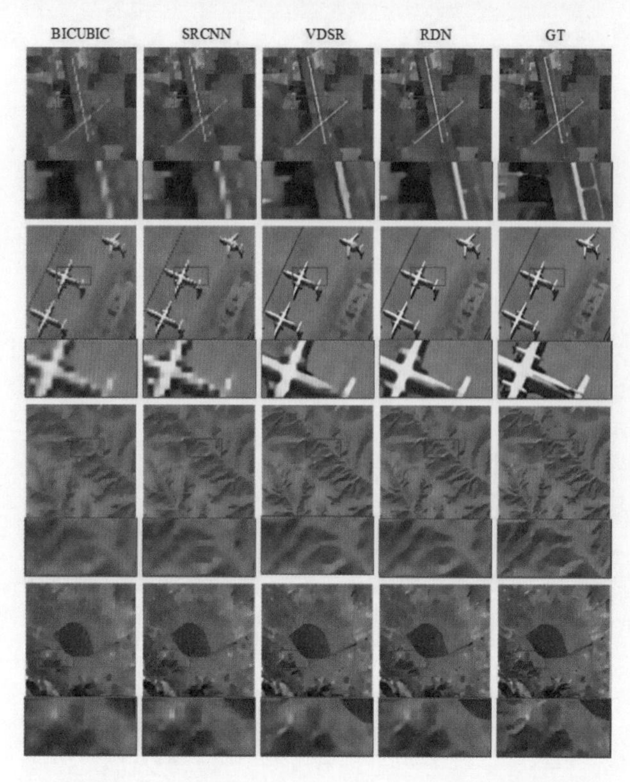

图 6.32　NWPU-RESISC45 数据集在 4 倍采样因子下的重建结果对比分析一

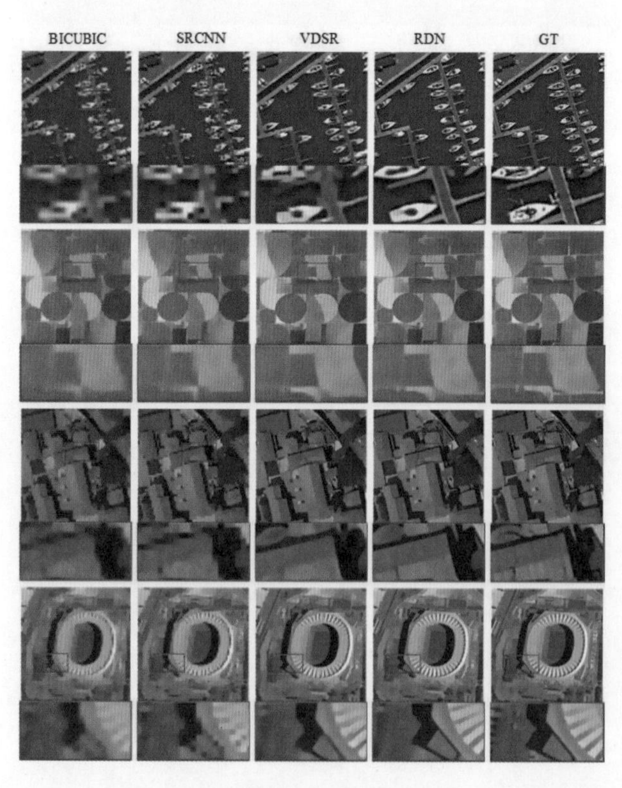

图 6.33　NWPU-RESISC45 数据集在 4 倍采样因子下的重建结果对比分析二

图 6.34　RSSCN75 数据集中用于实验的遥感图像

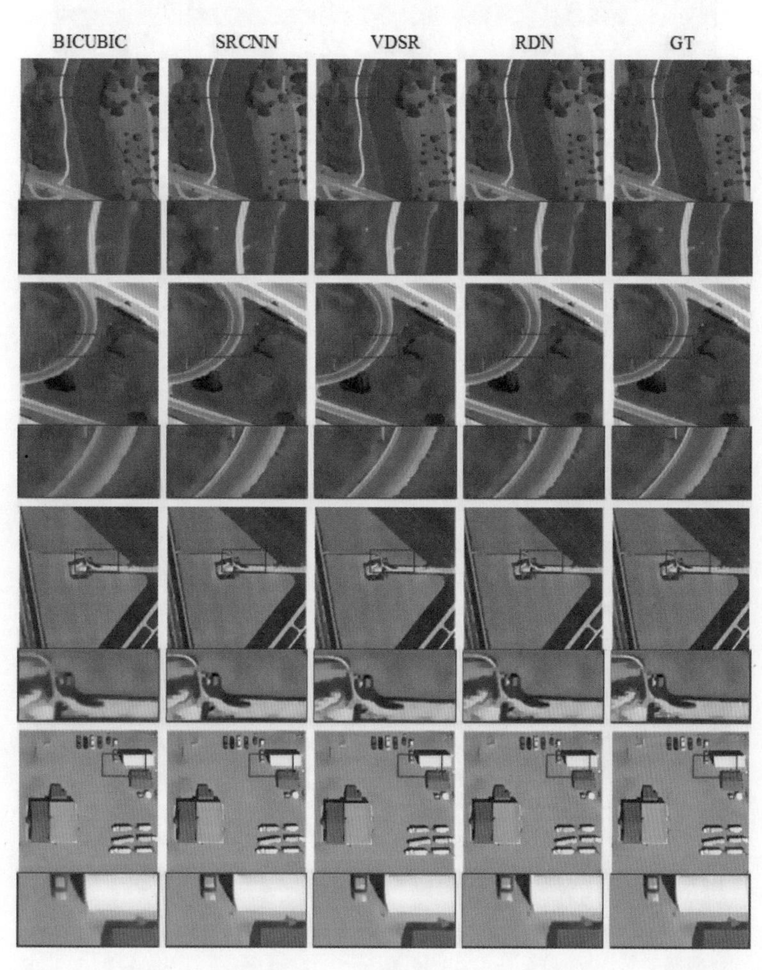

图 6.35　RSSCN7 数据集在 2 倍采样因子下的重建结果对比分析一

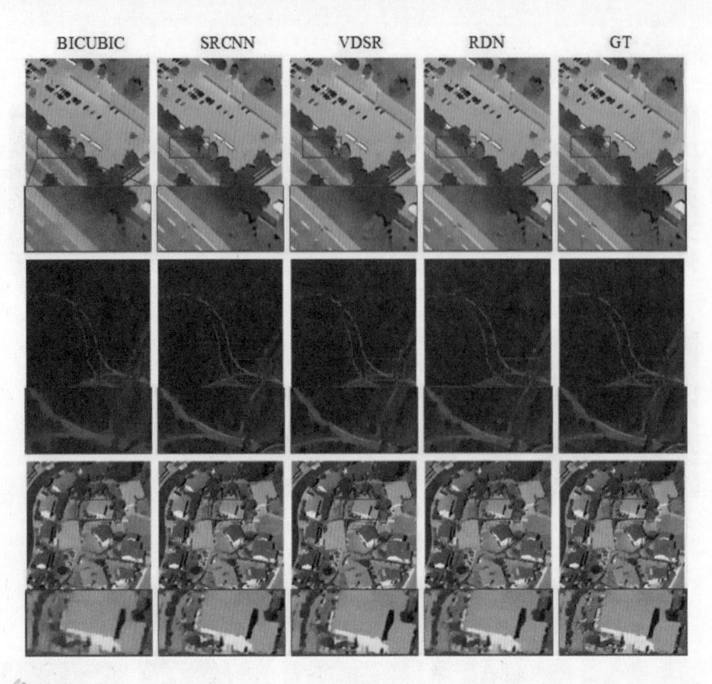

图 6.36　RSSCN7 数据集在 2 倍采样因子下的重建结果对比分析二

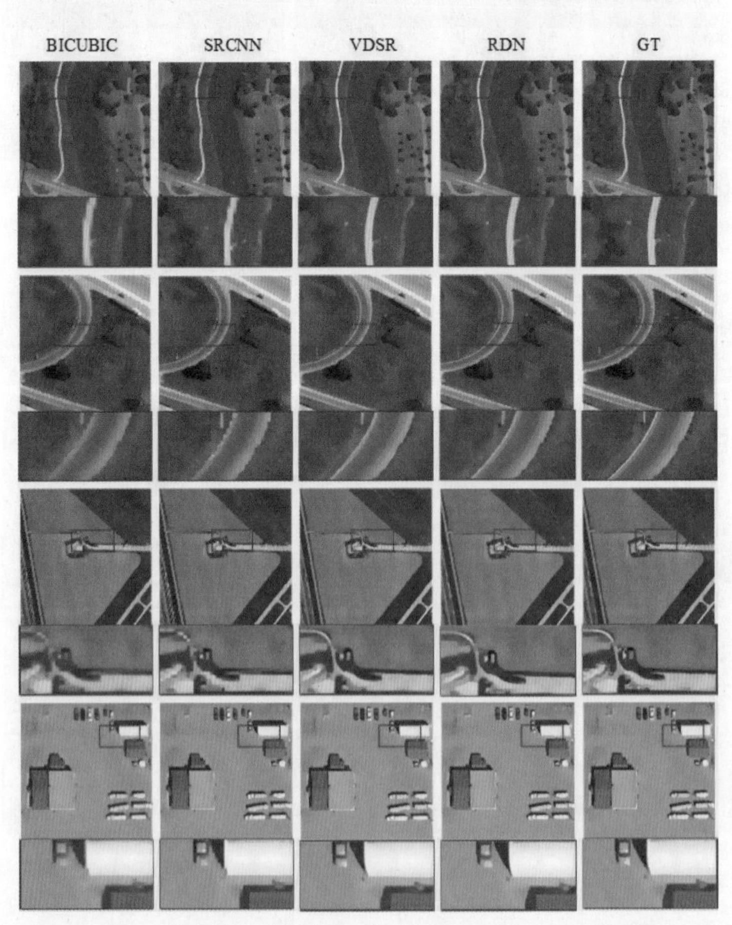

图 6.37　RSSCN7 数据集在 3 倍采样因子下的重建结果对比分析一

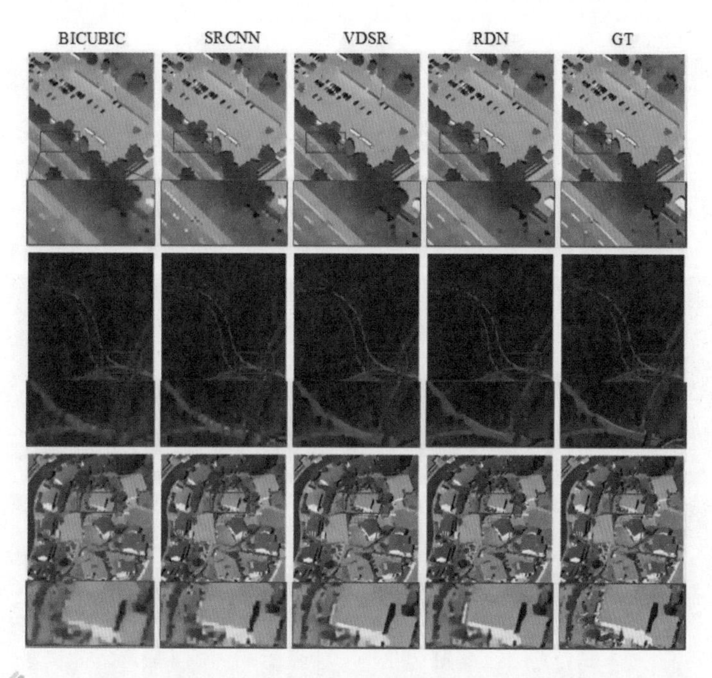

图 6.38　RSSCN7 数据集在 3 倍采样因子下的重建结果对比分析二

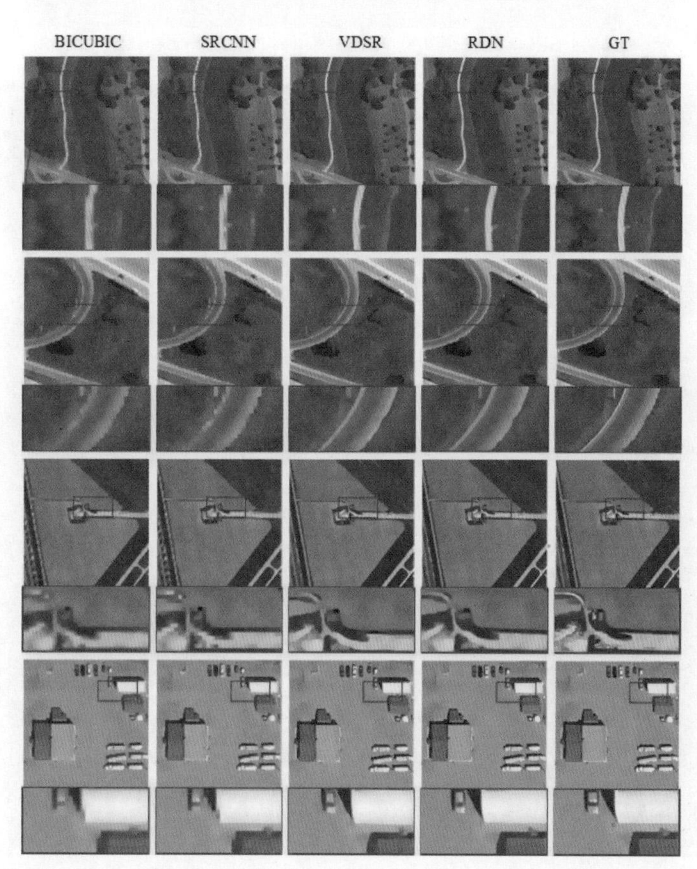

图 6.39　RSSCN7 数据集在 4 倍采样因子下的重建结果对比分析一

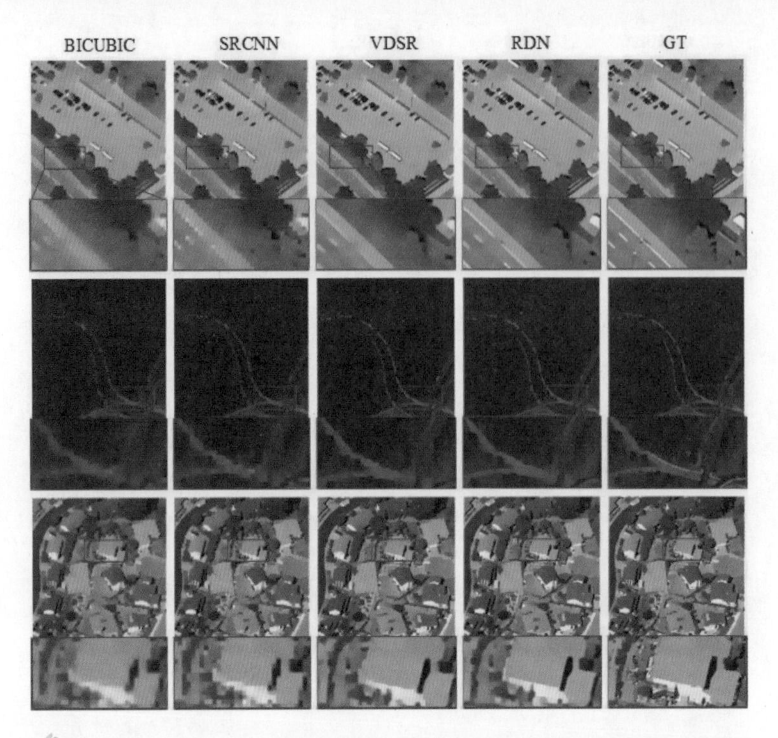

图 6.40　RSSCN7 数据集在 4 倍采样因子下的重建结果对比分析二

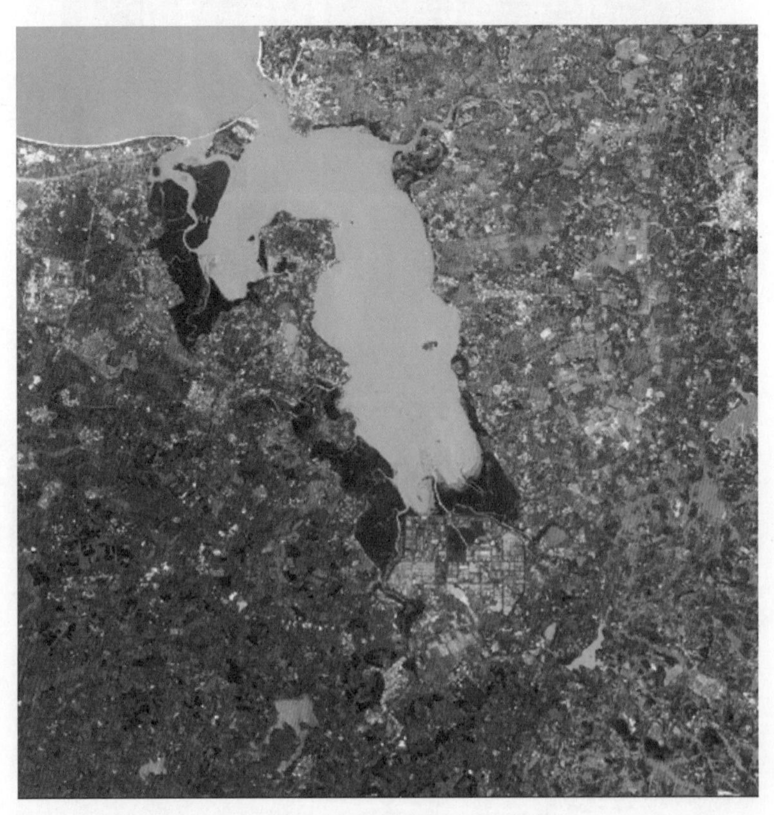

图 7.3　研究区域假彩色遥感图像地图

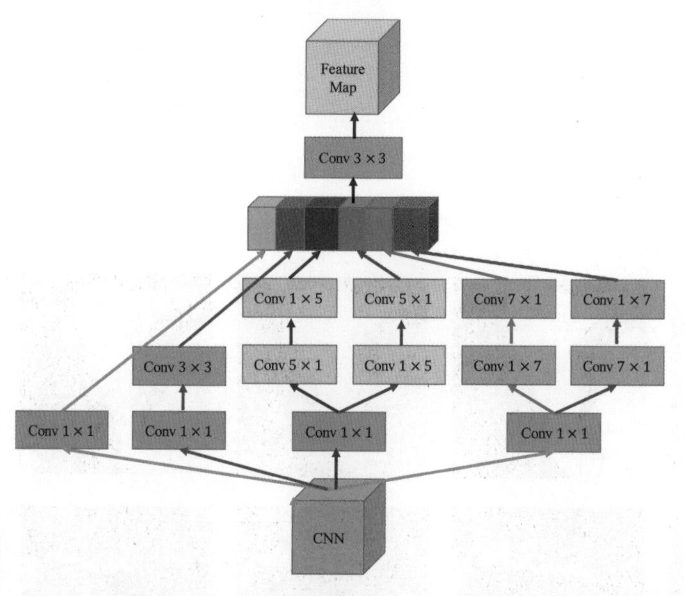

图 7.7　多尺度上下文嵌入模块示意图

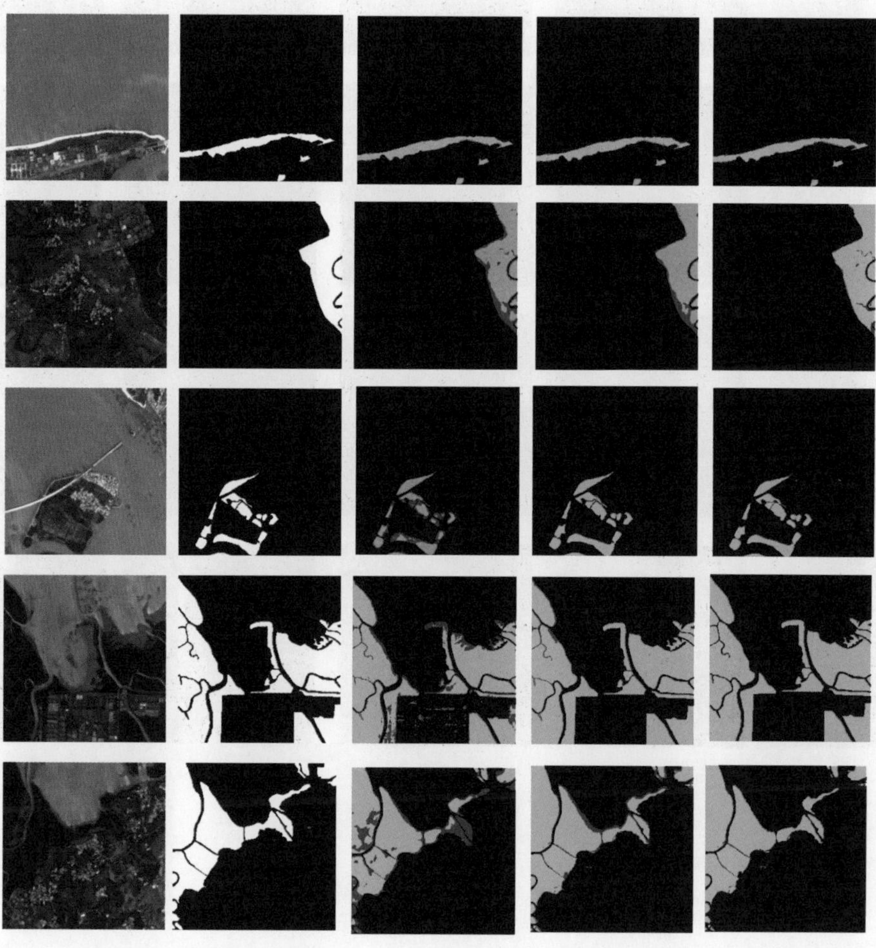

图 7.14　不同模块对 ME-Net 模型提取红树林性能的影响

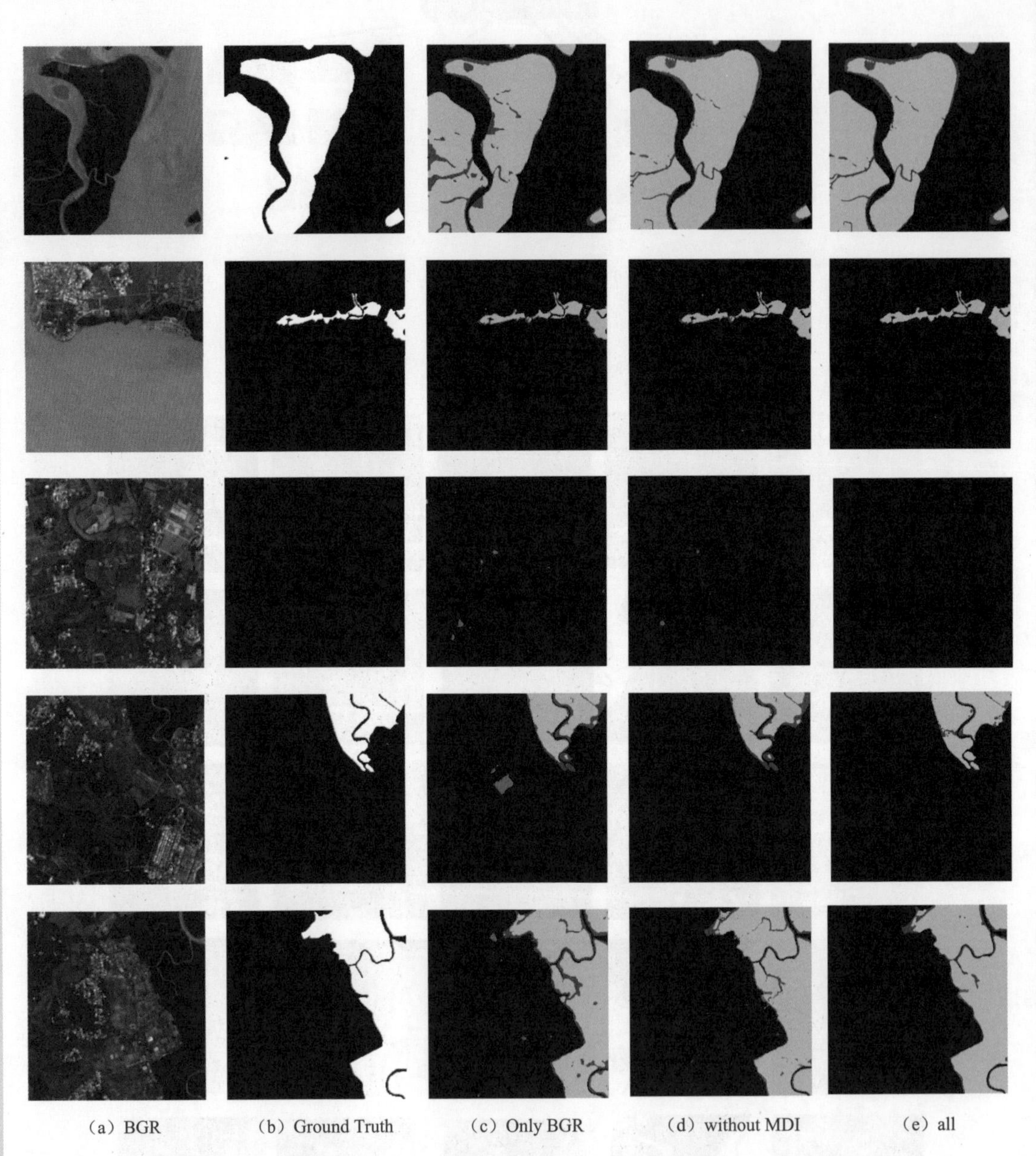

图 7.15　各个实验场景下不同输入数据对 ME-Net 模型提取红树林性能的影响

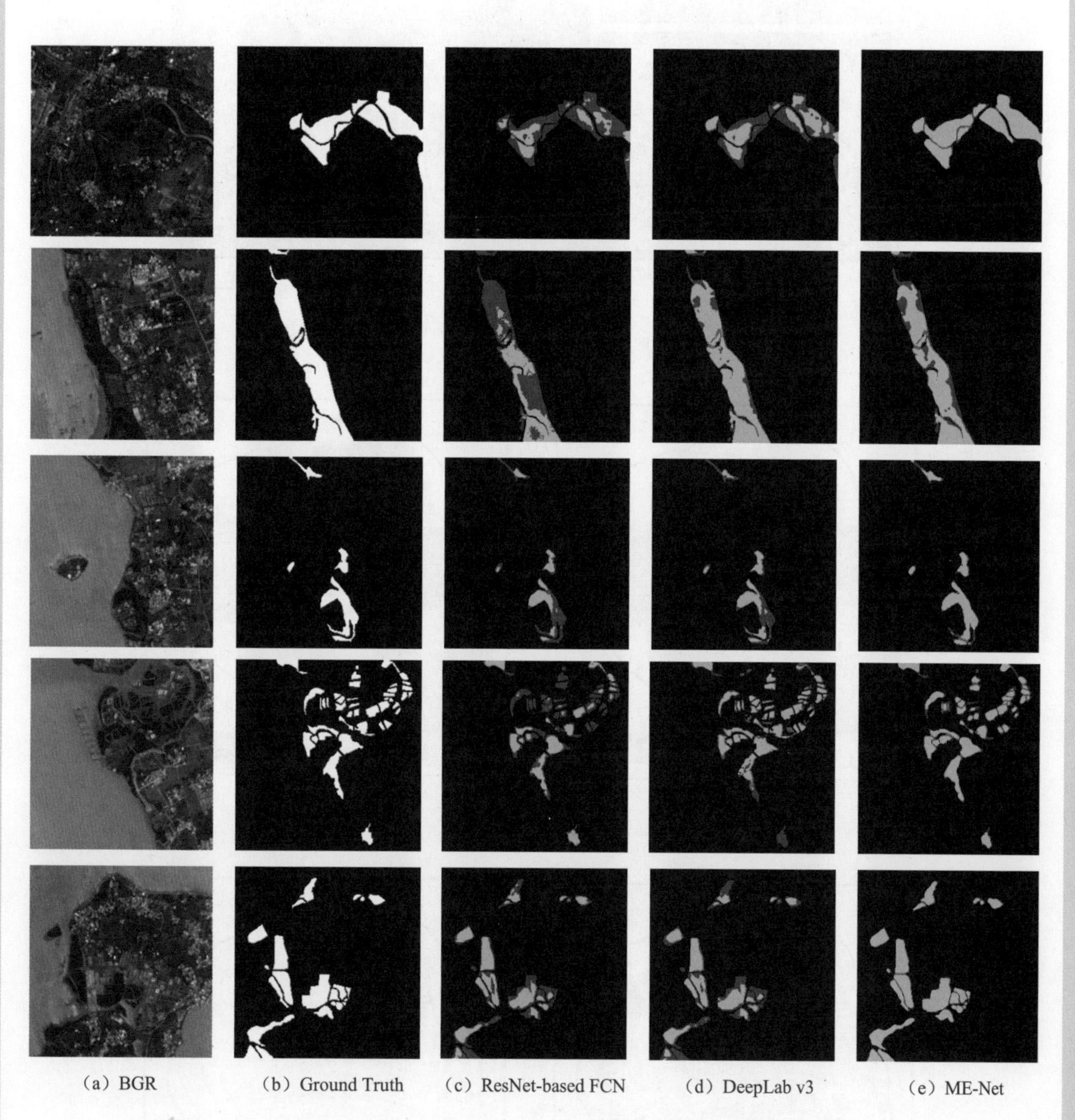

图 7.17　各个实验场景下不同的语义分割模型在提取红树林任务中的表现

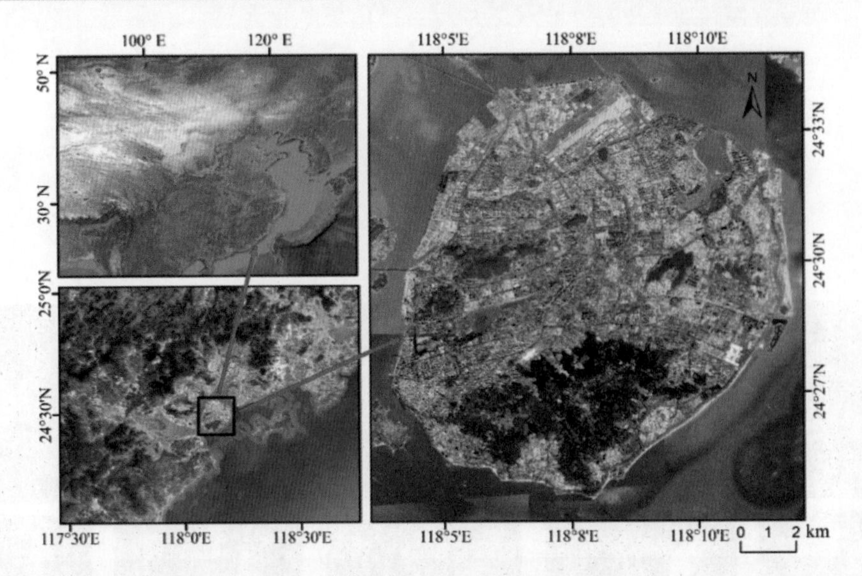

图 8.1 研究区范围

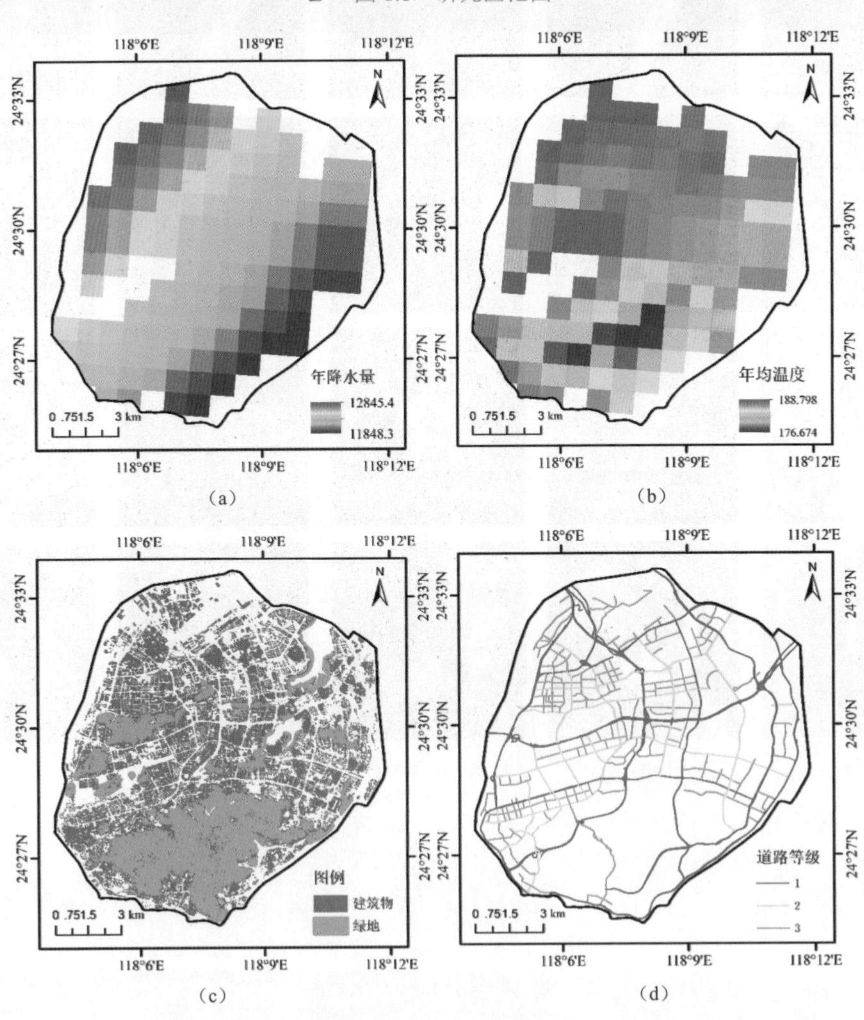

图 8.2 研究区数据

（a）平屋顶　（b）坡屋顶

（c）新建筑　（d）旧建筑

图 8.4　建筑类型图

（a）原图

（b）标注图

图 8.10　样本标注图

（a）原图

（b）旋转 5°

（c）旋转 90°

（d）旋转 180°

（e）旋转 270°

（f）旋转 355°

 图 8.11　样本旋转图

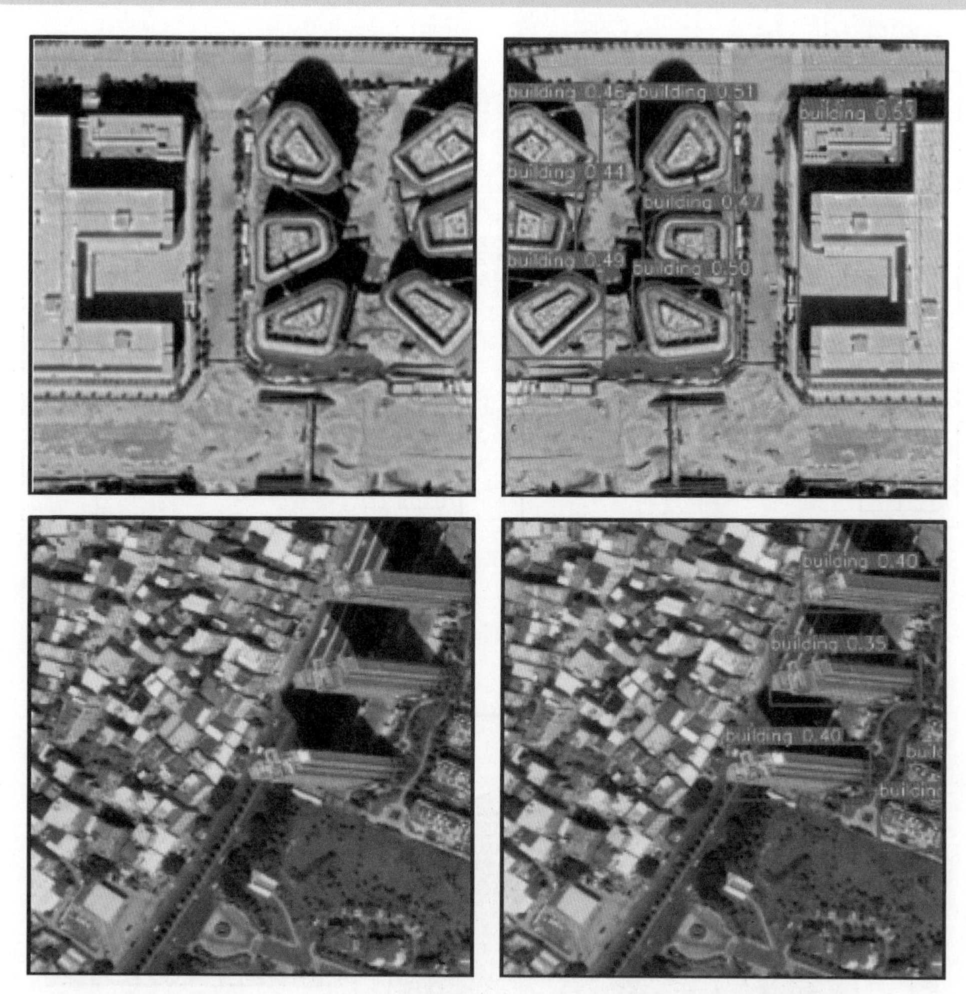

图 8.12　目标检测结果

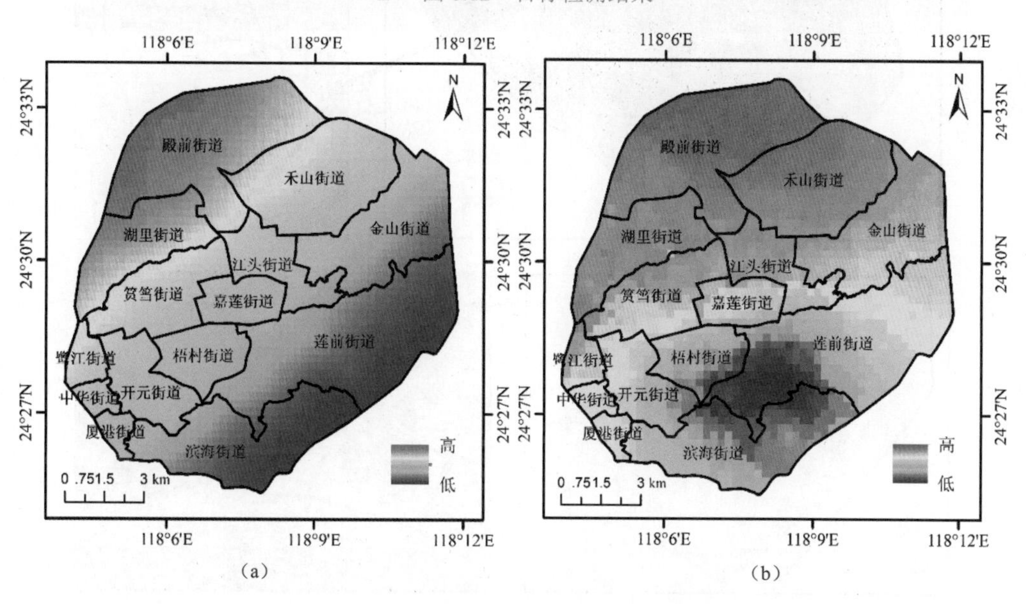

图 8.14　绿化需求指标计算结果图

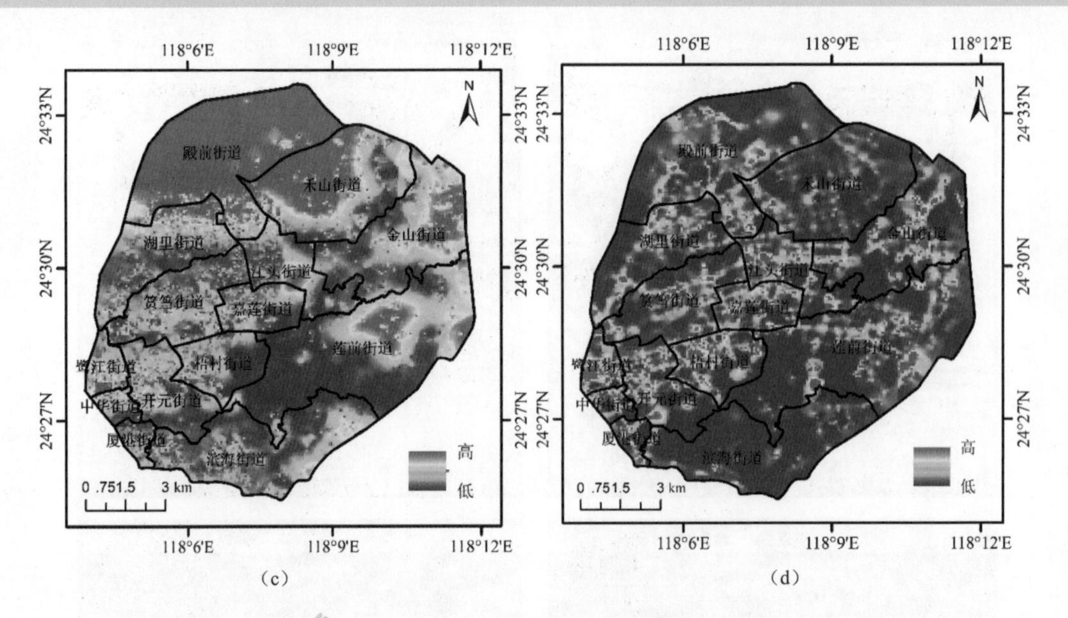

图 8.14 绿化需求指标计算结果图（续）

图 8.17 厦门岛的城中村和骑楼位置

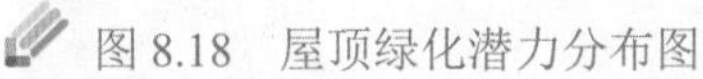
图 8.18 屋顶绿化潜力分布图

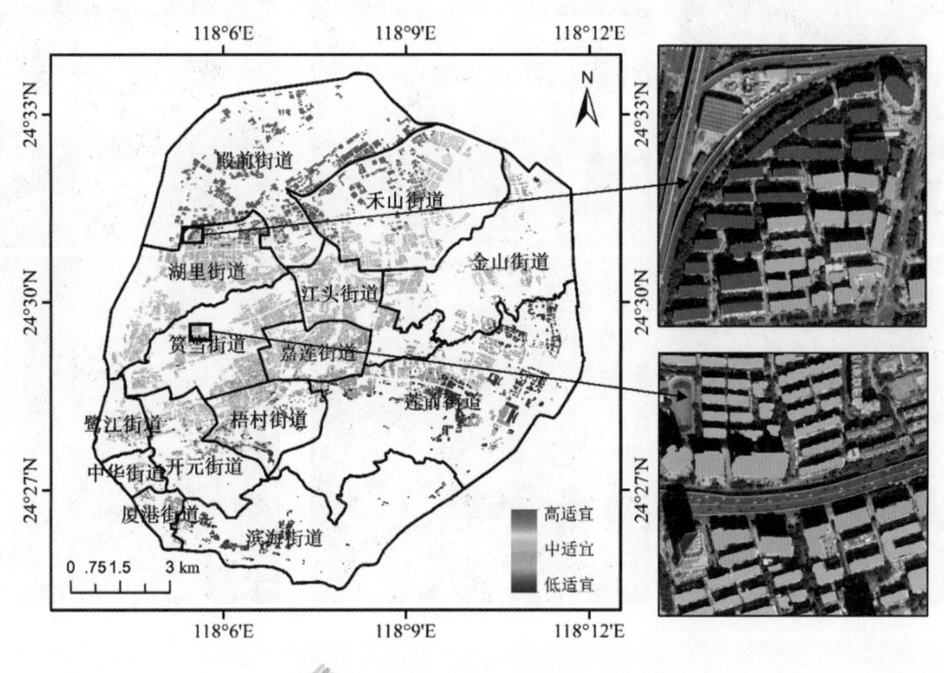

图 8.19 屋顶绿化评价分布图

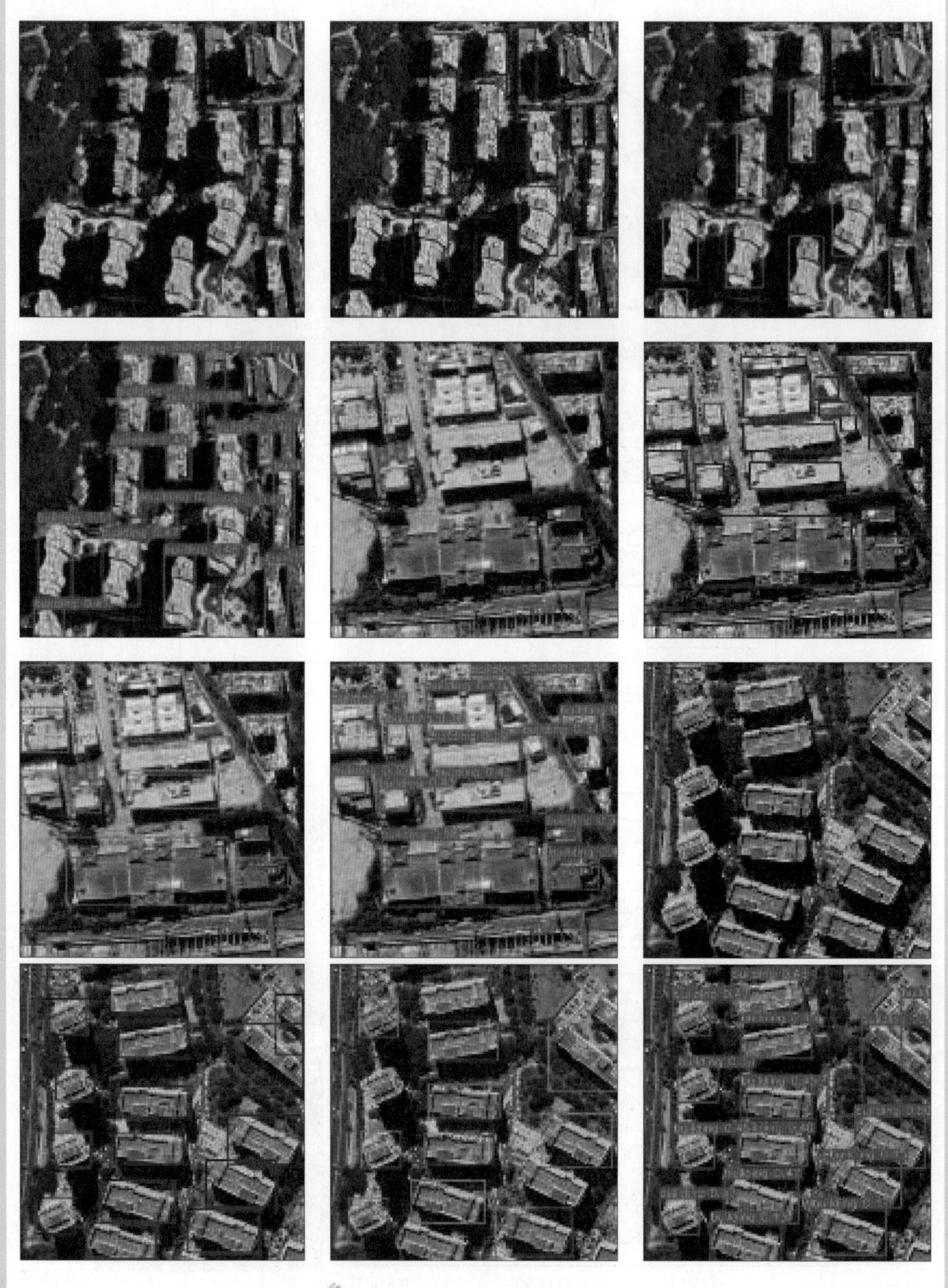

图 8.20　建筑物检测结果对比图

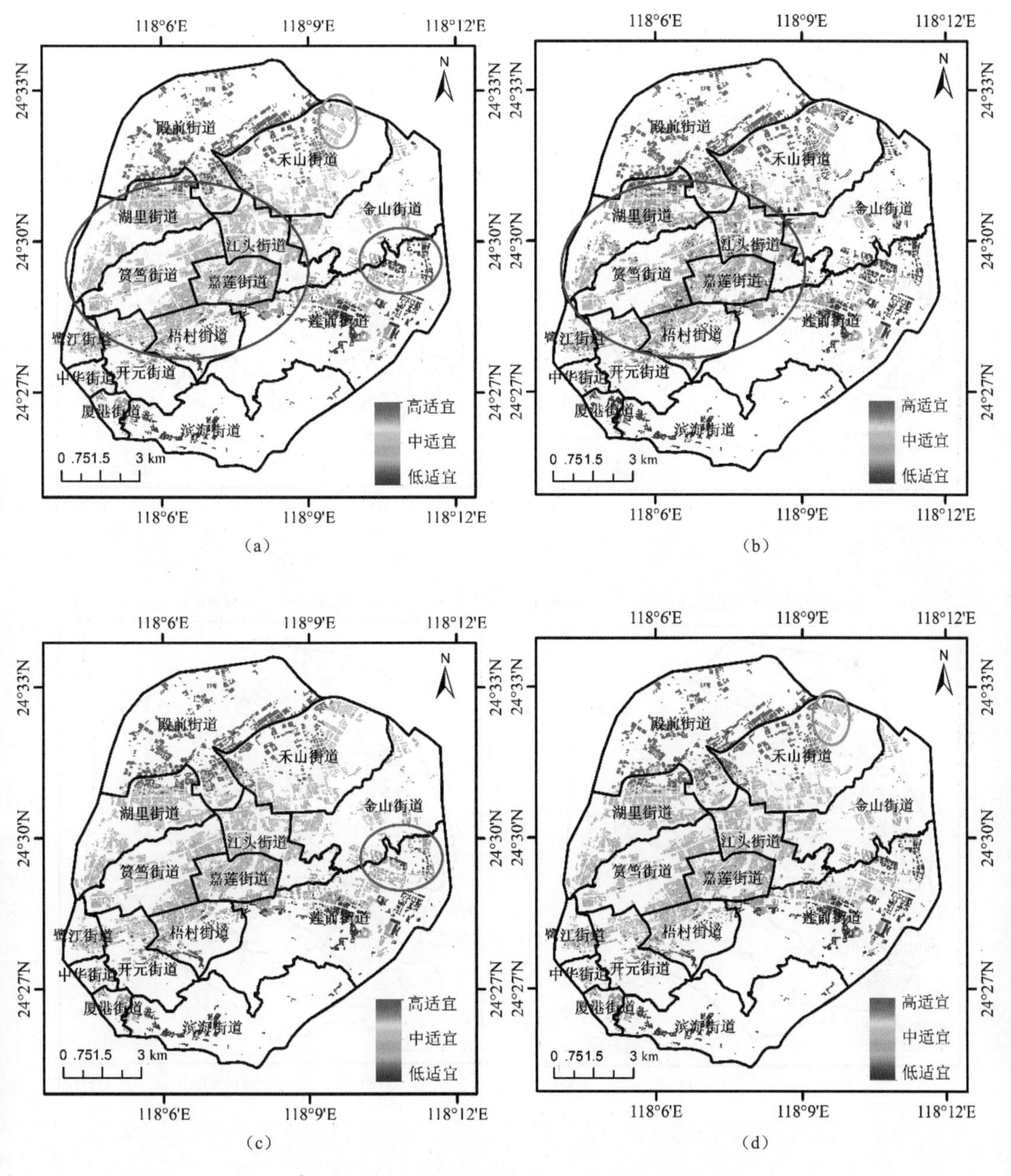

图 8.21 不同权重组合的屋顶绿化评价结果

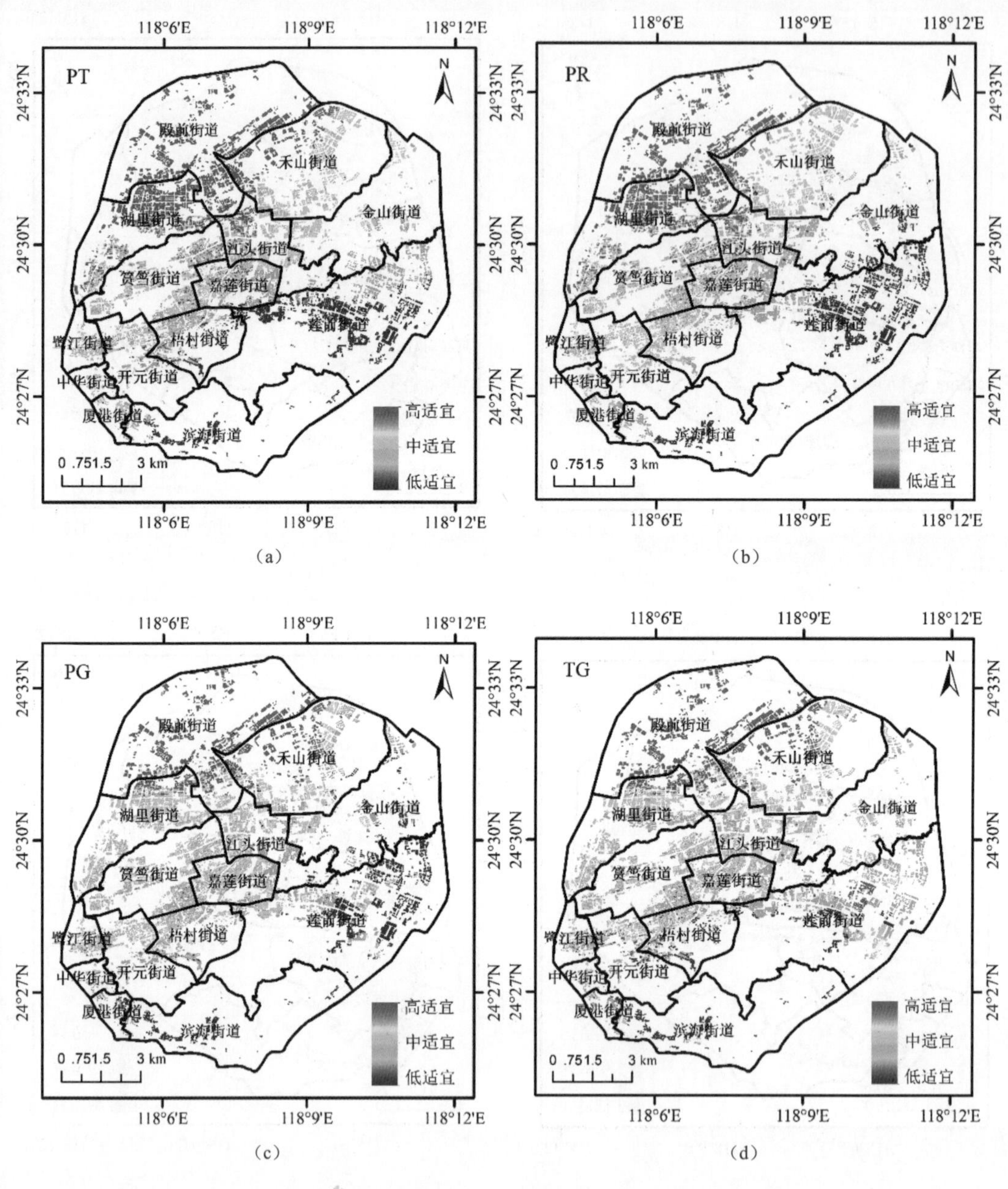

(a) (b)

(c) (d)

图 8.22 不同指标组合的评价结果

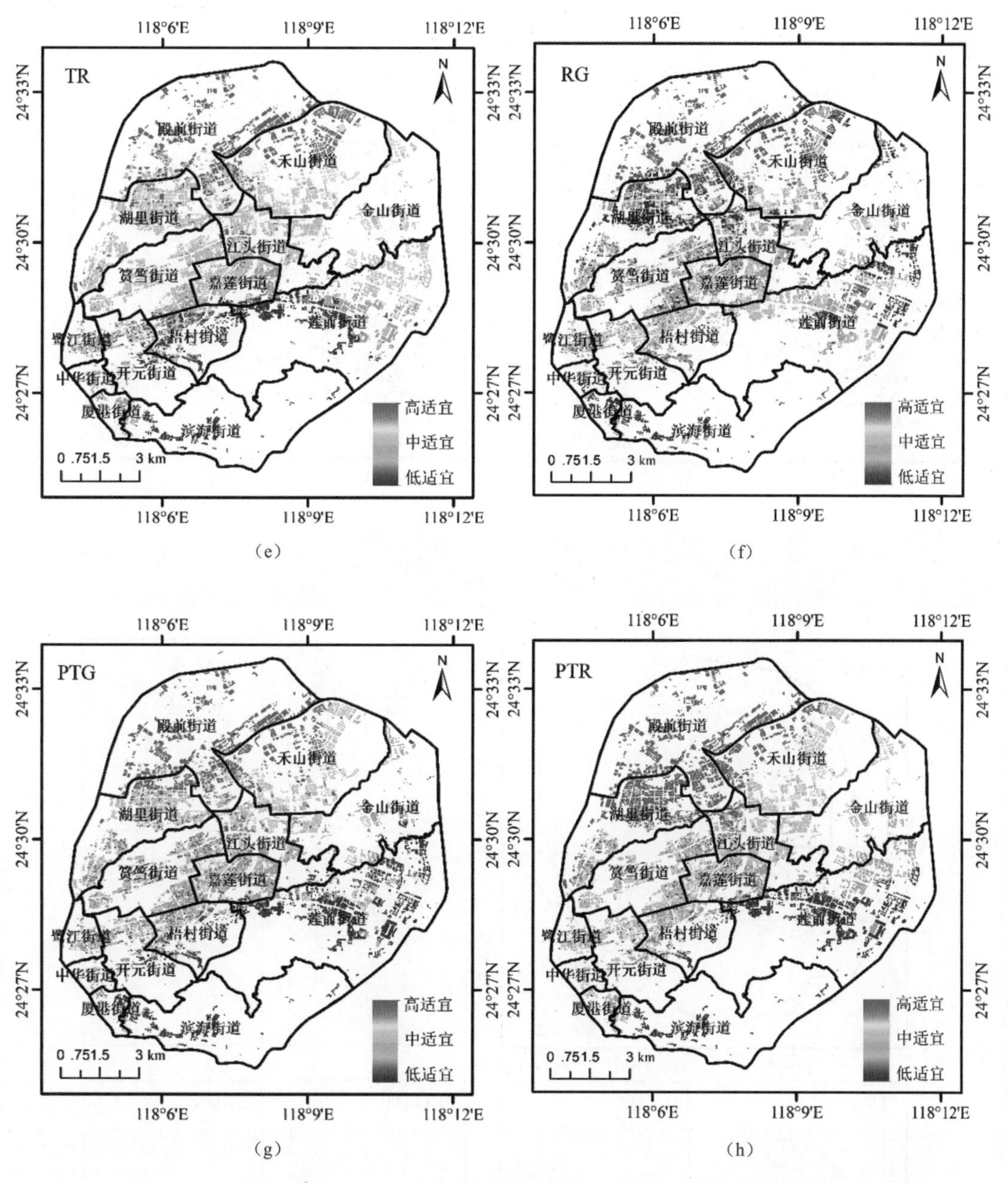

图 8.22　不同指标组合的评价结果（续）

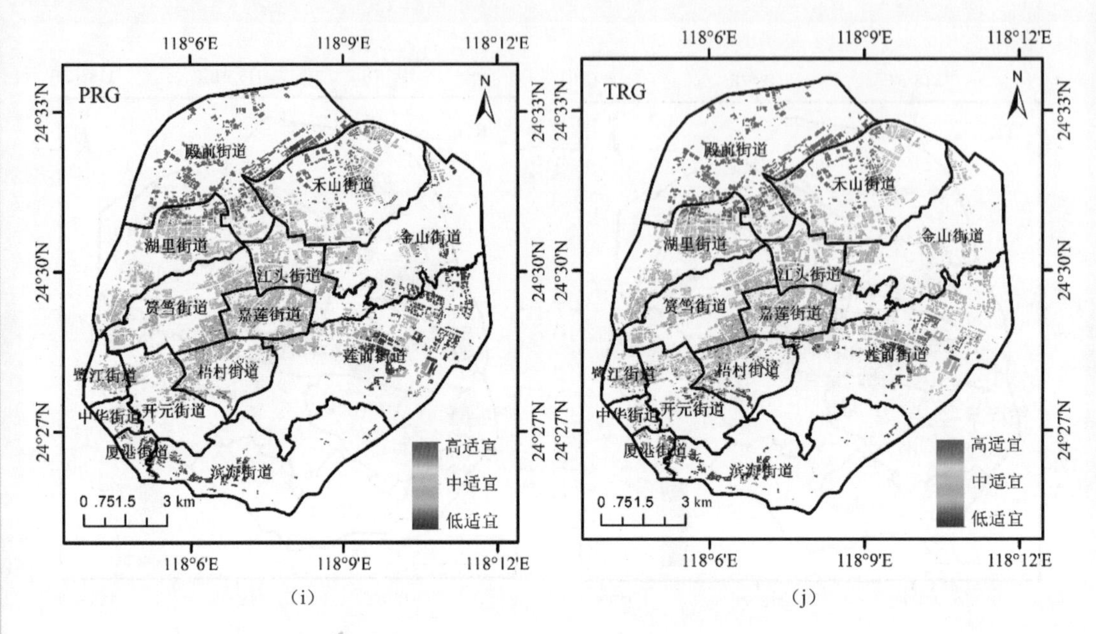

图 8.22 不同指标组合的评价结果（续）

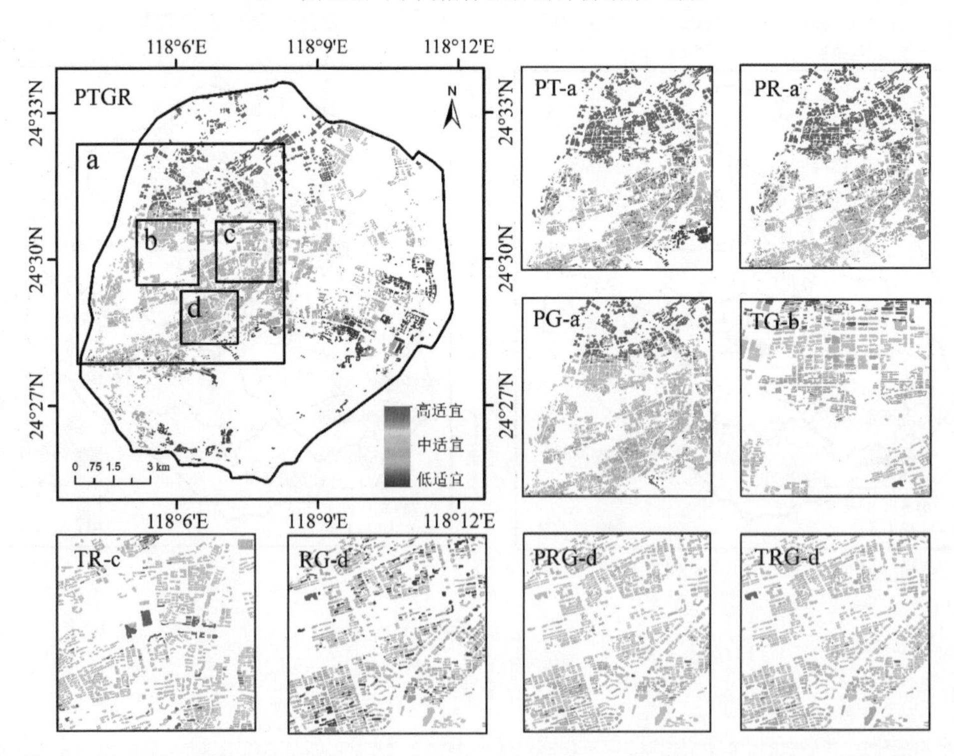

图 8.23 全部指标（PTGR）与不同指标组合的细节图